地下结构抗浮理论
与技术应用

梅国雄 宋林辉 等 著

科 学 出 版 社

北 京

内 容 简 介

本书重点阐述地下结构抗浮理论、关键技术和应用。全书共四篇 17 章。其中，第 1 章为绪论，理论篇（第 2～4 章）论述地下水浮力初步探讨试验和模型试验、抗浮的基本思路和计算方法，技术篇（一）（第 5～9 章）重点阐述微型桩抗浮技术、FRP 混凝土抗拔桩抗浮技术、伞状锚抗浮技术、自张式人字形抗拔桩抗浮技术和配重法抗浮技术，技术篇（二）（第 10、11 章）主要叙述排水减压法抗浮技术和静水压力释放抗浮技术，应用篇（第 12～17 章）主要介绍各类工程案例。

本书可供土木工程、岩土工程和水利工程等领域的科研人员及高等院校相关专业的师生参考。

图书在版编目（CIP）数据

地下结构抗浮理论与技术应用/梅国雄等著. —北京：科学出版社，2019.12
ISBN 978-7-03-056615-7

Ⅰ. ①地… Ⅱ. ①梅… Ⅲ. ①地下工程-结构工程 Ⅳ. ①TU93

中国版本图书馆 CIP 数据核字（2018）第 038039 号

责任编辑：童安齐 / 责任校对：陶丽荣
责任印制：吕春珉 / 封面设计：东方人华

科 学 出 版 社 出版
北京东黄城根北街 16 号
邮政编码：100717
http://www.sciencep.com

三河市骏杰印刷有限公司印刷
科学出版社发行　　各地新华书店经销

*

2019 年 12 月第 一 版　　开本：B5（720×1000）
2019 年 12 月第一次印刷　　印张：22
字数：428 000

定价：180.00 元
（如有印装质量问题，我社负责调换〈骏杰〉）
销售部电话 010-62136230　编辑部电话 010-62137026

前　　言

地下空间开发利用是解决人口、环境、资源三大难题的重大举措，被世界各国所重视。进入 21 世纪，我国在大规模开发利用地下空间资源、加速推进城市现代化进程方面取得显著成绩，已成为地下空间开发利用的大国。目前地下结构正向更大、更深方向发展，但在技术层面上，深大地下结构抗浮问题愈加凸显。从理论层面上，地下结构的水浮力计算目前依据的是单相水中的阿基米德定律，对于多孔多相介质土体中的地下水浮力计算方法值得探讨。据统计，实践中地下结构抗浮造价占建（构）筑物造价的 20%～50%，但传统抗浮措施存在技术单一、能耗大、造价高等不足。

本书第一作者及其合作者在国内外研究的基础上，历时 12 年对地下结构抗浮理论、关键技术和应用开展了系统的研究。本书主要从以下几个方面进行阐述。

（1）理论研究：主要探讨不同土体中的地下水作用效应，包括地下水浮力初步探讨试验、地下水浮力模型试验、抗浮的基本思路和计算方法。

（2）技术开发：主要研究和开发了多种抗浮技术，包括微型桩抗浮技术、FRP 混凝土抗拔桩抗浮技术、伞状锚抗浮技术、自张式人字形抗拔桩抗浮技术和配重法抗浮技术等五种被动抗浮技术，以及排水减压法抗浮技术和静水压力释放抗浮技术两种主动抗浮技术。

（3）工程实践：主要阐述上述抗浮技术在工程中的应用，包括常规抗浮桩的工程案例、微型抗拔桩基础工程案例、GFRP 抗浮锚杆工程案例、伞状锚抗浮的工程案例、配重法抗浮的工程案例和主动抗浮的工程案例。

本书撰写分工如下：第 1 章由梅国雄、宋林辉和刘洋撰写；第 2 章和第 3 章由宋林辉和梅国雄撰写；第 4 章由宋林辉、周峰和梅国雄撰写；第 5 章由方乾、苏荣臻、黄广龙和黄钟晖撰写；第 6 章由陈静、陈巧、黄广龙和黄钟晖撰写；第 7 章由徐敏、刘益和宋林辉撰写；第 8 章由马鸣、汪中卫和宰金珉撰写；第 9 章由宋林辉和梅国雄撰写；第 10 章由徐朕和刘洋撰写；第 11 章由李明书和梅国雄撰写；第 12 章由赖颖撰写；第 13 章由方乾、苏荣臻和黄广龙撰写；第 14 章由陈静、陈巧和黄广龙撰写；第 15 章由徐敏和宋林辉撰写；第 16 章由周剑和李进军撰写；第 17 章由李进军和李明书撰写。全书由梅国雄统稿、定稿。

以上研究成果培养博士 3 名、硕士 10 名；获国家发明专利 8 项，并转让给多家施工企业，且在实践中完善总结相关施工技术，先后获批国家级工法 1 项、省级工法 6 项和技术规程 1 部，较好地实现了技术成果的转化。上述成果经周丰峻院士领衔专家组鉴定为"总体国际先进水平，部分国际领先"，获 2014 年上海市科技进步奖一等奖。

感谢国家自然科学基金项目（项目编号：51322807，51578164）、广西自然科学基金创新研究团队项目（项目编号：2016GXNSFGA380008）和广西壮族自治区八桂学者专项（项目编号：2016A31）的资助，感谢参与本书撰写的所有同仁。

由于作者水平有限，书中难免存在不足之处，敬请读者批评指正。

梅国雄

2018 年 1 月

目　　录

理　论　篇

技术篇（一）——被动抗浮技术

技术篇（二）——主动抗浮技术

应　用　篇

第 1 章   绪   论

近年来，由于城市空间的日益紧缺，房屋高度不断上升，地下空间不断加深、加大；另外，对建筑布局和功能上的需要，高层和超高层建筑的基础埋置深度越来越大，由此引发了地基承载力和沉降方面的问题，这已引起工程界和学术界的关注，并逐步得到解决。但是，超深地下空间开发带来的与地下水相关的课题还未得到较好解决，特别是广场式建筑的纯地下室部分、裙房或相对独立的地下结构物（如下沉式广场、地下车库、地下铁道等），本身自重不大，地下水浮力计算方法又不明确，设计或施工稍有不慎，就将造成浪费投资经费或给建筑物带来安全隐患。

1.1   地下水浮力计算研究进展

随着城市地下空间的开发利用，地下结构物的浮力问题已逐渐凸显出来，基础完工后，地下水位随时间的推移逐渐恢复到正常水位，对基础形成水浮力作用。这一问题虽早已被人们关注，但国内外在这方面的系统研究和文献资料并不多，归纳起来，理论方面可总结为基底下的水浮力主要受地下水赋存条件、动态变化和渗流性状的影响[1]；设计方面则主要是强调合理地确定抗浮设防水位和弱透水层中水浮力大小的折减量。

1.1.1   浮力基本概念的发展

早在 2000 多年前，希腊学者阿基米德就提出了著名的阿基米德定律：浸入液体里的物体，受到向上的浮力，其大小等于它排开的液体所受到的重力。随着人类对自然规律认识的逐步深入，人们意识到阿基米德定律只是一种用来计算固体物体浸在液体里所受浮力大小的方法，有一定的适用条件。例如，漂浮在水面上的油层并没有排开水但受到水的浮力；浸没在水里并与容器底部紧密接触的物体，虽然其排开了水，但其受到的合力方向向下，而没有受到水的浮力[2]，而且阿基米德定律的后半句是类比方法，所以整个定律的表述并没有揭示浮力的实质。物体所受浮力的实质就是液体（或气体）对物体向上和向下的压力的差，故对规则物体或不规则物体，计算浮力时只需考虑液体对物体向上和向下的压力差。

1.1.2   孔隙水压力的研究现状

明确了浮力是因物体上、下表面压力差引起的之后，就需要对压力进行深入的了解，由于土体中的水主要赋存于土体孔隙中，准确计算孔隙水压力的大小就是确定基底水浮力的关键。土中的孔隙水根据其受土粒表面双电层影响程度的不同可以分为结合水、毛细力和重力水，后两者也称为非结合水；对于结合水而言，无论是强结合水还是弱结合水，在重力作用下均不产生运动，也不传递静水压力，只有非结合水是传递静水压力的[3]。饱和土体孔隙中的非结合水，若孔隙相互连通，便具有液体的一般特征，即孔隙水中任意点的压力在各方向都是相等的，属于中性力，不影响土颗粒之间的变形和位移[4]；若孔隙之间相互不连通，水体被包裹在孔隙内，则其可被视为土颗粒的一部分，与土颗粒组成类似"复合材料"的形式，共同受力，与场地的地下水水位无关。

目前，孔隙水压力方面的研究成果非常多，其中需首先明确孔隙水压力与静水压力是否相等。Ogawa 等[5]在长达 5 年的有关地下水位和孔隙水压力的季节性波动的现场测试中发现，对于出现滑动面的边坡，滑裂面上的水位和孔隙水压力会随着融雪和大雨出现变化，而且滑裂面上的孔隙水压力与理论计算的静水压力不一致。同样，张克意等[6]在润扬大桥北锚锭深基坑工程中，对围护结构侧的地下水位和孔隙水压力进行监测，监测数据表明：同一工况下，同一测点的监测孔隙水压力和计算静止水压力具有相同变化趋势，但实测孔隙水压力值比计算静止水压力值有所减小，前者与后者的比值在 0.9 左右。两者之间出现差异，主要是因为孔隙水赋存于土颗粒之间，受孔隙的连通情况以及水头差引起的渗透压影响。程玉梅等[7]认为土颗粒之间的孔隙是产生毛细水压力的基础，从毛细水产生负孔隙水压力概念出发，定量计算出较难确定的孔隙水压力系数，进而建立静止土压力系数和孔隙水压力系数之间的关系式。除了土体本身之外，孔隙水压力量测仪器的刚度也被认为对测试结果会产生影响，赵慈义等[8]则认为压力传感器敏感元件刚度不足以导致孔隙水压力测量结果偏小，主要原因是孔隙水压力存在延迟效应，且这种延迟效应的主要影响因素是土的体积压缩系数，具体可用流固耦合问题的研究方法进行推导。另外，Jarsjö 等[9]对刚性多孔介质进行导水性、饱和压力测试室内试验，得出孔隙率与孔隙水压力之间的关系，可以借鉴到土体孔隙水压力研究中。

孔隙水压力计算的准确度直接关系到有效应力大小的准确性，涉及有效应力原理在黏土中的适用性。黄志仑[10]认为均质饱和土中深度 h 处的竖向自重应力应当按由土骨架产生的有效应力加上作用在该处单位面积的水的质量 $p_w = n\gamma_w \cdot h$（γ_w 为水的重度；h 为深度；n 为修正系数）。介玉新等[11]认为这种看法的错误在于忽略了另一个力，即浮力的反作用力 $(1-n)\gamma_w \cdot h$，此力也竖直向下，加上这一部分力的作用，就符合有效应力原理计算式了；同时，可以将土骨架与水之间的作用（浮力及浮力的反作用力）作为内力考虑，此时可以得到总应力 $\sigma = [\gamma_s(1-n) + n\gamma_w]h$（$\gamma_s$ 为土体重度），然后由三相比例指标的关系导出 $\gamma_{sat} = \gamma_s(1-n) + n\gamma_w$（$\gamma_{sat}$ 为土体饱和重度），也证明孔隙水压力的计算乘以孔隙度是不合适的。当然,上述推导是建立在孔隙相互连通以及含水量足够大的基础上的,对于液性指数接近或小于 0 的饱和黏性土,此时土中的水主要以结合水或结晶水等形式存在,其中的孔隙水压力意味着什么,如何计算都不得而知。值得提及的是,水在微小孔隙中的作用有无边界效应或是否存在作用条件也是有待研究的问题。

涉及孔隙水压力的实际工程很多,如基坑工程、大坝工程和边坡工程,工程中也总结了不少的经验。郭玉荣等[12]把孔隙水压力的计算分解成静水压力、动水压力和超静水压力三个部分。对于静水压力,建议按照渗流流网的水头梯度进行计算;对于超静水压力,则应根据坑内外土体的应力路径做三轴不排水剪试验确定。崔红军等[13]通过土体中水压力的传递试验和对水压力传递过程进行理论推导,证明了无论是饱和状态无黏性土或黏性土中的孔隙水均可传递水压力,虽然黏性土中水压的传递有一个明显的滞后效应,但对工程情况来说,一般是有足够的时间来完成这个水压力的传递。

由此可见,理论分析和工程实测数据难以从本质上得到一个统一的、可以合理解释并准确计算孔隙水压力的结果。

1.1.3 基底浮力的研究现状

当涉及基础底部所受的浮力计算时,首要的问题就是土中孔隙水产生的浮力与纯液相水产生的浮力是否一致,换句话说,即阿基米德定律能否直接应用于基础抗浮计算。《岩土工程手册》(《岩土工程手册》编写委员会编,中国建筑工业出版社,1994 年)的相关说明条款为:当建筑物位于粉土、砂土、碎石土和节理裂隙发育的岩石地基时,按设计水位 100%计算浮托力;当建筑物位于节理裂隙不发育的岩石地基时,按设计水位 50%计算浮托力;当建筑物位于黏性土地基时,其浮托力较难确定,应结合地区的实际经验考虑。而《岩土工程勘察规范(2009 年版)》(GB 50021—2001)规定:对基础、地下结构物和挡土墙,应考虑在最不利组合情况下,地下水对结构物的上浮作用,原则上按设计水位计算浮力,对节理不发育的岩石和黏土且有地方经验或实测数据时,可根据经验确定。另外,广东省标准《建筑地基基础设计规范》(DBJ 15-31—2016)的规定为:在计算地下水的浮托力时,不宜考虑地下室侧壁及底板结构与岩土接触面的摩擦作用和黏滞作用,除有可靠的长期控制地下水的措施外,不应对地下水水头进行折减计算。可见,上述规范中的条款对抗浮设计均有说明,但均不具体,尤其是对节理不发育的岩石及黏性土地基,都指出要根据地区经验进行浮力折减计算,这些说明也反映出黏性土地基中的浮力计算结果与阿基米德定律的计算结果不一致。

直接采用阿基米德定律不能得到正确的基底浮力大小,李广信等[14]指出地下水中的浮力与地下水的赋存形态及地下水流动有关,应通过渗流计算分析确定,这一点在 Pare 等[15]进行的渗流产生的浮力对大坝稳定性影响的研究中也得到了证实，同时根据有效应力原理，将水压力及浮力乘以孔隙率进行折减，无论对于黏土还是砂土都是没有理论根据的。针对饱和黏土中基础的浮力似乎很小的现象，他分析指出，由于饱和黏土的渗透系数小，当地下室有向上浮趋势时，会在土中产生负孔压，表面上好像减小了其浮力，但随着时间延续，水逐渐渗入基底后，这种负孔压就会逐渐消散[16]。这种看法符合我们的直观感受，但没有指出问题的关键所在，基础与地基土接触，若为黏性土，两者之间将存在一定的黏附力，这种黏附力类似胶黏带的黏结力，其大小由土体中的极性基团决定；另外，虽然水充填土颗粒之间，但与基础直接接触的是土颗粒，占据了一定的受力面积，能够减小孔隙水的作用面积而使得浮力降低。崔岩等[17]针对该问题，采用砂土和黏土两种介质进行了模型试验，试验结果说明无论是砂质土还是黏性土，浮力均为结构底部所受的向上的作用力，应该按照排开同体积的水重来计算，大小等于地下水位的静水头，不应该折减；但同时也指出"水重"概念的变化，比如当地层条件为饱和软黏土且施工过程又容易给予较大的扰动，使周围土层出现泥浆状态时，浮力近似等于饱和容重的混合液体，即结构排开的是"泥浆重"，而非"水重"。可见，理论研究成果与工程实际结果之间还存在一定的分歧。

在实际工程的抗浮计算中，设防水位是一个有待合理确定的关键参数。邱向荣等[18]研究认为地下水设防水位取室外地坪标高不尽合适，根据广东省标准《建筑地基基础设计规范》（DBJ 15-31—2016）中规定的地下水设防水位应取建筑物设计使用期限内（包括施工期）可能产生的最高水位进行动态预测取值，但规范条款在设计中具有一定的模糊性。张欣海[19]根据多年的设计经验，针对实际的含水层情况，提出六种水浮力计算模式［图 1-1（a）～（f）］，其计算过程考虑了地下水的赋存条件、动态变化和渗流性状等因素，具有一定的合理性。

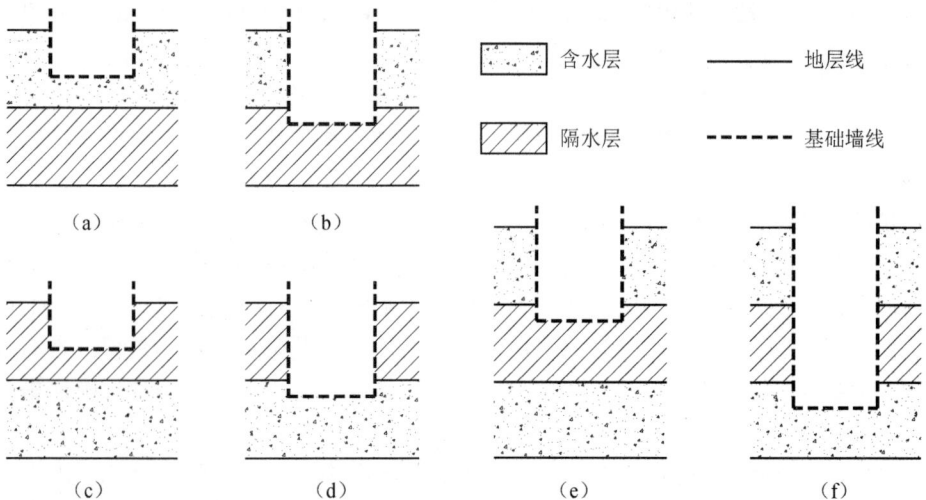

图 1-1　地下室埋深与含（隔）水层不同位置时的浮力计算模式

理论研究难以全面地将问题解决好，而经验方法又不能准确确定浮力的实际大小，于是孔隙水压力的测试工作受到了重视。贾强等[20]在上海康乐、华盛大楼工程中曾设置水位观察孔，以观察井点降水停止后地下水的回升情况，并在基础底面埋设了渗压计观察地下水浮力大小，观测结果表明地下水的回升速度与土层的透水性有一定的关系；渗压计的实测水浮力不随基底压力的增加而增大，而与地下水位回升高度一致，但浮力的大小与理论计算值不完全吻合。

综上所述，土中的孔隙水对基础结构的浮力比简单的工程设计计算要复杂得多，在工程设计中采用的可归纳为经典的水-结构模型，而实际问题是水-土-结构模型，即需要考虑孔隙对水作用的影响以及土颗粒的微观结构对水的影响。因此，进一步发展和完善基底水浮力计算理论，对工程建设具有非常大的意义。

1.1.4 地下水渗流的研究现状

地下水浮力在弱透水层中与孔压不一致的现象与渗流也存在一定的关系，在地下水位较高而开挖较深的工程中，渗流问题非常突出。渗流对于某一接触面作用有压力或浮托力，存在一定的渗透孔压，因此对地下水渗流做适当的分析有助于认识地下水与土颗粒间的相互作用。

自 Darcy 于 1856 年提出达西定律以来，人类就开始了对地下水运动规律的研究。1886 年，Dupuit 根据达西定律研究了地下水一维稳定运动和水井的二维稳定运动规律；1901 年，Forchheimer 等又研究了更为复杂的地下水渗流问题；1904 年，Boussinesq 提出了地下水非稳定流的偏微分方程式；1928 年，Meinzer 研究了地下水运动的非稳定性以及承压水层的储水性质；1935 年，Theis 在此基础上提出了地下水在承压水井的非稳定流公式；1940 年，Jacob 参照热传导理论建立了地下水渗流运动的基本微分方程；1946 年，有关专家定性地阐述了液体在可压缩地层中渗流理论的物理基础，并由此逐步建立了弹性渗流理论和弹塑性渗流理论[21,22]。

土体渗流的现有研究主要集中在两大方面，一方面是渗流的数值模拟计算，自关明芳和陈洪凯首次将有限元法应用到渗流问题的研究中之后[23]，渗流计算被广泛用于实际工程。哥德赫提出渗流与岩土体共同作用的概念[24]。罗晓辉[25]通过开挖降水的数值分析，得到降水对周边土体的力学效应-渗透体积力的分布与变化规律。张俊霞等[26]采用三维渗流模型解决基坑施工中降水的渗流计算问题，为降水方案设计提供依据，同时对降水过程做出预测。针对实际工程中的止水结构的出现，王国光等[27]用有限元方法对设置止水结构的基坑渗流场进行计算，并描绘出此时的基坑渗流场特点，分析了止水结构物的作用机理及其特性对止水效果的影响。刘建军等[28]根据渗流力学和岩土力学知识，建立基坑降水过程中渗流计算的数学模型，通过渗流数值模拟，分析了基坑降水过程中基坑土体渗透压力、水头变化规律以及对基坑变形的影响。骆祖江等[29]运用潜水、承压水渗流理论和有限差分法，以及干湿单元、预处理共轭梯度算法，以上海环球金融中心塔楼深基坑降水为依托工程，对深基坑降水的三维非稳定渗流场的计算建模和降水疏干过程进行了数值模拟研究。另一方面的研究主要是渗流对实际工程的影响分析，毛昶熙[30]编制了大坝渗流程序，用于计算坝基中不同位置处的水头值。朱百里和沈珠江[31]提出了在土石坝工程中考虑渗流作用的计算方法。魏汝龙[32-33]在土压力计算中考虑渗透力方面做了大量的工作。李广信[34]通过简例分析指出了在基坑工程的土压力计算中考虑渗流作用的重要意义。黄春娥等[35]在深入探讨地下水渗流对基坑边坡稳定作用机理的基础上，提出有限元法与条分法相结合的新方法。

综上所述，渗流对土体性状的影响已经受到学者的重视，并展开了研究工作，但还有待进一步深入，尤其是渗流与其他影响因素之间的关系以及渗流对土体性状影响方面的研究。

1.2　抗浮技术研究进展

当地下结构物的自身质量不能抵抗地下水浮力时，地下结构物则出现上浮状况，导致结构变形损坏，此时需进行抗浮设计。

1.2.1　抗浮方案的类型

地下结构物抗浮（或防浮）方法很多，其类型有增加自重法（包括顶板压载、基板加载及边墙加载）、下拉法（抗拔桩和锚杆）、排水减压法，以及利用土层与地下结构之间的摩阻力、废弃的临时挡土设施和基板延伸法等[36-37]，而工程中常用的抗浮措施主要包括临时性抗浮（采用隔水、降水和排水等措施）和永久性抗浮（采用抗拔桩下拉法和锚杆下拉法）两大类。各种抗浮方案各有利弊和优劣，其选择的原则是安全可靠、经济合理、技术先进和方便施工。此外，还应根据工程特点、地质情况、场地条件和环境等因素（如基坑的支护形式、基坑深度、基坑底的土层条件等）综合考虑，因地制宜，选择一个最佳的抗浮方案。

1.2.2　抗浮设计研究现状

目前，建筑物的抗浮设计主要有两种，即抗浮桩设计和抗浮锚杆设计。这两种抗浮设计在抗浮使用上有着本质的不同，抗浮桩通常和基础底板完全固结，当地下水位较高时它是抗拔桩，当地下水位较低时，它又变成了受压桩，起到减少建筑物沉降的作用；而抗浮锚杆仅通过钢绞线锚固在基础底板上，并在锚杆和基础底板之间设置垫层，只在地下水位较高时，抗浮锚杆发挥作用，而在地下水位较低、建筑物有沉降趋势时，锚杆则几乎没有作用，因此在具体的工程中，应该有区别地选择相应的抗浮形式。

（1）抗浮桩。研究的重点是抗浮桩的抗拔性能和破坏模式。Prakash[38]分析了位于黏质砂土中均匀截面桩与扩大头桩的抗浮能力。史鸿林等[39]通过在现场进行的大直径钻孔灌注桩的原型抗拔试验，对桩的抗浮安全度、荷载传递的机理、拉拔对其周围土体的影响以及合理的间距等问题进行了分析与研究。陈志龙等[40]根据珠海关后广场抗浮爆扩桩抗拔试验结果，简要分析了饱和软土中大直径爆扩桩的抗拔受力特性和单桩的抗拔机理，与一般摩擦桩相比，爆扩桩的抗浮承载力除了由桩与土的摩擦力提供外，还有底部扩大头与其上部土层的作用力提供。Nagata等[41]将桩端的扩大头换成其他形式，采用桩底安装螺旋翼的螺旋状钢管桩进行抗浮，并进行了小比例尺的模型实验研究，以分析桩径、螺旋翼的直径、桩端深度对桩体抗浮性能的影响，同时得到了桩体失效后土体的剪切破坏区。可见，抗浮桩技术已十分成熟，不仅考虑了单根桩的受力特性，还涉及了桩与承台板的共同受力分析。

（2）抗浮锚杆。研究所关注的也是其破坏形态、锚固类型、锚固段长度、防腐蚀及锚杆（索）的设计计算方法等几个关键问题[42]。许厚材等[43]阐述了抗浮锚桩注浆施工工艺、施工设备、注浆工艺、注意事项，对注浆过程中出现的问题进行了分析，并提出了解决措施。何宝林[44]介绍了土层锚杆在抗浮结构中的应用，并通过基本试验及验收试验等现场实测数据和测试曲线进行分析论证，说明土层锚杆在抗浮结构中应用是经济可行的。贾金青等[45]通过对大连滨海大型地下工程抗浮锚杆的破坏性试验研究，测试出锚杆在岩土中的剪应力是沿锚杆长度非均匀分布的，在孔口附近最大，从孔口沿锚杆长度逐渐衰减。陈棠茵等[46]根据深圳地区抗浮锚杆的试验，指出含砾质黏性土中抗浮锚杆的抗拔力取决于注浆体与上层界面处的抗剪强度，而风化花岗岩中抗浮锚杆的破坏原因为锚筋屈服，注浆柱碎裂。随着锚杆的不断改进，工程应用中提出了压力分散型的抗浮锚杆形式[47]，刘乃斌[48]深入研究了压力分散型预应力锚杆抗浮在结构概念、受力等方面的特点。针对目前设计计算仅考虑锚杆体的受力，曾嘉等[49]指出地下室非预应力抗浮锚杆设计中，除考虑承载力要求外，应将底板与锚杆的变形协调问题作为设计的必要依据，并以实际工程为例，在分析其原理的基础上提出了相应的设计方法。

由此可见，人们对抗浮不仅有了深入研究，而且进行了改良和发展，提出了多种抗浮形式，如配重抗浮、排水减压抗浮等。

Chang 等[50]针对深基础承受过大浮力的情况，在基础底部铺垫土工合成纤维织物，通过调节织物的过滤性、阻水率、透射率以及相关参数，弱透水性土体中的孔隙水产生渗流，以最终达到降低和控制基底水浮力的目的。该方法从引起浮力的根源出发，利用渗流将引起水头损失的原理，破坏浮力形成的条件，是一种顺应自然的做法，且长期的监测数据验证了其合理性和可靠性。

1.2.3　抗浮典型工程现状

在实际工程中，有很多抗浮成功的典型实例，其设计参数、结构构造、施工工艺等都具有很好的借鉴作用，以下介绍工程中常使用的配重抗浮、锚杆抗浮、抗浮桩抗浮和排水减压抗浮四种常用抗浮方式。

（1）配重抗浮。配重抗浮因其简单、方便而在单独地下工程和事故处理中有着广泛应用，表1-1中列举了部分配重抗浮在国内的工程应用[51-60]。

表1-1　配重抗浮的工程应用

工程名称	工程地质情况和采用的工程措施
江门某客运码头室	地下室地处江边，江水位落差大，所受浮力变化大，板底土层为厚达30m以上的淤泥质黏土，往下为残积土和基岩；采用双层底板内填毛石压浮方案，节省造价近百万元
江苏利港电厂废水处理滞留池	池体为现浇混凝土结构，底板及墙板厚500mm，垫层厚150mm，基层铺设砂石垫层250mm，土层为淤泥质黏土、粉黏土；发生上浮事故后采取加水预压、底板加厚350mm，并增加配筋方案处理
浙江某地下车库	地下车库为钢筋混凝土框架结构，覆土部分回填，平均还差2m恢复至原标高，顶面没有覆土。台风来临，水位上升，顶板呈拱形鼓起，经测量最高处隆起约460mm。工程处理底板上增加400mm厚混凝土，并增加底板的桩，回填土重新夯填
苏州新区某大型水池	圆形二沉池内径25m，池底厚500mm，壁厚400mm，设计浇注高950mm的C15毛石混凝土压重层；地层为粉质黏土局部夹粉砂层。发生上浮事故后采取注水助沉，池底注浆加固并补浇压重层
中原油田某事故排放池	建在河边，水池长40m、宽24m、高2.5m，底板厚500mm，壁厚300mm，采用减少埋置深度0.5m、池底板外伸0.5m承受填土质量，以增加抗浮力
首都国际机场扩建停车楼	地上一层、地下四层，局部五层，平板基础，土层为粉质黏土、砂层，地下水浮力140kPa；为了提供压重，在底层设有一高1.4m的架空层，充满卵石和水，同时也采用抗浮锚桩方案
东深供水工程原水生物处理池	处理池位于深圳水库库尾，由6条流道组成，土层为泥质砂卵石层，往下为全风化黏土，放空维修时有4.8m水头；采用薄壁地下连续墙围封方案抗浮，墙厚400mm，深7.0m
深圳宝安中旅大酒店	地下一层，人工挖孔桩加箱形基础，土层为粉质黏土、砾砂层及砾质黏性土，砂层分布不均，厚度变化大。发生隆起事故后，布设7口降水井并结合地面堆载15~20kPa，联合加固处理
安徽某人防工事	地处河流二级阶地，工事长66.6m，宽46.6m，高5.0~6.0m，底板埋深6.3m；发生内墙整体200~570mm裂缝事故后，采用先室内充水助沉，再布设8口降水井并沿边墙双排注浆加固
山东省枣庄市台儿庄区污水处理厂	二沉池为内径42m圆形锥底水池，水池底面埋深3.4~4.5m，地上部分高1.6m。池体自重力G=27 508kN；浮力F=39 285kN。不满足抗浮要求，综合比较各种方案，经工艺调整后将水池整体抬高0.5m后采用压重力抗浮

续表

工程名称	工程地质情况和采用的工程措施
某化工厂 5 000m³ 应急水池	水池为矩形钢筋混凝土，池顶标高地面以下 1.00m，池底地面以下 7.30m，40mm×26mm×6.3mm（长×宽×高），池内最高设计水位地坪下 2.00m。采用刚度和自重力较大的筏板基础坐落于承载力较好砂岩层，并在池顶加砖夹石厚度 1 700mm，土厚度 600mm，池底加 400mm 素混凝土配重，抵抗地下水浮力
中国石油化学工业总公司武汉分公司北应急池	该应急池面积约 1 200m²，池顶面高出自然地面 0.3m，深度为 4.8m，采用 0.5m 厚 C15 素混凝土和 1.5m 厚毛石混凝土作平衡层抗浮；顶板为 150mm 厚钢筋混凝土板；底板为 400mm 厚钢筋混凝土板起到增加自重力抗浮的作用
河南省新乡牧野路中途提升泵站	雨水泵房平面尺寸 35.35m×24.7m，前池深 7.15m，水泵间深 9.85m，底板厚 1.2m，地下水位在自然地坪下 1m。该工程采用设置适当的配重层，并加大基础外挑长度，利用基础挑板上的覆土质量来共同抵抗浮力。泵房前池配重 0.6m 厚混凝土，水泵间为 0.3m 厚混凝土，设置不同厚度的配重层使受力更为均匀
怀化市第二水厂	厂址位于舞水河畔上游，距市区 10km，水处理能力为 10 万 t/d，场地自然地面标高 195~224m。地区年降雨量、洪水水位较高，工程含有多种水池，其中清水池为双联矩形池，埋置于地下，上面覆土层 300mm 厚，每个水池 24m×12m×4.6m，在水池板底增加一层毛石混凝土层，在毛石混凝土层上先埋插筋，与水池底板形成整体抵抗浮力。同时还采用了排水井和铺设排水盲沟的排水降压抗浮措施
天津市某一地铁车站	车站位于天津市西外环线西侧，车站分地上和地下两层，周边基本为农田，地上一层为 149.2m，地下一层总长 180.2m，车站宽为 22.8m，室外地面标高为 0.45m。抗浮设防水位为地坪下 0.5m，基坑深 8.3m，采用结构主体底板外挑 1m 配重和直径 800mm 的钻孔灌注桩，综合运用，解决了车站的抗浮问题

（2）锚杆抗浮。地下结构直接有效的抗浮措施是增加覆土厚度或增加底板厚度，但为了不影响建筑功能，基础埋深势必增加，而基础埋深增加会导致地下水浮力的相应增加，加载的作用会部分地被增加埋深所引起的浮力抵消；另外，底板的延伸会增加基坑的工程量，也会受到工程红线的限制；单纯地在底板加石块压重会造成地下室的空间减小。

锚杆是一种受拉杆件，它的一端与地下结构相连，另一端则锚固在稳定的岩层或土层中，利用本身材料的抗拉性来抵抗地下水所产生的上浮力。按锚杆锚固段的受力状态划分，可分为五类，即拉力型锚杆、压力型锚杆、拉力分散型锚杆、压力分散型锚杆和拉压分散型锚杆[61-62]，工程实例如表 1-2 所示[63-95]。

表 1-2　抗浮锚杆的部分工程应用

工程名称	工程地质情况	锚筋	抗拔力设计值 /kN
高碑店酒仙桥污水处理池	粉质黏土、细砂、粉砂	1 φ 40	230
上海龙华污水处理池	粉质黏土、黏土、粉砂夹黏土	3 φ 20	140
三亚亚龙湾污水处理池	块石填土、粗砂、淤泥质土、残积土及花岗岩	9×7 φ 5 钢绞线	2 340

工程名称	工程地质情况	锚筋	抗拔力设计值/kN
深圳福民佳园地下室	中粗砂、砂质粉土、全一强风化花岗岩	3φ25	310
黄石市人民广场地下停车场	强一中风化闪长石	5×7φ5 钢绞线	644
深圳罗湖体育馆地下室	强一中风化泥岩砂岩互层、糜棱岩	2φ25	200
金华某广场旁的地下车库	地下室底板的水头为 7.25m，中风化板岩	2φ25	220
厦门市高层建筑群	残积土，强风化	1φ32	130 240
厦门民盛商厦	残积土砂质黏土，全风化岩石	1φ32	198
浏阳河滨某住宅小区	强风化砾岩	2φ28	190
红水河边水泵房	中风化局部强风化花岗岩	1φ40	220
厦门鸿山大厦	中风化花岗岩	1φ32	233
江苏省淮安市安邦电化有限公司新建污水处理池	粉土、黏土	3φ25	360
山西娘子关污水处理厂污水处理池	微风化花岗岩	1φ16	80～100
威海市民文化中心工程	强风化花岗岩	3φ17.5 钢绞线	280
安柏丽晶园地下室	微风化、中风化、强风化岩层	3φ25	265
深圳某体育馆	微风化、中风化、强风化互层石英砂岩	2φ25	200
某地下矿槽	强风化	2φ25	49.5
泉州阳光国际广场	中风化，强风化	2φ25	250
某17层商住两用楼群地下停车场	淤泥质土、黏性土	5×7φ5 钢绞线	567 557
深圳燕含花园一期工程	砾砂黏性土、全风化花岗岩	3φ22	200
岭澳核电站油水分离器厂房FS工程	中等风化角岩	φ32	120
某污水处理池	粉质黏土	φ40	230
福州冠亚广场	中微风化	3φ15.2 钢绞线	400
福建泉港区内的石化工程大型雨水监控池	强风化花岗岩	3φ28	461.6
北京市朝阳区某工程	粉细砂	1φ40	180
北京酒仙桥污水处理厂沉淀池	粉质黏土	1φ40	230
某18层高层建筑地下室	风化岩层	2φ28	223
大连市体育场东外场	碎石土、强一中风化板岩	2φ25	217

　　锚杆有时并不是单独使用，也常与其他措施联合使用，例如与扩大头结合提高承载力单锚的抗拔力。工程实践和学者研究表明：锚杆虽然单锚抗拔力较小，但是锚侧的摩阻力由于锚固浆液深入裂隙而比抗拔桩大、受力合理，更有利于抗浮；另外，由于锚杆的间距小，施加的抗拔力小而密，使用锚杆抗浮可以减小地

下室底板的厚度，大大节省抗浮结构的工程造价。但锚杆抗浮也存在缺陷，如锚杆因为地下水随季节变化而产生的循环荷载而受力不利，同时锚杆的抗腐蚀的问题在施工中必须考虑。

（3）抗浮桩抗浮。抗浮桩利用桩侧摩阻力和自重起抗浮作用，单桩承载力较大，其抗浮能力与桩的自身特性及周围地质条件有关，一般布置在柱、墙下，其抗浮面积较大，且受环境条件、施工条件影响较大。抗浮桩的主要桩型为预制管桩、沉管灌注桩、钻孔灌注桩、扩孔桩和预应力管桩等。部分国内抗浮桩的工程应用如表 1-3 所示[96-107]。

表 1-3　抗浮桩的工程应用

工程名称	桩的参数	工程地质情况和采用的工程措施
首都国际机场扩建停车楼	φ600 旋喷桩内嵌 φ250 锚桩	粉质黏土、砂层；桩长 24m，抗拔力 1 230kN
广东奥林匹克体育场	φ400、φ500 预应力管桩	粉土、砂层、全风化砾岩；桩长 17～21m，抗拔力 410kN、540kN
深圳余氏酒店裙楼	挖孔桩底布设岩石锚杆	微风化花岗岩
上海某人防地下工程	φ600 护壁桩兼抗浮桩	粉质黏土、淤泥质黏土
淮河城西湖闸加固	φ1 000 钻孔灌注桩	黏性土、粉细砂；桩长 14m，抗拔力设计值 600kN
上海汇景苑美术馆中央地下车库下	φ600 钻孔桩	粉质黏土、细砂、黏土；桩长 33m，极限抗拔力 1 600kN
安徽某水利工程	φ1 000 钻孔灌注桩	粉质黏土、粉细砂；桩长 13.4m，抗拔力设计值 600kN
深圳华润中心城中区	φ400 预应力管桩	花岗岩残积土及风化层；桩长 9～12m，抗拔力设计值 500kN
三亚某体育场	φ400 预应力管桩	中粗砂互层；桩长 20～25m，抗拔力 320kN
城西湖进洪闸	φ1 000 钻孔灌注桩	黏土，粉质黏土、粉细砂层；桩长 10.5～13m，抗拔力设计值 600kN
天津市某污水处理厂二沉池	φ250 树根桩	黏土、粉土、粉质黏土；桩长 11m，单桩承载力 169kN
湖南张家界国际家园大型住宅小区	φ800 灌注桩	桩长 26m，用预应力筋减少钢筋用量
上海轨道交通 4 号线和 6 号线地下变电站	φ800 扩孔桩，扩大孔 φ1 000～5 000	粉质黏土，粉质砂土；桩长 26～30m 带有扩孔，单桩承载力 2 469～3 600kN
北京丽馨园商住楼	φ650、挤扩盘 φ1 400	挤扩盘处于砂土；桩长 12m，单桩承载力设计值 1 000kN
青岛某住宅小区高层住宅楼组团	φ800 人工挖孔灌注桩，扩孔直径 1 100mm	扩孔处于中风化安山岩；桩长 6m，单桩承载力 1 381kN
浙江省台州市某地下汽车库	PC-A500(100)预制管桩	桩端位于粉质黏土层，桩长 36m，单桩承载力 260kN
广州佛山市海八路隧道工程	φ1 000 钻孔灌注桩	淤泥质土层，砾砂，强中风化岩层；桩长 13m，单桩承载力 2 840kN

工程名称	桩的参数	工程地质情况和采用的工程措施
广州佛山市海八路隧道工程	φ1000 钻孔灌注桩	淤泥质土层，砾砂，强中风化岩层；桩长 13m，单桩承载力 2 840kN
南京太阳宫广场	单侧耳房下φ800 钻孔灌注桩	桩底为中-微风化闪长玢岩；桩长 18m，抗拔力 857kN
福州洋里污水厂	静压沉管桩	厚层淤泥、中砂
南京月牙湖花园君安苑	地下车库下φ800 人工挖孔桩	粉质黏土、砂岩、泥质砂岩；桩长 18m，抗拔力大于 1 500kN
狮子洋隧道	φ800 钻孔灌注桩	黏土层及风化岩石层；桩长 14m，单桩抗拔力 647kN

抗浮桩也存在着缺点，若桩与柱子相连，会使各抗浮桩的间距很大，需要很厚的底板才能抵抗浮力产生的附加弯矩和剪力，若减小桩距则会使工程造价增高。

（4）排水减压抗浮。地下水浮力是造成地下建筑物上浮的主要因素，排水减压就是通过一定的构造措施和排水设备来消除或减小施加到地下建筑物上的水浮力来达到抗浮的目的。排水减压在工程上有着广泛应用[108-118]，如表 1-4 所示。

表 1-4　排水减压的工程应用

工程名称	工程地质情况和采用的工程措施
深圳宝安中旅大酒店	地下一层，人工挖孔桩加箱形基础，土层为粉质黏土、砾砂层及砾质黏性土，砂层分布不均，厚度变化大。发生隆起事故后，布设 7 口降水井并结合和地面堆载 15～20kPa 联合加固处理
浙江某热电厂水池	容量 12 万 m³，土层为黏性土、砂土及碎石类土；采用棋盘形排水降压系统主动抗浮方案，纵横向排水盲沟间距 15m，池边 2 口集水井并用水泵抽排井水
内蒙古某选矿厂尾矿浓缩池	浓缩池直径 85m，辐射式，土层为粉土、中砂；使用无浮力底板（底板上设有泄水减压系统）抗浮，每块板中央设置直径 150mm 泄水孔，各块板连接处设宽 30mm 的泄水减压缝
安徽某人防工事	地处河流二级阶地，工程长 66.6m，宽 46.6m，高 5.5～6.0m，底板埋深 6.3m；发生整体上浮 200～570mm 且内墙裂缝事故后，采取先室内充水助沉，布设 8 口降水井并沿边墙双排注浆加固
昆明掌鸠河净水厂工程	位于昆明市东北角，松华坝水库西侧，主要构筑物有平流沉淀池两座、滤水池一座、清水池两座。底板下设置沙石反滤层，滤层下设置盲管、盲沟排放地下水，周边排放明水边沟，同时填沙石滤料形成排水网络系统，始终保持基坑地下水标高在混凝土垫层下
湖北劲牌有限公司保健酒基地二期建设工程联合车间	地下水在上渗至浮力释放系统后，通过铺设在碎石层以下的土工布过滤层进入碎石层，碎石层与底板之间也铺设防水层，碎石层中的地下水通过包在 PVC 滤水管外的土工布和砂石进一步过滤，然后进入滤水管道流入集水井和沉淀井，最后通过抽水泵将地下水抽出，这样地下水产生的上浮力对基础底板的压力被释放、减弱，基础底板处于动态平衡之中

续表

工程名称	工程地质情况和采用的工程措施
福建中旅城二期工程	福州中旅城二期工程位于福州市五四路闽江饭店南侧,地下 4 层、地上 40~46 层。单层地下室建筑面积 18 000m²,地下室底板土方开挖深度为 17.50m,底板面标高为-17.50m、板厚 600 mm。采用浮力释放系统解决结构坑浮问题,将地下室的抗浮水位绝对标高由 6.80m 降至-6.50m
怀化市第二水厂	厂址位于舞水河畔上游,场地自然地面标高 195~224m,最高洪水水位 195.53m。上覆土层 300mm 厚,每个水池 24m×12m×4.6m。在水池池底增加一层毛石混凝土层,在毛石混凝土层上先埋插筋与水池底板形成整体,同时还采用排水井和铺设排水盲沟的排水降压抗浮措施
上海金茂大厦裙房基础	基础底板采用大面积静力释放层技术解决抗浮问题,在纵横交错的盲沟中设置多孔 PVC 管形成滤水层,地下水通过大面积滤水层集中排到集水井,再通过水泵抽至地面来释放和消减地下水对底板的浮力,使裙房基础底板的厚度仅为 0.6m,而按传统设计基础底板厚度至少要 1.5~2.0m,比传统做法薄 0.9m 左右
贵广铁路佛山隧道进口引道段抗浮设计	基坑 U 形,底板埋深 6~10m,水位在地面下 0.5m,采用排水减压法的抗浮方案,在结构两侧基坑回填层中夹一薄层片石透水层,形成排水减压层,当地下水位较高和暴雨季节地面下渗水量较大时,地面以下一定标高范围的水通过排水减压层从地势较低处排出,并通过地面排水沟引入邻近沟渠中,从而降低结构有效抗浮设计水位,减少抗拔桩的设置数量,从而达到降低施工难度,减少费用及加快施工进度的目的
广东省潮州供水枢纽工程深厚强透水地层基坑开挖	厂房基坑平面长为 161.75m、宽为 38.0m,采用内撑式地下连续墙支护,连续墙厚为 800mm,内支撑为钢筋混凝土支撑。基坑底部以下 3.0~5.0m 处存在承压水层,水头差 23m,采用"局部封底+减压井"的降水减压措施,经济效果明显,本基坑开挖降水减压总费用约 1 300 万元,比全封底节约了 4 700 万元左右
国家大剧院基坑地下水控制	设计基础埋深大部分在-26.0m 处,局部台仓(4 316m×3 213m)深达-32.5m,采用反循环工艺施工引渗井,降低地表水,有效控制基坑开挖的地下水,保证基坑工程顺利进行
某体育馆地下室上浮事故加固处理	某体育馆未做抗浮处理,在持续降水后,局部底板出现隆起,部分底板出现裂缝,渗漏严重,地下室顶梁、顶板及柱顶均有开裂现象,最后采用打 4 个泄水孔降压,侧壁外挖排水沟,沟底低于地下室底板 400mm,并在排水沟中等距离设置 4 个集水坑抽水,再对破坏部位补强

目前排水减压抗浮能够满足建筑物在施工过程中和正常使用过程中不同工况下的抗浮要求,使需考虑抗浮而难以确定抗浮设计水位的工程设计变得方便;排水减压抗浮能够有效减少底板厚度,经济效益显著,又可以大量节省工期;但是长期排地下水会对建筑物及周边环境产生污染问题,同时排水通道的堵塞也会对建筑物造成不利影响。

现有各种抗浮措施各有其适用的条件,选用时要根据水文地质、工程地质和结构自身情况,综合分析选用。配重抗浮主要适用于地下水位不高、结构所受浮力与结构自身的抗浮力相差不大、埋深较浅且场地限制小的工程;而抗浮桩和抗浮锚杆是目前应用最为广泛的两种抗浮措施,其技术已经很成熟,主要适用于埋深较浅而面积较大的基础等。这三种抗浮措施都从增加抗浮力的角度来提高抗浮安全系数,是"被动"的抗浮措施。而排水减压抗浮是减少作用在建筑物上的水压力,从减小水浮力的角度来提高抗浮安全系数,是一种"主动"的抗浮措施。"主动"抗浮措施除了上述的排水减压法外,Chang 等[119]利用在基础底部铺设土工织物，通过调节土工织物的过滤性、阻水率、透射率等参数，弱透水性土体中的孔隙水产生渗流，从而降低作用在基础底板上的水浮力，而且长期的监测数据也证明了其合理性和可靠性。受排水减压抗浮措施"主动"降低水浮力启发，梅国雄等[120]还提出一种游泳池主动抗浮施工技术，其主要特征是在游泳池底板下设置排水盲沟，能够有效排除游泳池在正常使用情况下底板汇聚的水，消除静水压力的影响，进而减少水浮力；底板上设有排水孔洞，在泳池排空状态下开启，与排水沟联合使用以有效减少泳池所受的水浮力。

综上所述，工程抗浮是一个有很大发展空间的领域，其一是抗浮的工具可以改进，可以使用桩体、锚杆，也可以使用其改进体，最终的目标就是使抗拔力达到最大；其二是抗浮工具的改进，必然导致理论计算和验算方面的创新，以便为新型抗浮体提供"安全说明书"。

1.3　本书研究内容

在地下空间开发大背景下，本书对带埋深建筑物的浮力计算和抗浮技术等问题展开研究，并对地下水浮力计算、抗浮思路与方法等理论问题，主动和被动抗浮技术，以及抗浮措施的工程应用三个方面进行分析，如图1-2所示。

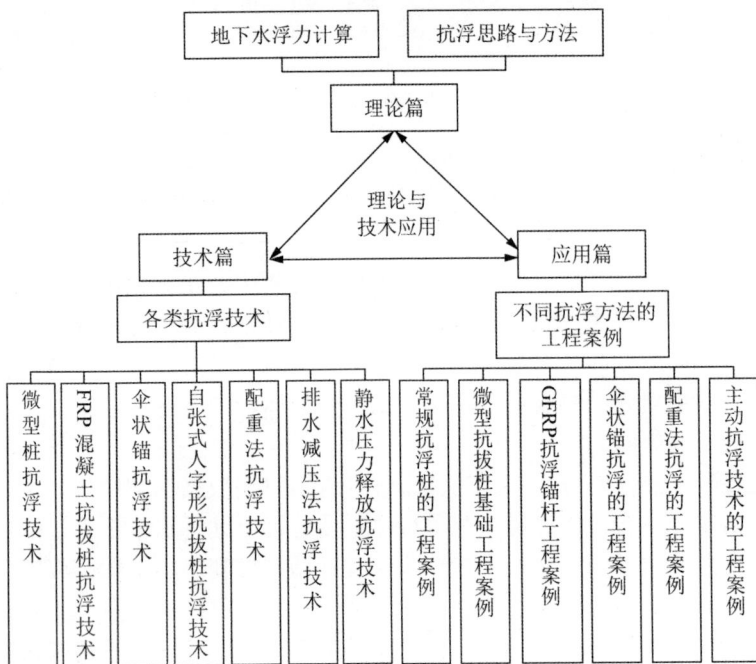

图 1-2　本书研究框图

参 考 文 献

[1] 张在明, 孙保卫, 徐宏声. 地下水赋存状态与渗流特征对基础抗浮的影响[J]. 土木工程学报, 2001,34 (1): 73-78.

[2] 赵继红. 浮力的实质[J]. 雁北师范学院学报, 2002, 18 (2): 89-90.

[3] 白玉华, 张钟声, 贺大印. 岩土工程地下水计算[M]. 南京: 河海大学出版社, 1997.

[4] 李定洲, 张维江. 有关饱和土体中有效压力和静水压力的思考[J]. 宁夏农学院学报, 1997, 18 (1): 52-54.

[5] OGAWA S I, et al. Field investigations on Seasonal Variations of the groundwater level and pore water pressure in landslide areas [J]. Soils and Foundations, 1987, 27 (3): 50-60.

[6] 张克意, 赵其华. 深基坑围护结构侧面孔隙水压力研究[J]. 岩土工程学报, 2004, 26 (1): 155-157.

[7] 程玉梅, 张金红. 土体中毛细水压力的研究[J]. 勘察科学技术, 2003(2): 18-20.

[8] 赵慈义, 孙雯, 陈宁义, 等. 孔隙水压力量测的延迟效应分析[J]. 岩土力学, 1995, 16 (4): 66-73.

[9] JARSJÖ J R, PROST B Y. An experimental approach for the characterization of rigid porous media and unsaturated conductivity relations [J]. Journal of Porous Materials, 1997, 4(3): 199-209.

[10] 黄志仑. 关于地下建筑物的地下水扬力问题分析[J]. 岩土工程技术, 2002 (5): 273-275.

[11] 介玉新, 温庆博, 李广信, 等. 有效应力原理几个问题探讨[J]. 煤炭学报, 2005, 30 (2): 202-205.

[12] 郭玉荣, 邹银生, 王贻荪. 深基坑整体稳定性分析中的孔隙水压力问题[J]. 岩土工程技术, 1998(3): 3-6.

[13] 崔红军, 陆士强. 基坑围护结构承受的水压力计算理论的试验验证和分析[J]. 武汉大学学报(工学版), 2001, 34 (1): 45-48.

[14] 李广信, 吴剑敏. 浮力计算与黏土中的有效应力原理[J]. 岩土工程技术, 2003, 2:63-66.

[15] PARE J J, VERMA N S, LOISELLE A A, et al. Seepage through till foundations of dams of the Eastman-Opinaca-La Grande diversion [J]. Canadian Geotechnical Journal, 1984 (2): 75-91.

[16] 李广信, 吴剑敏. 关于地下结构浮力计算的若干问题[J]. 土工基础, 2003, 17 (3): 39-41.

[17] 崔岩, 崔京浩, 吴世红. 地下结构浮力模型试验研究[J]. 特种结构, 1999, 16 (1): 32-39.

[18] 邱向荣, 邓高, 黄平安. 地下水浮力计算的若干问题探讨[J]. 广东土木与建筑, 2004, 11:21-23.

[19] 张欣海. 深圳地区地下建筑抗浮设计水位取值与浮力折减分析[J]. 勘察科学技术, 2004, 2: 12-16.

[20] 贾强, 应惠清, 葛俊颖. 基坑工程中基础抗浮力稳定性验算[J]. 四川建筑科学研究, 1999, 12: 23-25.

[21] 吴持恭, 四川大学水力学与山区河流开发保护国家重点实验室. 水力学[M]. 5 版. 北京: 高等教育出版社, 2016.

[22] B. H. 阿拉文, C. H. 罗米诺夫. 渗流理论[M]. 王仁东, 译. 北京: 高等教育出版社, 1958.

[23] 关明芳, 陈洪凯. 渗流自由面求解方法综述[J]. 重庆交通学院学报, 2005, 24 (5): 68-73.

[24] G.哥德赫. 有限元法在岩土力学中的应用[M]. 张清, 张弥, 译. 北京: 中国铁道出版社, 1983.

[25] 罗晓辉. 基坑开挖渗流数值分析[J]. 土工基础, 1997, 11 (3): 18-21.

[26] 张俊霞, 李莉, 张宝森. 基坑降水的三维渗流计算分析[J]. 岩土工程界, 2002, 5 (5): 50-51.

[27] 王国光, 严平, 龚晓南, 等. 采用止水措施的基坑渗流场研究[J]. 工业建筑, 2004, 31 (4): 43-45.

[28] 刘建军, 杨前雄, 史沛元. 基坑降水过程中地下水渗流数值模拟[J]. 地下水, 2005, 27(5): 342-343.

[29] 骆祖江, 刘昌军, 瞿成松, 等. 深基坑降水疏干过程中三维渗流场数值模拟研究[J]. 水文地质工程地质, 2005, (5): 48-53.

[30] 毛昶熙. 渗流计算分析与控制[M]. 北京: 水利电力出版社, 1990.

[31] 朱百里, 沈珠江. 计算土力学[M]. 上海: 上海科学技术出版社, 1991.

[32] 魏汝龙. 开挖卸载与被动土压力计算[J]. 岩土工程学报, 1997, 19 (6): 88-92.

[33] 魏汝龙. 基坑内外水压力和渗流力[J]. 岩土工程师, 1998, 10 (1): 23-25.

[34] 李广信. 关于有渗流情况下的土压力计算[J]. 地基处理, 1998, 9 (1): 57-58.

[35] 黄春娥, 龚晓南, 顾晓鲁. 考虑渗流的基坑边坡稳定分析[J]. 土木工程学报, 2001, 34 (4): 98-101.

[36] 吴斌. 地下结构物抗浮设计初探[D]. 广州: 华南理工大学, 2003.

[37] 雷波. 地下水与建筑基础相互作用机理研究[D]. 北京: 北京科技大学, 2005.

[38] PRAKASH C. Uplift resistance of underreamed piles in silty sand [J]. Indian Geotechnical Journal, 1980, 1 (2): 46-59.

[39] 史鸿林, 王维雅, 刘庆展. 用抗拔桩处理水工建筑物抗浮的试验研究[J]. 水利水电技术, 1996(7): 49-55.

[40] 陈志龙, 刘念, 姜玮, 等. 地下工程抗浮爆扩桩抗拔承载力的试验研究[J]. 特种结构, 1999, 16 (4): 30-33.

[41] NAGATA, MAKOTO, HIRATA, et al. Study on uplift resistance of screwed steel pile [J]. Nippon Steel Technical Report, 2005, 92 (7): 73-78.

[42] 崔京浩, 崔岩. 锚固抗浮设计的几个关键问题[J]. 特种结构, 2000, 17 (1): 9-14.

[43] 许厚材, 熊青山, 刘光华, 等. 抗浮锚桩注浆施工实践[J]. 水文地质工程地质, 2000(5): 55-57.

[44] 何宝林. 土层锚杆在抗浮结构中的应用[J]. 特种结构, 2002, 19 (2): 27-31.

[45] 贾金青, 宋二祥. 滨海大型地下工程抗浮锚杆的设计与试验研究[J]. 岩土工程学报, 2002, 24(6): 769-771.

[46] 陈棠茵, 王贤能, 余锦洲. 深圳地区抗浮锚杆试验中锚杆的破坏形式及位移性状[J]. 岩土工程界, 2004, 7(1): 56-59.

[47] 耿冬青, 程学军, 宋福渊, 等. 压力分散型锚杆在某基础抗浮工程中的应用[J]. 建筑结构学报, 2005, 26(1): 119-124.

[48] 刘乃斌. 预应力锚杆抗浮工程技术[J]. 天津建设科技, 2004, (4): 38-39.

[49] 曾嘉, 唐旭雄. 考虑与底板共同作用的抗浮锚杆设计[J]. 广州建筑, 2005, (4): 33-35.

[50] CHANG D T, WU J Y, NIEH Y C. Use of geosynthetics in the uplift pressure relief system for a raft foundation [J]. Journal of Engineering and Applied Science, 1996, 1281 (5): 196-210.

[51] 毕雅明. 水池抗浮设计方案的分析与比较[J]. 结构工程师, 2008(1): 11-14.

[52] 吴建虹. 高层建筑地下室抗浮设计的几个问题[J]. 广东土木与建筑, 2002(8): 3-5.

[53] 张德平. 废水滞留池裂缝的加固[J]. 华东电力, 1994 (9): 20-22.

[54] 王菊娥, 邓炳文, 刘树义. 大型地下车库上浮事故处理[J]. 一重技术, 2005(2): 48-49.

[55] 曾国机, 王贤能, 胡岱文. 抗浮技术措施应用现状分析[J]. 地下空间, 2004, 24(1): 105-109.

[56] 刘森虎, 刘萍, 支伟英.某5000m³水池的综合抗浮设计方案[J]. 甘肃科技纵横, 2007(2): 144+199.

[57] 魏刚. 大面积地下建筑的结构设计[J]. 炼油技术与工程, 2009(5): 44-46.

[58] 张永贤. 敞口式雨水泵房结构设计浅析[J]. 城市道桥与防洪, 2009(8): 93-95+253.

[59] 龚小蔚. 对大容量混凝土水池抗浮抗裂的探讨[J]. 工程设计与建设, 2003(2): 28-31.

[60] 张景花. 地铁车站的抗浮设计[J]. 山西建筑, 2010, (08): 122-123.

[61] 马占峰. 拉力型抗浮锚杆的现场测试与数值分析[D]. 北京: 中国地质大学, 2008.

[62] 赵付朝. 压力分散型抗浮锚杆特性及数值分析[J]. 山西电力, 2009(S1): 16-19+31.

[63] 贾金青, 宋二祥. 滨海大型地下工程抗浮锚杆的设计与试验研究[J]. 岩土工程学报, 2002, 24(6): 769-771.

[64] 贾金青, 陈进杰. 大型地下建筑抗浮工程的设计与施工技术[J]. 建筑技术, 2002, 33(5): 352-353.

[65] 贾金青, 等. 软岩地区抗浮锚杆的试验与施工[J]. 岩土工程学报, 2003, 33(1): 40-43.

[66] 韩立军, 王德亮, 渠涛, 等. 地下大型污水池爆扩抗浮锚固结构设计与应用[J]. 岩石力学与工程学报, 2009, (S1): 2960-2965.

[67] HAN L L, WANG D L, TAO Q, et al. Design and application of anti-floating anchored structure by blast-expanding bore in large-scale underground sewage pool[J].Chinese Journal of Rock Mechanics and Engineering, 2009, 28(1): 2960-2965.

[68] 魏坤, 戴西行, 杨勇. 地下室抗浮锚杆布置方式设计探讨[J]. 山西建筑, 2011(8): 41-43.

[69] FOXTON P.Vertically loaded anchors for deep water[J]. Journal of Off Shore Technology, 1997, 5(3): 40-43.

[70] 崔京浩, 崔岩. 锚固抗浮设计的几个关键问题[J]. 特种结构, 2000, 17(1): 9-14.

[71] 刘益, 梅国雄, 宋林辉, 等. 新型伞状抗拔锚的室内试验及研究[J]. 工业建筑, 2008(10): 71-75.

[72] 刘益, 梅国雄, 宋林辉, 等. 新型伞状抗拔锚的制作及其试验研究[J]. 岩石力学与工程学报, 2009(S1): 2935-2940.

[73] 梅国雄, 徐敏, 宋林辉, 等. 新型伞状抗拔锚现场试验研究[J]. 岩土工程学报, 2010(6): 892-896.

[74] 彭涛, 武威, 陈德拔, 等. 复杂地质条件下预应力抗浮锚杆的应用[J]. 工程勘察, 2000(2): 31-33.

[75] 何飞龙. 地下车库抗浮锚杆的应用[J]. 浙江建筑, 2006(6): 32-34.

[76] 葛新辉, 卢延东, 陈笃坚. 全长黏结型抗浮锚杆应用实例[J]. 山西建筑, 2008(18): 129-130.

[77] 黄琪祺, 周健. 抗浮锚杆在工程设计中的应用[J]. 土工基础, 2008(3): 1-3.

[78] 补家炎, 秦亚珺. 复杂地层下抗浮锚杆的应用实例研究[J]. 土工基础, 2010(5): 11-13.

[79] 廖泽球. 大水位差取水泵房结构抗浮设计[J]. 电力建设, 2007(9): 60-62.

[80] 许青. 加鸿山大厦连接体工程抗浮锚杆的施工[J]. 施工技术, 1993(9): 27, 28, 42.

[81] 赵乐华, 夏柏如, 刘红岩. 抗浮岩石锚杆新型锚固剂锚固性能的模型试验研究[J]. 建筑科学, 2009(3): 18-23.

[82] 李启东, 郑委, 姜孝芳, 等. 某工程预应力抗浮锚杆施工工艺改进[J]. 施工技术, 2010(9): 75-77.

[83] 王贤能, 曾卫东, 徐金台. 岩石抗浮锚杆的应用及分析[C]//中国岩石力学与工程学会. 岩石力学新进展与西部开发中的岩土工程问题: 中国岩石力学与工程学会第七次学术大会论文集. 北京: 中国科学技术出版社, 2002:831-834.

[84] 李水根, 丁秋秋. 地下矿槽建筑的抗浮分析与设计[J]. 新余高专学报, 2006(2): 99-101.

[85] 施建日. 阳光国际广场1号楼结构设计[J]. 福建建筑, 2009(3): 45-47.

[86] 梁仕华, 王士川, 宋攀登. 带扩大端预应力抗浮锚索在某地下工程中的应用[J]. 工业建筑, 2006(S1): 773-775, 822.

[87] 李土均. 抗浮锚杆基础施工及质量保证措施[J]. 建筑技术, 2005(8): 621, 622.

[88] 裴爱国. 抗浮锚杆在岭澳核电站油水分离器厂房FS工程中的应用[J]. 广东电力, 2005(1): 29-31.

[89] 胡宝良. 某沉淀池抗浮锚杆的设计与施工[J]. 电力勘测, 2000(1): 38-41.

[90] 游卫华. 后置锚杆在某工程基础抗浮中的应用[J]. 福建建筑, 2010(6): 75-77.

[91] 宁仟俊, 何国富. 锚杆在大型水池抗浮设计中的应用[J]. 市政技术, 2010(5): 76-79.

[92] 刘文斑, 姚谦峰, 张涛. 高层主楼与地下车库的基础设计与分析[J]. 工业建筑, 2008(S1): 280-284.

[93] 王贤能, 叶蓉, 郑建昌, 等. 抗浮锚杆的应用实例[J]. 地质灾害与环境保护, 2001, 12(1): 68-71.

[94] 于清军. 酒仙桥污水处理厂工程沉淀池抗浮锚杆施工技术[J]. 市政技术, 2001(1): 20-28.

[95] 易俊涛. 浅谈抗浮锚杆的设计与应用[J]. 广东科技, 2010(10): 58-59.

[96] 史鸿林, 王维雅, 刘庆展. 用抗拔桩处理水工建筑物抗浮的试验研究[J]. 水利水电技术, 1996(7): 49-55.

[97] 张雪梅, 王浩, 曹玥. 树根桩解决抗浮问题的具体应用[J]. 城市道桥与防洪, 2008(7): 79-81, 9.

[98] 朱辉. 大型住宅小区地下室底板结构设计与抗浮验算[J]. 广东建材, 2009(7): 224-225.

[99] 徐征宇, 张同. 万带扩孔端的抗拔桩在地下变电站抗浮设计中的应用[J]. 华东电力, 2005(8): 41-46.

[100] 方崇, 张信贵, 闭历平. 挤扩支盘桩在地下建筑抗浮设计中的应用[J]. 岩土工程技术, 2005(6): 281-283, 310.

[101] 陈春燕, 孙学东. 地下车库抗浮桩设计[J]. 山西建筑, 2009(33): 135-136.

[102] 虞林军. 先张法预应力混凝土管桩作为抗拔桩的设计[J]. 建筑结构, 2006(3): 60, 61.

[103] 刘发前. 地下结构抗浮设计讨论[J]. 城市道桥与防洪, 2010(6): 211-213, 243.

[104] 张怀庆. 南京太阳宫广场钻孔灌注桩工程施工实录[J]. 西部探矿工程, 1999(3): 22-24.

[105] 庄平辉. 污水厂抗拔桩的检测技术及性能分析[J]. 福建建筑, 2000(S2): 26-28.

[106] 刘金洪, 顾爱锋, 龚维明, 等. 人工挖孔灌注桩承载力试验研究[J]. 建筑结构, 1999(12): 44-45.

[107] 阳芳, 狮子洋, 等. 隧道明挖敞开结构抗浮设计[J]. 铁道工程学报, 2009(10): 64-68.

[108] 俞亚南, 屠毓敏. 大型膜防渗水池的防渗和抗浮设计[J]. 电力建设, 1998(12): 30-33.

[109] 唐大凡, 宁仁德. 85m直径辐射式浓缩池抗浮及结构防腐设计[J]. 工业建筑, 1999, 29(8): 30-33.

[110] 王兆强. 超长混凝土结构抗渗抗裂抗浮施工技术[J]. 科学之友(学术版), 2005(Z1): 101-103.

[111] 陈政治, 马哲胜, 詹红中, 等. 地下建筑抗浮失效案例分析及处理[J]. 资源环境与工程, 2009(1): 47-51.

[112] 吴建英. 浮力释放系统在大型深基坑工程中的应用[J]. 福建建筑, 2010(9): 44-46.

[113] 龚小蔚. 对大容量混凝土水池抗浮抗裂的探讨[J]. 工程设计与建设, 2003(2): 28-31.

[114] 贾志清. 明挖隧道结构抗浮设计新思路[J]. 铁道建筑技术, 2011(5): 21-24.

[115] 郑汉滨, 王松波. 深厚强透水地层中基坑开挖降水减压方案设计与应用[J]. 广东水利水电, 2009(7): 28-30, 36.

[116] 张志林, 何运晏. 国家大剧院深基坑地下水控制设计及施工技术[J]. 水文地质工程地质, 2005(3): 113-116.

[117] 陈大川, 唐利飞, 张成强, 等. 某体育馆地下室上浮事故的分析及加固处理[J]. 工业建筑, 2010(6): 123-126.

[118] 刘波, 刘钟, 张慧东, 等. 建筑排水减压抗浮新技术在新加坡环球影城中的设计应用[J]. 工业建筑, 2011, 41(8): 138-141.

[119] CHANG D T, WU J Y, NIEH Y C. Use of geosynthetics in the uplift pressure relief system for a raft foundation [J]. Journal of Engineering and Applied Science, 1996, 12814(5): 196-210.

[120] 梅国雄, 等. 游泳池基础主动抗浮施工方法: ZL201010169254.8[P]. 2010-5-12.

理　论　篇

第2章 地下水浮力初步探讨试验

就目前的研究成果可见,砂土地基中的水浮力不存在折减量已被公认,黏土地基中的水浮力是否存在折减量存在争议。本章在分析总结以往模型试验的基础上,就黏土地基中的基础浮力问题进行探索性试验,为提出合理的模型试验做准备。

2.1 试 验 方 案

2.1.1 试验思路

国外对地下水浮力模型试验方面的研究文献基本没有,国内也比较少。从现有的文献来看,模型试验研究方面的成果主要集中在国内,相关研究人员有崔岩、周朋飞、张第轩、宋林辉、梅国雄、向科、张乾和周明等,各试验比较的详细资料见表2-1。

表 2-1 已有地下结构浮力模型试验的比较

模型名称	试验简介	模型简图	试验结论
崔岩等模型[1]	将一个玻璃箱先后部分埋置于砂土和黏土中;固定箱外水位,减小箱内配重,通过称取上浮时玻璃箱的质量来获得浮力		砂土和黏土中的水浮力均无折减量;黏土浆中的浮力用泥浆容重计算;侧壁压力采用土体有效重度计算
周朋飞模型[2]	将一个圆桶先后部分埋置于砂土和黏土中;在桶顶安装量力环,增加桶外水位,但限制桶体上浮,通过测试桶体在不同水位下的受力变化来计算浮力		砂土中的水浮力无折减量;黏土中的浮力存在折减,且折减量在25%左右
张第轩模型[3]	将一个有机玻璃箱先后放置在砂土和黏土上;改变箱外水位,无约束试验直至箱体上浮并通过称重获得浮力,有约束试验则测试水位改变引起的浮力变化情况		砂土中的水浮力无折减量;黏土中的浮力增长比水位升高慢,存在滞后效应,但折减量基本可忽略

模型名称	试验简介	模型简图	试验结论
宋林辉等模型[4]	将一个钢箱放置在带荷重传感器的铁架上,铁架埋置在黏土中;固定箱外水位,减小箱内配重直至上浮,通过称剩余箱体质量获得浮力,并通过传感器了解浮力的变化		黏土中的浮力存在折减量,且折减量在30%左右
梅国雄等模型[5]	将一个钢箱先后部分埋置于布有土压力盒和孔压计的砂土及黏土浅坑中;改变箱外水位,但箱体不上浮,通过传感器得到不同水位下浮力和箱底孔压的变化		砂土中的水浮力无折减量;黏土中的浮力存在折减量,且折减量在30%左右
向科等模型[6]	将一个带活动底板的桶先后部分埋置于无黏性土和黏土中,在桶与底板间用橡胶卡紧密封;固定桶外水位,减小桶内配重直至上浮,通过称重获得浮力		无黏性土和黏土中的水浮力均无折减量;试验中的微小折减量归结为试验误差
张乾等模型[7]	将三个带不同配重的塑料桶一起部分埋置于黏土中;逐级增加桶外水位,直至所有桶体逐个上浮,在测试摩阻力的基础上计算得到浮力大小		黏土中的浮力存在折减量,且折减量在25%左右
周明模型[8]	将一个圆桶先后部分埋置于砂土和黏土中;在桶顶安装量力环,增加桶外水位,但限制桶体上浮,通过测试桶体在不同水位下的受力变化来计算浮力		砂土中的水浮力无折减量;黏土中的浮力存在10%~20%的折减量,但建议工程中忽略

由表 2-1 中的资料可见,试验所采用的结构模型尺寸在量级上都差不多,但各自的试验思路有差异,崔岩等的模型受力明确,不过因涉及侧摩阻力的测试,试验环节上稍显复杂。张第轩的模型通过所加荷重的增量来反映不同水位下的浮力的增量;周朋飞和周明的模型则都是利用测力环提供反力,试验装置与张第轩一致,即利用测力环的优点是在提供反力的同时还能方便得到荷载的变化,并由此直接计算得到浮力大小。周朋飞同时研究了黏土和砂土,并且研究了单一土层和复杂土层,而周明则研究了砂土和黏土的单一土层。向科等的模型通过减小活动底板的压重使其浮起,并将土层与侧壁的摩擦转化为活动底板与侧壁的摩擦,使得摩阻力的测试简便了,所得浮力也更精确。宋林辉等和梅国雄等的模型都是通过测量基底反力获得浮力,但前者采用的是结构模型浮起试验

思路，而后者为结构模型不浮起思路。张乾等则与崔岩相似，测量浮起时的模型桶重力，并另外计算摩阻力，最终确定浮力。虽然试验思路不同，但上述专家都是在寻求模型箱浮起瞬间的力的平衡式，最终得到作用在模型箱上的浮力大小的试验结果。再看试验结论，即便试验研究的都是同一个问题，试验思路也有所相通，但得到的结论却是截然相反的，崔岩等[1]和张第轩[3]的试验结果说明无论是砂土还是黏土，其水浮力都不存在折减量；周朋飞[2]的试验结果表明砂土中的地下水浮力不存在折减量，而黏土中的地下水浮力存在折减量，为 25% 左右；宋林辉等[4]的试验结果都表明黏土中存在折减量，为 30% 左右，在砂土中不存在折减量。张乾等[7]的试验结果为黏土中存在折减量，为 25%。向科等的试验结果说明在黏土中地下水浮力存在折减量，而在砂土中存在微小折减量，但可归结为实验误差。周明[8]的试验表明在砂土中地下水浮力都无折减量，而黏土地基中有折减量，为 10%～20%。

综上所述，八个模型试验在低渗土体浮力大小上给出的结论有所不同，有的认为有折减量，有的认为无折减量。实际上，通过查阅各模型试验的文献内容均可发现，低渗黏土中的浮力测试值总是或多或少地比理论值要小（未固结的黏土浆除外），但试验者鉴于这种折减的机理不明确或考虑到工程安全的需要，往往将之归因于试验误差而不考虑折减量。当然，结论的差别还与各模型试验的设计方案有关，因此有必要对试验影响因素进行深入分析，并设计更为合理的试验方案。

本章介绍的基础浮力试验的思路与以往完全不同，每次试验直接将 4 个不同质量的基础模型埋置于黏土地基中，通过对比摄像头每 10min 拍摄的照片，判断和确定基础模型的上浮情况，并找出浮起的最重基础模型和不浮起的最轻基础模型，将两者质量与此埋深下用阿基米德定律计算出的浮力值进行比较，以确定折减系数的范围，进而通过理论分析计算得到确切的地下水浮力折减系数值。

试验方法虽然简单，甚至都不需要借助测试仪器，但此正是其最大的优点，因为只有这样才能够真实模拟埋置于黏土地基中的基础，以及在地下水浮力作用下的受力状态，且由试验过程和试验现象得出的试验结论也非常直接、易懂。

2.1.2　试验设备

整个试验采用设备：室内模型坑，几何尺寸（长×宽×高）为 2.0m×2.0m×1.0m，坑内填有 0.5m 厚的黏土，土体的基本物理指标如表 2-2 所示，颗分试验得到土体各粒径百分比列于表 2-3；四个 ϕ200mm×240mm（高）的塑料桶，其质量为 251g，用于模拟建筑基础；数码摄像监控系统主要由一个定时拍摄的软件、一个摄像头和一台计算机构成。

表 2-2　土体的基本物理指标

密度 ρ / (g/cm³)	含水量 w/%	压缩模量 E_s/MPa	土体密度 G_s	孔隙比 e	塑性指数 I_P	液性指数 I_L
1.83	40.2	3.0	2.74	1.104	17.4	1.3

表 2-3　土体各粒径百分比

粒径范围/mm	0.075~0.05	0.05~0.01	0.01~0.005	<0.005	<0.002
w/%	9.7	50.1	13.1	27.1	15.0

2.1.3　试验步骤

本节共进行三组不同埋深的水浮力试验，如表 2-4 所示。其中为使基础与周围土体同固结、同沉降，并在土体饱和过程中防止模型桶上浮，在模型桶中加重使基础初始质量为 m_0；各桶体质量由前期假定的浮力折减系数和前期测得的桶侧与土的摩擦系数估算得到；在模型桶高度限制下，基础不同的埋深确定了不尽相同的试验水位 H。为避免试验现象的偶然性，每组试验均重复进行三次，即共进行三组、九次试验。

表 2-4　三组不同埋深的水浮力试验

试验序号	基础埋深 h /mm	基础初始质量 m_0/kg	1 号桶体质量 m_1/kg	2 号桶体质量 m_2/kg	3 号桶体质量 m_3/kg	4 号桶体质量 m_4/kg	试验水位 H /mm
第一组	80	2.016	0.602	1.357	2.113	2.869	160
第二组	120	3.150	0.803	1.773	2.715	3.657	200
第三组	160	4.283	0.732	1.715	2.697	3.680	210

现以第一组试验为例，阐述具体的试验步骤如下。

1）试验进行前的准备工作

将黏土按 100mm 一层分层填入模型坑中，至 0.5 m 高，并进行逐层压实；在填土过程中，按试验方案中基础的设计埋深 h，将四个桶按图 2-1 所示位置埋入土中，埋桶时需在桶壁抹凡士林，主要有两个目的，一是减小桶壁与土体间的摩擦力，二是可以使土体与桶壁更好地接触，防止水从桶侧壁流入桶底部；另外，桶中放置与埋深范围内土体等质量的物体质量 m_0。填好土后，往模型坑中抽水，使水面刚好淹没土层表面，然后静置一个月，使土体充分饱和。

2）调节基础质量

待土体充分饱和之后，将四个桶中的物体质量调整为 m_1、m_2、m_3 和 m_4，比如第一组试验中的 1～4 号的桶重分别调整为 0.602kg、1.357kg、2.113kg 和 2.869kg，以划定折减系数的范围，其他两组试验的各桶体质量如表 2-4 所示。

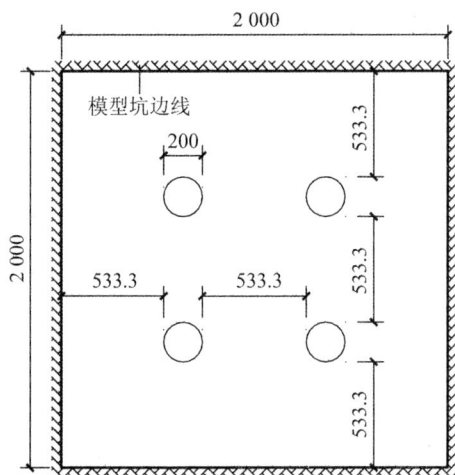

图 2-1　平面布置图

3）调节水位

基础质量调整完毕后，往坑内注水，直至达到试验方案中的设计水位 H，第一组试验为 160 mm，如图 2-2 所示，其他两组试验分别为 200mm 和 210mm，如图 2-3 和图 2-4 所示。

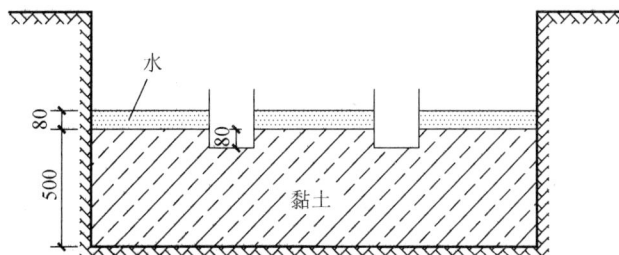

图 2-2　第一组剖面图

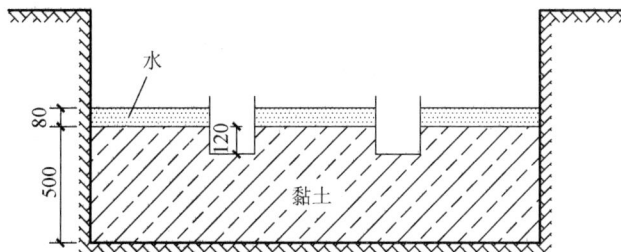

图 2-3　第二组剖面图

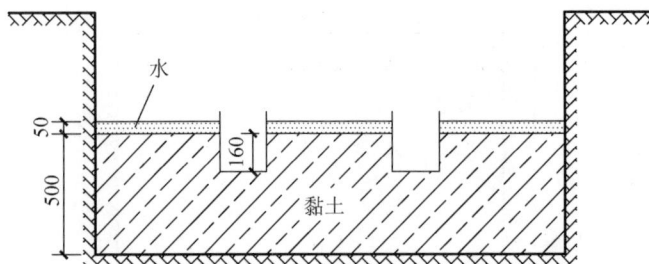

图 2-4　第三组剖面图

4）进行试验观测

水位调整完毕后，开始进行试验观测，打开数码摄像监控系统，每 10min 拍摄一张照片，如图 2-5 所示，持续进行 10 天，10 天后详细检查各桶的浮起情况，并调取摄像头拍摄的照片进行逐一对比，以确定上浮桶的浮起时间。值得强调的有以下两点。一是模型桶上浮状态的判断。本试验采用的是对比照片的办法，实际上在前期的探索性试验中发现，模型桶的浮起往往就在十几秒之内，一瞬间就经历了从开始不稳定到最后浮出水面的整个过程，而不是浮起一部分，另外部分还埋在土里，其原因主要是在桶浮起的过程中，水不停地流入模型桶底部，受力面积不断地扩大，并且在上浮的过程中，桶侧与土的接触面积不停地减少，侧摩阻力逐渐减小，最终促使模型桶突然浮起，而不会出现桶处于不稳定状态却不浮起的情况。因此，用定时摄像来记录并对比来确定桶的浮起状况是满足精度要求的，实际的试验过程也再次印证了这一点。二是以 10 天作为一次试验期限，这也是根据前期探索性试验得到的，探索性试验证明经过 10 天后没有上浮的桶，两个月后都没有上浮，因此可认为其不会上浮。

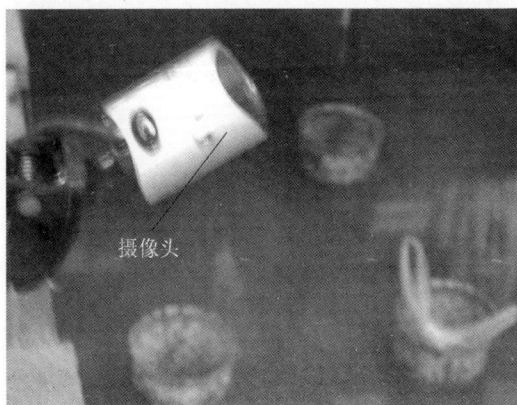

图 2-5　试验实物图

5）试验结果分析

通过 10 天的试验观测，找出浮起的最重桶和不浮起的最轻桶，从而界定综合折减系数的范围。在此基础上，通过对桶进行受力分析，以得到确切的浮力折减系数。

2.2　试　验　结　果

经过近一年的试验，得到三组、九次不同埋深，以及不同水位下的各桶浮起情况，具体如表 2-5～表 2-7 所示。

表 2-5　80 mm 埋深下三次试验各模型桶的浮起状况（第一组）

模型桶	1 号	2 号	3 号	4 号
	0.602kg	1.357kg	2.113kg	2.869kg
第一次	浮	浮	浮	未浮
第二次	浮	浮	浮	未浮
第三次	浮	浮	浮	未浮

表 2-6　120 mm 埋深下三次试验各模型桶的浮起状况（第二组）

模型桶	1 号	2 号	3 号	4 号
	0.830kg	1.773kg	2.715kg	3.657kg
第一次	浮	浮	浮	未浮
第二次	浮	浮	浮	未浮
第三次	浮	浮	浮	未浮

表 2-7　160 mm 埋深下三次试验各模型桶的浮起状况（第三组）

模型桶	1 号	2 号	3 号	4 号
	0.732kg	1.715kg	2.697kg	3.680kg
第一次	浮	浮	浮	未浮
第二次	浮	浮	浮	未浮
第三次	浮	浮	浮	未浮

由表 2-5～表 2-7 可见，在三种埋深下，均可取 3 号和 4 号桶作为划定综合折减系数范围的计算对象，现假定桶仅受浮力和自重力两个力作用，且处于上浮临界状态，即认为桶实际所受浮力等于其自重力，与按阿基米德定律计算得到的理论浮力相比，便可初步计算出综合折减系数范围，如表 2-8 所示。

表 2-8 不同埋深下的三组试验折减系数范围

模型桶	3 号			4 号		
	重力/N	理论浮力/N	折减系数	重力/N	理论浮力/N	折减系数
第一组	20.707	49.235	0.42	28.116	49.235	0.57
第二组	26.607	61.544	0.43	35.839	61.544	0.58
第三组	26.431	64.621	0.41	36.064	64.621	0.56

由表 2-8 可见，经初步估算，可得到综合折减系数的范围为 0.41~0.58，值得强调的是，该折减系数之所以称为综合折减系数，是因为在计算过程中将所有有利于抗浮的因素（例如侧壁摩阻力、底部黏附力等）都归入到折减里面，而不仅仅是浮力的折减，因此，表 2-8 中的综合折减系数只是一个由试验现象简单估算得出的值，精确值还需要进行严格的受力分析计算才能得到。

2.3 试 验 分 析

位于黏土地基中的基础模型桶受力分析如图 2-6 所示，图中模型桶受重力 G、土中水浮力 F、桶底有效土反力 P、桶壁摩阻力 f，以及类似土对桶底黏附力一样对抗浮有利的力 c。

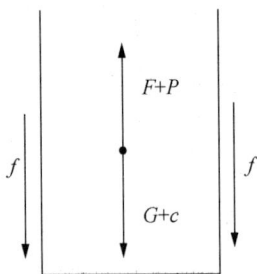

图 2-6 模型桶受力分析

根据力的平衡，可以得到如下等式：

$$F + P = G + f + c \tag{2-1}$$

式中，模型桶未浮起时桶底有效土反力 P 大于零，浮起时 P 等于零，处于浮起与未浮起的临界状态时 P 也等于零，并且处于临界状态的模型桶总重力 G 介于浮起的最重模型桶与未浮起的最轻模型桶总重力之间，基于二分法思想，取该状态的模型桶总重力 G 等于浮起的最重模型桶的重力与未浮起的最轻模型桶的重力的平均值，如欲获得更精确的总重力 G，可以通过二分法取平均值再次进行试验，直到获得满足所要精度的临界总重力 G 为止，此处临界总重力 G 的误差在 5%以内，

满足一般工程实际的需要，因此处于临界状态的式（2-1）可以改为

$$G = F - f - c \qquad (2\text{-}2)$$

根据各作用力的特点，可进一步得到每个力的具体表达式为

$$F = R_s \cdot \gamma_w AH \qquad (2\text{-}3)$$

$$f = \frac{1}{2} U\mu \cdot k_0 \gamma' h^2 \qquad (2\text{-}4)$$

式中：R_s——土中水浮力的折减系数；

　　　γ_w——水的重度；

　　　A——模型桶底面积；

　　　H——模型桶埋于水面下的深度；

　　　U——模型桶周长；

　　　μ——模型桶与土体的摩擦系数；

　　　k_0——土的侧压力系数；

　　　γ'——土的有效重度；

　　　h——模型桶埋于土下的深度。

由式（2-3）和式（2-4）可知，土中水浮力与水下深度成正比，而侧摩阻力与土中埋深的二次方成正比，则两式可表达为

$$F = \xi \cdot H \qquad (2\text{-}5)$$

$$f = \eta h^2 \qquad (2\text{-}6)$$

式中：ξ——与土中水浮力有关的系数（N/m），即

$$\xi = R_s \cdot \gamma_w A \qquad (2\text{-}7)$$

　　　η——与侧摩阻力有关的系数（N/m^2），即

$$\eta = \frac{1}{2} U\mu \cdot k_0 \gamma' \qquad (2\text{-}8)$$

将式（2-5）和式（2-6）代入式（2-2），得

$$G = \xi \cdot H - \eta h^2 - c \qquad (2\text{-}9)$$

可见式（2-9）考虑了侧摩阻力与黏附力对浮力测定的影响，式中含有 ξ、η 和 c 三个待定参数，需要通过三组不同埋深的试验来测定。

利用本章中的三组不同埋深下的临界总重力的结果，如表 2-9 所示。将每组试验中的 h、H 和 G 分别代入式（2-9），可得到三个方程，由于三组试验在同种条件下完成，可认为 ξ、η 和 c 三个待定参数相同，则三个方程构成三元一次方程组，可解得

$$\begin{cases} \xi = 182.49 \\ \eta = 206.90 \\ c = 7.53 \end{cases} \qquad (2\text{-}10)$$

将其中 $\xi = 182.49$ 代入式（2-7），可得浮力折减系数 $R_s = 0.73$，即在此种饱和黏土中的水浮力值比按阿基米德定律计算的理论水浮力值要小，是其 73%。

表2-9 不同埋深下的临界总重力结果

组别	埋深 h / mm	水面到桶底深 H / mm	浮起最重桶重力 G_1 / kgf	未浮起最轻桶重力 G_2 / kgf	临界总重力 G / kgf $\left[G = \frac{1}{2}(G_1 + G_2) \right]$
第一组	80	160	2.113	2.869	2.491
第二组	120	200	2.715	3.657	3.186
第三组	160	210	2.697	3.680	3.189

注：1kgf=9.806 65N。

2.4 本章小结

本章在不使用测试仪器的前提下，设计出直观、易懂的地下水浮力模型试验方法。通过对放置在饱和黏土中的模型桶在三种不同埋深下进行的试验，可得出如下结论。

（1）根据试验现象直观地发现黏性土中的水浮力存在折减量，且可初步估算出综合折减系数为 0.41~0.58。

（2）在对基础进行严格受力分析和利用二分法获取上浮临界参数的基础上，计算得到浮力折减系数为 0.73。

鉴于本次试验场地等方面条件有限，试验中所采用的模型桶体积不大，且是塑料桶，与实际混凝土基础存在区别，但所反映的黏土中水浮力折减规律是一致的。

参 考 文 献

[1] 崔岩, 崔京浩, 吴世红. 地下结构浮力模型试验研究[J]. 特种结构, 1999, 16 (1): 32-39.

[2] 周朋飞. 城市复杂环境下地下水浮力作用机理试验研究[D]. 北京: 中国地质大学, 2006.

[3] 张第轩. 地下结构抗浮模型试验研究[D]. 上海: 上海交通大学, 2007.

[4] 宋林辉, 梅国雄, 宰金珉. 黏土地基上基础模型抗浮试验研究[J]. 工程勘察, 2008, 6(6): 26-30.

[5] 梅国雄, 宋林辉, 宰金珉. 地下水浮力折减试验研究[J]. 岩土工程学报, 2009, 31(9): 1476-1480.

[6] 向科, 周顺华, 詹超. 浅埋地下结构浮力模型试验研究 [J]. 同济大学学报, 2010, 38(3): 346-353.

[7] 张乾, 宋林辉, 梅国雄. 黏土地基中的基础浮力模型试验[J]. 工程勘察, 2011, 9(9): 37-41.

[8] 周明. 不同土层中地下结构抗浮作用的试验研究[D]. 广州: 广州大学, 2013.

第3章 地下水浮力模型试验

针对第 2 章介绍的初探试验中黏土地基中的基础存在浮力折减的现象，进一步采用模型试验展开研究，以探讨地下水浮力的折减量，以及折减量与土性、水位的关系。本章主要介绍试验设计方案、试验装置和仪器、试验操作步骤及试验分析方法等，并对测试数据开展分析和研究。

3.1 试 验 方 案

结合已有试验经验，拟采用下述试验方案。

（1）模拟建筑物位于水中的受力状态，目的是验证整个试验体系的可靠性和准确性，并可将水浮力与地下水浮力的测试值进行对比。

（2）模拟建筑物放置于黏土层上的受力状态，目的是重述以往的试验，以验证已有试验结论的正确性。

（3）模拟建筑物埋于黏土中的受力状态，其又分为不上浮试验和上浮试验，目的是研究黏土中地下水浮力的折减量。

（4）模拟建筑物埋于带砂土垫层的黏土中的受力状态，具体实施时是在模型箱底部铺砂土，侧壁依然埋于黏土中，目的是研究带砂垫层补偿基础所受的地下水浮力问题。

（5）模拟建筑物埋于经注浆处理的砂土（等同于素混凝土垫层）中的受力状态，目的是研究带混凝土垫层补偿基础的地下水浮力问题。

另外，结合抗浮设计计算方法研究的需要，还将进行模型箱侧壁摩阻力的测试试验。

3.2 试验装置和仪器

本次试验要用到的仪器和装置主要有模型坑、模型箱、吊装设备、测试仪器、测试仪表以及相关辅助设备，现逐一介绍如下。

3.2.1 模型坑

采用一般岩土试验所用的室内模型坑，模型坑的设计尺寸（长×宽×深）为 3.0m×2.0m×1.0m，其中沿长度方向可用木板平均分隔为三段，本试验仅使用其中的两段，试验区与剩余的空间用木板隔开。在进行前期的探索性试验后，因深度满足不了试验要求，沿坑边采用有机玻璃钢框结构加高了 1.0m，使可用深度增加到 2.0m，试验区空间（长×宽×高）由 2.0m×2.0m×1.0m 变为 2.0m×2.0m×2.0m。模型坑平面图和剖面图如图 3-1 所示。

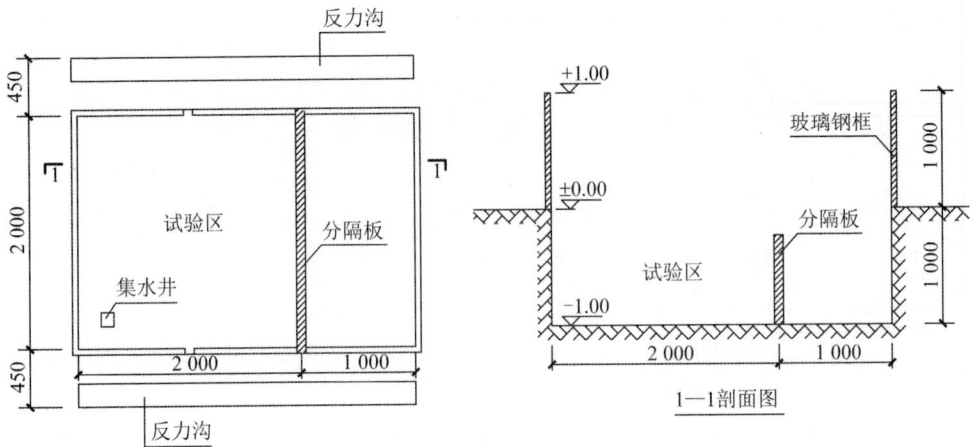

图 3-1　模型坑平面图和剖面图

3.2.2 模型箱

模型箱是用来模拟建筑物的，采用钢框混凝土结构，一共制作了两个，尺寸（长×宽×高）分别为 0.8m×0.8m×0.8m 小模型箱和 0.8m×0.8m×1.5m 大模型箱，其中的小模型箱主要用于前期的探索性试验，被粉刷为绿颜色，大模型箱则主要用于后期的正式试验，被粉刷为红颜色。

两个模型箱均采用钢板通过无缝焊接制作而成，尤其是大模型箱，在制作过程中，为防止箱体在水压作用下的变形，采用 5mm 钢板，并沿箱高方向用角钢加了三道肋；底座采用 50mm 厚的现浇钢筋混凝土板，以真实模拟建筑基础，混凝土在浇注时掺了防水剂，以增加基础板的抗渗性；箱体钢板与基础预埋角钢采用无缝焊接，确保整个箱体不漏水。另外，为了准确量测水位，在模型箱内、外各加了一根标尺。具体的模型箱设计图如图 3-2 所示，实物照片如图 3-3 所示。

L30×5
等边角钢

L30×5
等边角钢

5mm钢板

500

500

1 500

L30×5
等边角钢

500

混凝土底座

800

箱侧立面图

φ4@100
碳素钢丝

L50×5
等边角钢

800

800

箱底平面图

5mm厚钢板
焊接
混凝土底座

L50×5
等边角钢

L50×5
等边角钢

焊接

1 大样图　　　2 大样图

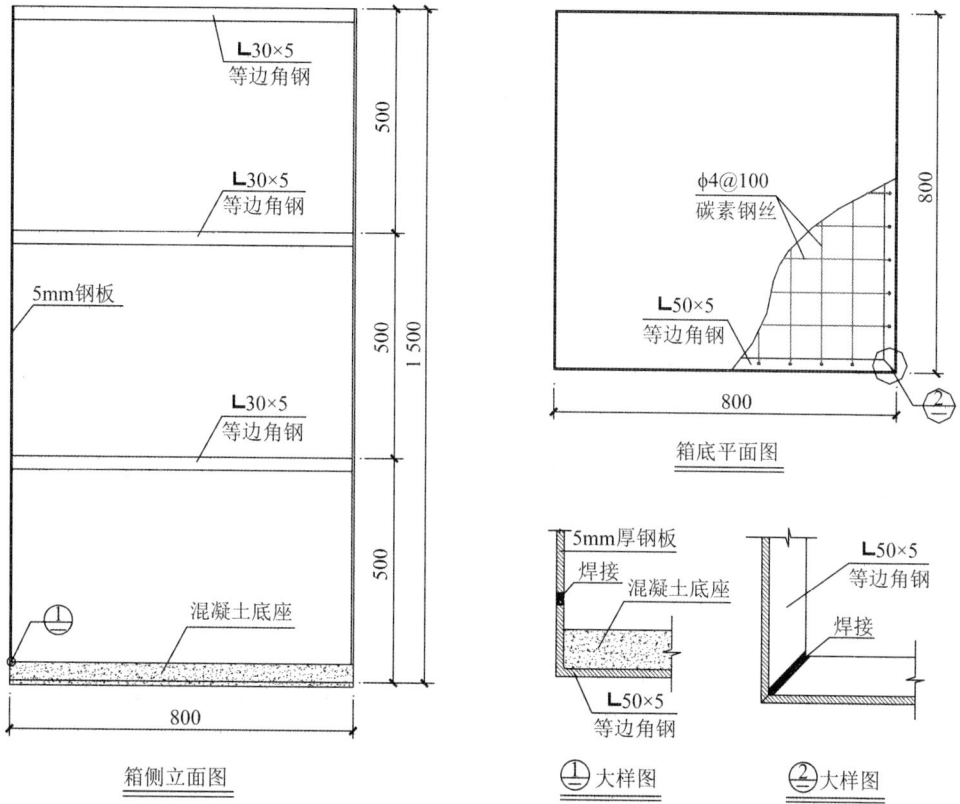

图 3-2　模型箱设计图

（a）小模型箱　　　　　　　　　　（b）大模型箱

图 3-3　模型箱实物图

3.2.3　吊装设备

吊装设备主要用于试验过程中模型箱的起吊安装、重力测试等，包括钢丝绳、电动葫芦和手动葫芦各一个。

3.2.4　测试仪器

试验中用到的测试仪器包括荷重传感器、土压力盒、孔隙水压力计和位移计四种，分别用来测试模型箱及水的质量、土中的应力分布、孔隙水压力分布和模型箱的位移。

根据试验需求，选用浙江南光地质仪器有限公司生产的 WEY-1 型土压力盒，（图 3-4），GMU 型孔隙水压力计（图 3-5），荷重传感器采用安徽蚌埠科达传感器厂生产的 CLBSZ 型柱式拉压传感器、CHBU 型轮辐式荷重传感器（图 3-6）和位移计（图 3-7）。

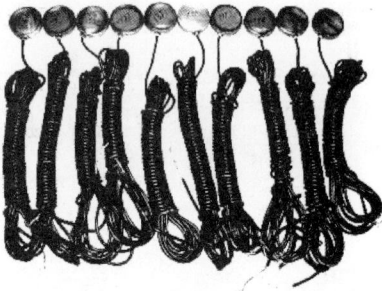

图 3-4　土压力盒

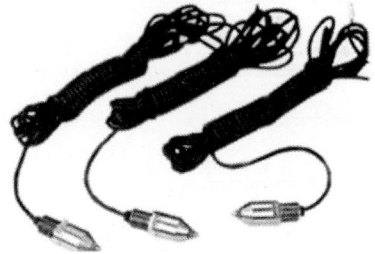

图 3-5　GMU 型孔隙水压力计

图 3-6　CHBU 型轮辐式荷重传感器

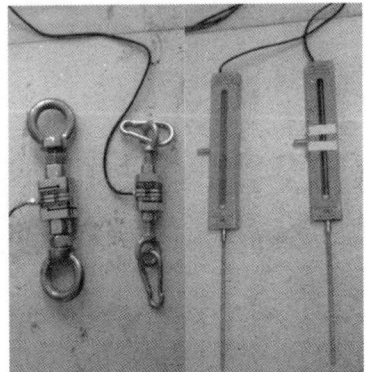

图 3-7　位移计

上述四种仪器均采用电阻应变式结构，便于数据的采集，且量程较小、精度高，适合在试验中使用。

土压力盒一共有 12 个，试验中依次编号为 T1～T12，量程均为 0～200kPa，率定系数列于表 3-1 中，试验过程中被均匀放置于箱底，以测试箱底总反力（含有效反力和水压力）随水位和时间的变化。

表 3-1 土压力盒的率定系数

编号	T1	T2	T3	T4	T5	T6
率定系数/（kPa/με）	0.2167	0.2299	0.2323	0.2203	0.2281	0.2208
编号	T7	T8	T9	T10	T11	T12
率定系数/（kPa/με）	0.2155	0.2153	0.2085	0.2081	0.1315	0.1276

孔隙水压力计共有两个，编号为 K1 和 K2，量程均为 0～200kPa，率定系数列于表 3-2 中，孔压计在试验中也被埋置于基底，以测试箱底的孔隙水压力，且可与土压力盒测试数据结合得到基底有效反力。

表 3-2 孔隙水压力计率定系数

编号	K1	K2
率定系数/（kPa/με）	0.2136	0.1923

荷重传感器一共有五个，其中，一个 CLBSZ 型柱式拉压传感器，编号为 ZC1，量程为 0～5.0t，主要用来测试模型箱的荷重，是在摩阻力测试试验中采用；四个 CHBU 型轮辐式传感器，依次编号为 LC1～LC4，量程均为 0～1.0t，在试验中被安装在铁架上，以测试模型箱在上浮前箱体质量随水位的变化情况。上述五个荷重传感器的率定系数分别列于表 3-3 中。

表 3-3 荷重传感器率定系数

编号	ZC1	LC1	LC2	LC3	LC4
率定系数/（kg/με）	1.2490	0.1756	0.1677	0.1725	0.1730

位移计共有两个，编号为 W1～W2，量程均为 0～20cm，率定系数列于表 3-4 中，在试验中被安装于模型箱顶部，通过量测位移以判断模型箱是否上浮。

表 3-4 位移计率定系数

编号	W1	W2
率定系数/（mm/με）	0.002	0.002

3.2.5 测试仪表

试验采用的江苏东华测试技术有限公司生产的 DH3818 静态电阻应变仪，该仪器专为实验设计，有 20 个测点，每个测点分别自动平衡，还可根据应变仪的灵敏度系数、导线电阻、桥路方式以及各种桥式传感器灵敏度，对量测结果进行修正，且该仪器可以通过 RS-232 口（USB 通信选件）直接与计算机相连，形成数据采集系统（图 3-8），实现计算机自动控制量测，巡检速度为 10 点/s，采集数据十分方便。

图 3-8　数据采集系统

3.2.6　辅助设备

除上述主要设备外，还有相关的辅助设备，包括一台用于抽水的水泵、调平实验装置的水平尺、在模型坑内定位的标尺，以及铁锹、水泥注浆器、水桶、塑料水管等五金工具。

3.3　试验操作步骤

基于前面确定的五个试验方案，依据各自的试验目的，将各组试验装置和具体的操作步骤依次介绍如下。

3.3.1　浸没水中的基础模型试验

该项试验是将基础模型置于水中，测试不同水位下基础模型受到的浮力大小，采用的是上浮性试验方案，属于前期探索性试验。试验采用的是未加高的模型坑和小模型箱，具体的试验装置设计图如图 3-9 所示。

对照试验装置，具体的试验操作步骤叙述如下。

（1）找出 2.0m×2.0m 的试验区的中心点，将四个角安装有荷重传感器的铁架放入模型坑中，并确保铁架中心与试验区中心对齐，然后调节四个角底端的平衡螺丝，使四个荷重传感器的承重点在同一个水平面上。

（2）将内外壁都贴有标尺的模型箱搁置到铁架上（铁架的高度为 h_0）并读出空箱的质量数值。

（3）向模型箱中灌水，达到 h_1 高度，并读出加水后的模型箱质量数值。

（4）将孔隙水压力计置于坑底，并在模型箱顶部安置好两个位移计。

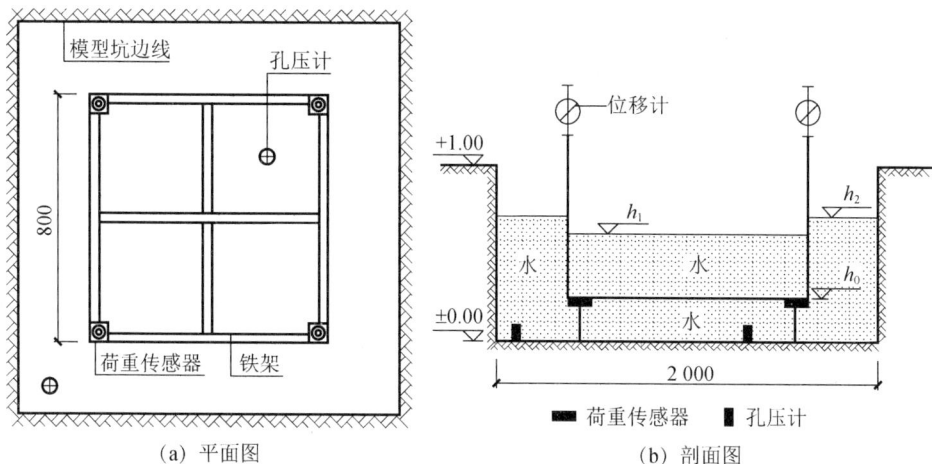

图 3-9　试验装置设计图（1）

（5）向模型坑中注水。

（6）在注水过程中，观察荷重传感器和位移计的变化，直至达到 h_2 高度，模型箱离开铁架，悬浮于水中时，实验结束。

（7）改变模型箱中的水位 h_1，对上述试验过程重复三次以上。

（8）记录和整理试验数据。

3.3.2　放置黏土层上的基础模型试验

该项试验是将基础模型放置于黏土层上，测试不同水位下基础模型受到的地下水浮力大小，采用的是上浮性试验方案，主要是重述现有研究文献中的试验思路，辨别存在争议的试验结论。试验使用的依然是未加高的模型坑和小模型箱，具体的试验装置设计图如图 3-10 所示。

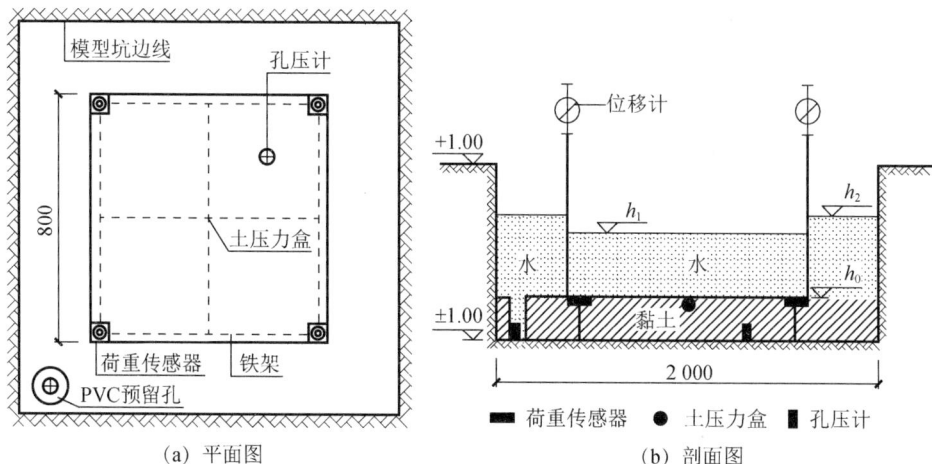

图 3-10　试验装置设计图（2）

对照试验装置，具体的试验操作步骤叙述如下。

（1）将装有荷重传感器的铁架（铁架中间的两根扁铁去除）依然置于模型坑中，然后往模型坑内填入黏土，并使得土层表面与传感器的顶点处于同一个平面。

（2）填土过程中，在模型坑的左下角用 PVC 塑料管形成一个预留孔，并将一个孔隙水压力计放入孔中以测试水压，将另一个埋入黏土层中以测试孔压。

（3）在土层中心处放置一个土压力盒。

（4）将模型箱置于土层上，并确保箱底中心与土压力盒中心对齐。

（5）往模型箱中注水，在模型箱质量和箱内水质量的作用下，箱底与土层表面将紧密接触。

（6）往模型坑中注水，使坑内水位刚好淹没土层，然后静置一个月，使土体充分饱和、固结。

（7）静置完成后，在模型箱顶部安置好两个位移计，开始试验。

（8）向模型坑内加水，使水位达到 h_2 高度，并保持不变。

（9）将模型箱内的水逐步抽出，并参照测试仪器的读数，由开始用水泵抽逐渐改为用水勺细细舀出，直至模型箱浮起，试验结束。

（10）改变模型坑中的水位 h_2，对上述试验过程重复进行三次。

（11）记录和整理试验数据。

3.3.3 埋置黏土中的基础模型试验

该项试验是将基础模型埋于黏土层中，测试不同水位下基础模型受到的地下水浮力大小，以确定黏土中地下水浮力的折减量，采用的是不上浮性试验方案。试验使用的是经过加高处理的模型坑和大模型箱，且该组试验中的模型箱一直是不浮起的，需要测试箱底的土反力变化情况，因此用土压力盒代替荷重传感器，具体的试验装置设计如图 3-11 所示。

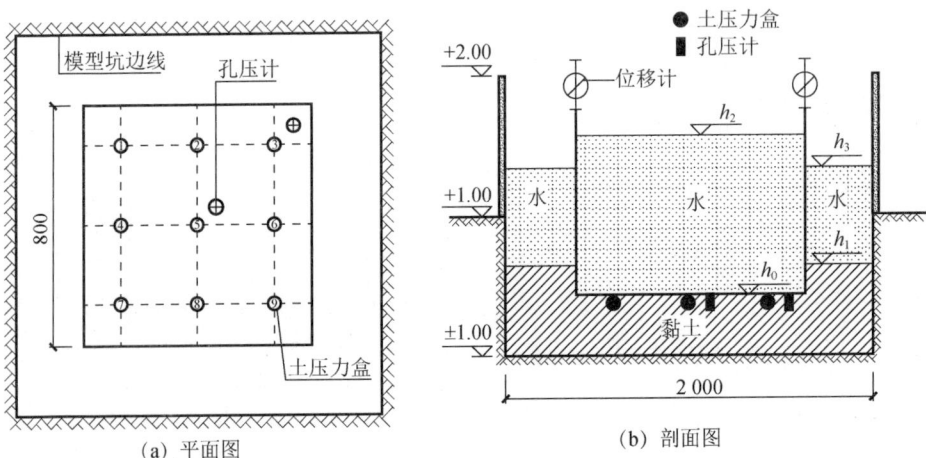

（a）平面图　（b）剖面图

图 3-11　试验装置设计图（3）

对照上述试验装置，具体的试验操作步骤叙述如下。

（1）上组试验结束后，将埋在土层中的铁架取出，并在土体中心区域开挖一个面积为 1.0m×1.0m、深约 0.2m 的小方坑，此时小方坑底面的高度为 h_0。

（2）在小方坑中均匀布置九个土压力盒，并分别在中心部位和边缘部位各放置一个孔隙水压力计。

（3）将模型箱放置于小方坑中，并确保箱底中心与小方坑的中心对齐，然后往箱中注水达到 h_2 高度，以通过水和箱体的质量使箱底与土层紧密接触。

（4）用黏土分层回填箱周边留下的肥槽，每层回填后用脚踩密实，最终使模型坑内土层的高度达到 h_1。

（5）往模型坑中注水，使水位线刚好淹没土层，然后静置一个月，使土体充分饱和、固结。

（6）静置完成后，在模型箱顶部安置好两个位移计，然后开始试验。

（7）向模型坑内加水，使坑内水位 h_3（始终小于 h_2）逐步上升，并在达到每个整数位（如 10cm、20cm、30cm 等）后停止，等待 1h 后测试数据。

（8）记录和整理各测试仪器在不同水位下的读数，由此可得到地下水浮力折减量在不上浮条件下随水位的变化情况。

（9）保持模型箱内的水位不变，并调整模型坑的水位，等待两天时间，且每隔半小时测试一次，以得到地下水浮力折减量在不上浮条件下随时间的变化情况。

（10）为减少试验误差和准确反映试验规律，上述试验过程重复三次。

3.3.4　埋置带砂垫层黏土中的基础模型试验

该项试验是将基础模型埋于带砂垫层的黏土层中，测试不同水位下基础模型受到的地下水浮力大小，以确定砂垫层对基础所受地下水浮力的影响，采用的依然是不上浮性试验方案。试验使用的也是经过加高处理的模型坑和大模型箱，使用的测试仪器同样是土压力盒，具体的试验装置设计图如图 3-12 所示。

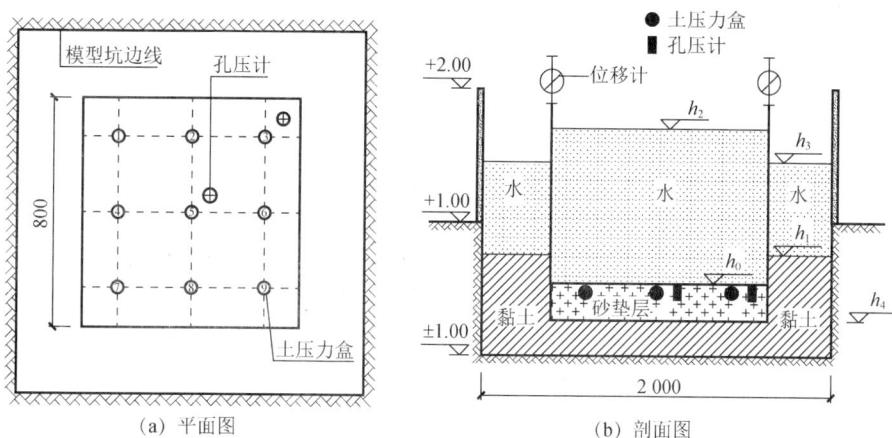

（a）平面图　　　　　　　　　　　（b）剖面图

图 3-12　试验装置设计图（4）

对照上述试验装置，具体的试验操作步骤叙述如下。

（1）上组试验结束后，将模型箱和测试仪器取出，在黏土层上继续向下挖出 0.2m 深的方坑，使得小方坑现在的底面高度为 h_4，在新挖出的坑内填上砂垫层。

（2）在砂垫层上面均匀布置九个土压力盒，并分别在中心部位和边缘部位各放置一个孔隙水压力计。

（3）将模型箱放置于砂垫层上，并确保箱底中心与小方坑的中心对齐，然后往箱中注水达到 h_2 高度，以通过水和箱体的质量使箱底与土层紧密接触。

（4）用黏土分层回填箱周边留下的肥槽，每层回填后用脚踩密实，最终使模型坑内土层的高度达到 h_1。

（5）往模型坑中注水，使水位线刚好淹没土层，然后静置一个月，使土体充分饱和、固结。

（6）静置完成后，在模型箱顶部安置好两个位移计，然后开始试验。

（7）向模型坑内加水，使坑内水位 h_3（始终小于 h_2）逐步上升，并在达到每个整数位（如 10cm、20cm、30cm 等）后停止，等待 1h 后测试数据。

（8）记录和整理各测试仪器在不同水位下的读数，由此可得到不同水位下砂垫层对地下水浮力折减量的影响。

（9）为减少试验误差和准确反映试验规律，上述试验过程重复三次。

3.3.5　埋置带混凝土垫层黏土中的基础模型试验

该项试验是将基础模型埋于带混凝土垫层的黏土层中，测试不同水位下基础模型受到的地下水浮力大小，以确定混凝土垫层对基础所受地下水浮力的影响，试验采用的试验思路、测试仪器和带砂垫层的完全相同，具体的试验装置设计图如图 3-13 所示。

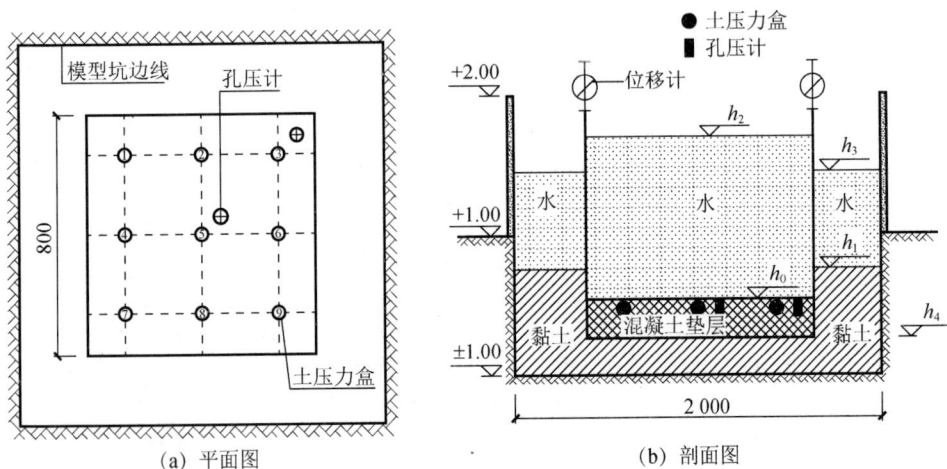

(a) 平面图　　　(b) 剖面图

图 3-13　试验装置设计图（5）

对照上述试验装置，具体的试验操作步骤叙述如下。

（1）上组试验结束后，将模型箱和测试仪器取出，往已有的砂垫层中注浆以形成混凝土垫层，水泥掺量按 C15 强度的砂浆配置。

（2）注浆后，在垫层表面均匀布置九个土压力盒，同样在中心部位和边缘部位各放置一个孔隙水压力计。

（3）将模型箱放置于混凝土垫层上，并确保箱底中心与小方坑的中心对齐，然后往箱中注水达到 h_2 高度，以通过水和箱体的质量使箱底与土层紧密接触。

（4）用黏土分层回填箱周边留下的肥槽，每层回填后用脚踩密实，最终使模型坑内土层的高度达到 h_1。

（5）往模型坑中注水，使水位线刚好淹没土层，然后静置一个月，使土体充分饱和、固结。

（6）静置完成后，在模型箱顶部安置好两个位移计，然后开始试验。

（7）向模型坑内加水，使坑内水位 h_3（始终小于 h_2）逐步上升，并在达到每个整数位（如 10cm、20cm、30cm 等）后停止，等待 1h 后测试数据。

（8）记录和整理各测试仪器在不同水位下的读数，由此可得到不同水位下，混凝土垫层对地下水浮力折减量的影响。

3.3.6　抗浮力测试试验

上述五组试验均是围绕地下水浮力展开的，但在抗浮设计计算中，还要关注对抗浮有利的因素，比如基础侧壁摩阻力、基底黏附力等，为此进行下述抗浮力测试试验，具体的抗浮力试验装置设计图如图 3-14 所示。

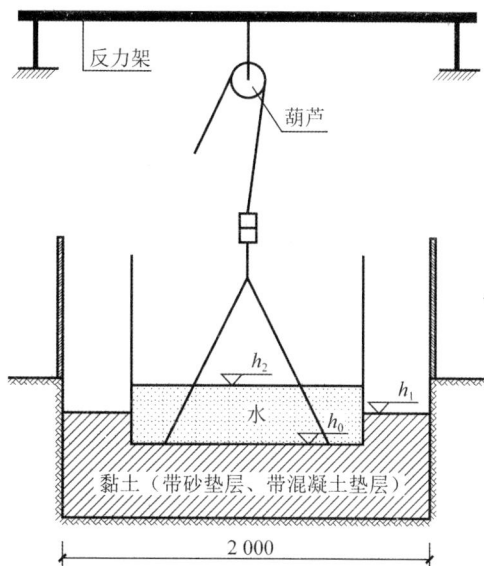

图 3-14　抗浮力试验装置设计图

　　本试验是结合前述试验展开的，具体的试验操作步骤主要为：在分别完成了在黏土、带砂垫层黏土和带混凝土垫层黏土中基础模型的地下水浮力测试试验后，将模型坑内和模型箱内的水抽出，并用带拉力传感器的钢丝绳将模型箱和拉拔装置连接起来，然后将模型箱缓慢匀速拉出，并测试最大的拉力值。

3.4　试验分析方法

　　根据上述提出的试验方案，运用模型试验手段，对①浸没于水中的基础模型试验，②放置于黏土层上的基础模型试验，③埋置黏土层中的基础模型试验，④埋置带砂垫层黏土层中的基础模型试验，以及⑤埋置于带素混凝土垫层中的基础模型试验，进行不同环境下基础所受的地下水浮力折减量的测试。围绕上述五组试验，本节将从不同试验的受力分析方法、试验数据的分析思路及各组试验结果的总结对比等几个方面展开。

　　由于各组试验目的的侧重不同，具体的操作步骤也有所不同，每组试验的分析方法也存在差异。根据试验中模型箱所处的状态，可将其受力分析思路归结为以下三种类型。

3.4.1　浸没水中的基础模型受力分析

　　该分析思路是针对浸没水中的模型箱而提出的，其主要目的是将试验结果与经典的阿基米德定律理论结果进行比较，以检验整个试验体系的可靠性和准确性。试验中的模型箱受到的力有竖直向上的浮力 F、竖直向下的重力 G 及箱底的支承力 N，这三个力构成一个平衡力系（图 3-15），可以得到如下等式：

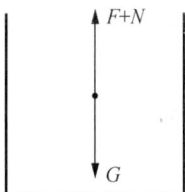

图 3-15　浸没水中的模型箱受力图

$$F + N = G \qquad (3-1)$$

式中，如果箱体重力 G 保持不变，则试验过程中的浮力 F 和支承力 N 将彼消此长。利用该关系，通过改变模型坑的水位，并读取不同水位下的荷重值，便可以得到相应水位下的浮力大小。然后将数据绘制成图表便可以得到水位与浮力的关系曲线，根据阿基米德定律可知，关系曲线是一条直线，而直线的斜率 k_{iw} 表达式为

$$k_{iw} = \frac{G - N}{h} \qquad (3-2)$$

式中：h——基础浸没于水中的深度，其中的 k_{iw} 若按阿基米德定律考虑，实际上等于水的重度与基础底面积的乘积，即理论直线的斜率 k 为

$$k = \gamma_w A \qquad (3-3)$$

式中：γ_w——水的重度；

　　　　A——基础的底面积。

　　将相关参数代入可得到 k=6.40 kN/ m。

3.4.2　上浮性试验中的基础模型受力分析

该分析思路主要用于模型箱上浮的试验，分析的对象是模型箱浮起瞬间的受力。对放置于土层之上的模型箱而言，浮起瞬间受到的力有浮力 F、自重力 G、基底与土层的黏附力 Q（图 3-16），以及基础侧壁与水的摩阻力 f，其中的摩阻力 f 很小，可以忽略不计，于是前三个力构成一个平衡力系，如图 3-16 所示，可以得到等式为

$$F = G + Q \tag{3-4}$$

式中，黏附力 Q 在同一个试验不同水位下可认为是恒定的，具体大小可以通过专门试验测试出来，其作用方向向下，对抗浮是有利的。在已知黏附力 Q 的条件下，根据浮起后的模型箱自重力，便可以得到不同水位下的地下水浮力大小。同样，根据试验数据可绘制水位与浮力的关系曲线，并得到曲线的切线斜率 k_{os} 表达式为

图 3-16　土层上模型箱浮起瞬间的受力图

$$k_{os} = \frac{G+Q}{h} \tag{3-5}$$

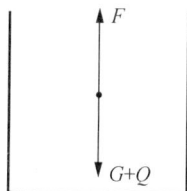

最后将试验得到的 k_{os} 值与理论 k 值进行比较，以判别地下水浮力是否存在折减量，如果地下水浮力存在折减量，则上述关系曲线就将出现差异。

3.4.3　不上浮性试验中的基础模型受力分析

该分析思路主要适用于模型箱不上浮的试验，包括放置于土层之上、埋于土层中，以及埋于带砂垫层和素混凝土垫层地基土层中的几种情况。试验过程中模型箱一直处于静止状态，没有浮起的趋势，可认为黏附力 Q 和摩阻力 f 都发挥不出来，因此不上浮性试验中的模型箱受到的力有自重力 G、地下水浮力 F、有效土反力 P（图 3-17），其中有效土反力是指由模型箱荷重作用在土体上引起的反力，因土压力盒得到的是总反力，因此需减去孔压才得到有效土反力。上述三个力构成如下等式：

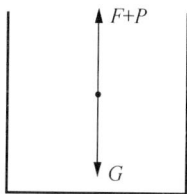

图 3-17　不上浮性模型箱的受力分析

$$F + P = G \tag{3-6}$$

式中，自重力 G 是保持不变的，改变模型坑内的水位时，可通过获取有效土反力 P 的变化得到不同水位下的地下水浮力大小。同样，在绘制出了浮力与水位的关系曲线后，可以得到曲线切线的斜率 k_{rs} 表达式为

$$k_{rs} = \frac{G - P}{h} \qquad\qquad (3\text{-}7)$$

同样，通过对比 k_{rs} 值与理论 k 值，便可得到地下水浮力的折减量。

3.5　试验数据的整理

基于上述三种分析方法，对各组试验获取的数据逐一进行整理分析。

3.5.1　水浮力试验数据处理

水浮力试验是指将基础模型直接放置于水中，通过改变水位获得基础模型浸水深度与浮力之间关系的试验，试验装置实物如图 3-18 所示。

具体试验采用的是"保持模型箱荷重不变，增加箱外水位"的方法，即先往模型箱内注入高达 55cm 水位的水量，并通过荷重传感器量测出模型箱的自重力，然后往模型坑中注水，使模型箱的浸水深度逐步递增，并在 0cm、5cm、10cm、15cm、20cm、25cm、30cm、35cm、40cm、45cm、50cm 和 55cm 共 12 个不同浸水深度下进行水浮力测试，可得到不同水位下的模型箱所受水浮力大小，与按阿基米德定律计算的理论值一起列于表 3-5 中，以便于对比分析。

　　　　（a）模型结构图　　　　　　　　　　　　　　（b）模型基础图

图 3-18　试验装置实物图

表 3-5　模型箱浸水深度-水浮力试验数据

h_i/cm	0	5	10	15	20	25	30	35	40	45	50	55
$F_{测}$/kN	0.0	0.30	0.63	0.94	1.24	1.55	1.86	2.18	2.49	2.79	3.11	3.42
$F_{理}$/kN	0.0	0.32	0.64	0.96	1.28	1.60	1.92	2.24	2.56	2.88	3.20	3.52

根据表 3-5 中的试验数据点，可以拟合得到浸水深度-水浮力之间的关系曲线，如图 3-19 所示，由图可见，实测值与理论计算值基本重合，且实测值呈线性增长，通过线性拟合可得到拟合直线的斜率 $k_{iw}=6.267$kN/m，其与理论值 $k=6.40$kN/m 的相对误差仅为 2.1%，在试验允许误差 5% 的范围内。

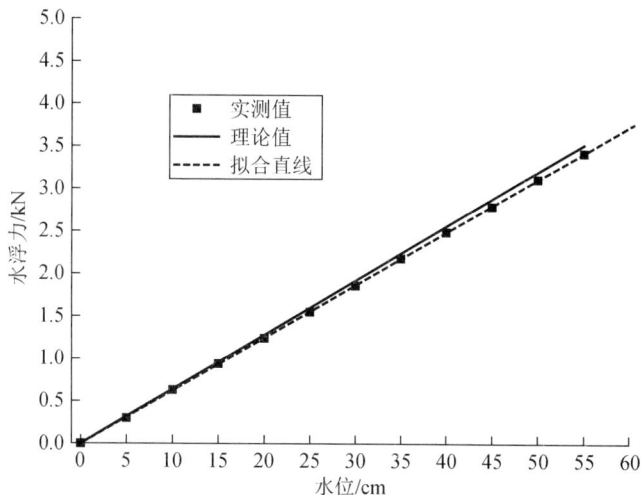

图 3-19 浸水深度-水浮力曲线

上述试验结果表明，浸没于水中的模型基础所受浮力的实测值与按阿基米德定律计算的理论值基本吻合，反映了整套试验思路和试验装置是合理可行的。

3.5.2 黏土层上基础的模型试验数据分析

该试验是将基础模型放置于黏土层上，保持模型坑内的水位不变，通过减小模型箱的荷重使其浮起，浮起瞬间的模型箱荷重可换算成地下水浮力。对不同的坑内水位进行多次试验，便可得到水位与浮力之间关系。

在进行试验之前，对试验采用的土体进行了常规室内试验，得到试验用土的颗粒级配曲线（图 3-20）和物理参数（表 3-6）。

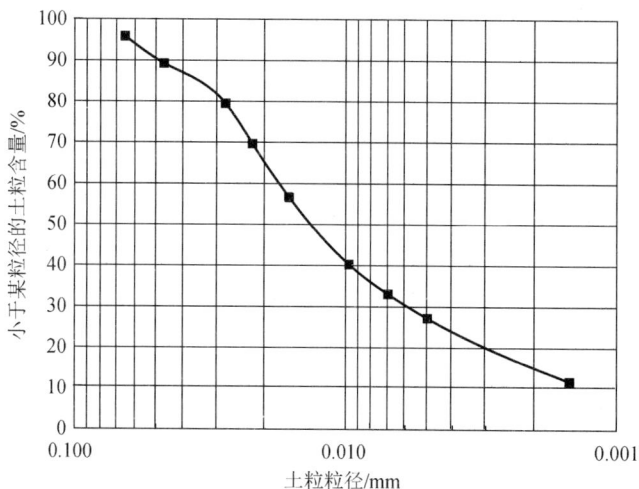

图 3-20 颗粒级配曲线

表 3-6　试验用土的物理参数

密度 ρ / (g/cm³)	含水量 w/%	压缩模量 E_s/MPa	土体密度 G_s/(g/cm³)	孔隙比 e	塑性指数 I_P	液性指数 I_L
1.83	40.2	3.0	2.74	1.104	17.4	1.3

由于每组试验都需要进行土体沉积密实，耗时很长，仅进行了 25cm、30cm 和 35cm 三组不同坑内水位的测试试验，每组试验采用的是"保持模型坑内水位不变，减小模型箱荷重"的方法。整个试验装置实物图及模型箱底部的黏土层如图 3-21 所示，每项试验均在试验装置安装完毕一个月后再进行。

（a）模型结构图　　　　　　　　　　（b）模型基础图

图 3-21　试验装置实物图

根据试验操作步骤，可将该试验的全过程划分为 6 个阶段，如下所述。

（1）模型坑内注水阶段（0～50min）。由于坑内注水前已在水箱内注入了水，传感器上的值最大，随着坑内的水位升高，水箱所受浮力逐渐增大，作用在传感器上的总荷重减小（图 3-22），箱底中心处压力也在减小（图 3-23）；同时，搁置在传感器上的水箱底的变形逐渐恢复，此时位移计上出现了较大的位移量（图 3-24），但该位移与水箱上浮无关，只是箱底恢复的变形量；而图 3-25 表示的是水压的情况，随着坑内水位的上升，水压均呈增长趋势，需要说明的是土体内的孔压和水体的水压有一定的差值，是水在土体中的渗流损失所致，但两者的变化趋势是一致的。

（2）静置阶段（50～120min）。保持坑内、箱内的水位不变（如果在基础位于水的试验中，此时的箱内、外的水位差足可以使水箱上浮）静置 70min。由图 3-22、图 3-24 和图 3-25 可见，各传感器值的大小几乎不变，仅图 3-23 中箱底的压力发生了变化，这表明箱底有水渗入，且渗入的水与坑内的水产生了水力联系，因此箱底的压力增大，但此时水箱并未上浮。

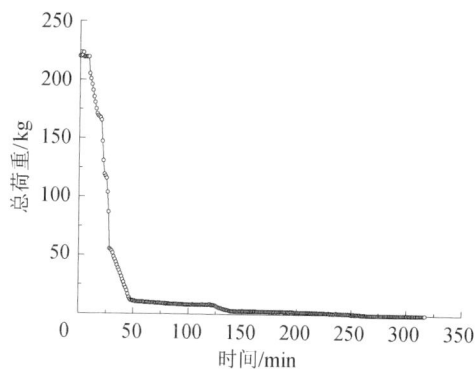

图 3-22　总荷重随时间的变化

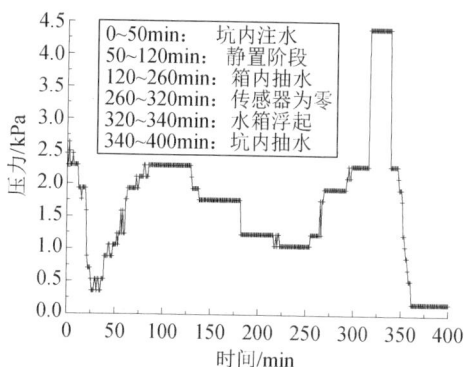

图 3-23　箱底压力随时间的变化

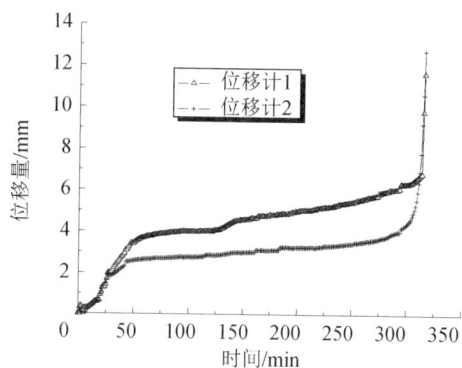

图 3-24　水箱的位移量随时间的变化

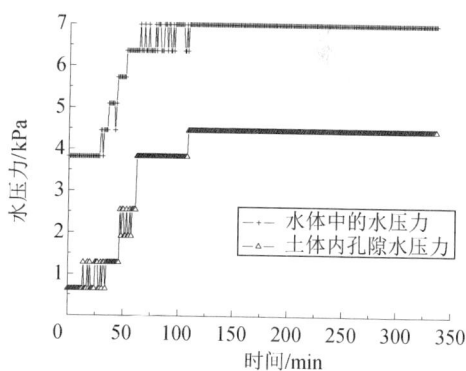

图 3-25　孔压和水压随时间的变化

（3）模型箱内抽水阶段（120～260min）。抽水过程中，由图 3-24 可见位移计的位移量变化较小，表明水箱无上浮迹象；而图 3-22 中的总荷重开始继续减小，在第 260min 荷重传感器上的荷重为零，图 3-23 中的箱底压力因箱内抽水也在逐渐减小，但水箱未浮起。

（4）模型箱内舀水细调阶段（260～320min）。该阶段继续从模型箱内将水舀出，以使水箱浮起，图 3-24 中的位移量变化幅度较大，出现上浮的趋势，并最终于 320min 上浮；在这个过程中，图 3-23 中的箱底压力由于水的继续渗入而逐渐上升，在第 320min 水箱上浮时达到了最大值，即为坑内的现有水位下的水重力与土压力盒上覆的浅层土重力之和。

（5）上浮静置阶段（320～340min）。水箱浮起后，静置 20min，各传感器的值几乎不变，表明趋于稳定状态。

（6）模型坑内抽水阶段（340～400min）。将坑内水抽出，从图 3-23 中可见，随着坑内水位降低，土压力盒的压力均逐步下降，并在水抽干时变为零。

依次设置模型坑内水位为 25cm、30cm 和 35cm 重复进行上述试验过程，可得到三个水位下的模型箱所受水浮力的大小，浸水深度-水浮力试验数据如表 3-7 所示。

根据表 3-7 中的试验数据点，可以拟合得到水位-浮力之间的关系曲线，如图 3-26 所示，可见，实测值与理论计算值相差较大，对试验数据进行线性拟合，可得到拟合直线的斜率 k_{os}=4.26kN/m，其与理论值 k=6.40kN/m 相比，可见试验浮力存在很大的折减量，表明浮力计算参数 k 需要乘以 0.66 的折减系数。

表 3-7　模型箱浸水深度-水浮力试验数据

h_i/cm	25	30	35
$F_{测}$/kN	0.82	1.09	1.23
$F_{理}$/kN	1.60	1.92	2.24

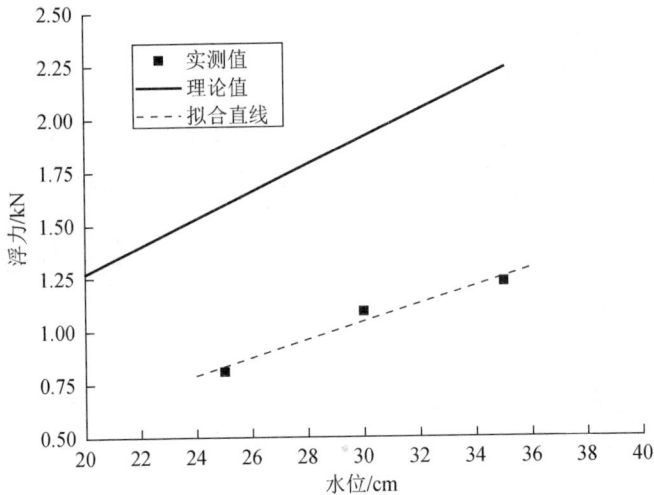

图 3-26　黏土层上基础的水位-浮力关系

上述试验结果表明，对放置于黏土层上的模型基础而言，在浮起之前基底所受的水浮力的折减量达到 35%左右，可以乘以 0.65 的折减系数；但当模型基础处于浮起瞬间，水将迅速涌入导致基底浮力突增，从而促使基础突然浮起，由此也可说明基础"上浮失稳"破坏往往是具有突发性的。

3.5.3　黏土层中基础的模型试验数据分析

该项试验主要是测试基础模型埋于黏土中且在不上浮条件下受到的地下水浮力大小，试验主要包括两个过程：一是测试不同水位下基础模型受到的浮力大小；二是测试浮力随时间的变化过程，最终目的是得到黏土地基中水浮力的折减量。

本试验与上一个试验的关键不同点是模型箱不上浮，地下水浮力的变化需要通过测试基础模型下地基反力的变化来获取。用土压力盒代替荷重传感器进行测试，但土压力盒得到的是总应力，即包括有效土反力和水压力，因此有效土反力的获得需要辅以孔隙水压力计。具体试验操作中，将九个土压力盒均匀布置于基础覆盖区以测试地基反力的变化，另外再埋入两个孔隙水压力计以测试基底的孔压。将上述测试仪器调零后，安装模型箱，并往箱内注入高达 145cm 水位的水量（此时模型箱荷重力为 11.221kN），然后沿模型箱周边回填黏土，将土体压实后再往模型坑中注入少量水，使水位刚好没过土体表面（此时模型箱底位于地下水位下 20cm），等待一个月以使土体饱和；一个月后开始试验，往模型坑内加水，每加至整数位（30cm、40cm、50cm、60cm、70cm、80cm、90cm 和 100cm）时均停下，并等 1h 待稳定后测试读数；完成不同水位下的浮力大小后，接下来抽出模型坑内的一部分水，使模型箱浸没于 80cm（其他两组分别浸没于 60cm 和 70cm）的水位中，并保持两天时间，每隔半小时测试一次，目的是观察浮力随时间的动态变化，具体试验装置实物如图 3-27 所示。

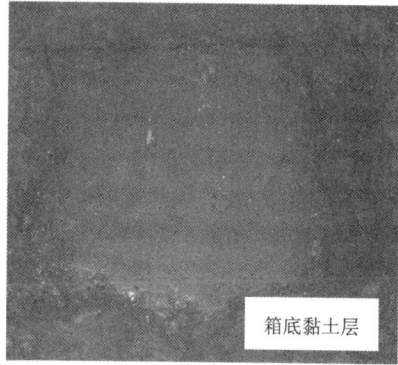

（a）模型结构图　　　　　　　　　　　　　　（b）模型基础图

图 3-27　试验装置实物图

首先介绍不同水位下的浮力测试试验，根据土压力盒和孔隙水压力计的读数可计算得到土层总反力 R 和基底孔压 u，如表 3-8 所示，表中的 u_{K1}、u_{K2} 是指两个孔压计的实测值，其中 K1 位于基底中心位置、K2 位于基底边缘位置，u 平均 则是两个值的平均值。将表中的总反力值和孔压值分别绘制成图 3-28 和图 3-29，并分别将模型箱荷重力值和理论水压值绘于图中，以便于比较。

表 3-8　不同水位下的试验数据

水位/cm	20	30	40	50	60	70	80	90	100
总反力 R / kN	12.394	12.699	12.744	12.686	12.808	12.630	12.844	12.987	13.106
u_{K1} / kPa	1.88	2.99	3.20	3.63	4.06	4.70	4.91	5.34	5.77
u_{K2} / kPa	1.85	2.23	3.62	4.81	5.19	5.38	5.96	6.35	6.54
u 平均 / kPa	1.86	2.61	3.41	4.22	4.63	5.04	5.44	5.84	6.15

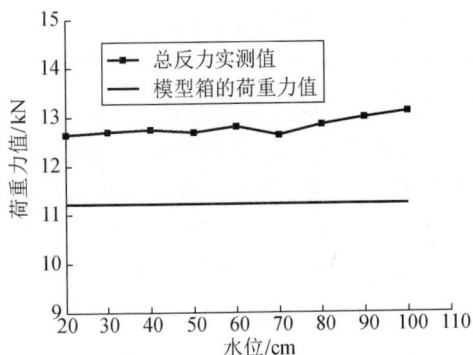

图 3-28　不同水位下的荷重力值

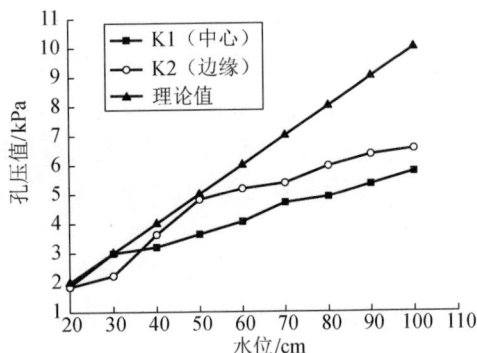

图 3-29　不同水位下的孔压值

由图 3-28 可见，土层总反力比模型箱的荷重力值要大，原因是土压力盒测试的是土体中的总应力大小，模型坑内加水后，部分水压已经作用在土压力盒上了，但这部分水压却未转化为浮力。由图 3-29 可见，两个位置的孔压值不完全相等，在较高水位下，中心处的孔压比边缘处的要大，主要原因可能有两个，一是荷载的不均匀分布导致边缘处的应力较大，引起的超静孔压相应较大；二是渗透损失的影响，中心位置的渗流路径比边缘处要长，故渗透损失更大，孔压便较小，但两者均比理论水压小，表明地下水浮力存在折减量。

地下水浮力折减量分析所需的有效土反力 P 可按下式计算得到：

$$P = R - uA \qquad (3\text{-}8)$$

式中：R—— 由土压力盒测试得到的总反力；

　　　u—— 由孔压计测试得到的孔压；

　　　A—— 模型箱基础的底面积。

得到有效土反力 P 后，根据式（3-6）便可计算得到试验浮力 F，另外，为便于比较，可引入孔隙水浮力 F_u 和理论水浮力 F_w 两个参数，可按下式计算：

$$F_u = uA \qquad (3\text{-}9)$$

$$F_w = \gamma_w A \cdot h \qquad (3\text{-}10)$$

式中：γ_w—— 水的重度；

h——模型箱浸没的地下水位高度。

将上述有效土反力和三个表征浮力的参数计算结果列于表 3-9。根据表 3-9 中三个表征浮力的参数，可得到水位-浮力关系曲线，如图 3-30 所示。

表 3-9　不同水位下地下水浮力参数

水位/cm	20	30	40	50	60	70	80	90	100
有效土反力 P/kN	11.20	11.03	10.56	9.99	9.85	9.40	9.36	9.25	9.17
试验浮力 F/kN	0.02	0.19	0.66	1.23	1.37	1.82	1.86	1.97	2.05
孔隙水压 F_u/kN	1.19	1.67	2.18	2.70	2.96	3.23	3.48	3.74	3.94
理论水压 F_w/kN	1.28	1.92	2.56	3.20	3.84	4.48	5.12	5.76	6.40

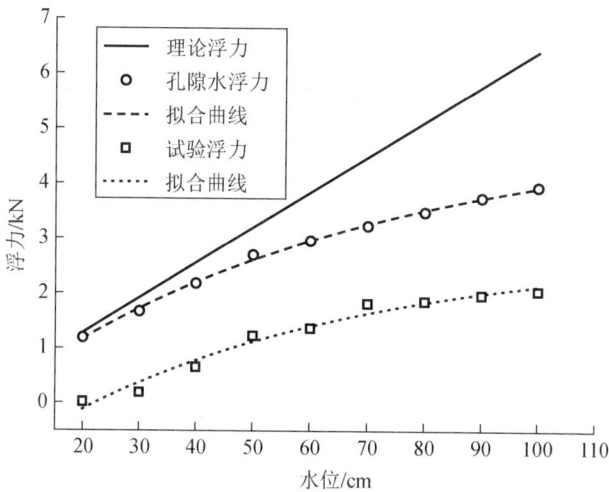

图 3-30　不同水位下表征水位-浮力的关系曲线

由图 3-30 可见，孔隙水浮力和试验浮力都随水位呈非线性增长，即曲线的斜率是连续变化的。在此，可直接通过比较实测值与理论值得到地下水浮力的折减量，图中数据显示模型箱实际受到的浮力要远小于按阿基米德定律计算的理论水浮力，且比按孔隙水压力计算得到的浮力也要小。上述现象可归结为两个主要原因：一是水压力在孔隙中存在折减现象，这主要与渗透和孔隙的连通性有关；二是孔隙水压力在基础模型底面上的作用面积存在折减现象，由于作用面积的减小，作用在基础模型底面上的地下水浮力出现进一步的折减。这两个折减因素可定义为渗透损失折减系数 R_v 和水压作用面积折减系数 R_a，地下水浮力最终折减情况可定义为综合折减系数 R_s，三者计算式为

$$R_v = \frac{F_u}{F_w} \tag{3-11}$$

$$R_a = \frac{F}{F_u} \tag{3-12}$$

$$R_s = R_v \cdot R_a = \frac{F}{F_w} \tag{3-13}$$

上述式中：F——通过试验测试计算得到的浮力；

$\qquad F_u$——根据孔压计测试计算得到的浮力；

$\qquad F_w$——按照阿基米德定律计算的理论浮力。

另外，浮力的折减量也是一个值得关注的参数，折减量是指浮力折减的量值，由前述分析可知，折减量由渗透损失折减量和水压作用面积折减量两部分组成，为探讨地下水浮力折减机理，需求出两个因素的折减量在浮力总折减量中所占的权重，具体计算式如下。

渗透损失折减量权重为

$$P_{R_v} = \frac{F_w - F_u}{F_w - F} \times 100\% \tag{3-14}$$

水压作用面积折减量权重为

$$P_{R_a} = \frac{F_u - F}{F_w - F} \times 100\% \tag{3-15}$$

利用表 3-9 中的数据，按照式（3-11）～式（3-13）可计算得到三种折减系数，结果列于表 3-10 中，并绘制于图 3-31 中。

表 3-10　不同水位下的浮力折减系数

水位/cm	20	30	40	50	60	70	80	90	100
渗透损失折减系数 R_v	0.93	0.87	0.85	0.84	0.77	0.72	0.68	0.65	0.62
面积折减系数 R_a	0.02	0.11	0.30	0.46	0.46	0.56	0.53	0.53	0.52
综合折减系数 R_s	0.016	0.099	0.258	0.384	0.357	0.406	0.363	0.342	0.320

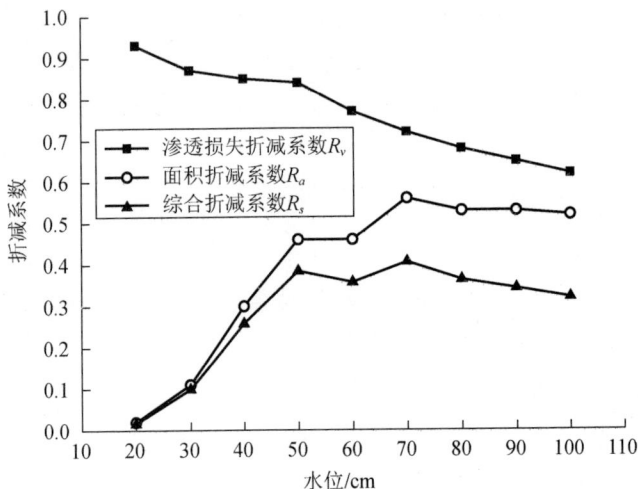

图 3-31　不同水位下的浮力折减系数

　　由图 3-31 可见，在不同水位下浮力的折减系数不一样，随着水位的增加，渗透损失折减系数逐渐减小，水压作用面积折减系数逐渐增加，得到的综合折减系数逐渐增加并趋于稳定，处于 0.3~0.4。

　　式（3-14）和式（3-15）的计算结果绘制于图 3-32 中，图 3-32 显示在低水位下，作用面积折减量所占的权重大，随着水位的增长，渗透损失折减量所占的权重逐步增加，相应地，水压作用面积折减量的权重便逐渐降低，两者的比例最终趋于稳定。上述现象的出现主要是因为试验开始前模型箱已在 20cm 的水位下固结饱和了 30d，加上黏土的含水量较高，孔隙中基本上充满了水，故渗透损失折减量的权重小。另外，低水位时的水压较小，产生的浮力也就较小。水位升高后，水压开始在土体中传递，传递过程中的渗透损失便导致了折减现象，由于每个水位的试验时间为 1h，渗透损失折减量还需要长期测试试验的验证。

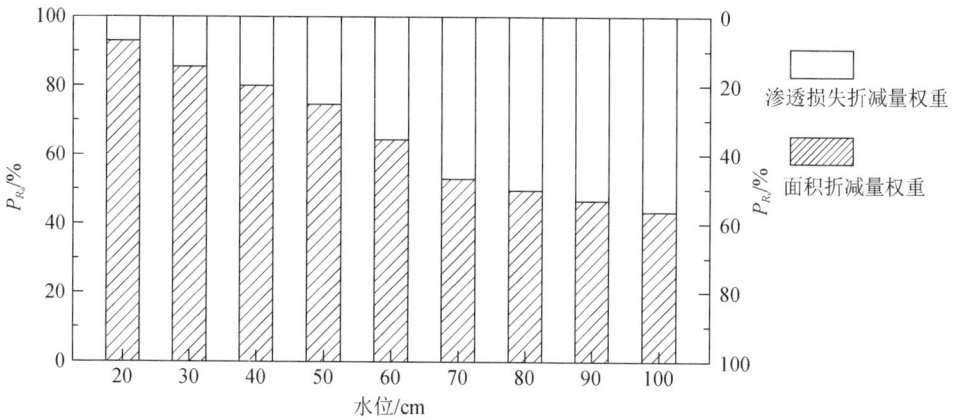

图 3-32　不同水位下水压作用面积折减量权重

　　为了进一步明确折减系数的时间效应，保持模型箱内 145cm 的水位不变，调整模型坑内的水使模型箱浸没于 80cm（其余两组试验分别浸没于 60cm 和 70cm）高的水位中，放置两天时间，期间每隔半小时观测一次孔压计和土压力盒的读数。

　　图 3-33 所示的是基础底部土体中孔隙水压力随时间的变化情况，可见，随着时间的增长，基底土体中的孔隙水压力在升高，由于渗流路径的不同，箱底中心处的孔压升高得比边缘处的要慢，且存在滞后效应，不过在两天的时间内，孔压均未达到理论计算的水压。图 3-34 是基底总反力 R 随时间变化的情况，与前期 80cm 水位下的瞬时测试得到的地基土反力相比，前 15h 内有所增加，这是前面将模型坑内水位从 100cm 调整到 80cm 过程所引起的，所以开始的总反力与 100cm 时的接近，水位降低后，因时间滞后效应总反力逐步降低，使得 15h 后的总反力值比前期试验值小，而整个过程中模型箱荷重是保持不变的，这就说明箱底的浮力在增加，即综合折减系数在增大。

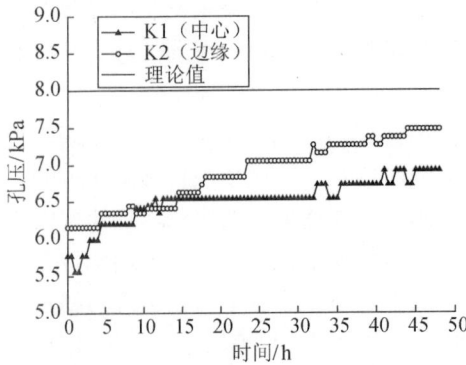

图 3-33　基底孔压随时间的变化

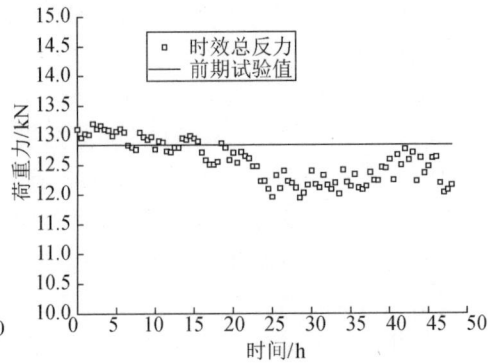

图 3-34　基底总反力随时间的变化

同样，按式（3-6）、式（3-9）和式（3-10）可计算得到试验水浮力 F、孔隙水浮力 F_u 和理论水浮力 F_w，如图 3-35 所示；另外，根据式（3-13）可计算得到综合折减系数，如图 3-36 所示。

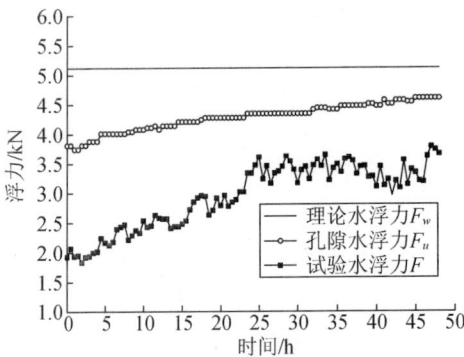

图 3-35　各浮力表征参量随时间的变化

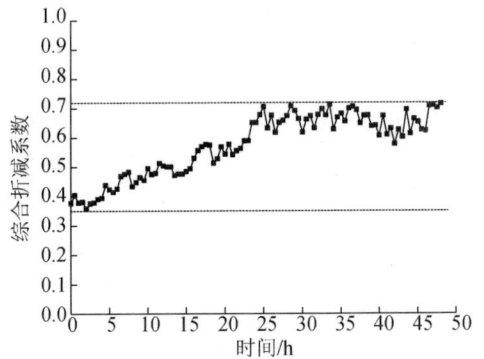

图 3-36　综合折减系数随时间的变化

由图 3-35 可见，随着时间的增长，孔隙水浮力逐渐增加，说明水在逐渐渗入至土体中，渗透损失折减系数将增加，即渗透损失折减量将减小；同样，试验水浮力也在增加，这与图 3-34 显示的结论是一致的，且从图上可以看出前 25h（大约 1d 时间），试验浮力增长较快，后期便上下波动，并趋于稳定，在两天的时间内，两者均未达到理论水浮力，说明还存在折减现象。具体的折减系数由图 3-36可知，综合折减系数从前期试验的 0.35 逐步上升至 0.65，并基本稳定于 0.65 左右，最大达到 0.72。

渗透损失折减系数和水压作用面积折减系数可根据式（3-11）和式（3-12）计算得到，结果如图 3-37 所示，可见，随着时间的增加两者均在增大，说明各自的折减量在减小，其中作用面积折减系数上升一定程度后便趋于稳定。各折减量所占的权重可根据式（3-14）和式（3-15）计算得到，结果如图 3-38 所示。可见，面积折减量的权重变大了，由初期的 40%上升到了 60%，这主要是因为随着时间的增长，水在孔隙中已基本充满，渗透损失量基本稳定，则浮力的折减量就主要取决于水压作用面积的折减量。

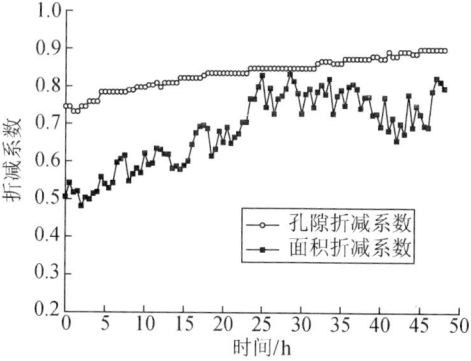

图 3-37　各折减系数随时间的变化　　　　　图 3-38　各折减量权重随时间的变化

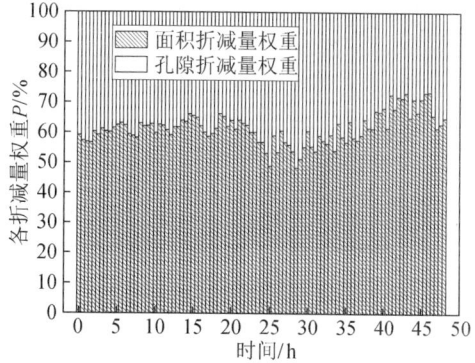

　　上述试验结果说明，黏土层中的地下水浮力存在一定的折减量，且其折减量随水位和时间的变化而变化，最终的折减量可达到 30%，即可以乘以 0.70 的折减系数，此结论与上述放置于黏土层上模型基础的结论一致，而且进一步说明了折减量主要由渗透损失折减量和水压作用面积折减量两部分组成。

3.5.4　带砂垫层黏土中基础的模型试验数据分析

　　该组试验主要是测试基础模型埋于带砂垫层的黏土地基中且在不上浮条件下受到的浮力大小，与 3.5.3 节的试验装置类似，如图 3-39 所示。具体试验操作中，将九个土压力盒均匀布置于基础覆盖区以测试地基反力的变化，另外再将埋入两个孔隙水压力计以测试基底的孔压。将上述测试仪器调零后，安装模型箱，并往箱内注入 145cm 高的水（此时模型箱荷重力为 11.221kN），然后沿模型箱周边回填黏土，将土体压实后再往模型坑中注入少量水，使水位刚好没过土体表面（此时模型箱底位于地下水位下 20cm），等待一个月以使土体饱和；一个月后开始试验，往模型坑内加水，每加至整数位（30cm、40cm、50cm、60cm 和 70cm）时均停下，并等 1h 待稳定后测试读数。

　　基于上述试验过程，通过土压力盒和孔压计可得到不同水位下的基底总反力（图 3-40）和基底水压（图 3-41）。由图 3-40 所示，基底总反力在整个试验过程中基本上保持不变，且仅比模型箱的荷重力大 0.2kN，说明两个问题：一是浮力还存在少量的折减，使得总反力实测值比模型箱荷重力值稍大；二是作用于基底的孔压基本上都转化成了水压，使得基底总反力基本保持不变。图 3-41 中的基底孔压实测值随水位的上升呈阶梯状增长，与理论计算值基本吻合，仅在水位较低时出现少许滞后效应。

（a）模型结构图

（b）模型基础图

图 3-39　试验装置实物图

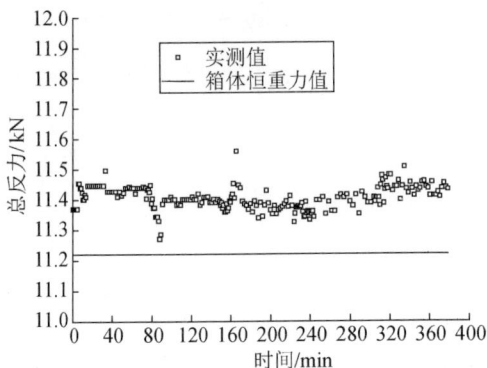

图 3-40　基底总反力随时间的变化

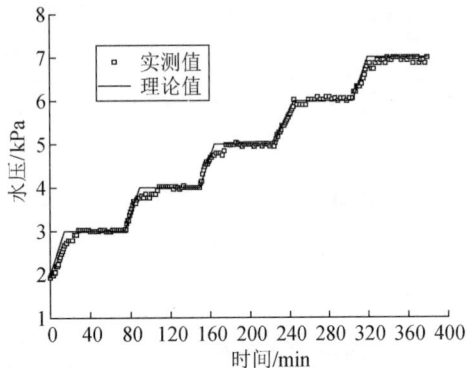

图 3-41　水压测试值随时间的变化

从图 3-40 和图 3-41 中选取不同水位下的总反力和孔压的代表值，并计算出相应的有效土反力值，如表 3-11 所示。

根据式（3-6）、式（3-9）和式（3-10）可分别计算得到不同水位下的试验水浮力 F、孔隙水浮力 F_u 和理论水浮力 F_w，如表 3-12 所示，并绘制于图 3-42 中；另外，根据式（3-13）可计算得到综合折减系数。不同水位下的试验数据如图 3-43 所示。

表 3-11　不同水位下的试验数据

水位/cm	20	30	40	50	60	70
总反力 R/kN	11.37	11.45	11.41	11.38	11.38	11.44
孔压值 u/kPa	1.93	3.02	4.02	5.00	6.03	6.99
有效反力 P/kN	10.13	9.51	8.83	8.18	7.52	6.96

表 3-12　不同水位下的浮力值

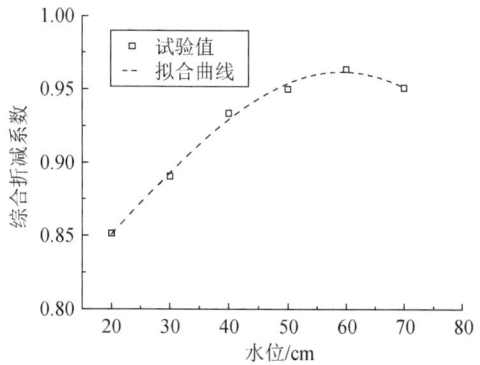

水位/cm	20	30	40	50	60	70
试验浮力 F/kN	1.09	1.71	2.39	3.04	3.70	4.26
孔隙水浮力 F_u/kN	1.24	1.90	2.57	3.20	3.85	4.47
理论水浮力 F_w/kN	1.28	1.92	2.56	3.20	3.84	4.48

由图 3-42 可见，基底的孔隙水浮力与理论水浮力几乎完全相等，而实测数据比理论值稍小，且试验值的拟合直线与理论直线基本平行，表明不同水位下的浮力折减量基本相等，其中含有一种不随水位和时间变化的固定折减量，可推测为浮力作用面积的折减量。图 3-43 显示的综合折减系数在不同水位下有所变化，但变化的幅度并不大，从低水位下的 0.85 上升到高水位下的 0.95，并稳定于 0.95 左右。

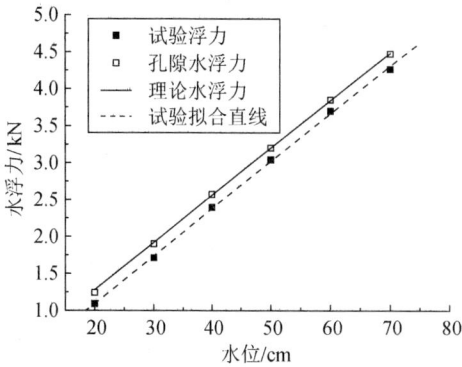

图 3-42　不同水位下的浮力值　　　　　　图 3-43　不同水位下的综合折减系数

为进一步分析各折减系数的影响，根据式（3-11）和式（3-12）可分别计算得到不同水位下的渗透损失折减系数和水压作用面积折减系数，结果如图 3-44 所示。可见，随着水位的增加两者虽均在增大，但增加的幅度很小，说明折减量已基本趋于稳定，且折减量较小。各折减量所占的权重可根据式（3-14）和式（3-15）计算得到，结果如图 3-45 所示。可见，总折减量主要取决于面积折减量，其权重达到了 95%以上。

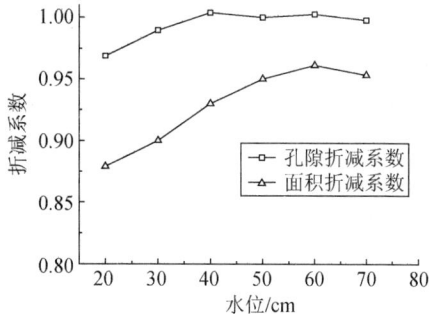

图 3-44　各折减系数随水位的变化

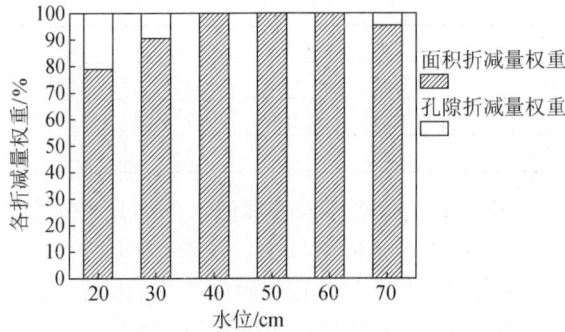

图 3-45　各折减量权重随水位的变化

上述试验结果说明，砂土地层中的水浮力折减量很小，且引起该折减量的主要因素是作用面积的折减。因此，砂土层中的地下水浮力可不考虑折减量，直接按照阿基米德定律进行计算。

3.5.5　黏土中带素混凝土垫层基础的模型试验数据分析

该组试验主要是测试基础模型埋于带素混凝土垫层的黏土地基中且在不上浮条件下受到的浮力大小，与砂垫层模型试验不同的是往砂垫层中注浆，以模拟实际工程中的基础形式。试验装置实物如图 3-46 所示。

与带砂垫层黏土层中基础模型试验的操作过程完全一样，同样是将试验装置安装好后，静置等待一个月，一是使土体充分饱和，二是使基底的混凝土充分凝固；一个月后开始试验，往模型坑内加水，每加至整数位（30cm、40cm、50cm、60cm 和 70cm）时均停下，并等 1h 待稳定后测试读数，由土压力盒和孔压计可得到不同水位下的基底孔隙水压力测试值（图 3-47）和基底总反力（图 3-48）。

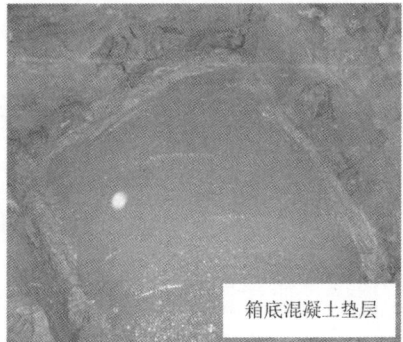

（a）模型结构图　　　　　　　　　（b）模型基础图

图 3-46　试验装置实物图

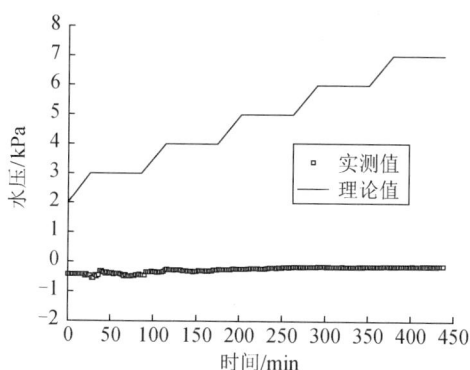

图 3-47　基底孔隙水压力测试值随时间的变化

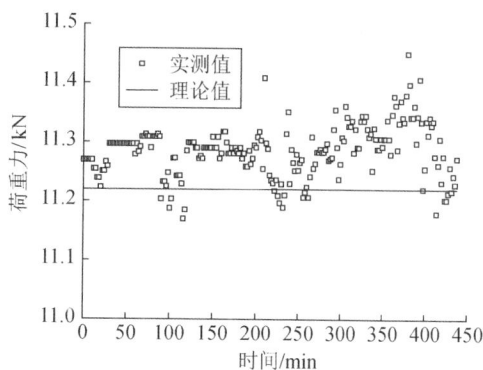

图 3-48　基底总反力随时间的变化

由图 3-47 所示，基底孔隙水压力测试值基本保持不变，与呈阶梯状增长的理论值相比，基本不存在任何联系，且所测得的孔压值为负值，表明素混凝土垫层中根本不存在孔压，可推测混凝土垫层与基础底板可能凝固在一起，垫层已成为基础的一部分（这一点可在后期的抗浮力拉拔测试试验中得到证实），水根本渗不进去，连原有的水分也在水泥凝固过程中被吸收了，因此才出现上述现象。再看由图 3-48 中的基底总反力变化情况，在整个试验过程中也是基本保持不变，且与模型箱荷重力一致，进一步说明水没有渗入到垫层与基础的交界面，两者混合为一体了。

此次试验之所以会出现如此现象，与试验准备阶段的混凝土垫层制作有很大的关系，素混凝土垫层是按 C15 强度的水泥砂浆配置而成的，等待一个月后进行试验，垫层便成了一块水泥板，主要起到压重抗浮的效果，因此该组试验不能反映对地下水浮力折减的问题。

3.6　不同环境下的地下水浮力折减系数

基于上述五组试验的测试数据和分析结果，可将不同环境下的地下水浮力以及浮力折减系数随水位和时间的变化进行对比分析。

图 3-49 示出不同环境下的地下水浮力大小，进一步得出水浮力理论值 aj、水中基础的浮力实测值 bc（水浮力实测值）及线性拟合值 bn、黏土层上基础上的浮力实测值 cc（黏土上浮力实测值）及线性拟合值 cn、黏土中基础上的瞬时浮力实测值 dc（黏土中瞬时浮力实测值）及线性拟合值 dn、黏土中基础上的长期浮力实测值 ec（黏土中长期浮力实测值）及线性拟合值 en、带砂垫层黏土中基础上的浮力实测值 fc（砂垫层中浮力实测值）及线性拟合值 fn。

图例：
水浮力理论值 *aj*
水浮力实测值 *bc*　　　　　　　　水浮力线性拟合值 *bn*
黏土上浮力实测值 *cc*　　　　　　黏土上浮力线性拟合值 *cn*
黏土中瞬时浮力实测值 *dc*　　　　黏土中瞬时浮力线性拟合值 *dn*
黏土中长期浮力实测值 *ec*　　　　黏土中长期浮力线性拟合值 *en*
砂垫层中浮力实测值 *fc*　　　　　砂垫层中浮力线性拟合值 *fn*

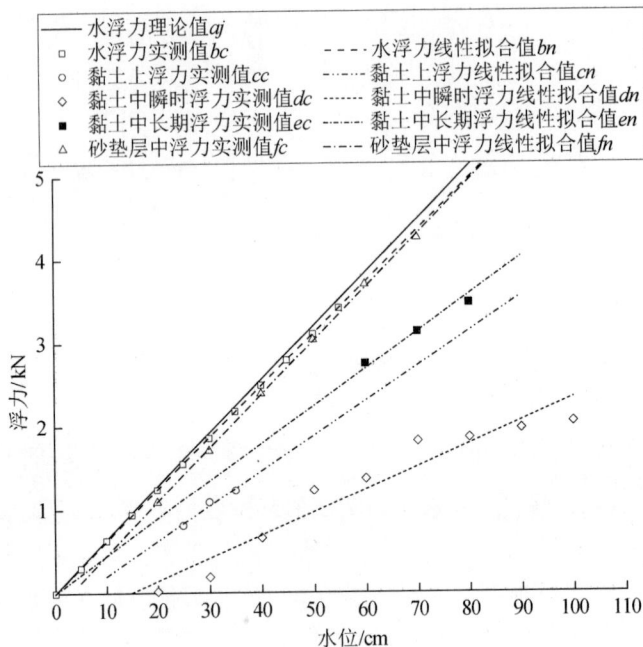

图 3-49　不同环境下的地下水浮力大小

可见，在同一水位下浮力由大到小的排列顺序为：$aj > bc > fc > ec > cc > dc$。由于试验时间的限制，每组试验的实测数据仅得到 3～11 个，采取数据拟合的方法，以得到所有水位下的浮力变化规律。由各拟合线可见，*bn* 线和 *cn* 线与理论值 *aj* 线几乎重合，基本不存在折减量，*dn* 线和 *en* 线由同一组试验得到，*dn* 线是瞬时的，*en* 线是长期的，其中 *en* 线与黏土上的试验 *cn* 线相差不大，三条拟合直线均显示黏土中的水浮力存在一定的折减量，具体的折减系数如图 3-50 所示。

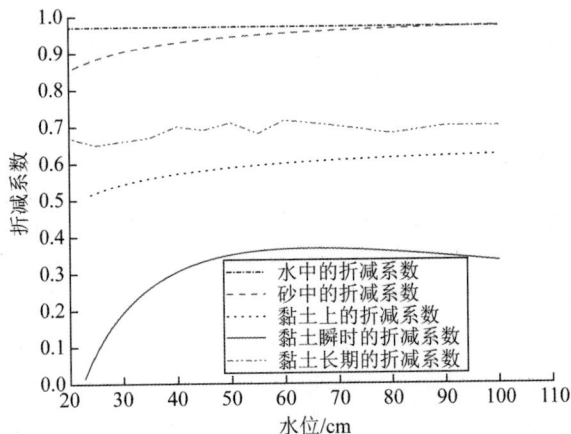

图 3-50　不同环境下的地下水浮力折减系数

图 3-50 显示了不同环境下地下水浮力折减系数稳定值，可见，砂土中的水浮力折减系数达到 0.95 以上，若考虑试验误差，则可认为不存在折减，黏土中地下水浮力的折减系数线有三条，按最不利条件考虑，可取 0.7 的折减系数，一般在 0.4～0.7 变动。

3.7　本 章 小 结

本章通过对浸没于水中、放置于黏土层上，埋入黏土层及带砂垫层的黏土层中，以及埋于带素混凝土垫层中五种环境下的基础模型进行模拟试验，并对试验数据展开具体分析，得到如下结论。

（1）通过介绍试验所需的试验仪器和试验设备的性能和用途，详细给出了每组试验的装置图和试验步骤。

（2）浸没于水中的基础模型，其所受到的浮力等于阿基米德定律计算值，该结论同时反映了本试验体系的合理性和准确性。

（3）对于黏性土地基，不论基础模型是放置在土层上，还是埋于土层中，其所受到的浮力都将出现折减现象，折减量在 30%左右。不过就试验而言，上述两种情况在"上浮失稳"的风险概率上不一样，直接放置黏土层上的基础模型，水极易从基底渗入，导致浮力突增，基础上浮失稳，埋置于黏土层中的基础模型，由于水压在土体孔隙中传递，失稳的概率较小，但折减后的浮力值不能超过抗浮力，否则基础模型将出现突然失稳；对实际工程而言，地下水位始终位于地面以下（除发生洪水和离岸工程外），因此，实际工程中黏性土中基础模型的地下水浮力都存在折减现象。

（4）通过对埋于黏土层中基础模型的基底受力在不同水位、不同时间的测试，可分析得到浮力的总折减量主要由黏土中的渗透损失折减量和水压作用面积折减量两部分组成，且渗透损失折减量将随水位和时间的增加而减小，并最终趋于一个较小的固定折减量，而水压作用面积折减量在同一荷重作用下是固定的。

（5）砂土层中的基础模型所受浮力基本上等于阿基米德理论计算值，仅存在少量折减，折减量在 5%左右，且这部分折减量主要是面积折减量，其不随时间和水位的变化而变化。因此，如果基础模型为需要进行抗浮的补偿基础，则不能在基底铺设砂垫层。

（6）通过将砂垫层注浆处理成素混凝土垫层进行模型试验，表明如果基础模型与垫层结合为一体，则此时的垫层相当于基础模型的一部分，可作为压重抗浮处理。素混凝土垫层中不存在水压力作用，水压力作用在垫层底部，则其折减量由两部分组成：一是与埋于黏土层中基础模型相同的折减量，约 30%；二是垫层压重力与水重力之差换算的折减量。

综上所述，本章主要从地下水折减量的角度，通过模型试验手段，得到不同条件下地下水浮力的折减量，后面将从折减机理做进一步的分析，并从抗浮的角度，将所有有利于抗浮的作用力换算成浮力折减量，以应用于实际的抗浮设计计算。

第4章 抗浮的基本思路和计算方法

4.1 基础抗浮问题

通常认为，当地下结构物的自重力不能抵抗地下水浮力时，地下结构物将上浮并导致结构变形损坏，因此需进行抗浮设计。在国内外，关于抗浮方面的系统研究不多，工程师们通常被此类情况所困惑，主要原因之一是有关的设计规范规程中未提出明确的设计标准或设计依据，在具体应用时尚存在很多问题，而孔隙水压力采用传统方法计算的结果与实际情况也有一定差异，引起很多争议。

我国有关规范没有把浮力影响的验算列入其中，只在《高层建筑箱形基础设计与施工规程》（JGJ 6—80）中将浮力列入考虑的条文，因对该问题一直有争论，如对于埋深为 5～6m 的箱形基础，且在地下水位较高的软土地区施工时，要不要计算 40～50kPa 的浮力，这在地基计算中是显得比较突出的问题。上海的几个工程实测结果表明，实际的施工过程中浮力对箱形基础的影响是不可忽视的，由此引发的大小事故屡有发生。1996 年 9 月 19 日至 20 日，海口市梦幻园商住小区裙楼因受大暴雨袭击及海水上涨顶托、地下水位抬高的浮力影响，致使还在兴建中的四层楼的二层地下室箱体浮出地面高达 4.5m，其原因就是区内除分布着 2.3～6.5m 厚的中砂强透水含水层外，还有深层承压水，其水头高出含水层顶 4.5～5.0m，这层承压水的上浮力据计算为 90kPa，对箱形基础影响较大，同时地下室基础大部分建在强透水的中粗砂含水层中，地下水对箱形基础的总的上浮力可达 290kPa。因浮力超过了地下室的箱体自重力，所以造成它的整体上浮。因此，该事故成为国内外罕见的箱形基础上浮事故[1]。

工程抗浮设计中，结构物抗浮措施很多，如加载法（包括顶板压载、基板加载及边墙加载）、下拉法（抗拔桩和锚杆）、设置倒滤层，长期抽水降低地下水位、减小底板上浮力的排水减压法，以及利用土层与地下结构之间的摩阻力的延伸基板法等，而工程中常用的抗浮措施是：临时性抗浮（主要指施工期间）采用的隔水、降水和排水等措施，永久性抗浮（指建筑物使用期间）采用的抗拔桩下拉法和锚杆（索）下拉法。各种抗浮方案各有利弊，其选择的原则是安全可靠、经济合理、技术先进和方便施工。此外，还应根据工程特点、地质情况、场地条件和环境等因素（如基坑的支护形式、基坑深度、基坑底的土层条件等）综合考虑，因地制宜，选择一个有效的抗浮方案。

　　总地来说，建筑物的抗浮问题不仅在正常使用阶段需要注意，而且在建筑物施工阶段也应该考虑进去，即对抗浮问题自建筑物开始施工建设时，就应该考虑，并有效解决。

4.2　基础底板设计问题

4.2.1　布桩方式对基础底板的影响

　　前面提到，一般认为抗浮只针对上部荷载较小的补偿基础，这是一个误区，实际上，在上部荷载大的高层建筑中，同样存在抗浮问题，只不过此时的抗浮是针对基础底板而言，而不是抗浮桩。因为虽然上部荷载较大，能够抵抗水压力而不上浮，但是水压力依然作用在基础底板上，而上部荷载是通过柱直接传递到承台，并由承台传递到桩基础上的，此时的基础底板都是习惯采用等刚度平板式，如果考虑浮力的影响，基础底板中的弯矩将反向，那么布置适量的抗浮桩，并在布置形式上把握均布的原则，对基础底板的受力将产生很大的影响，具体结论可以从下面的数值计算中得到。

　　为形象阐述上述观点，主要对以下两个问题进行探讨：①在基础布桩形式相同的情况下，桩的根数不同的优化分析；②在桩数一定的情况下，布桩形式不同的优化分析。

　　对于第一个问题，取平面尺寸为 9.0m×9.0m、厚 0.20m 的基础筏板进行计算，具体布桩和桩数如图 4-1 所示。

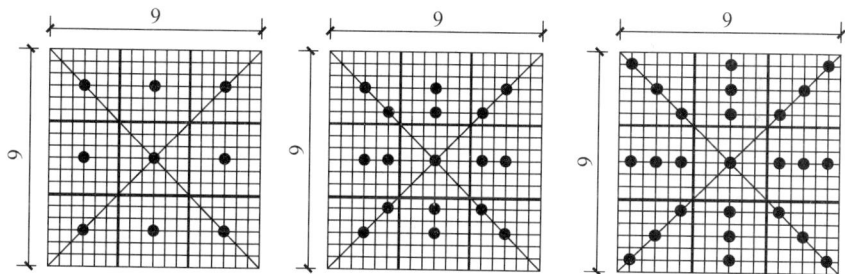

图 4-1　基础布桩形式相同、桩数（9、17、25）不同

　　通过计算，可得到基础底板的变形图（图 4-2）和弯矩图（图 4-3）。从图中可以看出在基础布桩形式相同的情况下，当桩数较多时，基础底板的受力较均匀，差异沉降较小，基础底板内部弯矩明显减小，此时底板的受力是较为合理的状态。这里我们把单根桩承受的拉力看作一个集中力，可以知道，桩的根数越多越接近于均布荷载。实际上水压荷载是个均布荷载，因此用接近均布荷载的方式来抵抗均布水压荷载是明智的选择。

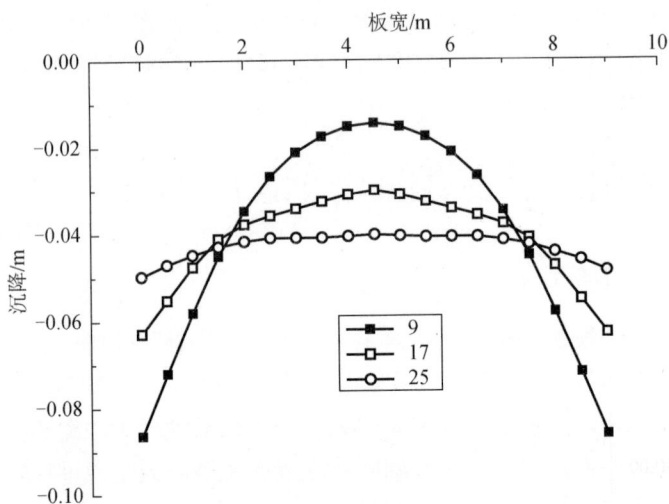

图 4-2　基础底板的变形图

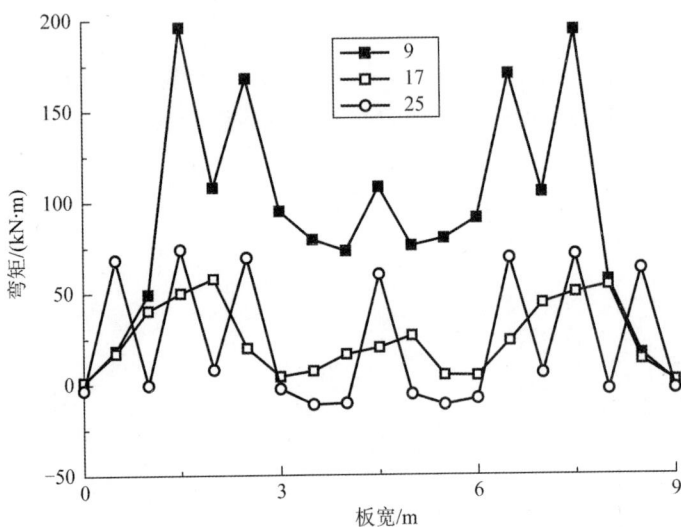

图 4-3　基础底板的弯矩图

　　同样，桩数相同，布桩的形式不同，具体布桩和桩数如图 4-4 所示。

　　通过计算，可得到基础底板的变形图（图 4-5）和弯矩图（图 4-6）。从图中可以看出，在桩的根数一定的情况下，桩分布方式的不同使基础底板的受力有很大的不同，当采用均匀分布时，基础底板的差异变形最小，内部弯矩也是最小的，即为较理想的受力状态，从而可达到减少底板配筋量、大幅度降低桩基础工程造价的目的。

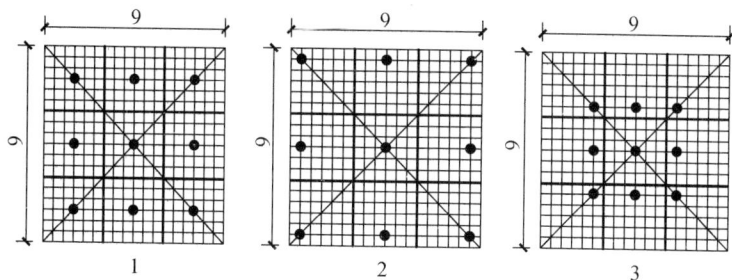

图 4-4　桩数相同、布桩形式不同

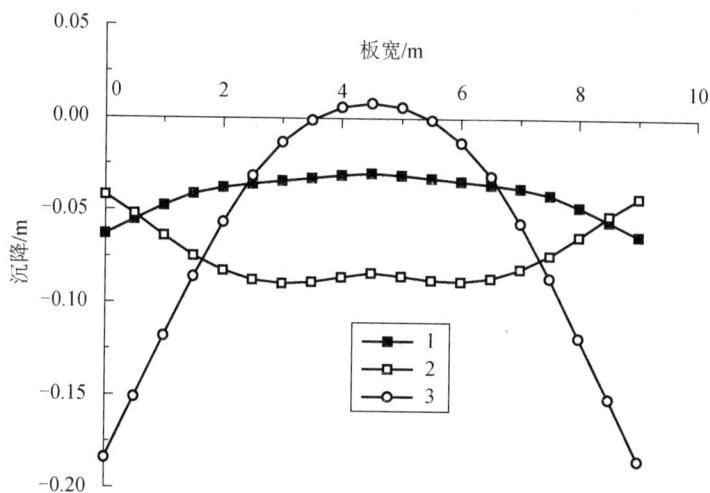

图 4-5　基础底板的变形图

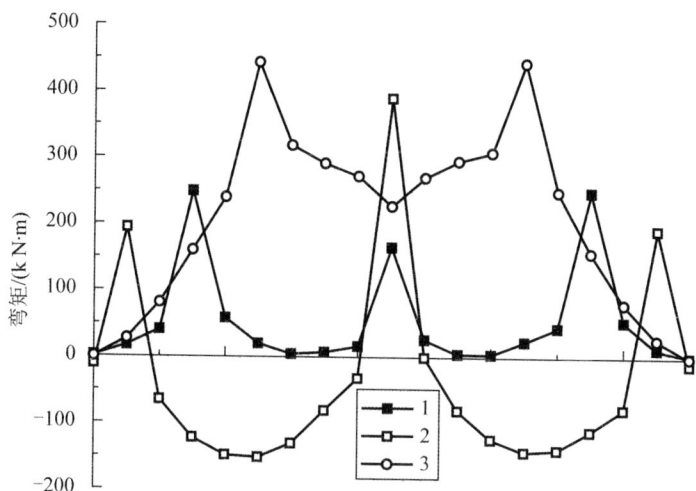

图 4-6　基础底板的弯矩图

　　通过上述分析可以得到以下结论：在满足抗浮要求的前提下，抗浮桩的造价大体相同，但抗浮桩的布桩形式和桩数对基础底板的受力和变形有很大的影响，小桩径、短桩长、多桩数的均匀布桩方式（使抗浮力趋近于均布力的抗浮设计方法）可大大减小基础底板的厚度、降低底板的配筋量，从而节省工程造价。

4.2.2　深基础基底地基变形分布

　　对深基础而言，荷载作用于地面以下一定的深度，具有如下几种效应：①壕沟效应[2, 3]。由于埋深基础两侧土体的存在，限制了弹性半空间的变形，从而可以减小埋深基础的变形，如图 4-7（a）所示。②边墙摩擦效应[4]。基础的边墙和周围土体存在摩擦，可以分担基础的部分竖向荷载，达到减小埋深基础沉降的目的，如图 4-7（b）所示。③挡土墙效应。基础的存在势必对两侧的土体起到挡土墙的作用，从而限制了基础两侧土体的水平变形，进而限制了埋深基础的竖向变形，如图 4-7（c）所示。④浮力效应。地下水浮力的作用将抵消部分结构荷载，且随着深度的增加，抵抗的荷载将越多，具体计算时应考虑该效应。⑤补偿效应。根基于应力路径分析可知基坑中的土体被挖除后，基底土体处于卸荷状态，导致土体回弹，那么这部分力对抵抗后期的结构荷载是有利的，具体考虑时需采用荷载（$p - \gamma D$）来代替荷载 p。

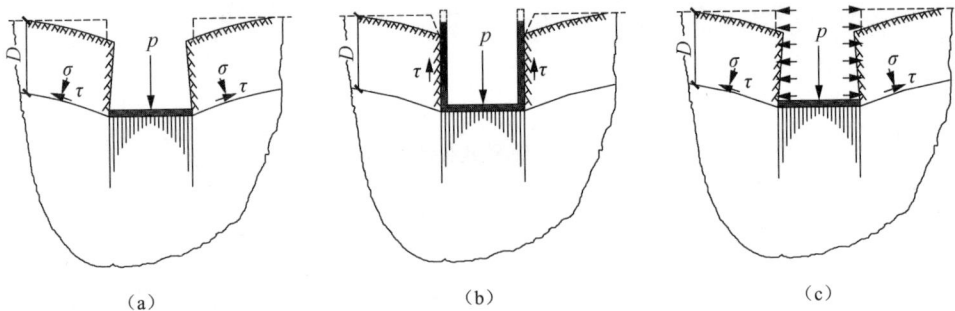

（a）　　　　　　　　　　（b）　　　　　　　　　　（c）

图 4-7　基础埋深效应示意图

　　根据上述思路，在同时考虑深基础的壕沟效应、挡土墙效应、补偿效应和水浮力效应的基础上，可将补偿性深基础的变形计算问题转化为弹性半空间体内作用局部竖向均布荷载的问题进行分析。

　　变形量的大小主要取决于作用在土体上的荷载和土体的模量两方面，目前土体应力的计算通常采用 Boussinesq 解，其考虑的是在弹性半空间表面上作用的均布荷载，通过上述分析可知，将荷载作用在自然地面上计算深基础的附加应力计算是不准确的，需要依次考虑上述四个埋深效应。对于壕沟效应，可以将荷载直接放在基础底面处，采用弹性半空间体内作用均布荷载的解析解表达式进行求解。

　　如图 4-8 所示，若基坑开挖区域为 $a \times b$（a 为短边），开挖深度为 h，相当于

在基坑底土上卸去 γh 的荷载，现将该荷载直接置于 h 深度平面上，并考虑补偿效应，则基础角点处的应力可采用下式计算[5]得到：

$$\sigma_z = (p - \gamma \cdot h) \cdot I \tag{4-1}$$

$$I = \frac{1}{4\pi(1-v)} \left\{ (1-v) \left[\arctan\frac{ab}{(z-h)R_1} + \arctan\frac{ab}{(z+h)R_2} \right] + \frac{(z-h)aR_1}{2br_1^2} - \frac{a(z-h)^3}{2br_3^2R_1} \right.$$

$$+ \frac{\left[(3-4v)z(z+h) - h(5z-h)\right]aR_2}{2(z+h)br_2^2} - \frac{\left[(3-4v)z(z+h)^2 - h(z+h)(5z-h)\right]a}{2br_4^2R_2}$$

$$\left. + \frac{2hz(z+h)aR_2^3}{b^3r_2^4} + \frac{3hzaR_2r_5^2}{(z+h)b^3r_2^2} - \frac{hz(z+h)^3a}{br_4^4R_2} \cdot \left[\frac{2b^2 - (z+h)^2}{b^2} - \frac{a^2}{R_2^2} \right] \right\}$$

式中：γ —— 被开挖土体的重度；

v —— 土体的泊松比；

$R_1 = \sqrt{a^2 + b^2 + (z-h)^2}$

$R_2 = \sqrt{a^2 + b^2 + (z+h)^2}$

$r_1 = \sqrt{a^2 + (z-h)^2}$，$r_2 = \sqrt{a^2 + (z+h)^2}$；

$r_3 = \sqrt{b^2 + (z-h)^2}$，$r_4 = \sqrt{b^2 + (z+h)^2}$；

$r_5 = \sqrt{b^2 - (z+h)^2}$。

式（4-1）计算得到的是基础角点处的应力大小，对于基底任意一点的应力可通过角点法叠加计算得到，具体可采用 Matlab 软件编制名为 settlement. m 的计算程序。

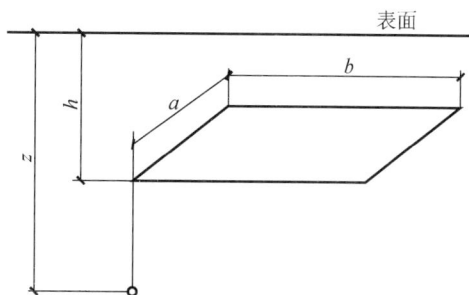

图 4-8　深基础应力计算示意图

可设计如下算例进行分析，即假设基础为矩形区域，其长度和宽度分别为10.0m 和 8.0m，基础埋深 7.0m。现运用考虑埋深的应力计算式计算基础面以下3.0m 深度处（深度 10.0m）、荷载作用区域内任意点处的应力系数 I，计算得到的应力系数如图 4-9 所示，由各点应力系数的三维图和等值线图可见，在荷载区域中心位置的应力系数均最大，向边缘处逐渐降低。

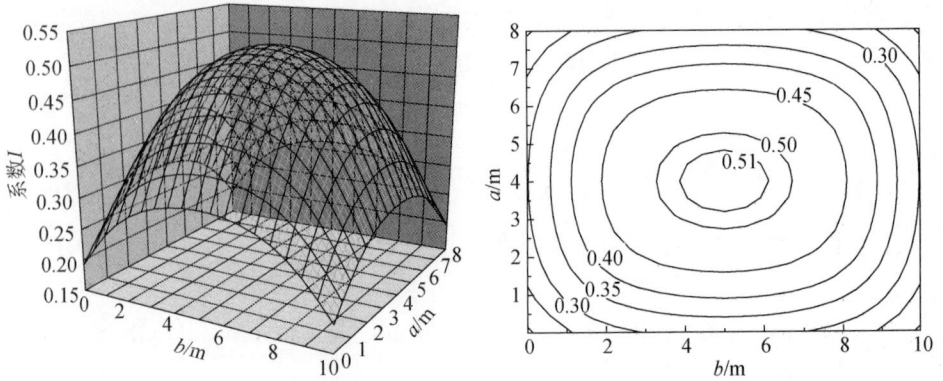

图 4-9　考虑埋深的应力系数

　　理论研究和实测结果均显示基坑在开挖期间的土体变形呈回弹上隆形式，且隆起量不均匀，呈倒扣的"锅底形"，即基坑中间的土体隆起量大，四周的隆起量小，如图 4-10 中的曲线①所示。正是开挖期间引起的该部分回弹变形导致了等补偿和超补偿基础的工后沉降变形，具体过程如下：基坑内土体被挖除卸荷后出现回弹，但在基础施工过程中，基础浇筑前需要进行找平，找平过程中便将上述回弹隆起的土体铲平，形成图 4-10 中的曲线②，假想此时将被挖除的土体再全部回填或施加与被挖除土重力相同的荷载至基坑底面，则找平铲除的土体体积将造成沉降变形的产生，即形成图 4-10 中的曲线③，换句话说，基坑的实际开挖面为曲线③，因此，在进行实际工程的基础变形计算时，需要考虑施工找平引起的回弹土体多挖部分。

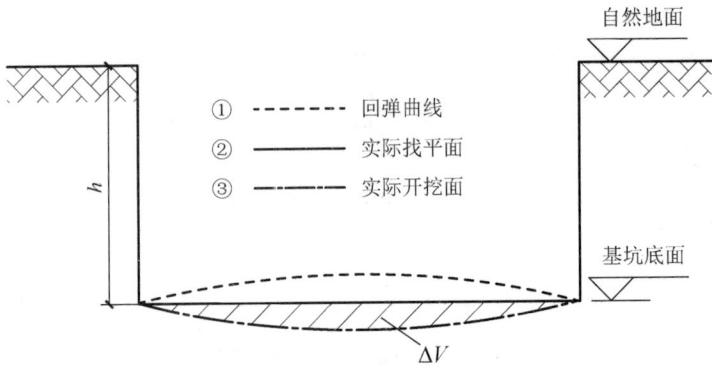

图 4-10　开挖后基坑底回弹变形示意图

4.2.3　利于抗浮的深基础底板形式

　　根据上述析可知，补偿性基础无论是回弹还是后期的沉降，都呈现出中间大、四周小的"锅底形"变形模式，因此，现有的"平板式"基础形式很难满足其变形特点。受用于水闸的形似锅底的反拱底板[6]的启示，对于具有"锅底形"变形特点的补偿性基础底板可采用类似的反拱形式，如图 4-11 所示。

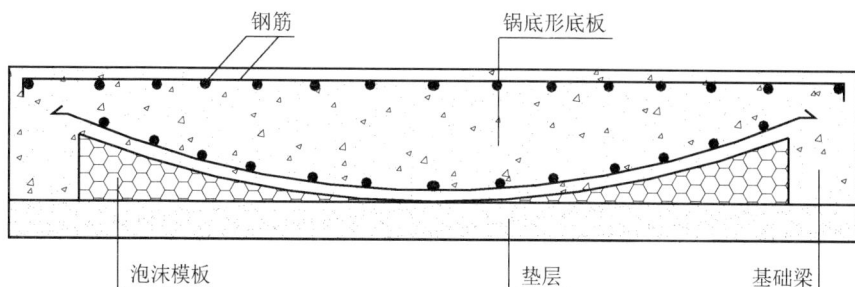

图 4-11　反拱式基础底板示意图

基础底板不仅构造上与补偿基础的变形特征相符，而且其中的拱结构以承受正压力为主，能充分利用混凝土良好的抗压性能，达到减小构件截面的要求，因此在相同条件下，采用锅底形底板比平底板的厚度要大为减小，且底板中用的钢筋量很少。

4.3　抗浮验算原则

抗浮计算是地下结构抗浮设计中的一个关键点，依据抗浮计算结果，设计人员才可综合各方面的因素确定采用何种抗浮措施。建筑物在施工和使用阶段均应符合抗浮稳定性要求。建筑物在施工阶段，应根据施工期间的抗浮设防水位和抗力荷载进行抗浮验算，必要时应采取可靠的降、排水措施满足抗浮稳定要求。建筑物在使用阶段，应根据设计基准期抗浮设防水位进行抗浮验算。抗浮验算包括结构自重力抗力标准值的计算、抗浮设防水位的选取与水浮力的计算等方面的内容。

在进行整体抗浮验算的同时，应对结构自重力较小的区域进行局部抗浮验算，特别是上部结构少层或大范围的缺失开洞部位。结构设计应保证地下室底板构件在地下水作用下具有足够的强度和刚度，并应进行浮力作用下的抗弯、抗剪承载力验算。当整体抗浮满足时，应有可靠措施保证施工过程中地下室的抗浮稳定性。

4.4　抗浮验算内容

当建筑物的结构抗浮验算在现行国家或行业结构设计规范有明确规定时，应按规范的有关规定进行抗浮验算。

建筑物整体及局部抗浮稳定验算主要包括以下内容。

（1）明挖法施工的地下建筑，在施工阶段发生浮起的事故较为常见。当施工阶段建筑物自重力及抗拔构件的抗拔力不足以平衡水的浮力时，应提出施工中排水或其他抗浮措施。

（2）在施工阶段及使用阶段，地下建筑物的整体及局部抗浮稳定均必须得到保证。应对结构自重力较小的区域进行局部抗浮验算，特别是上部结构少层或大范围的缺失开洞部位。

此外，当地下室考虑外墙自重力及其他局部墙体自重力后，虽能满足整体抗浮稳定要求，但在墙体或荷载较少的部分，建筑物荷载不能平衡水的浮力，此时地下建筑物局部浮起，使结构应力重新分配，造成部分结构受损或破坏。

为了平衡水的浮力，可将地下室底板外挑，以外挑部分的上覆土重力满足稳定要求。此时，如果地下结构面积较小、刚度很好时，可以起到作用；反之，将造成结构中部局部抗浮无法满足要求而受损或破坏。

（3）特殊情况下的整体及局部抗浮稳定验算，指的是当水池、游泳池及其他储仓等换水、检修而需减少稳定荷载时，也应考虑此工况的抗浮稳定性。

抗拔构件承载力及强度验算主要包括以下内容。

当建筑物质量不能平衡水的浮力时，需设置抗拔构件，如抗拔桩及锚杆等。抗拔构件的承载力（抗拔力）应通过抗拔试验确定，不能以估算值为依据。在抗拔试验的基础上尚应对抗拔构件的强度及抗裂进行验算。抗拔构件中的抗裂验算较为复杂，当采用预应力管桩作抗拔桩时，如何考虑截桩后的预应力损失、抗拔计算及连接构造等尚应进一步研究。

在抗浮整体及局部稳定得到保证的前提下，才能进行地下建筑结构的验算。

（1）验算中对于外墙验算应按静止土压力考虑水、土压力，同时应考虑超载的影响。

（2）底板的荷载组合较为复杂，对构造底板，应考虑由于基础沉降引起地基对底板的反力，这个反力一般取建筑物竖向荷载总值（扣除水的浮力）的10%～15%。与此同时，还应考虑水对构造底板的浮力。底板有荷载组合时，应考虑两种最不利情况：①不考虑浮力及板底土反力，只考虑板自重力及板上荷载；②考虑浮力、板底土反力、底板自重力及板上合载的组合。

4.5　整体抗浮验算公式

对于不需设置抗拔构件的情况，以地下建筑物自重力（含覆土重力）平衡水浮力时的安全系数尚不明确。参考有关规范，明挖法地下工程的结构的自重力应大于静水头压力造成的浮力，在自重力不足时，必须采用锚桩或其他措施。抗浮力安全系数应大于1.10，施工期间应采取有效的抗浮力措施。

建筑物的抗浮计算受力简图如图 4-12 所示。

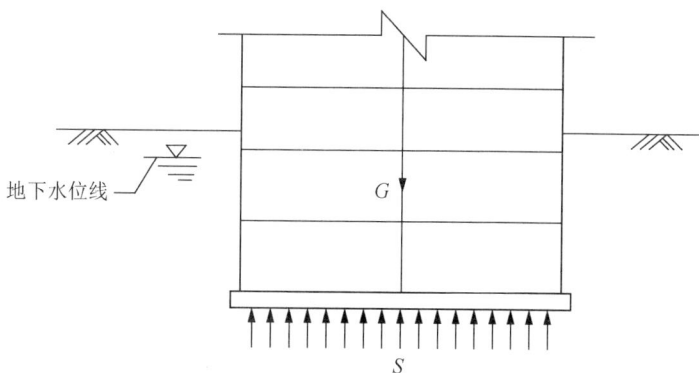

图 4-12　抗浮计算受力简图

当建筑物的结构抗浮验算无明确规定时，可按下列公式进行抗浮验算：

$$\frac{G}{S} \geqslant k \tag{4-2}$$

式中：G——结构自重力及其上作用的永久荷载标准值的总和，不包括活荷载；

S——地下水对建筑物的浮力标准值；

k——地下结构抗浮安全系数，一般取 1.05～1.10。

从图 4-12 及式（4-2）可看出，抗浮验算包括结构自重力抗力的计算以及水浮力的计算两个方面的内容。

结构自重力抗力标准值 G 可按结构构件的设计尺寸与材料单位体积的自重力计算确定。对于自重力变异较大的材料和构件，自重力的标准值应取下限值。当进行抗浮验算时，尚应考虑作用于结构上的永久荷载标准值，但不包括活荷载。

单建地下室顶面有填土，抗浮稳定计算时，填土荷载计算原则如下。

（1）填土自重力应分别按两个阶段考虑。当采用明挖法施工时，施工阶段顶面填土未能加上，地下室顶面填土荷载不应计入。在使用阶段，当抗浮水位高于板面时，水位以下的土重力应按土的有效重度计算，水位以上的土重力按天然重度计算。

（2）当抗浮水位低于顶板面时，填土自重力按土的天然重度计算。

（3）填土上的活荷载均不应考虑。

水浮力一般可计算为

$$S = \gamma_w V \tag{4-3}$$

式中：γ_w——水重度，kN/m^3；

V——建筑物在抗浮设防水位下排开水的体积。

当基础形状较简单时，也可采用下式估算水浮力大小：

$$p = \gamma_w H = \gamma_w(h - h_0) \tag{4-4}$$

式中：H——抗浮设计水头值，除有可靠的长期控制地下水位的措施外，不应对
　　　　　地下水水头进行折减；

　　　h——抗浮设防水位；

　　　h_0——基底标高。

水浮力计算中的几种典型情形，根据基础埋置深度范围内的土层情况，可分
为以下几种情况来计算水浮力，如图 4-13 所示。

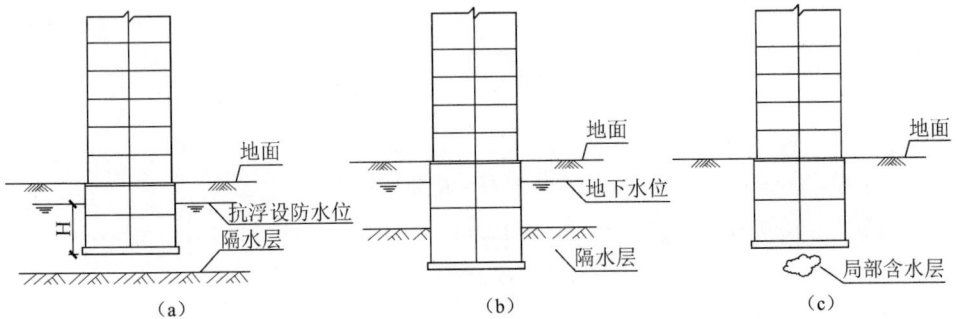

图 4-13　地下结构埋深与含（隔水层）的关系

（1）图 4-13（a）中，基础埋置在潜水层土中，基础底板受到水浮力作用，其
水头高度为 H，按全部浮力计算，一般不考虑折减量。

（2）图 4-13（b）中，基础埋置在隔水层土中，若隔水层土质在建筑使用期间
内可始终保持非饱和状态，且下层承压水不可能冲破隔水层及地下室墙与基坑侧
壁间的回填土采用不透水材料时，基础底板不受上层滞水浮力作用；若隔水层为
饱和土，基础底板应考虑浮力作用，也要考虑渗流作用的影响，计算水浮力时需
进行折减。

（3）图 4-13（c）中，当基础埋置于不连续的局部含水层中时，基础底板可不
考虑水浮力作用。

对于图 4-13（b）地下建筑物埋于不透水土层，周边填土为密实的不透水土，
当场地无积水时，可不考虑水的浮力作用。其内涵是地下建筑物周边的水不能渗
入基底，地面水也不能渗入基底，即地下建筑物完全埋置于无水的土层内，方可
不考虑水的浮力作用。为此，必须满足以下条件。

（1）地下建筑物所在场地无积水，雨水及其他地表水可以有步骤地及时排走，
如地下建筑物位于低洼场地且无把握及时排除积水时，应及时考虑排水措施。

（2）地下建筑物基底以上无杂填土、砂类土、粉土等透水层，或虽有上述透
水层，但层厚较薄，且不赋存潜水或承压水，具有有效的隔、排水措施。

（3）基抗回填土必须采用压实的不透水的黏性土或灰土，压实系数不小于 0.93。

（4）地下室外墙防水层不应采用透水的塑料泡沫板等材料，应确保防水层及保护层不形成水通道。

（5）当基底以下存在承压水时，在无建筑物荷载作用时不得发生管涌或突涌。

（6）除上述必备条件外，尚宜采取基础及底板混凝土原槽浇灌，超挖部分以混凝土回填，地面外墙周边设混凝土散水等措施。

验算地下水对结构物的上浮作用时，原则上应按设防水位计算水浮力。从式（4-3）及式（4-4）可以看出，在水浮力的计算中，抗浮设防水位的选取是相当重要的。抗浮设防水位的选取应兼顾安全性和经济性要求。若抗浮设防水位选取过低则存在安全隐患，极易引发工程事故；相反，若抗浮设防水位选取过高，则设计易显保守，增加不必要的工程量。结合众多规范条文及工程实践经验，抗浮设防水位通常可按下述要求进行选取。

（1）当有长期水位观测资料时，场地抗浮设防水位可采用实测最高水位。

（2）无长期水位观测资料时，按勘察期间实测最高水位并结合地形地貌、地下水补给、排泄条件等因素综合确定。

（3）场地有承压水且与潜水有水力联系时，应实测承压水位并考虑其对抗浮设防水位的影响。

（4）只考虑施工期间的抗浮设防时，抗浮设防水位可按一个水文年度的最高水位确定。

（5）在填海造陆区，宜取海水最高潮水位。

（6）二级阶地，可按勘察期间实测平均水位增加 1～3m，对台地可按勘查期间实测平均水位增加 2～4m；雨季勘查时取小值，旱季勘查时取大值。

（7）对地下水赋存条件复杂、变化幅度大、区域性补给和排泄条件可能有较大改变或工程需要时，应进行专门论证。

（8）在无动水压力及承压水时，计算浮力的最高水位不宜超过地下室顶板面标高。

当基础抗浮验算不满足式（4-2）要求时，地下结构即有上浮的趋势，此时若地下结构侧壁与土壤之间的摩阻力不足以抵抗水浮力，地下结构即产生上浮现象。这时应先根据地下建（构）筑物所在场地的工程地质和水文地质资料进行分析，然后根据施工阶段和竣工后使用阶段的不同情况，选用不同的抗浮措施，如设置抗拔桩、抗浮锚杆等。当采用抗拔桩或抗浮锚杆措施后，应满足下式要求，此时 k 可取小值为

$$\frac{G}{k} + nR \geqslant S \tag{4-5}$$

式中：n——抗拔桩或抗浮锚杆的数量；

　　　　R——单根桩或锚杆抗浮承载力特征值，取群桩（群锚）基础呈整体破坏或呈非整体破坏时基桩抗拔力较小值。

4.6　本　章　小　结

通过上述的分析，可得到如下结论。

（1）工程抗浮是一个有很大发展空间的领域，可以改进抗浮工具，完善相应的理论计算，甚至采用创造性的抗浮方法，使抗浮达到最优效果。

（2）基础底板的设计若考虑浮力，则抗浮桩的布桩形式和桩数对基础底板的受力和变形有很大的影响，小桩径、短桩长、多桩数的均匀布桩方式，可大大减小基础底板的厚度、降低底板的配筋量。

综上所述，基础抗浮涉及地下建筑物的浮力计算、抗浮的措施及基础底板的设计等诸多问题，可认为是牵一发而动全身，所以分析时要从整个体系入手，而不是紧盯其中的某一个问题。另外，在理论分析的基础上，还要更多地进行工程实践。

参 考 文 献

[1] 贾强，应惠清，葛俊颖. 基坑工程中基础抗浮力稳定性验算[J]. 四川建筑科学研究，1999 (4):23-25.

[2] EDEN S M. Influence of shape and embedment on dynamic foundation response [D]. Massachusetts: University of Massachusetts, 1974.

[3] GAZETAS G, STOKOE K H. Free vibration of embedded foundations: theory versus experiment [J]. J Geotechnical Engineering, 1991, 117 (9): 1363-1381.

[4] 梅国雄, 赵建平, 宰金珉, 等. 埋深基础沉降计算方法研究[J]. 岩土工程学报, 2006, 28 (7): 819-822.

[5] POULOS H G, DAVIS E H. Elastic solutions for soil and rock mechanics [M]. New York: John Wiley & Sons, Inc., 1974.

[6] 钱家欢, 殷宗泽. 土工原理与计算[M]. 北京: 中国水利水电出版社, 2003.

技术篇（一）

——被动抗浮技术

第 5 章　微型桩抗浮技术

微型桩是在树根桩基础上发展起来的一种小直径桩，直径通常为 0.1～0.3m。它具有布置形式灵活、施工机械小型化、经济环保等优点。从国外大量的研究及工程应用实例来看，随着对微型桩承受竖向下压和上拔荷载、横向水平荷载的性状研究，微型桩从最初用于基础托换工程逐渐向多元化领域发展，如基础抗浮、基坑工程、防震工程、边坡加固、铁路路堤及路基加固，以及输电线路杆塔基础和直接用作建筑物基础等。本章将对微型桩的抗拔性能展开试验研究。

5.1　微型桩抗拔设计方法

5.1.1　构造要求

1）微型桩基础的布置形式、桩直径及间距的要求

（1）桩基布置可采用对称或其他排列形式，在群桩基础中可布置部分倾斜单桩，但单桩倾斜角度不宜大于 15°，建议采用 10° 倾角。

（2）微型桩的设计桩长不超过 60d。

（3）微型桩的设计直径一般采用 d=0.25～0.40m。

（4）微型桩的桩中心间距不小于其设计直径的 2.5 倍。

2）微型桩桩身应按规定配筋

（1）桩身主筋应经计算确定，截面主筋不宜小于 4 根，纵向主筋应沿桩身周边均匀布置，应尽量减少主筋接头，混凝土保护层不得小于 3cm。

（2）箍筋采用 $\phi6$～$\phi8$@100～300，宜采用螺旋式箍筋，当钢筋笼长度超过 4m 的时候，应每隔 2m 左右设置一道 $\phi12$～18 的焊接加劲箍筋。

3）对施工材料的要求

（1）桩身混凝土强度等级不小于 C15。

（2）碎石骨料的粒径宜在 10～25mm，且含泥量应小于 2%。

（3）注浆材料可选用水泥砂浆，也可选用水泥浆。水泥砂浆的配比应符合设计混凝土强度的等级要求，一般为水：水泥：砂=0.5：1.0：0.3（质量比），砂粒粒径不宜大于 0.5mm。如采用水泥浆，水泥浆的水灰比宜为 0.4～0.5。

4）桩与承台的连接

（1）桩顶嵌入承台的长度，不宜小于 100mm。

（2）桩顶主筋应伸入承台内的长度应满足受拉钢筋锚固长度的要求，并不应小于 40 倍主筋直径。

（3）桩顶主筋宜外倾成喇叭形（大约与竖直线夹 15°），并应设置箍筋或螺旋筋，其直径与桩身箍筋直径相同，间距为 100～200mm。

5.1.2 单桩抗拔极限承载力确定

单桩抗拔极限承载力应通过静载荷试验确定，初步设计时单桩的抗拔极限承载力可根据经验公式计算。单桩抗拔极限承载力主要由侧摩阻力及桩身自重力提供，其中侧摩阻力应视具体情况予以折减。单桩抗拔极限承载力标准值 P_{ut} 可以按下式计算：

$$P_{ut} = \sum_{i=1}^{n} \lambda_i \beta_i U_i L_i q_{si} + W \tag{5-1}$$

式中： λ_i——第 i 层土的桩侧土极限摩阻力的抗拔折减系数；

β_i——注浆后抗拔侧阻力增强系数（根据现场试验结果以及侧摩阻力实测结果分析，在黏性土、粉土中对于进行一次注浆的土层 λ_i 取 0.7， β_i 取 1.1～1.33，对于进行二次注浆的土层 λ_i 取 0.8， β_i 取 1.38～1.8）；

U_i——桩设计周长，m；

L_i——第 i 层土的厚度，m；

q_{si}——第 i 层土的极限侧阻力，如无经验值时，可按《架空送电线路基础设计技术规定》（DL/T 5219—2005）中的表 11.4.6-1 取值，kPa；

W——桩身自重力，地下水位以下取浮重度。

5.1.3 群桩抗拔极限承载力确定

群桩的抗拔极限承载力在有条件允许的情况下宜由静载荷试验确定，在进行初步设计时，可根据单桩的抗拔极限承载力在考虑群桩效应系数的基础确定，群桩极限承载力可按下式进行计算：

$$P_{nut} = \eta_t n P_{ut} \tag{5-2}$$

式中： P_{nut}——群桩抗拔极限承载力，kN；

η_t——抗拔承载力群桩效应系数，建议取 0.6；

n——群桩中的基桩数目；

P_{ut}——单桩抗拔极限承载力，kN。

5.1.4 抗拔承载力稳定性设计验算

上拔荷载作用下的承载力验算与下压荷载相同，按单桩及群桩分别进行。群桩的抗拔承载力应满足以下条件：

$$T_0 \leqslant P_{nut} / \gamma_s \tag{5-3}$$

式中： T_0——作用于桩基顶面的竖向上拔力设计值；

γ_s——分项系数，取 1.1。

群桩中第 i 根单桩桩顶承受的轴向上拔力 T_i，可按下式计算：

$$T_i = \frac{T_0 - G}{n} \pm \frac{M_x Y_i}{\sum_{i=1}^{n} Y_i^2} \pm \frac{M_y X_i}{\sum_{i=1}^{n} X_i^2} \tag{5-4}$$

式中：G —— 承台或连梁及其上部土自重力的设计值，kN。

单桩的轴向上拔力 T_i 应符合下式的要求：

$$T_i \leqslant P_{ut} / \gamma_s \tag{5-5}$$

5.2　微型桩抗拔试验方案

5.2.1　试验场地地质条件

试验地点位于浙江省宁波市北仑电厂三期工地，场地表层为粉煤灰和淤泥质粉质黏土的混合填土，含有少量碎石，由于地面下 1.5m 左右存在一层碎石，影响了钻机成孔，施工前对场地 2m 以上土层用挖机进行了翻填。3m 深度以下为流塑状淤泥质粉质黏土。整个场地土质情况浅部地层为全新统海积软土为主，下部为上更新统湖相、滨海相黏性土。地基土由上而下分述如下。

① 素填土：灰色、灰黄色，结构松散，性质不均一，主要由碎石及少量黏性土组成，局部混碎砖块；碎石成分主要为中等风化凝灰岩，一般粒径为 5～15cm，各塔位均有分布，层厚为 1.5～3.5m。

② 淤泥质粉质黏土：灰色、浅灰黄色，饱和，流塑，干强度中等，含少量粉粒及有机质，下部一般具鳞片状，各层均有分布，厚度变化较大，层厚 22.0m 左右。

③ 淤泥质黏土：灰色，饱和，流塑，干强度高，含少量有机质，具鳞片状。该层在围堤部位均有分布，层厚变化较大，一般为 17.0～22.0m。

④ 粉质黏土：灰色、褐灰色，很湿，软塑为主，轻塑性，干强度中等偏低，韧性中等偏低，含较多粉粒。该层厚度较大，层厚大于 20m。

场地各土层物理力学性质指标如表 5-1 所示。

表 5-1　各土层物理力学性质指标

土层编号	土层名称	土层厚度 /m	含水量 w/%	孔隙比 e	重度 γ/（kN/m³）	压缩模量 E_s/mPa	直剪固快 黏结力 c/kPa	直剪固快 内摩擦角 φ/（°）	极限侧摩阻力 q_{si}/kPa
①	素填土	3.0	—	—	20.0	—	5	30	25
②	淤泥质粉质黏土	21.5	32.0	0.913	18.8	5.3	10	10	12
③	淤泥质黏土	19.5	39.9	1.414	17.9	2.7	8	10	10
④	粉质黏土	未穿透	27.5	0.788	19.3	12.5	19	22	40

5.2.2 试验加载系统

试验加载系统包括反力钢梁和反力基础。荷载通过 RS-JYC 型桩基静载荷测试分析系统控制，自动记录、加载、补载。试验中采用支撑桩提供反力，单桩抗拔试验加载系统如图 5-1 所示，群桩抗拔试验加载系统如图 5-2 所示。

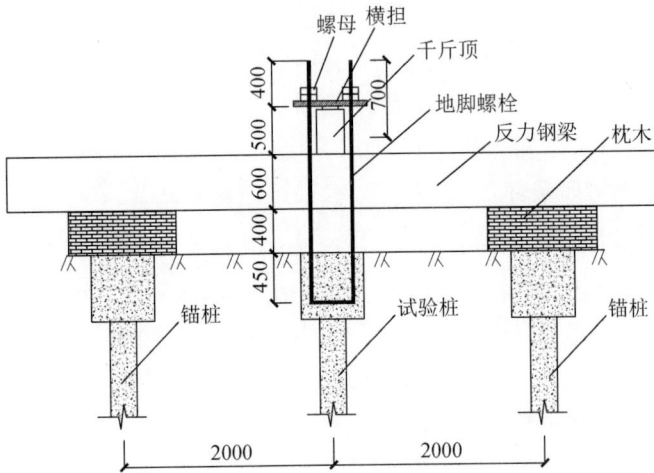

图 5-1 单桩抗拔试验加载系统

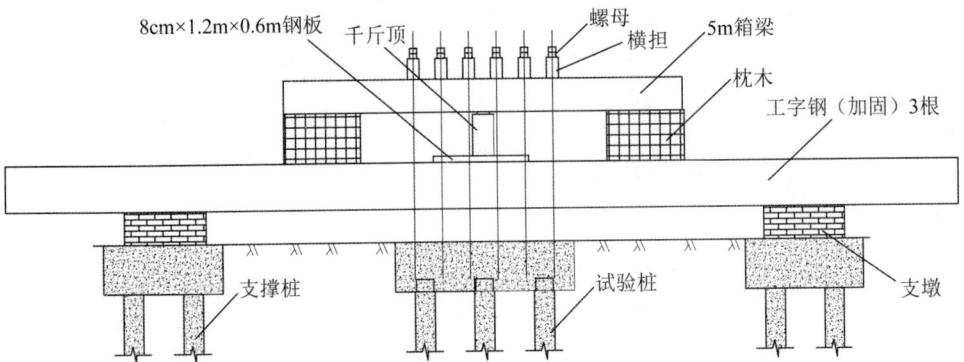

图 5-2 群桩抗拔试验加载系统

5.2.3 测量内容及方法

为实现对微型桩基础工程特性的研究，试验过程中需要测试的项目及采用的测试方法如图 5-3 所示。

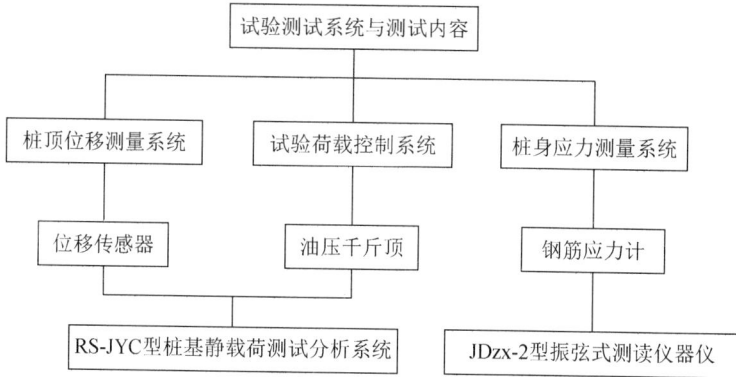

图 5-3 试验测试项目及采用的测试方法

5.2.4 测试元器件布置

1）位移传感器

试验基础竖向位移采用 RS-JYC 型桩基静载荷测试分析系统配套的数字式电子位移传感器直接采集并记录，传感器量测方便、高效，受影响的因素少，可确保试验精度。位移传感器通过磁性表座固定基准梁，基准梁通过钢管搭接组成的桁架系统固定于地面，既保证基准梁具有足够的刚度，又保证基础变形对测量系统没有影响。上拔试验布置四个数字式电子位移传感器，布置在承台顶面的四个角上。

2）钢筋应力计布置

试验基础中布置钢筋应力计用于测量上拔荷载作用下桩身主筋的应力变化，据此计算出相应部位的应力变化，钢筋应力计焊接在钢筋笼上，随钢筋笼一起埋设于桩体中，钢筋应力计布置于不同土层的分界面处，对于较厚土层可适当加密。

钢筋应力计布置遵循以下基本原则。

（1）布置在不同性质土层的界面处，以测量试验桩在不同土层中的侧摩阻力。

（2）在距离桩顶与桩底各 500mm 的断面位置处必须埋设钢筋应力计。

（3）在桩身同一断面处对称设置两根钢筋应力计。

（4）在淤泥质粉质黏土层中加密布置钢筋应力计。

群桩基础钢筋应力计布置见图 5-4 [图中（a）为 3×3 群桩；（b）为 2×2 群桩]；钢筋应力计布置见图 5-5 [图中（a）为 18m 桩钢筋应力计布置；（b）为 9m 桩钢筋应力计布置]。

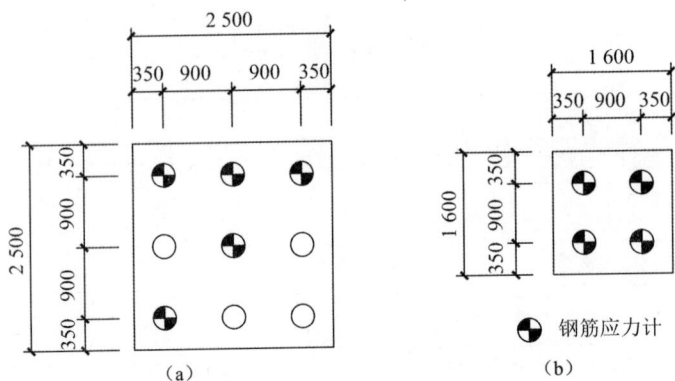

图 5-4　群桩基础钢筋应力计

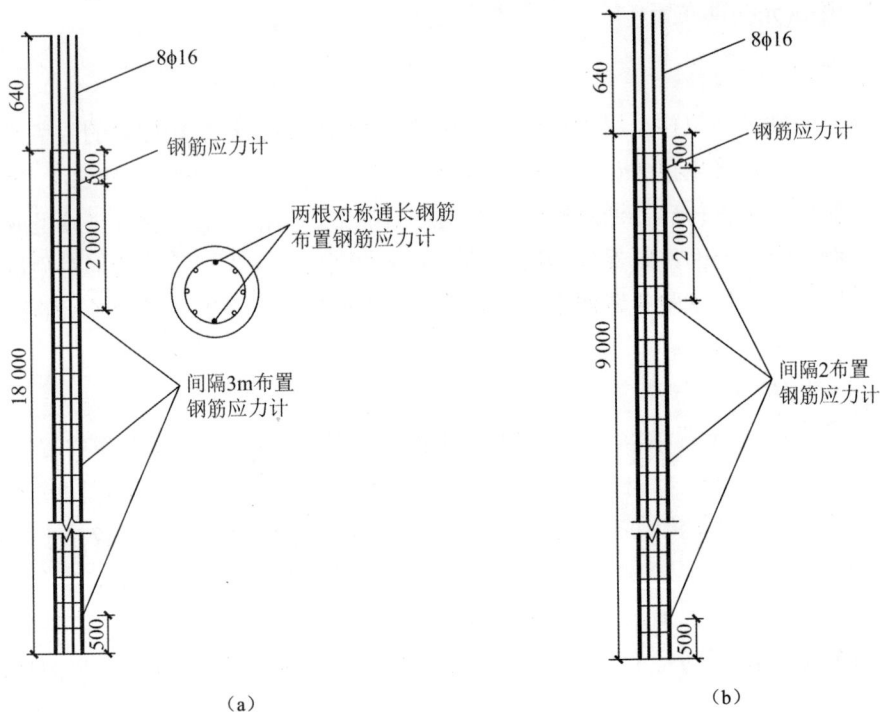

图 5-5　钢筋应力计布置

5.2.5　试验加卸载方法与极限承载力确定

本次试验采用慢速维持荷载法，其要点如下。

（1）加载分级进行，采用逐级等量加载，分级荷载宜为最大加载量或预估极限承载力的 1/10，其中第一级可取分级荷载的 2 倍。

（2）卸载分级进行，每级卸载量取加载时分级荷载的两倍，逐级等量卸载。

（3）加、卸载时应使荷载传递均匀、连续、无冲击，每级荷载在维持过程中的变化幅度不得超过分级荷载的±10%。

（4）每级荷载施加后按第 5min、15min、30min、45min 和 60min 测读基础顶沉降量，以后每隔 30min 测读一次。

（5）试桩基础沉降相对稳定标准：每 1h 内的基础顶沉降量不超过 0.1mm，并连续出现两次。

（6）试桩基础沉降达到相对稳定标准时，再施加下一级荷载。

（7）卸载时，每级荷载维持 1h，按第 15min、30min 和 60min 测读试桩基础沉降量后，即可卸下一级荷载。卸载至零后，应测读试桩基础残余沉降量，维持时间为 3h，测读时间为第 15min 和 30min，以后每隔 30min 测读一次。

试验过程中，出现下列情况即可终止加载。

（1）某级荷载维持不住或变形不止时。

（2）某级荷载下沉降急骤增大，荷载-位移曲线可判定极限承载力的陡降段。

（3）某级荷载作用下，桩顶位移大于前一级荷载作用下桩顶位移的 5 倍。

（4）某级荷载作用下，桩顶位移大于前一级荷载作用下位移的两倍，且经 24h 未达到相对稳定标准。

（5）当荷载-位移曲线呈缓变形时，位移量超过设计要求，若无特殊要求时基础顶部竖向位移量需大于 30mm，水平位移量需大于 10mm。

（6）反力基础在某级荷载作用下，变形量超过 25mm。

（7）加载设备达到极限加载能力。

极限承载力可按下述方法确定。

（1）当 $Q\text{-}s$ 曲线陡降段明显时，取相应于陡降段起点的荷载值。

（2）对于缓变形 $Q\text{-}s$ 曲线一般可取 $s=40\sim60$mm 对应的荷载。

（3）根据沉降随时间的变化特征确定极限承载力：取 $s\text{-}\lg t$ 曲线尾部出现明显向下弯曲的前一级荷载。

（4）对于摩擦型灌注桩取 $s\text{-}\lg Q$ 曲线出现陡降直线段的起始点对应的荷载值。

（5）当桩顶位移尚小时，因受加荷条件限制而提前终止试验，其极限荷载一般仅取最大加荷值，当桩身材料破坏的情况下，其极限荷载可取前一级荷载值。

5.3　场地布置及试验概况

试验共计施工 75 根单桩，其中试验桩 53 根，支撑桩 22 根。现场试验桩平面布置如图 5-6 所示。

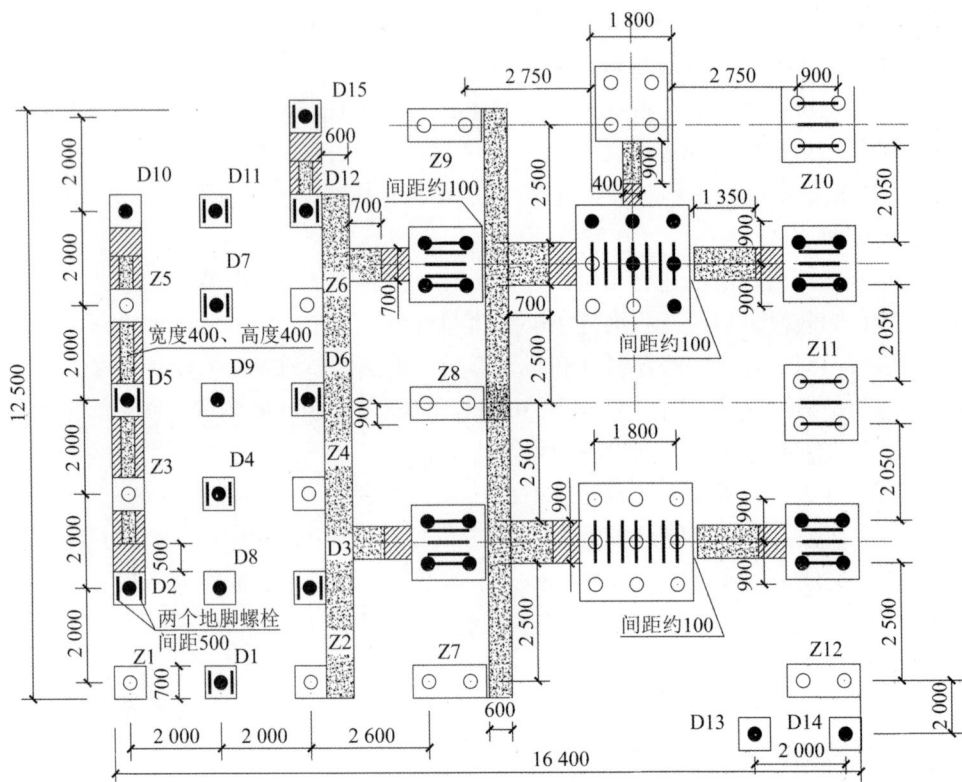

图 5-6　试验桩平面布置图

　　为研究不同几何特征尺寸微型桩基础的工程特性，试验以不同桩长、不同倾角、2×2 群桩、3×3 群桩作为研究对象，开展单桩及群桩在上拔荷载作用下的试验研究。单桩及群桩试验工况如表 5-2 和表 5-3 所示。

表 5-2　单桩试验工况

桩号	桩长/m	桩径/mm	试验工况	备注
D1	9	320	抗拔	一次注浆
D2	9	320	抗拔	一次注浆
D3	9	320	抗拔	一次注浆
D4	18	320	抗拔	直接灌注混凝土
D5	9	320	抗拔	二次注浆
D6	9	320	抗拔	二次注浆
D7	9	320	抗拔	二次注浆
D8	9	320	抗压	二次注浆

续表

桩号	桩长/mm	桩径/mm	试验工况	备注
D9	7	320	上拔	二次注浆
D10	9	320	水平	二次注浆
D11	9	320	抗拔＞水平	二次注浆
D12	9	320	上拔	直接灌注混凝土
D13	4	320	整桩挖出	二次注浆
D14	4	320	整桩挖出	二次注浆
D15	9	320	水平＞上拔	直接灌注混凝土

注：同根桩的两个试验需保证两个试验的间隔在 7d 以上。

表 5-3　群桩试验工况

编号	群桩桩数	桩长/mm	桩间距/mm	试验工况	备注
Q1	2×2	9	900	抗拔	沿对角线 20° 倾斜
Q2	2×2	9	900	抗拔	沿对角线 10° 倾斜
Q3	2×2	9	900	抗拔	全部为直桩
Q4	2×2	9	900	抗拔	直桩、直接灌注混凝土
Q5	2×2	9	900	水平	全部为直桩
Q6	3×3	9	900	抗拔	最外排桩沿 10° 倾角
Q7	3×3	9	900	抗拔	全部为直桩

注：同根桩的两个试验需保证两个试验的间隔在 7d 以上。

5.4　材料用量统计分析

表 5-4 为投石注浆单桩施工情况汇总表，从表中可以看出以下几点。

（1）从石料注料量来看，对比各桩的 $\left(\dfrac{实际注料量}{理论注料量}\right)$ 值，D9 桩最大为 1.33，D8 桩最小为 1.04，平均比值为 1.17。

（2）从水泥用料上看，本次试验单桩实际水泥用量均小于 3 倍理论计算水泥用量，对比各桩的 $\left(\dfrac{实际水泥用量}{理论计算水泥用量}\right)$ 值，其中 D9 桩的值最大，为 2.55；在采用了二次注浆工艺的桩中，D5 桩和 D8 桩的值最小为 2.04，所有二次注浆桩的均值为 2.27。

表 5-4　投石注浆单桩施工情况汇总

桩号	设计桩长/m	实际桩长/m	石料理论注料量/t	石料实际注料量/t	额定最大水泥用量/m³	实际水泥用量/m³	一次注浆		二次注浆	
							注浆压力	水泥用量/m³	注浆压力	水泥用量/m³
D1	9	10	0.8	0.97	1.176	0.8	0.4	0.8	无二次注浆	
D2	9	10	0.8	0.95	1.176	0.65	0.3	0.65		
D3	9	10	0.8	0.9	1.176	0.55	0.4	0.55		
D5	9	10	0.8	0.83	1.176	0.8	0.3	0.65	0.8	0.15
D6	9	10	0.8	0.9	1.176	0.83	0.3	0.6	0.9	0.23
D7	9	10	0.8	1.01	1.176	0.9	0.4	0.8	0.8	0.1
D8	9	10	0.8	0.83	1.176	0.8	0.5	0.7	1.0	0.1
D9	7	8	0.64	0.85	0.941	0.8	0.4	0.65	0.8	0.15
D10	9	10	0.8	0.85	1.176	0.92	0.4	0.8	0.9	0.12
D11	9	10	0.8	1.02	1.176	0.97	0.4	0.85	1.0	0.12

注：1）理论计算水泥用量=桩身体积×490kg/m³；额定最大水泥用量为理论计算水泥用量的 3 倍。

2）石料理论注料量=桩身体积。

3）本表中各桩的施工顺序为 D6、D2、D5、D10、D1、D7、D8、D11 和 D9。

4）本次施工采用的水泥浆水灰比为 0.5。

（3）对比各桩的 $\left(\dfrac{一次注浆水泥用量}{理论计算水泥用量}\right)$ 值，其中 D11 桩的值最大，为 2.17；D6 的值最小，为 1.53，所有桩的均值为 1.84。

（4）对比各桩的 $\left(\dfrac{二次注浆水泥用量}{理论计算水泥用量}\right)$ 值，其中 D6 桩的值最大，为 0.59；D7 和 D10 桩的值最小，为 0.26，所有二次注浆桩的均值为 0.37。

表 5-5 为直接灌注细石混凝土成桩的施工情况汇总表，从表中可以看出，三根直接灌注细石混凝土的单桩的充盈系数在 1.20～1.50，均值为 1.31。

表 5-5　直接灌注细石混凝土成桩施工情况汇总

| 桩号 | 桩径/mm | 设计桩长/m | 实际钻孔深度/m | 混凝土方量/m³ | | 充盈系数 |
				理论方量/m³	实际方量/m³	
D4	320	18	19.5	1.56	2.0	1.28
D12	320	9	10.0	0.8	1.0	1.25
D15	320	9	10.0	0.8	1.12	1.40

注：充盈系数=实际方量：理论方量。

在实际施工中桩身总注浆量不超过 3 倍的按桩身体积计算的理论注浆量，但应首先保证一次注浆浆液从孔口冒出且二次注浆量不少于按桩身体积计算注浆量的 30%。实际施工中，根据经验水泥用量可按桩身体积×1.47t/m³ 来进行估算，便于投资方和施工方对施工成本的预算，其中微型桩采用直接灌注细石混凝土成桩的混凝土充盈系数略大于普通灌注桩的充盈系数。

5.5　成桩质量检测

为保证微型桩成桩质量，在施工过程中要做现场验收记录，包括钢筋笼制作、成孔和注浆等各项工序的考核指标，同时要及时记录开钻、终孔时间，填灌碎石前测孔底沉渣厚度，当沉渣厚度超过规范要求时，需再次清孔，直至沉渣厚度达到要求。在建造上部结构前应检验桩顶偏移情况、桩数和桩头强度。

桩基检测可分为以完整性为主的桩身质量检测和以承载力为主的静载荷试验，成桩后可采用低应变法对工程桩桩身完整性进行普查，低应变反射波的测试表明桩身质量完整，桩身没有发现较大缺陷反射信号，具体检测结果汇总如表 5-6 所示。

试验结束后，对 D8 单桩桩头 3m 范围内进行了开挖，从开挖后的微型桩桩身混凝土外观来看，表面有少量蜂窝，局部有沟槽。

试验中，专门施工了两根 4m 的桩，将其养护了 14d 后整根开挖并观察其成桩质量，从桩外观上看，桩身表面局部有蜂窝，并有轻微的沟槽。开挖后对填土层（未加护筒部分）的桩径和淤泥质黏土层的桩径进行测量，经测量填土层（1～3m）

的桩径约为44cm，呈比较明显的扩径现象，淤泥质粉质黏土层（3～4m）的桩径为34cm，考虑卷尺无法和桩身贴紧的因素，可见该层的桩径与设计桩径基本吻合。

表 5-6　试验单桩低应变检测结果汇总

桩号	完整性类别	备注	桩号	完整性类别	备注
D4	I	—	D9	I	—
D5	I	—	D10	I	—
D6	II	2.5m 轻微缩径	D11	II	3.5m 轻微缺陷
D7	II	3.5m 轻微缺陷	D12	II	2.5m 轻微缺陷
D8	II	2.5m 轻微缩径	D15	I	—

在试验中，分别做了一次注浆桩、二次注浆桩和直接灌注细石混凝土桩的对比试验，在单桩开挖破除桩头时，对三种桩的桩头进行了外观观测。从桩头外观上看，只进行了一次注浆桩的桩头混凝土略显松散，密实度远比二次注浆桩和直接灌注桩的桩头差，而直接灌注桩的桩头混凝土均匀性及密实度则比二次注浆桩的好，可见从桩身混凝土强度上对比，其结果是：直接灌注桩＞二次注浆桩＞一次注浆桩。

5.6　试验结果及分析

5.6.1　单桩抗拔试验测试结果及分析

本次试验共进行 10 根单桩的抗拔试验，其中：1 根桩长 18m，9 根桩长 9m；一次注浆 3 根，二次注浆 4 根，直接灌注细石混凝土 3 根，具体结果如表 5-7 所示，Q-s 曲线如图 5-7～图 5-9 所示。

从图 5-7 可知，直接灌注混凝土微型桩的 D4、D12、D15 桩的 Q-s 曲线均呈现典型的"陡降形"，对于"陡降形" Q-s 曲线，取其发生明显陡降的起始点对应的荷载值为极限抗拔承载力，故 D4、D12、D15 的极限抗拔承载力分别为125kN、125kN、275kN。各微型桩在荷载较小时，曲线近似呈直线形，处于弹性阶段，随着荷载慢慢增大，各微型桩位移也逐渐增大。在同级荷载作用下，18m 微型桩 D4产生的位移明显比两个 9m 微型桩 D12、D15 要小，当达到极限抗拔荷载时，各微型桩均表现出"突进形"破坏，且破坏时位移分别为 8.12mm、9.92mm 和 7.66mm。试验中对微型桩 D4、D12 进行了卸载，当荷载卸载至 0 时，塑性变形分别为13.97mm 和 19.21mm，卸载回弹量分别为 9.61mm 和 9.32mm。

从 Q-s 曲线结果可知，采用直接灌注混凝土施工工艺，增加微型桩桩长可以有效地提高微型桩极限抗拔承载力，当达到抗拔极限荷载时所产生的位移则与桩长无关，试验中三根微型桩达到抗拔极限荷载时所产生的位移较为接近。

从图 5-8 可知，一次注浆微型桩的 D1、D2、D3 桩的 Q-s 曲线基本呈现典型的"陡降形"，取其发生明显陡降的起始点对应的荷载值为极限抗拔承载力，故微型桩 D1、D2、D3 的极限抗拔承载力分别为 125kN、150kN 和 150kN。各微型桩在荷载较小时，微型桩均处于弹性阶段，曲线近似成直线形，且上拔位移量较小，随着上拔荷载慢慢增大，当桩达到极限荷载时，桩顶位移急剧增大，各微型桩均表现出"突进形"破坏，且破坏时位移分别为 7.17mm、2.74mm 和 3.41mm，各微型桩达到极限抗拔荷载时，累计上拔量都较小，均不超过 10mm。

表 5-7　单桩上拔试验结果汇总

桩号	桩长 /m	注浆方式	注浆比或充盈系数	一次注浆比	二次注浆比	极限抗拔承载力 /kN	极限荷载时的上拔位移量/mm
D1	9	一次注浆	2.04	2.04	—	125	7.17
D2	9		1.66	1.66	—	150	2.74
D3	9		1.40	1.40	—	150	3.41
D4	18	直接灌注	1.28	—	—	270	8.12
D12	9		1.25	—	—	125	9.92
D15	9		1.4	—	—	125	7.66
D5	9	二次注浆	2.04	1.66	0.38	200	7.05
D6	9		2.12	1.53	0.59	250	5.85
D7	9		2.30	2.04	0.26	175	6.23
D11	9		2.47	2.17	0.31	200	6.79

注：表中注浆比、一次注浆比、二次注浆比分别表示总注浆量、一次注浆量、二次注浆量与理论注浆量的比值，理论注浆量=桩身体积×490kg/m³。

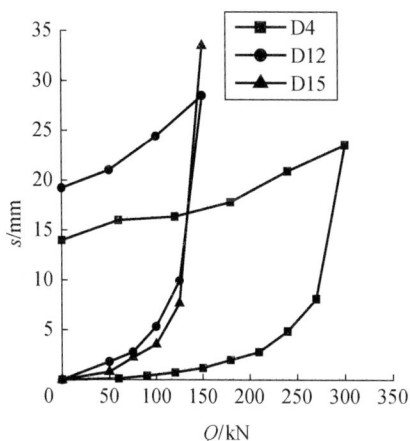

图 5-7　直接灌注微型桩 Q-s 曲线

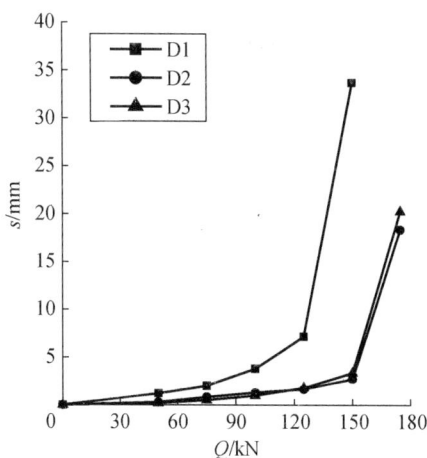

图 5-8　一次注浆微型桩 Q-s 曲线

由图 5-9 可知，采用二次注浆的 D5、D6、D7 和 D11 微型桩随着上拔荷载的增大，桩顶累计位移量逐渐增加，当达到极限抗拔承载力时，位移突然急剧变大，Q-s 曲线表现出典型的"陡降形"特征，故 D5、D6、D7 和 D11 微型桩的极限抗拔承载力分别为 200kN、250kN、175kN 和 200kN。各微型桩在荷载较小时，曲线近似呈直线形，上拔位移量也较小，随着荷载慢慢增大，各微型桩位移也逐渐增大，当达到极限抗拔荷载时，各微型桩均表现出"突进形"破坏，且破坏时各微型桩 D5、D6、D7 和 D11 累计位移量分别为 7.05mm、5.85mm、6.23mm 和 6.79mm。试验中对 D5、D6 和 D7 微型桩进行了卸载，当荷载卸载至 0 时，塑性变形分别为 12.43mm、6.30mm 和 9.92mm。卸载回弹量分别为 6.53mm、6.02mm 和 7.02mm。

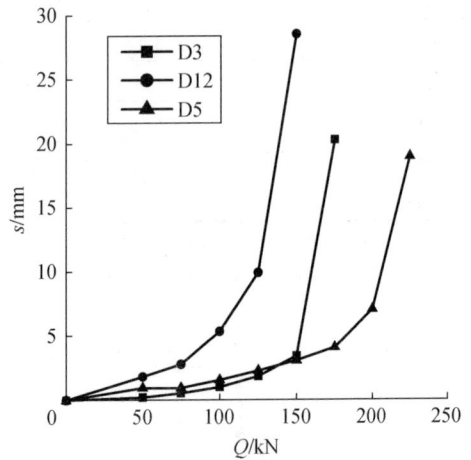

从以上三种不同施工工艺的微型桩 Q-s 曲线结果可知，各微型桩 Q-s 曲线均表现为"陡降形"特征，发生"突进形"破坏，当达到极限荷载时累计上拔位移量均较小，均不超过 10mm。下面选取一些典型的 Q-s 曲线，对于不同施工工艺下的微型桩进行具体的比较分析，如图 5-10 所示。

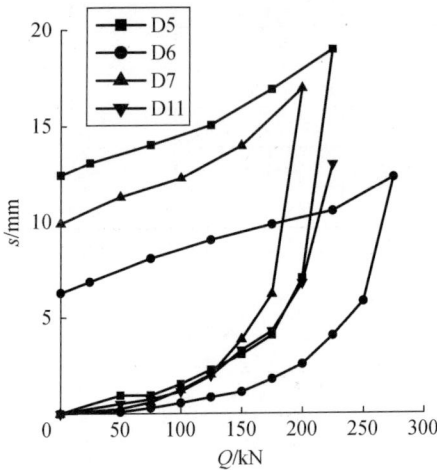

图 5-9　二次注浆微型桩 Q-s 曲线　　　　图 5-10　不同施工工艺的微型桩 Q-s 曲线

从图 5-10 中可以看出：三根桩的 Q-s 曲线呈现典型的"陡降形"；在同一等级荷载下，采用压浆工艺的 D3 桩和 D5 桩位移要小于直接灌注细石混凝土的 D12 桩，可见压力注浆能改善桩周土体，从而提高微型桩的桩侧摩阻力，减小位移；对比 D3 桩和 D5 桩的 Q-s 曲线，在荷载较小时，两根桩的位移很接近，但采用二次注浆的 D5 桩的极限抗拔承载力明显要好于只进行了一次注浆的 D3 桩，可见二次注浆能够进一步提高微型桩抗拔极限承载力。

图 5-11 和图 5-12 分别为注浆比、一次注浆比与抗拔承载力的关系曲线，从图中可以看出总注浆量与抗拔承载力、一次注浆量与抗拔承载力之间并没有直接

的关系。一次注浆量受到成孔质量、地质条件差异等多方面因素的影响，从表 5-4 的统计也可以看出，即使是在同一地质条件下，一次注浆量仍有很大的差异，一次注浆量占总注浆量的 85%以上，且一次注浆量的差异必然导致总注量的差异。由于一次注浆采用一次注浆管下到钻孔底部，然后压力注入水泥浆，直至水泥浆从孔口冒出的方式进行，不易通过人为的方式控制一次注浆量。

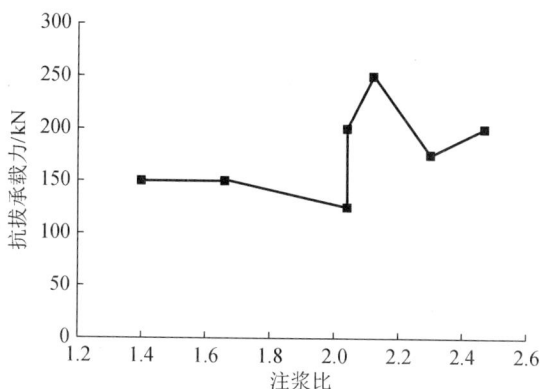

图 5-11　注浆比-抗拔承载力曲线

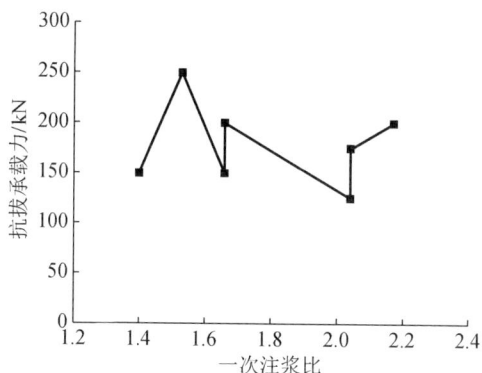

图 5-12　一次注浆比-抗拔承载力曲线

图 5-13 为二次注浆比-抗拔承载力的关系曲线，从图中可以看出，二次注浆量增大，微型桩单桩的抗拔承载力也有一定程度的增大，故在微型桩实际应用中应重视对微型桩的二次注浆。由于进行二次注浆时，一次注浆的水泥浆已经完成初凝，即保证了二次注浆时的上覆压力，水泥浆液在压力作用下将被压入桩周土体，二次注浆可以在不同深度进行，且可以人为控制二次注浆注入的水泥浆量。

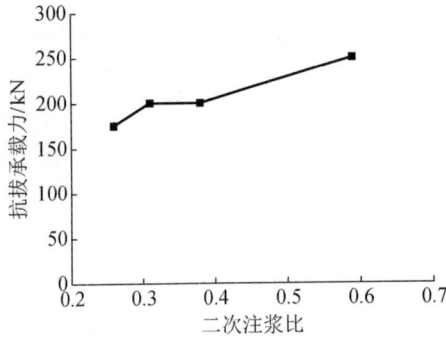

图 5-13　二次注浆比-抗拔承载力曲线

　　在实际工程应用中，应保证二次注浆量不少于 30%的理论注浆量，在总注浆量不超过 3 倍理论注浆量时，应尽量增加二次注浆量；由于一次注浆后，部分水泥浆液将从桩周土体中流失，桩头部位的水泥浆下沉，在进行二次注浆时，应注重对桩身上部 5m 范围的二次注浆，从而保证桩头部位的成桩质量。

　　图 5-14～图 5-19 为典型的抗拔试验桩身轴力分布图，从图中可以看出，当荷载较小时，主要由浅层桩体承担荷载；当荷载逐渐增大，深层桩体的作用才逐渐得到发挥。各级荷载作用下桩身轴力沿桩身自上而下逐渐减小，随着荷载的增大，各断面轴力也逐渐增大。考虑桩底吸附力及桩底以上 0.5m 段的侧摩阻力，两根单桩在接近桩端处会表现出一定大小的轴力值，其大小与桩底部注浆质量等因素有关，故各试桩在桩身-8.5m 处有一定大小的轴力。

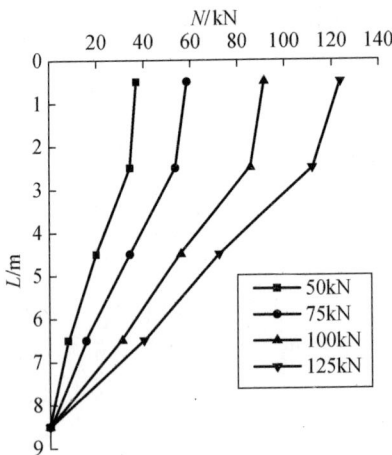

图 5-14　D1 桩桩身轴力

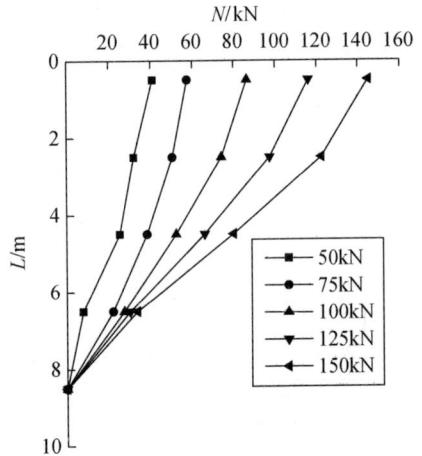

图 5-15　D2 桩桩身轴力

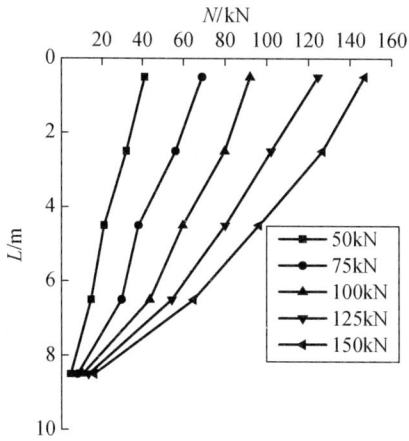

图 5-16 D3 桩桩身轴力

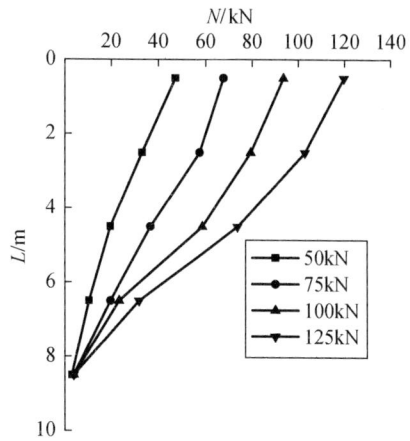

图 5-17 D12 桩桩身轴力

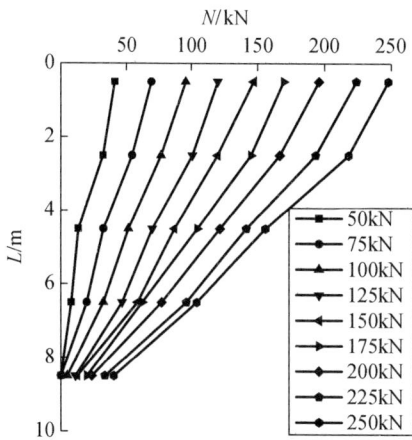

图 5-18 D6 桩桩身轴力

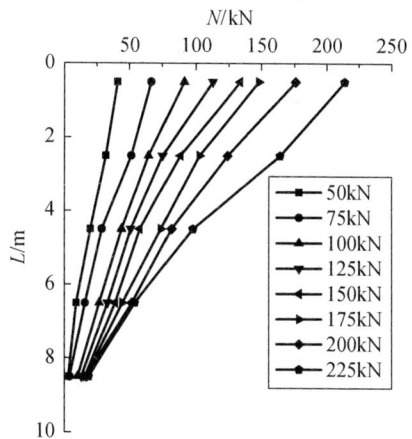

图 5-19 D11 桩桩身轴力

在整个加载过程中，桩身上部（-2.5m 以上)轴力变化始终保持为线性分布，并且在达到一定荷载后，直线斜率几乎不变或者变化很小，这表明试桩在荷载较小时上部侧摩阻力就完全发挥了，并基本保持为一恒值。桩身下部（-2.5m 以下)轴力也近似呈线性分布，开始加载时，直线斜率大于桩身上部的直线斜率；随着荷载的增大，桩身下部直线斜率小于桩身上部直线斜率，且斜率越来越小，变化明显，说明上拔荷载较小时，上部土层的桩侧摩阻力起主要作用；随着荷载的增加，下部土层的桩侧摩阻力逐渐发挥出来，表现为轴力变化梯度的增大，即直线斜率的减小。

图 5-20～图 5-25 为典型的抗拔试验桩身侧摩阻力分布图。从桩侧摩阻力分布

来看，在荷载较小时，荷载主要由上部土层的摩阻力承担，随着荷载的逐渐增加，下部土层的摩阻力才逐渐发挥出来，发挥过程不是同步的。两根试桩在接近极限荷载时，上部摩阻力已经趋于稳定，其数值变化较小，而下部摩阻力还远未完全发挥作用，数值变化仍较大。其原因是桩侧摩阻力主要是由桩土产生的相对位移引起的，开始加载时，桩上部的位移变形较大，因此桩侧摩阻力能够较早地发挥，随着荷载的增大，桩下部相对位移逐渐增大，桩侧摩阻力逐渐发挥作用。从上述图中还可以看出，当达到极限荷载时，上部侧摩阻力随着荷载的增加，其值反而有所降低，这是侧摩阻力达到极限摩阻力后，上部土体结构发生了滑移破坏，降低了侧摩阻力值。

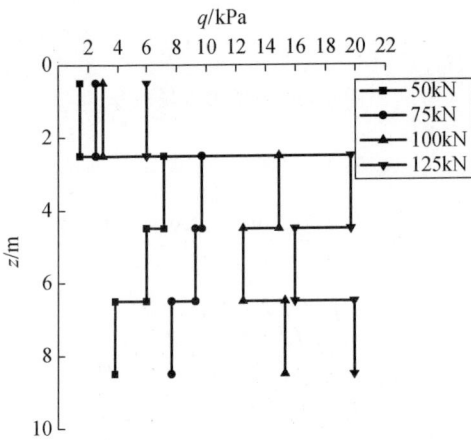

图 5-20　D1 桩桩侧摩阻力分布

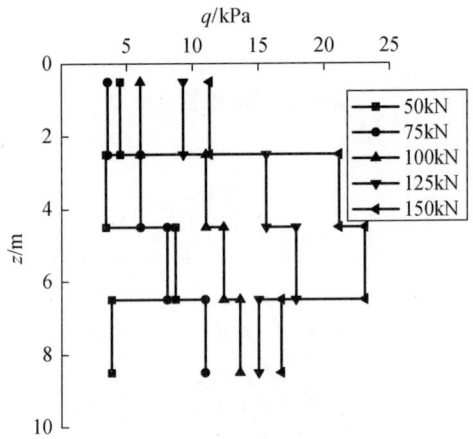

图 5-21　D2 桩桩侧摩阻力分布

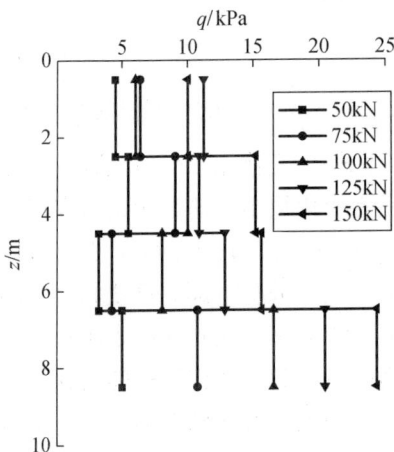

图 5-22　D3 桩桩侧摩阻力分布

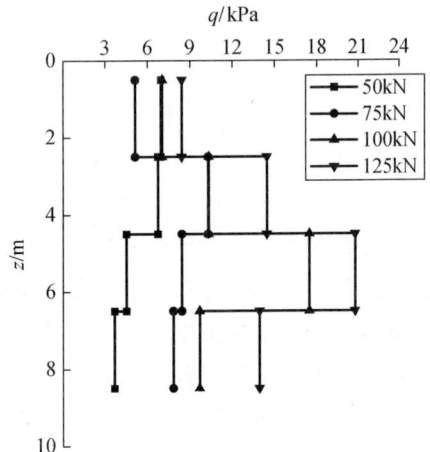

图 5-23　D12 桩桩侧摩阻力分布

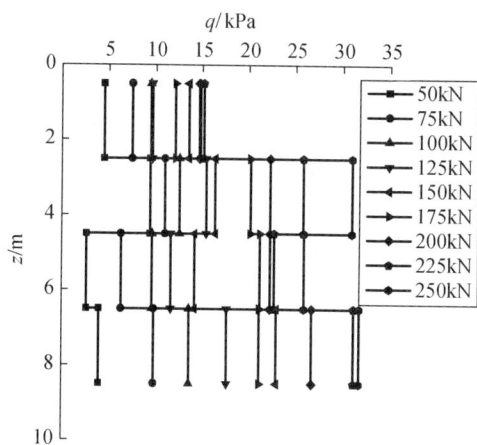

图 5-24　D6 桩桩侧摩阻力分布

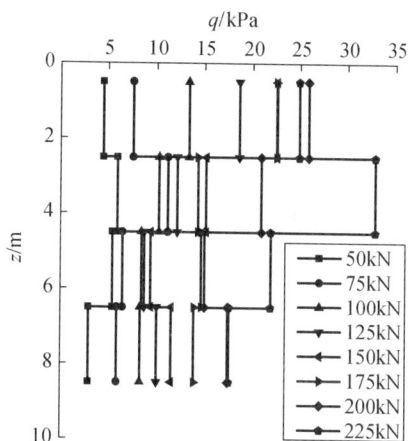

图 5-25　D11 桩桩侧摩阻力分布

从上述图中可以得到极限状态下的各桩不同土层平均极限侧摩阻力值，其极限状态下的各桩不同土层平均极限侧摩阻力值如表 5-8 所示。

表 5-8　各土层平均极限侧摩阻力值

桩号	注浆方式	填土层极限侧摩阻力/kPa	淤泥质粉质黏土层极限侧摩阻力/kPa
D1	一次注浆	6.01	18.52
D2	一次注浆	11.29	20.31
D3	一次注浆	10.03	18.38
D6	二次注浆	14.79	29.54
D11	二次注浆	24.88	24.10
D12	灌注细石混凝土	8.43	16.39

从表 5-8 的结果可以得出如下结论。

（1）填土层：一次注浆桩 D1、D2 和 D3 平均摩阻力为 9.11kPa，二次注浆桩 D6 和 D11 平均摩阻力为 19.84kPa，灌注细石混凝土桩摩阻力为 8.43kPa。从该层的摩阻力值看，该层土由于施工前进行了翻填，且翻填后未做任何处理，导致该层土在不同桩位处的摩阻力值离散性较大，但总体上采用注浆工艺的微型桩平均摩阻力比直接灌注细石混凝土桩桩侧摩阻力大，其中一次注浆平均摩阻力与直接灌注细石混凝土桩桩侧摩阻力相近，摩阻力值仅提高了 8%，二次注浆对填土层摩阻力值则具有很大提升效果，桩侧摩阻力提高了 135%，与一次注浆桩相比提高了 117%。

（2）淤泥质粉质黏土层：一次注浆桩 D1、D2 和 D3 平均摩阻力为 19.07kPa，二次注浆桩 D6 和 D11 平均摩阻力为 26.82kPa，灌注细石混凝土桩摩阻力为 16.39kPa。从该层的摩阻力值看，一次注浆桩与灌注细石混凝土桩相近，摩阻力值仅提高了 16%，二次注浆桩在该层的侧摩阻力值得到很大的提高，摩阻力值仅提高了 64%，与一次注浆桩相比提高了 40%。

从填土层及淤泥质粉质黏土层的极限侧摩阻力值来看，采用注浆工艺的微型桩的侧摩阻力值明显大于直接灌注混凝土微型桩的侧摩阻力值，其中二次注浆与一次注浆相比，二次注浆对填土层及淤泥质粉质黏土层的侧摩阻力值提高效果明显好于一次注浆，可见采用压力注浆对周围土体具有压密和加固作用，有效地改善了地基土体的力学特性，且二次注浆对桩周土的改善作用非常明显，能够大幅度地提高土层极限侧摩阻力。

5.6.2　群桩试验测试结果及分析

1）2×2 群桩抗拔试验

为了研究不同布桩方式下 2×2 群桩的抗拔性能，本次试验分别进行了 4 组 2×2 群桩抗拔试验，其中第 1 组桩沿对角线 20° 倾斜（Q1），第 2 组沿对角线 10° 倾斜（Q2），第 3 组全部为直桩（Q3），第 4 组也全部为直桩，但桩身混凝土为直接灌注（Q4），具体布置如图 5-26 所示［（a）为直桩；（b）为倾斜10° 直桩；（c）为倾斜 20° 直桩］，4 组 2×2 群桩抗拔试验的 Q-s 曲线如图 5-27 所示，试验结果如表 5-9 所示。

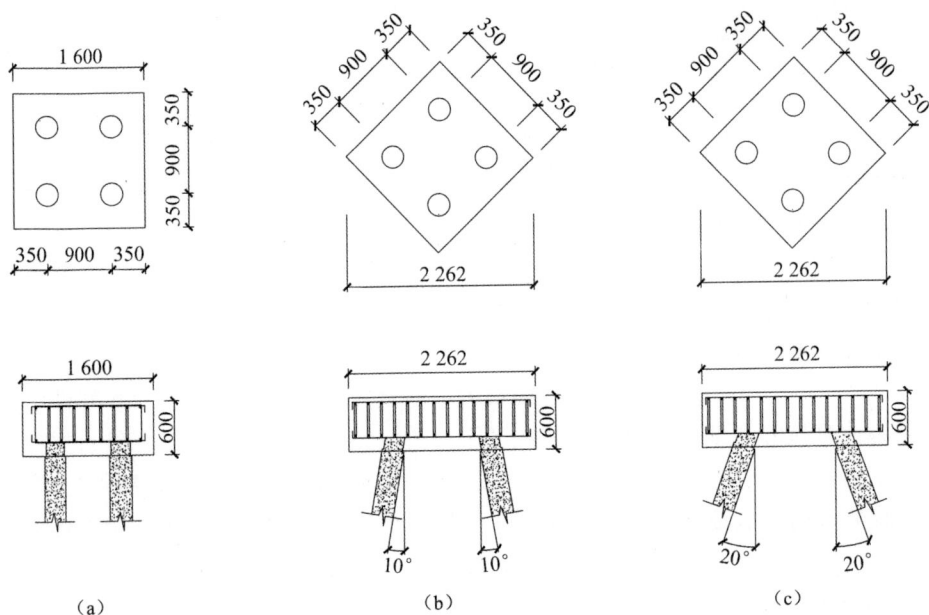

图 5-26　2×2 群桩平面图和剖面图

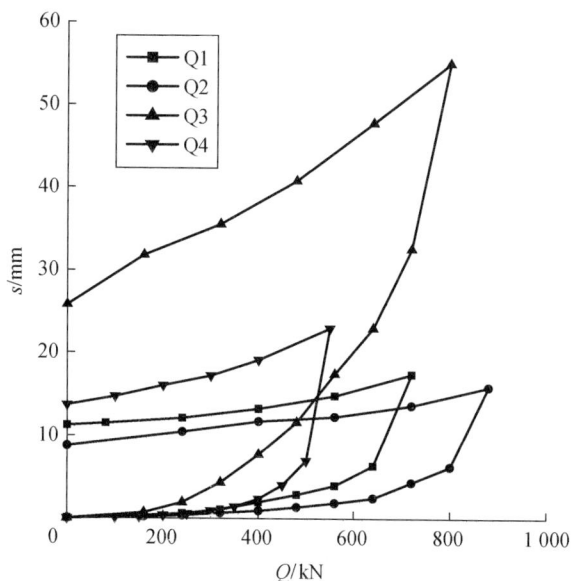

图 5-27　2×2 群桩 Q-s 曲线

表 5-9　群桩上拔试验结果汇总

桩号	桩长/m	桩数	注浆方式	抗拔极限承载力/kN	备注
Q1	9	2×2	二次注浆	640	沿对角线倾斜 20°
Q2	9	2×2	二次注浆	800	沿对角线倾斜 10°
Q3	9	2×2	二次注浆	720	直桩
Q4	9	2×2	直接灌注	500	直桩

从图 5-27 可以看出，各群桩当上拔荷载达到一定大小后，荷载-位移曲线的位移变化速度更快，出现明显的拐点。根据上述 Q-s 曲线的特征，取其拐点处荷载为抗拔极限承载力，故 Q1、Q2、Q3 和 Q4 的抗拔极限承载力分别为 640 kN、800 kN、720kN 和 500kN。从表 5-9 和图 5-27 中可以看出二次注浆的微型桩抗拔承载力明显高于直接灌注混凝土微型桩，倾斜群桩（Q2 和 Q3）的抗拔极限承载力显著高于直桩群桩（Q3 和 Q4），因此对于微型桩承受抗拔荷载，二次注浆能够提高抗拔承载力，且倾斜微型桩群桩要优于直桩微型桩群桩，进而当桩身倾斜 10°时的抗拔极限承载力要高于桩身倾斜 20°时的状况。产生这种状况的机理比较复杂，但主要原因可能是当桩身倾斜过大、承受上拔荷载时，会在桩身中产生很大的弯矩，而微型桩桩身截面较小、桩身刚度有限，抵抗弯矩的能力较弱，此时微型桩抗拔承载力反而降低。另外，当桩身倾斜角度过大，引起桩身外侧的上覆土重力减轻和桩的埋深变浅，也可能是导致上述现象的原因之一。

从图 5-27 可知，开始加载时微型桩位移均较小，Q-s 曲线基本成直线形，随着荷载的增大，在同级荷载作用下，微型桩 Q3 和 Q4 的位移逐渐大于 Q1 和 Q2 的位移。当试桩达到极限抗拔承载力时，微型桩 Q1、Q2 和 Q4 位移均较小，分别为 6.36mm、6.25mm、6.96mm，其中 Q3 的位移为 32.58mm，明显大于其他微型桩的位移。直接灌注混凝土群桩达到极限承载力时的变形为 6.96mm，显著小于二次注浆群桩基础达到极限承载力所对应的位移 32.58mm。究其原因，可能是直接灌注混凝土桩身强度较大，但是桩周的刚度比较大，容易发生桩土滑动，Q-s 曲线容易表现出"突进形"破坏，但在滑动前变形较小。当采用二次注浆时，桩周土体被浆液加固，很难发生桩土滑动，上拔荷载由桩土共同承担，Q-s 曲线容易表现出"缓变形"破坏，但是在受荷全过程中，表现出的位移均较大。从各级荷载下产生的位移来看，倾斜微型桩群桩相比直桩微型桩而言，同级荷载作用下倾斜微型桩群桩产生的位移明显小于直桩微型桩产生的位移，因此倾斜微型桩群桩能够有效地减小位移。

综上所述，可以确定的是，倾斜群桩承受上拔荷载时，桩身存在最优倾斜角，该角度在 10°～20°。但是随着角度的增大，则其施工难度也越大，在现场施工中，20° 倾角时，成孔及下钢筋笼均有很大的难度，因此在实际施工中推荐采用 10° 倾角。

图 5-28～图 5-31 为各群桩中基桩上拔试验桩身轴力分布图，从图中可以看出，群桩中基桩在上拔荷载作用下受力规律相同，荷载较小时先主要由上部桩体（−2.5m 以上）承担主要荷载，随着荷载的增大，深层桩体才逐渐承担荷载。

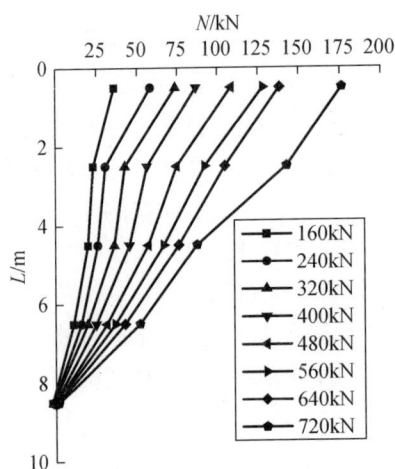

图 5-28　Q1 桩桩身轴力　　　　　图 5-29　Q2 桩桩身轴力

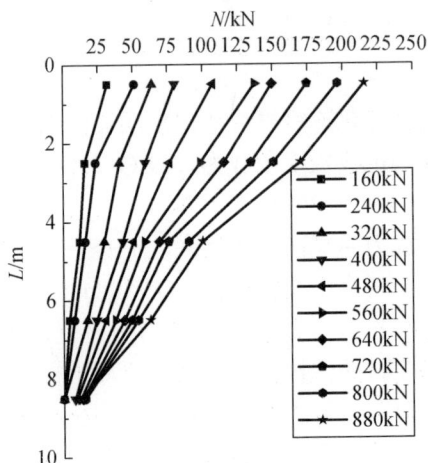

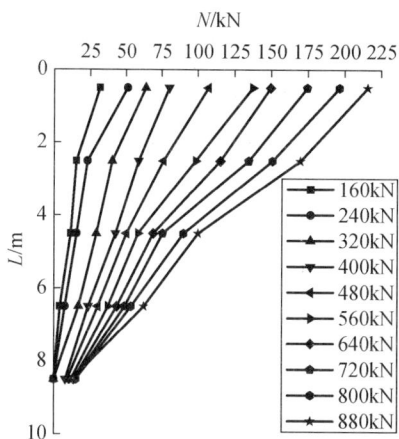

图 5-30　Q3 桩桩身轴力

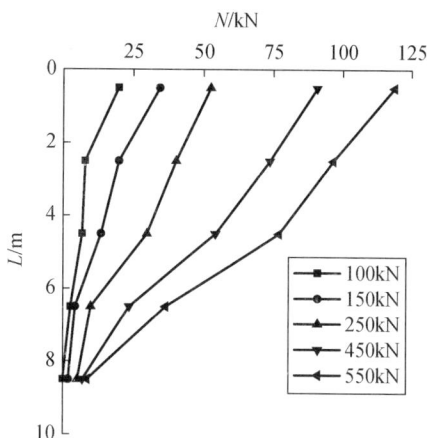

图 5-31　Q4 桩桩身轴力

图 5-32～图 5-35 为各群桩中基桩上拔试验桩桩侧摩阻力分布图，从图中可以看出，群桩中基桩在上拔荷载较小时，上部桩体侧摩阻力先发挥，上拔荷载主要由上部填土层（-2.5m 以上）桩体承担，随着荷载的增大，深层桩体侧摩阻力才逐渐发挥。当荷载达到一定大小后，上部填土层（-2.5m 以上）的桩侧摩阻力完全发挥，随着荷载继续增大，直到达到破坏时，其侧摩阻力值可能减小或不变。

2）3×3 群桩抗拔试验

本次试验共进行 2 组 3×3 群桩抗拔试验，其中 1 组为竖直群桩，另 1 组为 10°倾斜群桩，具体布置如图 5-36 所示，2 组群桩的抗拔试验的 Q-s 曲线如图 5-37 所示，试验结果如表 5-10 所示。

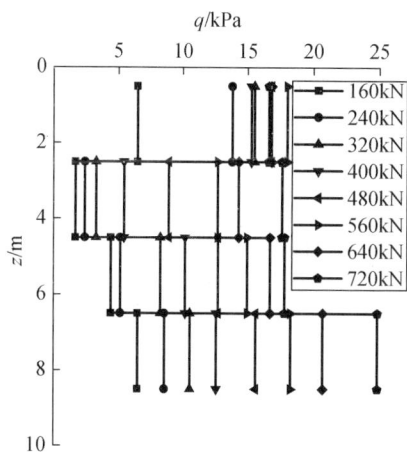

图 5-32　Q1 桩桩侧摩阻力分布

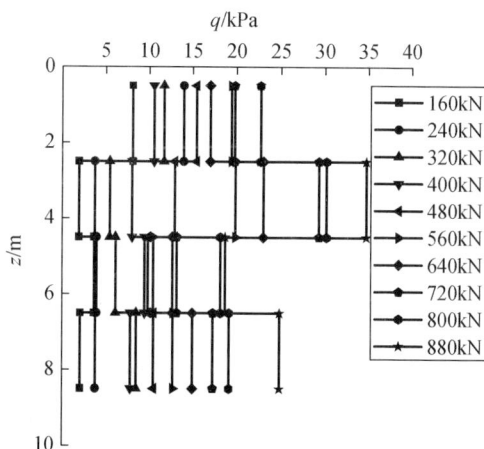

图 5-33　Q2 桩桩侧摩阻力分布

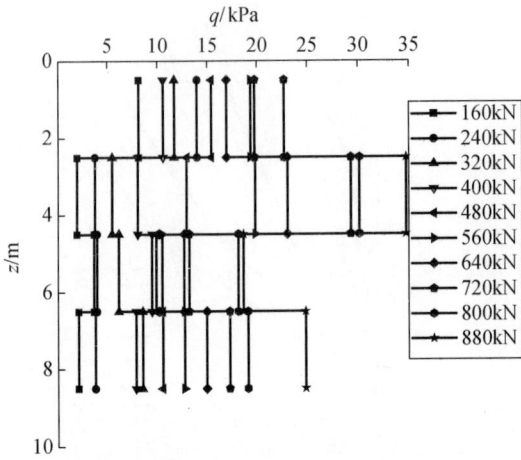

图 5-34　Q3 桩桩侧摩阻力分布

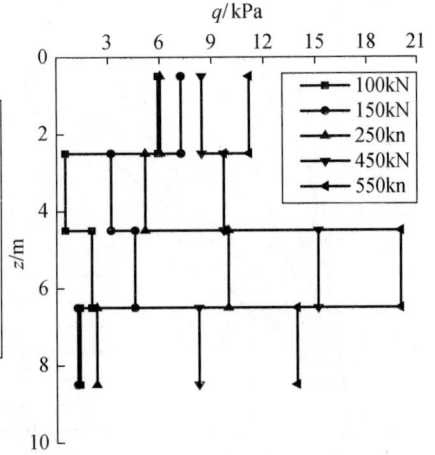

图 5-35　Q4 桩桩侧摩阻力分布

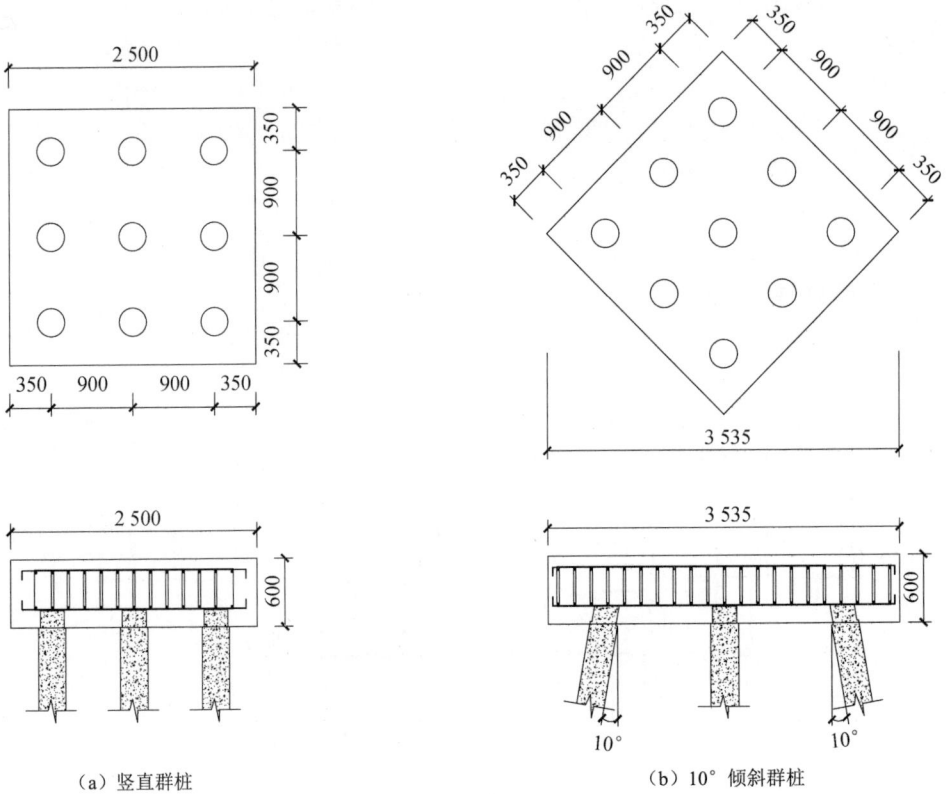

（a）竖直群桩

（b）10°倾斜群桩

图 5-36　3×3 群桩平面图和剖面图

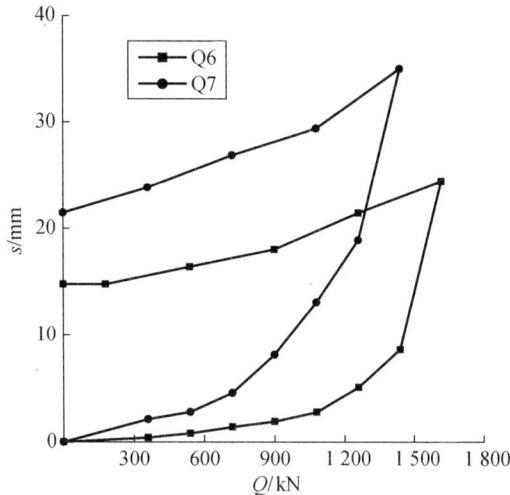

图 5-37　3×3 群桩 Q-s 曲线

表 5-10　3×3 群桩抗拔试验结果

编号	群桩桩数	桩长/m	桩间距/mm	抗拔极限承载力/kN	备注
Q6	3×3	9	900	1 440	最外排桩沿 10° 倾角
Q7	3×3	9	900	1 260	直桩

　　从图 5-37 可以看出，各群桩当荷载较小时，上拔位移也较小，基本呈线性增大。当上拔荷载达到一定大小后，荷载-位移曲线的位移变化速度更快，出现明显的拐点。根据上述 Q-s 曲线的特征，取其拐点处荷载为极限抗拔承载力，故微型桩 Q6 和 Q7 的极限抗拔承载力分别为 1 440kN 和 1 260kN。从表 5-10 和图 5-37 中可以看出倾斜群桩 Q6 的抗拔承载力显著高于直桩群桩 Q7，因此倾斜微型桩群桩要优于直桩微型桩群桩。从图 5-37 可知，开始加载时微型桩位移均较小，Q-s 曲线基本呈直线形，随着荷载的增大，在同级荷载作用下，直桩 Q7 的位移明显大于斜桩 Q6 的位移。当试桩达到极限抗拔承载力时，微型桩 Q6 和 Q7 位移分别为 8.65mm、18.91mm，斜桩 Q6 的累计上拔位移量明显小于直桩 Q7 的累积上拔位移量，因此倾斜微型桩群桩能够有效地减小位移。

　　图 5-38 为 3×3 群桩在上拔荷载作用下，位于群桩中不同位置的基桩承担的荷载情况，从图中可以看出，整个加载过程中，角桩承受荷载最大，边桩次之，中间的桩最小，故在设计时应考虑角桩受荷载最大的情况。

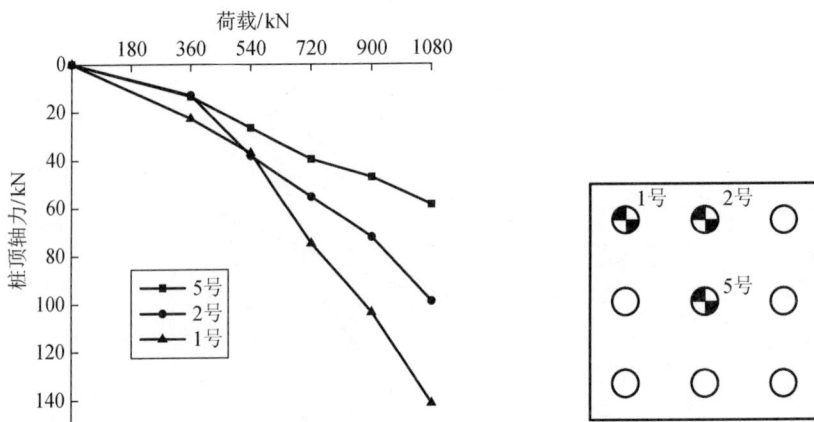

图 5-38　3×3 群桩抗拔试验不同位置基桩承担荷载情况

5.6.3　理论计算与实测值的对比

用式（5-1）计算得到的单桩抗拔极限承载力计算值与实测值的对比如表 5-11 所示。

表 5-11　单桩抗拔极限承载力计算值与实测值对比

桩号	桩长/m	注浆方法	抗拔极限承载力				
			实测值/kN	λ_i	β_i	公式计算值/kN	实测值／公式计算值
D1	9	一次注浆	125	0.7	1.21	137	0.91
D3	9		150	0.7	1.21	137	1.09
D5	9	二次注浆	200	0.8	1.59	199	1.01
D6	9		250	0.8	1.59	199	1.26
D7	9		175	0.8	1.59	199	0.88
D11	9		200	0.8	1.59	199	1.01

从表 5-11 中可以看出，采用式（5-1）计算得到的抗拔极限承载力与实测值很接近，因此可采用该公式作为初步设计时的单桩抗拔极限承载力的估算公式。

5.7　本 章 小 结

通过对微型桩的变形特性、桩身轴力及摩阻力分布规律现场试验结果分析，可得出如下结论。

（1）注浆总量与抗拔承载力呈非线性关系，注浆量过大并不能起到显著提高微型桩抗拔承载力的效果，总注浆量宜控制在 3 倍计算注浆量以内，但实际施工中应保证一次注浆浆液从孔口冒出且二次注浆量不小于计算注浆量的30%。

（2）压力注浆对周围土体有压密和加固作用，压浆成桩能够有效地加固桩周土体，提高土体摩阻力，二次注浆比一次注浆改善作用更加明显，从而提高微型桩的抗拔极限承载力，其中从对软土（淤泥质粉质黏土层）的加固效果来看，一次注浆桩与灌注细石混凝土桩摩阻力值相近，摩阻力值仅提高了 16%，二次注浆桩在该层的侧摩阻力值得到很大提高，摩阻力值提高了 64%，与一次注浆桩相比提高了 40%。

（3）施工工艺对软土地基上单桩抗拔承载力影响较大。直接灌注混凝土、一次注浆及二次注浆的微型桩单桩 Q-s 曲线均呈现典型的"陡降形"。三种不同施工工艺的微型桩抗拔极限承载力关系为：二次注浆微型桩>一次注浆微型桩>直接灌注混凝土微型桩，二次注浆能够显著提高微型桩抗拔极限承载力，且二次注浆能够有效地减小抗拔桩位移。

（4）在小荷载作用下，从桩顶传来的荷载主要由上部土层承担，随着荷载的增大，荷载沿桩身向下传递，上部土层的侧摩阻力首先达到极限值，随后下部土层的侧摩阻力逐渐增大，相继达到极限值。

（5）在微型桩群桩中适当布置倾斜桩将有利于群桩基础承受上拔荷载，同级荷载作用下倾斜微型桩群桩产生的位移明显小于直桩微型桩产生的位移，倾斜微型桩群桩能够有效地减小位移。倾斜微型桩群桩的抗拔极限承载力高于直桩微型桩的极限抗拔承载力，且倾斜微型桩群桩存在最优倾斜角，该角度在 10°～20°，但是随着角度的增大，则其施工难度也越大。在现场施工中，20° 倾角时，成孔及下钢筋笼均有很大的难度，因此在实际施工中建议采用 10° 倾角。

（6）群桩在上拔荷载作用下位于群桩中不同位置的基桩承担的荷载不同，角桩承受荷载最大，边桩次之，中间的桩最小，故在设计时应考虑角桩受荷载最大的情况。

第6章 FRP混凝土抗拔桩抗浮技术

纤维增强聚合物FRP（fiber reinforced polymer）在结构工程中已得到广泛应用，但应用于岩土工程的时间不长。用FRP筋制作锚杆代替钢锚杆具有不需防腐保护，结构简单，质量轻且易于制造、运输和安装，预应力损失小等优点。

6.1 FRP锚杆在岩土工程中的应用

FRP在长期恶劣的地质条件下具有良好的耐腐蚀性能，已广泛用于加筋土中。FRP价格低廉、安装方便、耐久性强，已用于潮汐变化的干湿交替的挡土墙、可切割的临时支护、地基锚杆及喷射混凝土筋等，FRP锚杆墙如图6-1所示。FRP锚杆具有良好的变形特性，通体受力均匀，是边坡支护的好材料，而且锚杆墙的锚固系统容易设计，其锚固系统由FRP杆体、托盘（有钢托盘、FRP复合托盘、非金属托盘）和螺母组成。其操作简单，安装方便，锚固速度快、强度高、锚固方式易改变，质量易控制，安全可靠，性价比优良。粗糙表面式FRP全螺纹锚杆，从杆体的性能、锚固方式与支护的结果上看，完全满足现代化土钉墙支护的技术要求，用FRP锚杆支护，抗腐蚀、耐老化性能都优于金属锚杆。

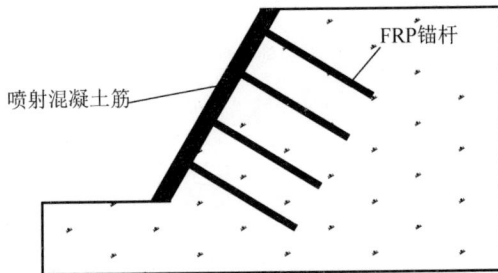

图 6-1　FRP 锚杆墙

1993年，FRP锚杆用于位于日本Hiruta的Hokkaido高速公路的施工中，用来稳固斜坡。锚杆设置在火山岩中，锚杆由6φ12.5mm的7股FRP绳束组成，其设计荷载为490kN，锚杆总长为20.5～24.5m，锚固长度为7.5m；1994年，在Toyama的公路维护工程中，共用6根FRP锚杆锚固挡土墙，锚杆设置在砂岩中，包含 3 φ 12.5mm 的 7 股 FRP 绳束, 其设计荷载为 92kN, 锚杆总长为 11～17.5m, 锚固长度为 3m; 此外, FRP 锚杆还曾在 Fukuchiyama 用于稳固公路的斜坡, 锚杆由 2 φ 8mm 的压痕纤维索组成, 锚固长度为 3m, 自由段长度为 4～18m[1]。

　　FRP 锚杆通过更深的钻孔锚入墙中, 也可与喷射混凝土结合用于低成本隧道内衬的永久性加固, FRP 岩石锚杆如图 6-2 所示。国外已将其广泛应用于隧道工程, 尤其是在欧洲各国, 如英国 Heathrow 机场隧道、巴黎地铁 Sole 隧道和 Meteor 隧道、德国 Essen 地铁隧道在腐蚀性较强的施工段都采用了高强度的 FRP 锚杆替代钢筋锚杆用于加固隧道内衬, 保持良好的稳定性。FRP 锚杆在国内隧道技术的应用相比于国外起步较晚。2007 年 5 月我国首次在成都地铁盾构中用玻璃纤维增强聚合物 GFRP (glass fiber reinforced polymer) 筋替代现在的围护桩中的传统钢筋施工, 在全线所有盾构区间均使用 GFRP 筋围护桩在全国已建地铁线路中还是首次。深圳的地铁工程采用了美国 Hughes Brother 公司生产的 GFRP 筋作为盾构法掘进竖井的混凝土墙, 就目前的使用情况来看, 其完全能满足使用的要求。

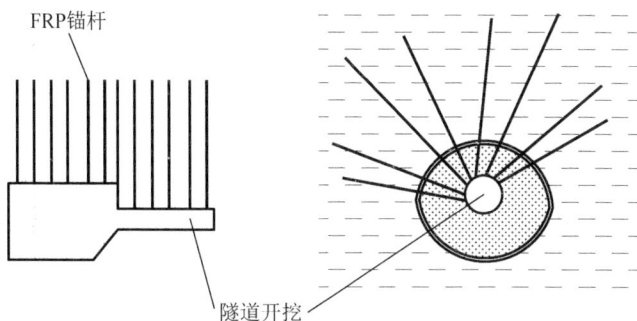

图 6-2　隧道开挖中的 FRP 岩石锚杆

　　FRP 锚杆具有抗静电、自身阻燃、容易切割且不产生火花等优点, 用于煤矿巷道支护, 发挥了其固有的理化特性和力学性能, 保证了井下作业的安全及矿井锚固支护作用, 大幅度提高煤炭开采效率。在国外 FRP 锚杆用于煤矿井巷支护已有十几年的历史, 如澳大利亚已将巷道支护使用玻璃钢锚杆列入国家相关法规; 据美国政府网站公布, 2002 年美国煤矿使用玻璃钢锚杆的数量已高达 1.4 亿支, 大大降低了支护成本, 节约大量的钢材、木材[2]。近年来, 我国已涌现出了诸多致力于 FRP 锚杆技术开发研制的先行者, 研制的新型玻璃钢锚杆抗拉强度高、黏结力强, 并有一定的延伸量, 能较好地满足煤矿生产要求。煤矿开挖采用 FRP 锚杆、塑料锚网支护, 消除架棚支护的不安全因素, 如棚顶之间出现空隙, 则会造成煤的自燃或冒顶、片帮现象; 回采时, 综采机不伤刀具, 更不会因为碰到玻璃钢锚杆而产生火花, 减少安全隐患。我国目前建设的大型矿井越来越多, 煤层开采机械化程度高, FRP 锚杆支护技术的优越性更为突出。

　　FRP 锚杆能够在煤矿中得到广泛应用主要是因为其热膨胀系数接近水泥，与混凝土结合力较强，而且在煤矿井下使用不受紫外线照射，老化速度缓慢，支护效果好；FRP 锚杆与半煤岩体和煤体黏结的整体性好、刚度较高，增强了巷道的抗变形能力。FRP 锚杆的抗拉作用，使破碎煤层稳定，层状煤体间的摩擦力增大且减少滑动。由于 FRP 锚杆的特性，改变了回采巷道综采机伤刀头产生火花的现象。

　　从国内外的岩土工程应用实例来看，FRP 锚杆可在某些特殊的岩土工程领域取代常规钢筋，高强度、低密度、耐腐蚀、弱磁感应等优点使 FRP 在岩土工程产业中得到迅速发展。FRP 钢筋在岩土工程中的应用对地下工程的开发具有十分重要的意义，既可以充分发挥其抗拉强度高的优势，又很容易被掘进机具剪断，消除了大量钢筋网埋在地下给今后城市地下工程的开发带来的隐患。

　　GFRP 锚杆具有轻质高强、耐腐蚀性好、抗疲劳、弹性好、抗冲击、透电磁波、绝缘、热胀系数小、可设计性、适合工业化等独特优点，若用于基础抗浮，不仅施工方便，且耐腐蚀性好，锚固体系更安全。用 GFRP 锚杆取代传统的钢筋锚杆并应用到地下工程以及边坡工程中将会具有广阔的前景。本章就是通过研究分析 GFRP 锚杆的力学性能，进一步挖掘其潜在的经济价值，为实现 GFRP 锚杆在地下工程中的应用提供科学依据。

6.2　FRP 筋基本物理力学性质

　　相比于传统的钢材，FRP 材料在自然环境中的大气和水等介质中具有良好的抗腐蚀性能，且强度并不比钢材差，甚至有些 FRP 筋材的强度远高于钢材的强度。表 6-1 所示的是目前国内外常用的 FRP 筋[包括芳纶纤维增强聚合物 AFRP（aramid fiber reinforced polymer）筋、玄武岩纤维增强聚合物 BFRP（basalt fiber reinforced polymer）筋、碳纤维增强聚合物 CFRP（carbon fiber reinforced polymer）筋和玻璃纤维增强聚合物 GFRP 筋］与钢绞线、钢筋的性能对比[3]。

　　各种 FRP 筋的原材料纤维之间同样存在着较大的区别，玻璃纤维是增强纤维中最普通的一种。两类最常用的玻璃纤维是 E-玻璃纤维和 S-玻璃纤维。E-玻璃纤维是增强纤维中的最便宜的一种纤维，它常被用作增强、抗电、抗酸性环境以及低花费的地方。S-玻璃纤维价格较贵，但其有更高的强度、韧性和极限应变，并且在碱性环境中使用时性价比大于 E-玻璃纤维。其他类型的玻璃纤维是 M 型和抗碱型（AR）玻璃纤维。M 型玻璃纤维是高模型纤维，稳定性很好，AR 型玻璃纤维的密度较小且在碱性环境中的损失较少。表 6-2 所示的是常用纤维的主要力学性能与钢材的对比[4]。

表 6-1　FRP 筋与钢绞线、钢筋的性能对比

性能	钢绞线	钢筋	AFRP 筋	BFRP 筋	CFRP 筋	GFRP 筋
抗拉强度 f/MPa	1 400～1 890	480～700	1 200～2 600	1 100	600～3 700	480～1 600
弹性模量 E/GPa	210	200	41～125	50	103～580	35～65
极限延伸率 δ/%	4.0～8.0	6.0～12	1.9～4.4	—	0.5～1.9	1.2～3.1
热膨胀系数 α/ $(\times10^{-6}℃^{-1})$	5.1	11.7	1		0	9.9
屈服应变 ε/%	0.8～1.9	1.4～2.5	—	—	—	—
屈服应力 σ/MPa	1 050～1 400	280～520	—	—	—	—
密度 ρ / (g/cm^3)	7.9	7.9	1.50～1.60	1.25	1.50～2.0	1.50～2.1
破坏形态	延性	延性	脆性	脆性	脆性	脆性

表 6-2　常用纤维的主要力学性能与钢材的对比

纤维种类		密度 ρ / (g/cm^3)	拉伸强度 σ /GPa	弹性模量 E/ GPa	热膨胀系数 α / $(\times10^{-6}·℃^{-1})$	延伸率 δ /%	比强度 σ/ρ /×10^6N·m/kg	比模量 E/ρ /×10^6N·m/kg
玻璃纤维 GFRP	S（高强）	2.49	4.6	84	2.9	5.7	1.97	34
	E（低导）	2.55	3.5	74	5	4.8	1.37	29
	M（高模）	2.89	3.5	110	5.7	3.2	1.21	38
	AR（抗碱）	2.68	3.5	75	7.5	4.8	1.31	28
碳纤维 CFRP	普通	1.75	3.0	230	0.8	1.3	1.71	131
	高强	1.75	4.5	360	0.8	1.9	2.57	137
	高模	1.75	2.4	600	0.6	1.0	1.37	200
	极高模	2.15	2.2	125	1.4	0.5	1.02	321
芳纶纤维 AFRP	Kelvar 49	1.45	3.6	68	2.5～4.0	2.8	2.48	86
	Kelvar 29	1.44	2.9	77		4.4	2.01	48
	HM-50	1.39	3.1	200		4.2	2.23	55
钢材	HPB400	7.8	0.42	200	12	18	0.05	26
	钢绞线	7.8	1.86	—	12	3.5	0.24	26

　　各种纤维的比强度与比模量如图 6-3 所示。

　　表 6-3 所示的是 GFRP 筋、CFRP 筋、AFRP 筋三种 FRP 材料的优劣比较[5]。由表 6-1～表 6-3 所知，与钢筋相比，FRP 筋具有如下优点。

　　（1）密度小，轻质高强。FRP 筋的密度在 1.5～2.0g/cm³，只有碳钢的 1/5～1/4，可拉伸强度却接近，甚至超过碳素钢，而比强度可以与高级合金钢相比，其应用在海港码头等大跨度、断面较大的结构中，可以有效降低运输成本，减少现场的加工安装时间，方便施工，最重要的是可以减轻结构自重，减少施工难度、节省费用，其在航空、火箭、宇宙飞行器、高压容器以及在其他需要减轻自重的制品应用中，都卓有成效。某些环氧 FRP 的拉伸、弯曲和压缩强度均能达到 400MPa 以上。

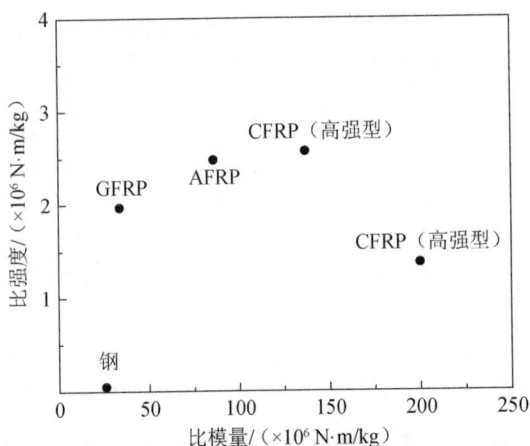

图 6-3　各种纤维的比强度与比模量

表 6-3　FRP 材料优劣比较

特性	GFRP	AFRP	CFRP
抗侵蚀能力	差	良	良
抗拉强度	良	优	优
疲劳强度	一般	差	优
杨氏模量	差	差	优
徐变/松弛	差	一般	优
应力疲劳	差	差	优
密度	良	优	优
价格	低	高	高

（2）耐腐蚀性能好。FRP 筋对大气、水和一般浓度的酸、碱、盐、土壤及多种油类和溶剂都有较好的抵抗能力，是良好的耐腐材料，已取代碳钢、不锈钢、木材、有色金属等应用到防腐工程的各个方面。

（3）电性能好。FRP 筋是优良的绝缘材料，用来制造绝缘体，其在高频下仍能保持良好介电性；微波透过性良好，已广泛用于雷达天线罩。

（4）抗疲劳性能优良。不同的纤维类型对该项指标有一定影响，弹性模量在疲劳试验后没有改变。

（5）热性能良好。FRP 热导率低，室温下只有金属的 1/1 000～1/100，是优良的绝热材料。在瞬时超高温情况下，是较理想的热防护和耐烧蚀材料，能保护宇宙飞行器在 2 000℃以上承受高速气流的冲刷。

（6）热膨胀系数与混凝土接近。各种 FRP 筋的热膨胀系数一般在 $(0.5～1.2)×10^{-5}$ 左右，与混凝土接近，当周围环境温度变化时，不会产生较大的温度应力破坏 FRP

筋与混凝土之间的黏结，可保证 FRP 筋与混凝土的协同工作。

（7）抗电、抗磁、耐磨和耐腐蚀。

FRP 筋无磁感应，代替钢筋使用后可使结构满足特殊要求。

（8）可设计性好。

① 可以根据需要，灵活地设计出各种结构产品，来满足使用要求，并使产品有很好的整体性。

② 可以充分选择材料来满足产品的性能，如耐腐、耐瞬时高温、产品某方向上有特别高强度、介电性好等。

从 FRP 的生产工艺可知，FRP 筋还具有如下优点。

（1）工艺性能优良。

① 可以根据产品的形状、技术要求、用途及数量来灵活地选择成型工艺。

② 工艺简单，可以一次成型，经济效果突出，尤其对形状复杂、不易成型、数量少的产品，它的工艺优越性更加突出。

（2）容易切割。FRP 筋切割较钢筋方便，而且在切割的过程中不会产生大量的火星，适用于对防火较为严格的工程，如煤矿工程的施工。

此外，某些 FRP 筋在蠕变、蠕变断裂和疲劳寿命方面也有较好的表现。FRP 筋的蠕变量与蠕变断裂的大小主要取决于 FRP 筋的纤维种类和承受的应力大小，如 CFRP 筋在此两项性能上要优于 GFRP 筋和 AFRP 筋。在抗疲劳性能上，FRP 筋材的疲劳寿命取决于试件形状、所承受的应力大小、重复荷载循环次数与频率、纤维与树脂的含量等，超过正常室内的温度和空气湿度也会对 FRP 筋的疲劳性能造成不利影响。同等条件下，CFRP 筋和 AFRP 筋的耐疲劳性能明显优于钢材，但在低频率荷载作用下，GFRP 筋的耐疲劳性能低于钢材，所以在建筑结构中承受低频荷载作用的构件要慎用 GFRP 筋[6]。

尽管 FRP 筋有着高强度、防腐蚀等优点，且在许多方面都获得了应用，但 FRP 筋也存在以下一些不足。

（1）弹性模量低。FRP 筋的弹性模量比木材大两倍，但比钢要低，因此在产品结构中常感到刚性不足，容易变形，可通过高模量纤维或者做加强筋等形式来弥补。在用作预应力筋以及进行材性试验时，需要专门的锚具或夹具。

（2）长期耐温性差。耐火性不如钢材，在设计某些类型的建筑物时需要考虑。一般 FRP 不能在高温下长期使用，通用聚酯 FRP 在 50℃ 以上强度就明显下降，一般只在 100℃ 以下使用；通用型环氧 FRP 在 60℃ 以上，强度有明显下降，但可以选择耐高温树脂，使长期工作温度在 200~300℃ 是可能的。

（3）老化现象严重。老化现象是塑料的共同缺陷，FRP 也不例外，在紫外线、风沙雨雪、化学介质、机械应力等作用下容易导致其性能下降。一些 FRP 筋可以和紫外线发生化学反应而导致其力学性能降低，但此问题可以通过加入特殊的外加剂或在 FRP 表面涂一层防护层（如一薄层混凝土）来解决。

（4）剪切强度低。剪切强度是靠树脂来承担的，树脂的性能基本上都低于其抗拉强度的 10%，所以 FRP 不适合直接用在结构中承担剪应力。可以通过选择工艺、使用偶联剂等方法来提高层间黏结力，最主要的是在产品设计时，尽量避免其受剪应力，在实际工程中应该通过合理的配筋方式（如通过同其他抗剪性能强的筋材配合使用，或通过调整 FRP 筋的方向利用其轴向拉力来抵抗剪切荷载等）来避免剪应力对结构的破坏。

6.3 GFRP 筋拉伸试验

6.3.1 试验目的

按照《拉挤玻璃纤维增强塑料杆拉伸性能试验方法》（GB/T 13096.1—1991）对 GFRP 筋进行纵向拉伸性能试验，测定 GFRP 筋的拉伸强度、拉伸弹性模量、破坏伸长率等力学性能指标，研究其破坏形态，分析应力-应变曲线和应力-位移曲线，分析影响 GFRP 筋材抗拉强度的因素，找出强度、伸长率、弹模与直径的关系，为锚杆筋支护选择合适的 GFRP 筋材提供参考依据。

6.3.2 试验材料与仪器设备

试验的 GFRP 筋材的直径分别为 12mm、16mm、18mm 和 20mm 螺纹筋，长度为 130cm，每种型号各 3 根，如图 6-4 所示。试验所用的 GFRP 筋技术参数见表 6-4。

图 6-4 GFRP 筋材

表 6-4 GFRP 筋技术参数

直径/mm	数量/根	长度/cm	纤维含量/%	树脂含量/%	密度/（g/cm³）
12	3	130	77	23%	2.00
16	3	130	78	22%	1.95
18	3	130	68	32%	2.25
20	3	130	78	22%	1.95

试验设备包括拉伸试验机、锚具、TDS-303 数据采集仪、电阻应变片（规格为 1mm×2mm）、游标卡尺（精度为 0.01mm）、压力传感器、手持式应变仪等。

在每段试件的两端头都套上锚具，并用结构胶使 GFRP 杆体与锚具充分黏结，提供足够的黏结力，防止锚具在拉伸的过程中滑移。锚具的规格尺寸如表 6-5 所示。

表 6-5　锚具的规格尺寸

试样直径/mm	内径/mm	外径/mm	长度/mm
12	16.8	17.8	250
16	16.8	17.8	250
18	18.5	24.6	250
20	20.5	25.2	250

6.3.3　试验试件设计

试件设计如图 6-5 所示，杆体两端用锚具黏结，锚具长度 L_1=250mm，杆体长度 L_0=800mm。两端用螺帽和反力架将两端锚具固定。

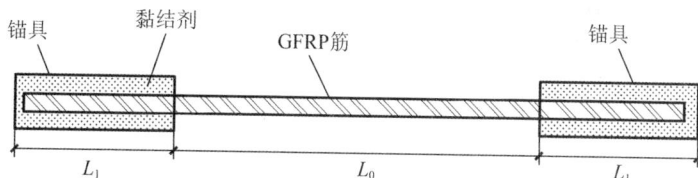

图 6-5　试件设计

6.3.4　试验步骤

试验步骤如下。

（1）试验前，检查试样外观，如有缺陷和不符合尺寸及制备要求者，应予作废。

（2）灌胶。首先用机油将锚具清洗，洗毕，用保鲜袋将锚具裹住，两侧用透明胶黏固，并贴上标签，其次用酒精清洗筋两端（250mm）处，清理凹处的纤维丝，增加与结构胶的黏结力，并贴上标签。

（3）配结构胶。结构胶黏剂（SJK-03 黏钢型），甲组与乙组的配胶比例为 2：1。灌胶时要注意，胶要从小口进大口出，用胶布封住大口，防止溢出，筋超出锚具 1cm 即可。灌胶结束后，将试样在试验室标准环境条件下至少放置 7 天。

（4）贴应变片。7 天后，在每个试样标距中间以及中间相邻 10cm 的两侧对称处各粘贴 2 个应变片（共粘贴 6 个应变片，即 1～6 号），如图 6-6 所示，并用硅胶密封保护应变片，外接 TDS-303（FLASH）数据采集仪。

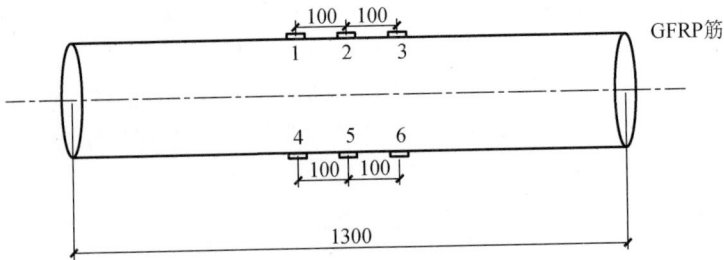

图 6-6　应变片位置（单位：mm）

贴电阻应变片时要注意以下两点。

① 选择的电阻片，规格为 1mm×2mm。

② 电阻片应沿 GFRP 筋轴向等距离布置，贴片处应平整光滑。

（5）将试件放到拉伸试验机前，用浸透适合溶剂的布，擦净试样的端部和接头锚具的夹持面。试件安装到拉伸试验机时，使试件的轴线与左、右夹头中心线重合，并在端部的两侧分别安装一个位移计。

（6）装上测量变形或应变仪表，施加初载（约为破坏荷载的 5%），检查并调整试样及变形或应变测量系统，使之水平受拉。

（7）在试验机上对长度为 130cm，直径为 12mm、16mm、18mm 和 20mm 螺纹筋试样分别进行拉伸，对试样稳定施加连续荷载，加载强度约为 4kN/次，每 4kN 采集一次数据，直至试样破坏并记录破坏载荷值，描述试样的破坏形态。绘制每个试样的应力-应变曲线以及应力-位移曲线。施加拉力的过程中，记录各级拉力下的纵向应变值。为绘制拉力-应变关系曲线和应力-位移关系曲线，观测记录的应变值不少于 12 个测试值。同批有效试样不足 3 个时，应重做试验。

6.3.5　试验试件破坏情况分析

1）φ12GFRP 筋材的破坏情况

（1）试件 12-1。在加载过程中，从 15.5kN 开始就不断地产生筋纤维与树脂的剥离声，但声音较小，间隔较大。加载至 48.3kN 时，3 号和 6 号应变片失效。从 49kN 开始，纤维剥离树脂声不断加大并加急，当加载至 56.9kN 时，筋材在 1/4 处断裂，丧失承载能力。

（2）试件 12-2。在加载过程中，从 20kN 开始就不断地产生筋纤维与树脂的剥离声，但声音较小，间隔较大。从 45kN 开始，纤维剥离树脂声不断加大并加急。加载至 52.4kN 时，6 号应变片失效，加载至 59.4kN 时，2 号应变片失效。当加载至 68.5kN 时，筋材在离锚具端 6cm 处断裂，丧失承载能力。

（3）试件 12-3。在加载过程中，从 15.5kN 开始就不断地产生筋纤维与树脂的剥离声，但声音较小，间隔较大。从 40kN 开始，纤维剥离树脂声不断加大并加急。加载至 44kN 时，1 号和 4 号应变片失效，加载至 48.2kN 时，5 号应变片失效。当加至 51.4kN 时，筋材在离锚具端 10cm 处断裂，丧失承载能力。

2）φ16GFRP 筋材的破坏情况

（1）试件 16-1。在加载过程中，从 19.3kN 开始就不断地产生筋纤维与树脂的剥离声，但声音较小，间隔较大。加载至 40.2kN 时，1 号和 3 号应变片失效。从 54kN 开始，纤维剥离树脂声不断加大并加急，当加至 121.2kN 时，纤维呈长条状散开，试件杆体被拉裂，整个试件破坏断面呈"劈裂"破坏状，筋材丧失承载能力。

（2）试件 16-2。在加载过程中，从 20kN 开始就不断地产生筋纤维与树脂的剥离声，但声音较小，间隔较大。从 74kN 开始，纤维剥离树脂声不断加大并加急，加载至 139.5kN 时，3 号应变片失效。当加至 148.2kN 时，试件杆体在中部被拉裂，纤维呈长条状和片状散开，整个试件破坏断面呈"劈裂"破坏状，筋材丧失承载能力。

（3）试件 16-3。在加载过程中，从 20kN 开始就不断地产生筋纤维与树脂的剥离声，但声音较小，间隔较大。从 52kN 开始，纤维剥离树脂声不断加大并加急。加载至 59.7kN 时，1 号、2 号和 3 号应变片失效，加载至 92.5kN 时，5 号应变片失效。当加载至 96kN 时，试件杆体在 1/3 处被拉裂，纤维呈长条状散开，整个试件破坏断面呈"劈裂"破坏状，筋材丧失承载能力。

3）φ18GFRP 筋材的破坏情况

（1）试件 18-1 在加载过程中，从 18kN 开始就不断地产生筋纤维与树脂的剥离声，但声音较小，间隔较大。加载至 41.3kN 时，3 号应变片失效。从 72kN 开始，纤维剥离树脂声不断加大并加急，当加至 92.4kN 时，试件杆体在离锚具 8cm 处被拉裂，纤维呈短条状散开，散开度较小，筋材丧失承载能力。

（2）试件 18-2。在加载过程中，从 18kN 开始就不断地产生筋纤维与树脂的剥离声，但声音较小，间隔较大。加载至 45.8kN 时，3 号应变片失效。从 74kN 开始，纤维剥离树脂声不断加大并加急，当加至 100.6kN 时，试件杆体由两端开始断裂，轴向被拉裂成两半，筋材丧失承载能力。

（3）试件 18-3。在加载过程中，从 29.2kN 开始就不断地产生筋纤维与树脂的剥离声，但声音较小，间隔较大。从 70.2kN 开始，纤维剥离树脂声不断加大并加急，当加至 87.1kN 时，试件杆体纤维由中部劈裂，纤维呈长条状散开，散开度较小，整个试件破坏断面呈条形破坏状，筋材丧失承载能力。

4）φ20GFRP 筋材的破坏情况

（1）试件 20-1。在加载过程中，从 35kN 开始就不断地产生筋纤维与树脂的剥离声，但声音较小、间隔较大。从 142kN 开始，纤维剥离树脂声不断加大并加急。加载至 156.5kN 时，5 号应变片失效，加载至 164.3kN 时，3 号应变片失效。当加至 182.7kN 时，试件杆体纤维由中部断裂，纤维呈长丝状散开，散开度较大，整个试件破坏断面呈劈裂破坏状，筋材丧失承载能力。

（2）试件 20-2。在加载过程中，从 25kN 开始就不断地产生筋纤维与树脂的剥离声，但声音较小、间隔较大。从 120kN 开始，纤维剥离树脂声不断加大并加急。加载至 147.8kN 时，5 号应变片失效。当加载至 196kN 时，试件杆体纤维由两端向中部呈长条状劈裂，散开度较小，整个试件破坏断面呈条形破坏状，筋材丧失承载能力。

（3）试件 20-3。在加载过程中，从 32kN 开始就不断地产生筋纤维与树脂的剥离声，但声音较小，间隔较大。从 130kN 开始，纤维剥离树脂声不断加大并加急。加载至 172.4kN 时，1 号、3 号和 5 号应变片失效。当加载至 186kN 时，试件杆体纤维由中部劈裂，纤维呈长条状散开，散开度较大，整个试件破坏断面呈劈裂破坏状，筋材丧失承载能力。

综合以上的破坏情况发现，试件在破坏的过程中，加载初期为 15%～20% 的极限荷载时，开始产生纤维剥离树脂的声音，此时纤维和树脂同时承担杆体的荷载。当加载至约为 75% 极限荷载时，纤维剥离树脂声不断加大并加急，纤维开始断裂，荷载继续增大，直至试件完全破坏。应变片失效的位置大部分为 3 号和 5 号位置，在上半部试件劈裂的部位发生在 3 号应变片的位置，下半部试件劈裂的位置大部分发生在 5 号应变片的位置即筋的中部。

以往研究表明[7]，采用夹具或锚具对试件进行拉伸时，试件的破坏形式大致可分为三种：①试件从变截面处脱层，呈现层剪破坏；②试件端部锚具与试件的黏结强度不足，试件滑移出锚具；③试件被拉裂，纤维呈长条状或片状散开，试件杆体被拉裂，整个试件破坏断面呈"劈裂"破坏状。

以上三种破坏中，第三种的破坏形式是有效破坏，破坏时的拉伸强度等参数可作为试验数据。第一和第二种破坏形态为无效破坏，其试验中获得的数据不能作为计算时采用的试验数据使用。本次试验采用的方法使试件的破坏全部为第三种破坏，即有效破坏，试验成功率为 100%，比以往的试验方法更为有效，得出的数据可靠性较高。

6.3.6　试验结果分析

图 6-7 和图 6-8 所示的是 GFRP 筋应力-应变曲线和应力-位移曲线。

从图 6-7 和图 6-8 可见，GFRP 筋的抗拉应力-应变关系曲线并非严格意义上的直线，而是一条带有拐点的曲线。而且拐点前的曲线段的线性很好，说明 GFRP 筋的应力-应变曲线在荷载加载初期基本上呈线弹性变形，直径 20mmGFRP 筋的应力-应变曲线线性特征尤为明显。但加载至极限荷载的 75% 左右即出现拐点后，应力-应变曲线呈现不规则变化，没有明显的拐点，应变值跳跃性较大，主要原因是在施加荷载的过程中，GFRP 筋的破坏与钢筋的破坏不同，钢筋破坏时有屈服点和"缩颈"现象，而 GFRP 筋破坏时无屈服点和"缩颈"现象，没有明显的破坏征兆。GFRP 筋的破坏属于脆性破坏，延性较差，破坏时先是部分纤维先断裂，断裂位置恰好出现在贴片所处的位置，影响了应变片的读数，随着荷载的增加，断裂的纤维逐渐增多，应变片被破坏，导致试件最终被破坏。

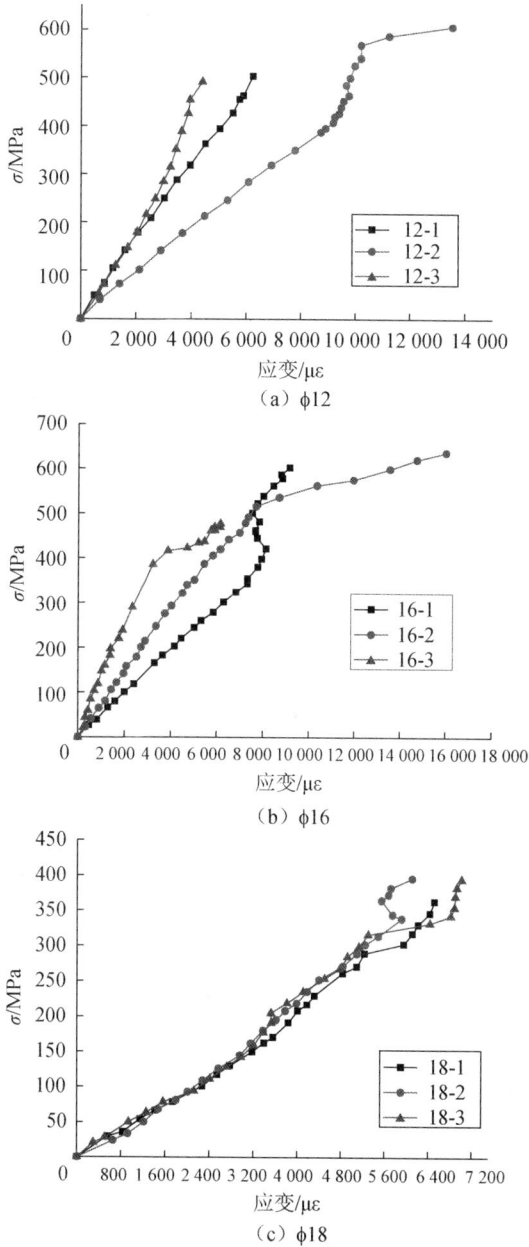

（a）φ12

（b）φ16

（c）φ18

图 6-7　GFRP 筋的应力-应变曲线

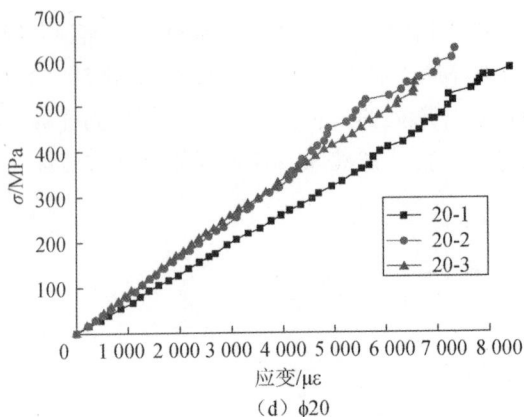

（d）φ20

图 6-7 （续）

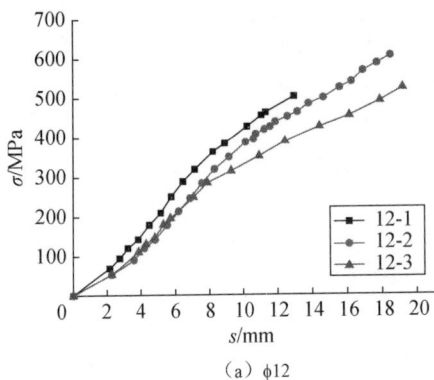

（a）φ12

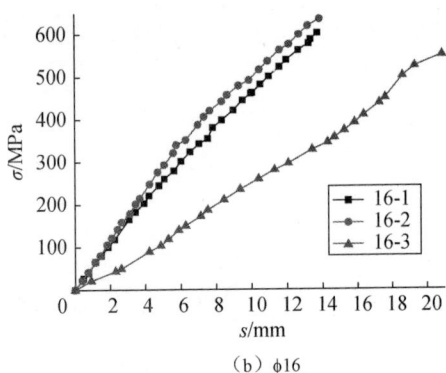

（b）φ16

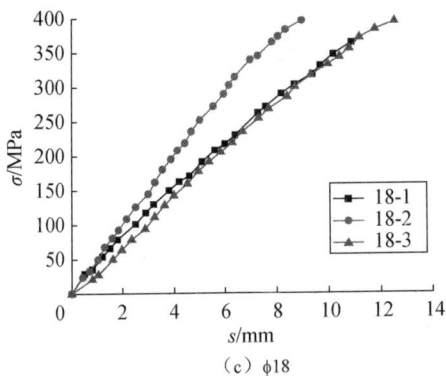

（c）φ18

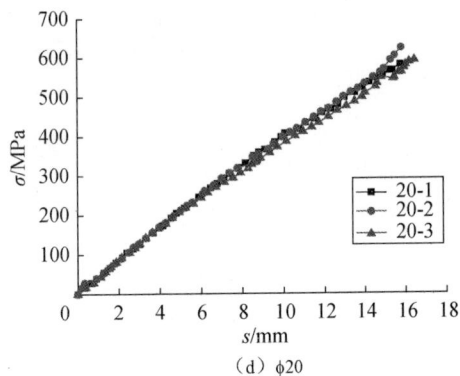

（d）φ20

图 6-8　GFRP 筋的应力-位移曲线

与应力-应变曲线相比，GFRP 筋的应力-位移曲线的线弹性特征更加明显，随着应力的增加，纤维的断裂并不影响位移的线弹性变化，位移从加载开始一直呈线弹性增加直至试件被破坏，其中 φ20GFRP 筋的应力-位移曲线斜率几乎重合。

GFRP 筋拉伸试验成果总汇如表 6-6 所示。

表 6-6　GFRP 筋拉伸试验成果总汇

试件编号	试件直径 D/mm	极限荷载 P/kN	极限抗拉强度 f_u/MPa	弹性模量 E/GPa	断裂延伸率 δ/%	最大位移 s/mm	最大应变 /με
12-1	12.15	56.9	503.1	60.5	1.62	12.98	6 241
12-2	12.10	68.5	605.7	60.9	2.32	18.53	13 530
12-3	12.18	59.3	524.3	59.8	2.61	20.88	3 950
16-1	16.12	121.2	602.8	59.3	1.72	13.74	9 162
16-2	16.15	127.9	636.1	60.4	1.73	13.86	16 004
16-3	16.08	110.7	550.6	58.2	2.36	18.88	6 152
18-1	18.11	92.4	363.1	59.6	1.36	10.90	6 893
18-2	18.13	100.6	395.3	59.2	1.12	8.99	5 967
18-3	18.16	100.2	393.8	58.8	1.57	12.55	7 012
20-1	20.12	182.7	581.6	59.6	1.97	15.75	7 517
20-2	20.10	196.0	623.9	58.7	2.00	15.97	7 779
20-3	20.18	186.0	592.1	59.9	2.06	16.44	6 732

抗拉强度高是 GFRP 筋材突出的性能之一，由表 6-6 可见，除 φ18GFRP 筋外，随着筋材直径的增大，抗拉强度呈增大趋势。φ18GFRP 筋低于 φ16GFRP 筋的抗拉强度的原因是 GFRP 筋材的抗拉强度受到相关因素的影响。影响 GFRP 筋抗拉强度的因素有筋材直径、纤维存放时间、纤维含量、树脂种类以及纤维与树脂间的黏结质量等[8]。

1）玻璃纤维直径对筋材抗拉强度的影响

方允伟[9]通过玻璃纤维直径对纤维强度及复合材料强度影响的实验，研究了玻璃纤维直径与纤维强度的关系及纤维直径对复合材料强度的影响。结果表明，纤维直径越细，纤维的强度越高，但是对于复合材料来说，纤维直径越细，相应的复合材料强度反而会略有下降。其原因是纤维的内部和外部均存在微裂纹，纤维越粗，表面积越大，出现裂纹的概率越大。当施加外力时，最薄弱区裂纹迅速扩展直至纤维断裂，纤维直径粗、表面积大就大大增加了纤维断裂的可能性，但树脂对纤维的微裂纹进行了很好的修补，因此纤维直径的粗细对复合材料的强度影响并不大。

2）纤维存放时间对筋材抗拉强度的影响

在玻璃纤维筋生产前，即使用同样的玻璃纤维制作筋材，其存放时间对成品玻璃纤维筋的强度也有影响。当玻璃纤维存放一定时间后，就会出现强度下降的现象，称之为纤维的老化。玻璃纤维的老化，主要取决于它对大气中水分的化学稳定性，稳定性高的玻璃纤维损失小，甚至基本不变[10]。

3）纤维体积含量对筋材抗拉强度的影响

GFRP 筋材的纤维体积含量也影响着 GFRP 筋材的抗拉强度[11]。筋材中纤维体积的含量过高或过低都会影响着筋材的抗拉强度，玻璃纤维和环氧树脂复合体系中，纤维体积含量许用下界为 0.120 8（12.08%），可压制的上极限界限为 0.906 9（90.69%）。从抗拉强度角度考虑，许用上限为 0.550 1（55.01%）。纤维体积含量过高无法拉挤成筋材，纤维体积含量过低则造成生产的筋材强度过低，纤维体积含量过高并不利于强度的提高。

4）树脂种类以及纤维与树脂间的黏结质量对筋材抗拉强度的影响

制作 GFRP 筋材的树脂品种对 GFRP 筋材的抗拉强度有较大的影响。树脂有天然树脂和合成树脂之分。天然树脂是指由自然界中动植物分泌物所得的无定形有机物质，如松香、琥珀、虫胶等。合成树脂是指由简单有机物经化学合成或某些天然产物经化学反应而得到的树脂产物。合成树脂的品种有环氧树脂、酚醛树脂、丙烯酸树脂、不饱和聚酯树脂、离子交换树脂等，不同种类的树脂有着不同的性能，一定程度上影响着筋材的抗拉强度。

纤维与树脂间的黏结质量对筋材的抗拉强度的影响比较明显，生产工艺不同，批量生产的 GFRP 筋材许多环节机械化程度不高，生产的标准化较低，如树脂的添加量未按照一定的标准添加，大多凭经验操作，均会造成纤维与树脂间的黏结质量存在一定的差别，进而导致筋材的抗拉强度存在较大的差异[12]。

5）筋材直径对 GFRP 筋抗拉强度的影响

刘汉东等[13]利用回归分析建立 GFRP 筋材的极限荷载和直径，极限强度和直径的关系式为

$$P_u=558.24D^{1.98} \tag{6-1}$$

$$f=803.73 D^{-0.06} \tag{6-2}$$

式中：P_u—— 极限荷载，N；

　　　D—— 筋材直径，mm；

　　　f—— 极限强度，MPa；

周继凯等[14]认为 GFRP 筋拉伸力学性能具有明显的尺寸效应，主要表现为强度随构件尺寸的增大而减小，这与钢筋截然不同。采用最弱链理论进行尺寸效应分析是可行的，能够预测不同 GFRP 筋强度，确定其抗拉强度标准值。由于 GFRP 筋是一种复合材料，其极限抗拉强度受工艺、环境等因素的影响，在材料表面和内部不可避免地存在许多缺陷(微裂缝、刻痕等)，材料的极限抗拉强度往往取决于这些随机分布的缺陷中最薄弱的环节。随着试件直径的增大，其随机分布的缺陷也会增多，相应的强度有所下降。这种材料特性与最弱链理论假定非常相符。假定 GFRP 筋强度分布符合 Weibull 分布律，就能够进行 GFRP 筋强度尺寸效应分析。在对直径和极限抗拉强度关系进行回归分析后，得出考虑直径影响的试件极限抗拉强度 f_{Dtu} 拟合公式，变化规律为幂函数形式为

$$f_{Dtu}=1 047.89 D^{-0.34} \tag{6-3}$$

在设计时，针对不同直径的 GFRP 筋，通过试验测试其强度等力学特性，但

因其存在尺寸效应，不同的试验方法得出的结果与实际应用可能差别较大。

6）筋材横截面积和螺距对抗拉强度的影响

杨保华等[15]进行 GFRP 筋抗拉试验研究时，忽略由于制造而产生的物理缺陷，做出以下假定：①玻璃纤维丝沿 GFRP 筋横截面均匀分布；②树脂基基体充分包裹玻璃纤维丝并在 GFRP 筋中均匀分布；③添加剂等在 GFRP 筋中均匀分布；④GFRP 筋在试验前其体内无局部应力。

在假定的前提下，认为 GFRP 筋物理性质只与横截面积和螺距有关，GFRP 筋的抗拉应力-应变关系并非严格意义上的直线，而是一条带有拐点的曲线，建议用折线表示其拉伸应力-应变关系为

$$\sigma = \begin{cases} E_a \times \varepsilon & (0 \leqslant \varepsilon \leqslant \varepsilon_0) \\ E_b \times \varepsilon + (E_a - E_b)\varepsilon_0 & (\varepsilon > \varepsilon_0) \end{cases} \tag{6-4}$$

式中：σ——GFRP 筋的受拉应力，MPa；

E_a——拐点前的弹性模量，GPa；

ε——GFRP 筋的受拉应变，$\mu\varepsilon$；

E_b——拐点后的弹性模量，GPa；

ε_0——拐点处的受拉应变，$\mu\varepsilon$。

在以上影响因素中，直径、树脂的种类和树脂的固化时间是影响 GFRP 筋材抗拉强度的主要因素。

把 D 为 12mm、16mm、18mm、20mm 代入式（6-2）～式（6-4），发现所得的计算结果与此次试验的结果有较大的误差，如表 6-7 所示，说明在建立预测 GFRP 筋抗拉强度的公式时，应综合考虑其他影响因素。

表 6-7　理论计算与试验所得的抗拉强度结果比较

GFRP 筋直径 /mm	式（6-2）计算结果 /MPa	式（6-3）计算结果 /MPa	式（6-4）计算结果 /MPa	试验所得结果（平均值） /MPa
12	692.4	378.4	372.2	544.4
16	680.6	392.2	384.5	596.5
18	675.8	408.2	412.2	384.1
20	671.5	450.2	434.5	599.2

对试验所得的数据进行回归分析以及考虑纤维的含量及种类，引入修正系数 α、β，建立 GFRP 筋抗拉极限荷载预测公式为

$$P = 0.267\alpha\beta D^{2.1939} \tag{6-5}$$

极限抗拉强度 f_u 为

$$f_u = 339.8\alpha\beta D^{0.194} \tag{6-6}$$

式中：P——极限荷载，kN；

α、β—— 修正系数，取值根据表 6-8 和表 6-9；

D—— 筋材直径，mm；

f_u—— 筋材极限抗拉强度，MPa。

表 6-8 α 取值

玻璃纤维直径/μm	4	5	7	9	11	13.6	15.3	24.4	29.8
α	1.04	1.02	1.00	0.98	0.96	0.95	0.95	0.94	0.94

表 6-9 β 取值

玻璃纤维含量/%	60≤ μ <65	65≤ μ <70	70≤ μ <74	74≤ μ ≤76	76< μ ≤80
β	0.7	0.8	0.9	1.0	1.1

ϕ12、ϕ16 和 ϕ20 的 GFRP 筋的玻璃纤维直径为 7μm，ϕ18 的 GFRP 筋玻璃纤维直径为 29.8μm，根据表 6-4、表 6-8 和表 6-9，将 GFRP 筋直径代入式（6-6）验算，与试验结果基本相符，如表 6-10 所示。

表 6-10 修正后理论计算与试验所得的抗拉强度结果比较

GFRP 筋直径/mm	计算抗拉强度/MPa	试验所得抗拉强度（平均值）/MPa
12	550.3	544.4
16	581.9	596.5
18	392.0	384.1
20	607.6	599.2

综合上述六种影响 GFRP 筋抗拉强度的因素分析，结合表 6-6、表 6-7 和表 6-10 可看出，筋材的直径对玻璃纤维筋的弹性模量的影响不大，与表面磨损程度也无关。GFRP 筋直径的增大会改善其延性，但对弹性模量影响很小，而且 GFRP 筋的延性较差，故不同直径的玻璃纤维筋的弹性模量基本相同。由应力-应变曲线可以看出，GFRP 筋材在 75%的极限荷载之内的受力过程属于线弹性变化，故取加载至 50%的极限荷载内的应变增量，由相应的应力除以应变增量得到此次试件的弹性模量约为 59.6GPa。

延伸率计算公式如下式：

$$\phi = \frac{\Delta L}{L_0} \times 100\% \tag{6-7}$$

式中：ϕ—— 延伸率，%；

ΔL—— 伸长总量，mm；

L_0—— 筋材长度。

由表 6-6 和表 6-10 可以发现，筋材的直径对其延伸率影响不大，本次试验筋材断裂时的延伸率约为 1.83%，GFRP 筋的延伸率较低，原因主要是玻璃纤维的分子结构中其硅氧键结合力较强，受力后不易引起错动，故其延伸率很低，一般小于 3%。但其与纤维的直径大小有关，当直径为 9~10μm 时，其最大延伸率为 2% 左右，直径为 5μm 时，其延伸率为 3%~3.5%，这比一般的天然纤维、合成纤维及金属材料的延伸率低得多，因而玻璃纤维仍表现出一定的脆性。

6.4　GFRP 筋黏结性能试验

6.4.1　试验目的

通过 4 组共 12 个 GFRP 筋试件进行黏结试验，为工程应用提供参考。

（1）研究不同直径 GFRP 筋与混凝土黏结性能。

（2）分析不同直径 GFRP 筋的抗拔承载力，为现场拉拔试验提供参考。

（3）研究 GFRP 筋的荷载与滑移特性。

6.4.2　试验材料与仪器设备

试验的 GFRP 筋材的直径分别为 12mm、16mm、18mm 和 20mm 螺纹筋，长度为 70cm，每种型号各 3 根，如图 6-9 所示。试验所用的 GFRP 筋材产品规格及材料各项技术参数如表 6-11 所示。

表 6-11　GFRP 筋技术参数

直径/mm	数量/根	长度/cm	纤维含量/%	树脂含量/%	密度/（g/cm³）
12	3	70	78	22	1.95
16	3	70	78	22	1.95
18	3	70	68	32	2.25
20	3	70	78	22	1.95

图 6-9　GFRP 筋

试验设备包括拉伸试验机、手持式应变仪、TDS-303（FLASH）数据采集仪、光滑 PVC 套管、锚具、百分表或者位移传感器、压力传感器、游标卡尺（精度为0.01mm）和电子秤等。

拔出试验装置主要由固定支座、反力架、穿心千斤顶、压力传感器、大螺帽五部分组成，GFRP 筋通过黏结锚与连接杆相连，反力架的承压垫板的边长大于拔出试件的边长，其厚度大于 15mm 且垫板中心孔径为 2 倍 GFRP 筋的直径，如图 6-10 所示。

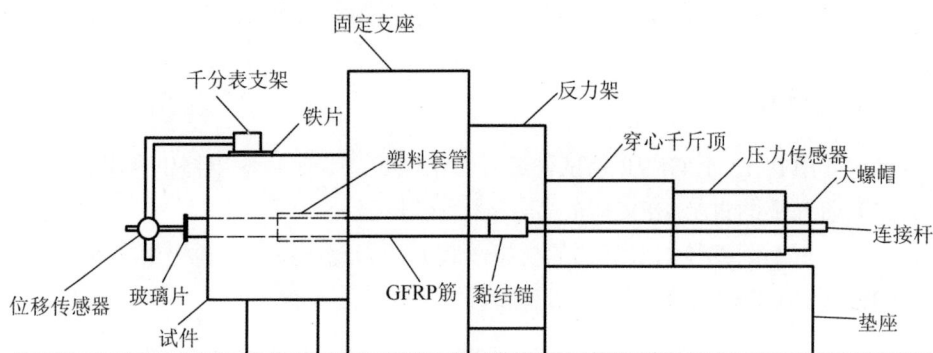

图 6-10　拔出试验装置

6.4.3　试验试件设计

试验试件的设计如图 6-11 所示，杆体一端用锚具黏结，锚具长度为 250mm。筋材与混凝土的黏结长度为 $5d$（d 为 GFRP 筋的直径，mm）。

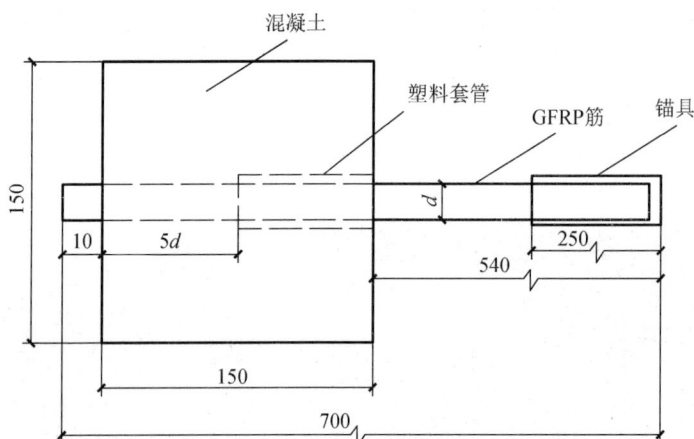

图 6-11　试验试件设计

6.4.4　试验步骤

1）拉拔试件的制备、浇注和养护

（1）试件制备前，检查 GFRP 筋外观，如有缺陷和不符合尺寸及制备要求者，应予作废。GFRP 筋的表面不能有油污以及不正常的横肋轧制标记，安装位移传感器的 GFRP 筋端面要加工成垂直于 GFRP 筋轴的平滑表面，在自由端粘贴一块玻璃片。

（2）制作拔出试件。进行拔出试件浇筑时，浇筑面要与 GFRP 筋纵轴平行，与混凝土承压面垂直，并水平放置在模板内。GFRP 筋放置在立方体的中轴线上，在混凝土中无黏结部分的 GFRP 筋套上硬质的光滑 PVC 套管。浇筑时应防止黏结 GFRP 筋和 PVC 套管的位置变动。筋材与混凝土黏结的长度为 5d（d 为 GFRP 筋直径），所有黏结试件在振动台上振动成型，之后放在养护室，养护到龄期后进行试验。

（3）GFRP 筋伸出混凝土试件表面的长度：自由端为 10mm，加载端为 540mm。

（4）将试件在标准养护室养护 28 天后进行试验。

2）混凝土抗压强度试验

对混凝土立方体进行抗压强度的试验，测定拔出试件的抗压强度。制作混凝土立方体 4 组共 12 个，立方体尺寸为 150mm×150mm×150mm，试件如表 6-12 所示，混凝土强度等级为 C30。按我国标准《普通混凝土力学性能试验方法标准》（GB/T 50081—2002）的要求，在压力试验机上进行抗压强度试验，试验结果见表 6-13。

表 6-12　试件规格

GFRP 杆件直径/mm	GFRP 筋混凝土立方体试件规格	混凝土立方体试件数量/个
12	150mm×150mm×150mm	3
16	150mm×150mm×150mm	3
18	150mm×150mm×150mm	3
20	150mm×150mm×150mm	3

表 6-13　混凝土立方体抗压强度试验结果

序号	极限荷载/kN	抗压强度/MPa	强度平均值
12-1	710	31.56	
12-2	667	29.64	30.77
12-3	700	31.11	
16-1	680	30.22	
16-2	656	29.16	28.86
16-3	612	27.20	
18-1	632	28.09	
18-2	622	27.64	27.76
18-3	620	27.56	

序号	极限荷载/kN	抗压强度/MPa	强度平均值
20-1	708	31.47	
20-2	648	28.80	29.33
20-3	624	27.73	

　　3）GFRP 筋黏结试验

　　（1）从养护地点取出试件，擦净后检查外观，不得有 GFRP 筋松动、歪斜。测量 GFRP 筋埋置长度，精确至 1mm。为防止拉拔时加载装置与杆件之间不发生打滑，在每个试件的端头套上锚具，并用环氧树脂充分黏结，提供足够的剪力和端头刚度。

　　（2）灌胶。本次试验中，使用的锚具是黏结式锚具，套筒的内部带有内锥，外部有螺纹，并可用螺母紧固。锚具与 GFRP 筋的黏结灌注的树脂胶是结构胶黏剂（SJK-03 黏钢型）。该胶是双组分胶，甲组与乙组的配胶比例为 2∶1。灌胶时要注意，胶要从小口进大口出，用胶布封住大口，防止溢出，筋超出锚具 1cm 即可。灌胶结束后，将试样在试验室标准环境条件下至少放置 7 天。

　　（3）用浸透适合溶剂的布，擦净杆件的端部和锚具的夹持面。

　　（4）测量杆件直径和标距，精确到 0.01mm。

　　（5）装卡杆件，使杆件的轴线与上夹头中心线重合。

　　（6）安装位移传感器。在试件上安装仪表固定架及仪表，使仪表杆端垂直朝下，与 GFRP 筋自由端面接触良好，并使仪表具有足够量程。然后，施加初载(约为破坏荷载的 5%)，检查并调整杆件及变形或应变测量系统，使之垂直受拉。

　　（7）在试验机上对长度为 70cm，直径为 12mm、16mm、18mm 和 20mm 的螺纹 GFRP 筋试件进行拉拔，以 2kN/s 速度拉拔 GFRP 筋，每隔 2kN 采集一次数据，记录最大荷载，并描述杆件的破坏形态，并记下有关情况。

　　（8）绘制荷载-滑移曲线。施加拉力的过程中，记录各级拉力下对应的位移值。为了绘制荷载-滑移曲线，观测记录的荷载值和滑移值应不少于 12 个测值。同批有效试样不足 3 个时，应重做试验。

6.4.5　试验试件破坏情况分析

　　1）φ12GFRP 筋的破坏情况

　　（1）试件 12-1。在加载过程中，从 17.7kN 开始就不断地产生纤维与树脂的剥离声，但声音较小，间隔较大。加载至 44.6kN 时，GFRP 筋在混凝土试块前端处突然断裂，自由端处出现混凝土微破坏。

　　（2）试件 12-2。在加载过程中，从 12.4kN 开始就不断地产生纤维与树脂的剥离声，但声音较小，间隔较大。加载至 47.2kN 时，GFRP 筋在离混凝土端 3cm 处突然断裂。

（3）试件 12-3。在加载过程中，从 14.9kN 开始就不断地产生纤维与树脂的剥离声，但声音较小，间隔较大。加载至 49.3kN 时，GFRP 筋突然断裂，呈劈裂状。

2）φ16GFRP 筋的破坏情况

（1）试件 16-1。从 0～32.6kN，位移随着荷载的增大而增大，在荷载增大的过程中，GFRP 筋一直产生轻微的筋纤维与树脂的剥离声，32.6kN 后荷载开始下降，位移继续增大至 GFRP 筋从混凝土试块中拔出。

（2）试件 16-2。从 0～64.9kN，位移随着荷载的增大而增大，但位移的增加量较小，在荷载增大的过程中，GFRP 筋一直产生轻微的筋纤维与树脂的剥离声，当加载至 64.9kN 时，混凝土突然被炸裂成两半。

（3）试件 16-3。从 0～33.8kN，位移随着荷载的增大而增大，在荷载增大的过程中，GFRP 筋一直产生轻微的筋纤维与树脂的剥离声，33.8kN 后荷载开始下降，位移继续增大至 GFRP 筋从混凝土试块中拔出。

3）φ18GFRP 筋的破坏情况

（1）试件 18-1。从 0～57.8kN，位移随着荷载的增大而增大，但位移的增加量较小，在荷载增大的过程中，GFRP 筋材一直产生轻微的筋纤维与树脂的剥离声，当加载至 57.8kN 时，混凝土产生破裂声，混凝土内部发生破坏导致试块底部的混凝土表面产生两条裂缝，混凝土被劈裂。

（2）试件 18-2。从 0～55.6kN，位移随着荷载的增大而增大，在荷载增大的过程中，GFRP 筋材一直产生轻微的筋纤维与树脂的剥离声，当加载至 55.6kN 时，混凝土被劈裂。

（3）试件 18-3。从 0～36.6kN，位移随着荷载的增大而增大，在荷载增大的过程中，GFRP 筋材一直产生轻微的筋纤维与树脂的剥离声，36.6kN 后荷载开始下降，位移继续增大至 GFRP 筋从混凝土试块中拔出。

4）φ20GFRP 筋的破坏情况

（1）试件 20-1。从 0～38.5kN，位移随着荷载的增大而增大，在荷载增大的过程中，GFRP 筋材一直产生轻微的筋纤维与树脂的剥离声，38.5kN 后荷载开始下降，位移继续增大至 GFRP 筋从混凝土试块中拔出。

（2）试件 20-2。从 0～42.5kN，位移随着荷载的增大而增大，在荷载增大的过程中，GFRP 筋一直产生轻微的纤维与树脂的剥离声，42.5kN 后荷载开始下降，位移继续增大至 GFRP 筋从混凝土试块中拔出。

（3）试件 20-3。从 0～34.5kN，位移随着荷载的增大而增大，在荷载增大的过程中，GFRP 筋一直产生轻微的筋纤维与树脂的剥离声，34.5kN 后荷载开始下降，位移继续增大至 GFRP 筋从混凝土试块中拔出。

以往研究表明，GFRP 筋拉拔试验中主要破坏形式和特征如下。

（1）GFRP 筋断裂破坏。

（2）锚具与 GFRP 筋黏结强度不足，GFRP 筋滑移出锚具。

（3）GFRP 筋从混凝土中拔出。

（4）混凝土呈"劈裂"破坏。

此次试验试件的破坏形式有第一、第三和第四种，且试件在破坏的过程中，加载初期至滑移阶段，一直产生筋纤维与树脂的剥离声。第一种形式破坏的原因主要是混凝土与 GFRP 筋的黏结力大于 GFRP 筋的抗拉强度，致使混凝土试件外的 GFRP 筋被拉断，如试件 12-1、试件 12-2 和试件 12-3 的破坏。在试验中发现，造成第四种破坏的原因，主要是由于 GFRP 筋表面螺纹与混凝土之间的挤压作用，而使混凝土环向处于受拉状态。当环向拉应力大于混凝土的抗拉强度，就会导致内部混凝土开裂，若保护层较薄，内部裂缝会发展至试件混凝土的表面，并由加载端向自由端延伸并发展成混凝土纵向劈裂裂缝，最终导致混凝土的劈裂破坏，如试件 16-2、试件 18-1 和试件 18-2 的破坏。

产生第三种形式的破坏即 GFRP 杆体从混凝土中拔出的原因是埋入混凝土中 GFRP 筋表面螺纹与混凝土的黏结力小于在加载端所施加的拉拔力，导致 GFRP 筋的表面螺纹被削弱或剪切破坏，使 GFRP 筋与混凝土发生相对滑移，产生滑移破坏，如试件 16-1、试件 16-3、试件 18-3、试件 20-1～试件 20-3 的破坏。

6.4.6　试验结果分析

1）荷载-滑移曲线

从图 6-12 可以看出，典型的 GFRP 筋的荷载-滑移曲线（试件 16-1、试件 16-3、试件 18-3、试件 20-1～试件 20-3）由上升段和下降段组成，呈非线性关系。上升段包括微滑移段、滑移段和脱离段。加载初期（小于 25%F）GFRP 筋有微小滑移，但端部配筋未滑移，为微滑移段。此时的黏结力由化学胶着力和机械咬合力组成，此时界面完好，没有裂缝出现，GFRP 筋与混凝土完全黏结。加载至极限荷载的 25% 左右时，自由端开始发生滑移，荷载-滑移曲线在极限荷载的 60% 内呈现非线性变化，此时为滑移段。当荷载逐渐增加至极限荷载时，GFRP 筋与混凝土的黏结力无法抵抗外部拉力，同时 GFRP 表面螺纹被削弱或剪切破坏，此时可以听到清脆的爆裂声，筋材即将脱离混凝土试块，此阶段为脱离段。在荷载达到峰值点后随即进入下降段，滑移大幅度增加，直至 GFRP 筋被拔出，荷载-曲线出现明显的转折点。

试件 12-1～试件 12-3 在微滑移阶段就产生筋材断裂，而试件 16-2、试件 18-1 和试件 18-2 在滑移段内，进入脱离段之前发生混凝土破裂破坏。

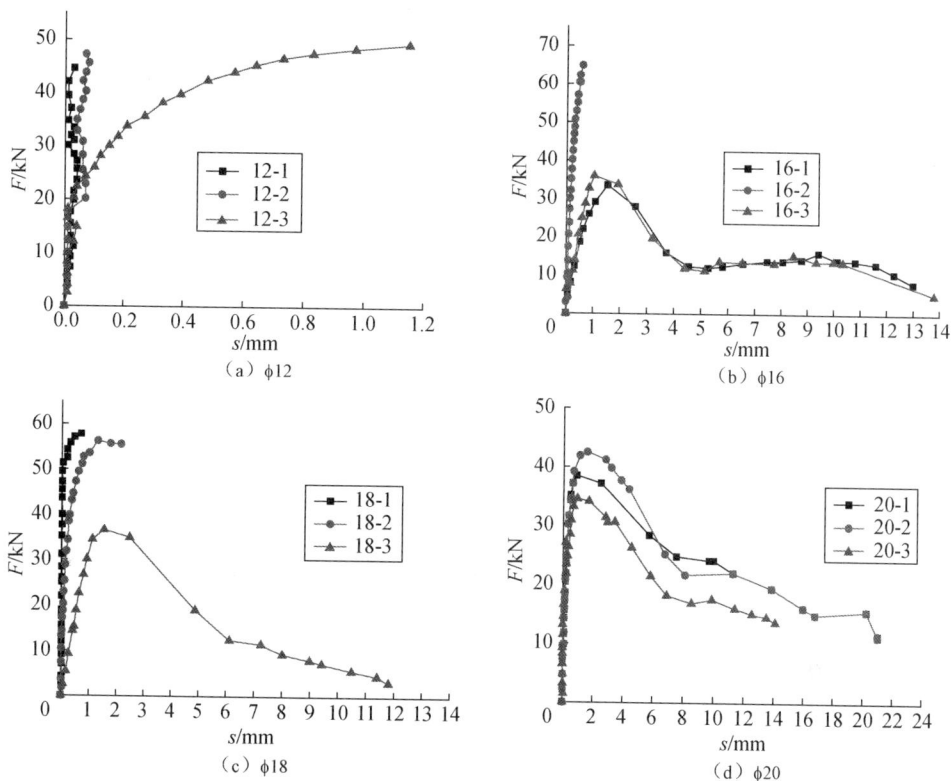

图 6-12　GFRP 筋荷载-滑移曲线

2）GFRP 筋黏结应力计算

本次试验中 GFRP 筋在各级荷载作用下的黏结应力计算式参照《混凝土结构试验方法标准》（GB 50152—92）中的公式，即

$$\tau_F = \frac{F\alpha}{\pi d l_a} \tag{6-8}$$

$$\alpha = \frac{30}{f_{cu}^0} \tag{6-9}$$

$$l_a = 5d \tag{6-10}$$

式中：τ_F——GFRP 筋和混凝土的黏结应力，MPa；

　　　F——外加荷载值，kN；

　　　α——混凝土抗压强度修正系数；

　　　d——GFRP 筋直径，mm；

　　　l_a——GFRP 筋与混凝土的黏结长度，mm；

　　　f_{cu}^0——试件龄期为 28d 时混凝土立方体抗压强度实测值，kN/mm²。

GFRP 筋黏结强度实测值为

$$\tau_u^0 = \frac{F_u^0 \alpha}{\pi d l_a}$$ （6-11）

式中：τ_u^0——GFRP 筋黏结强度实测值，MPa；

F_u^0——GFRP 筋黏结破坏的最大荷载实测值，kN。

由式（6-11）可计算得到本次试验产生滑移的试件的平均黏结强度，试验成果汇总如表 6-14 所示。

表 6-14　GFRP 筋黏结试验成果汇总

试件编号	试件直径 d/mm	初始滑移荷载 F_0/kN	初始滑移 s_0/mm	极限荷载 F_m/kN	极限荷载时自由端滑移 s_{max}/mm	黏结强度 τ_u/MPa	破坏形式
12-1	12.12	4.1	0.01	44.6	0.03	—	筋断裂
12-2	12.17	3.7	0.01	47.2	0.06	—	筋断裂
12-3	12.15	2.5	0.01	49.3	1.15	—	筋断裂
16-1	16.08	2.4	0.06	32.6	1.53	8.42	滑移拔出
16-2	16.11	4.1	0.08	64.9	0.57	—	混凝土劈裂
16-3	16.12	3.2	0.03	33.8	1.92	8.74	滑移拔出
18-1	18.06	2.4	0.01	57.8	0.69	—	混凝土劈裂
18-2	18.10	3.6	0.01	55.6	2.15	—	混凝土劈裂
18-3	18.12	1.7	0.08	36.6	1.54	7.67	滑移拔出
20-1	20.10	2.9	0.01	38.5	0.89	6.20	滑移拔出
20-2	20.14	2.9	0.01	42.5	1.57	6.82	滑移拔出
20-3	20.12	2.0	0.06	34.5	0.93	5.54	滑移拔出

影响 GFRP 筋与混凝土黏结性能的因素有很多，如混凝土强度、破坏形式、筋材直径、埋长、混凝土保护层厚度、外部约束和表面变形、筋材浇筑位置、顶部筋影响、温度变化以及环境因素等[16-18]。由表 6-14 可知，在滑移拔出破坏中，GFRP 筋直径对 GFRP 筋与混凝土之间的黏结性能有很大的影响，GFRP 筋与混凝土的黏结强度及滑移时的极限荷载都随着直径的增大呈下降趋势，但自由端滑移的距离与直径的变化无明显规律。

在混凝土强度、筋材埋长、筋材表面形式及类型都相同的情况下，GFRP 筋直径增大而黏结强度降低的原因是 GFRP 筋存在泊松效应[19]及剪切强度较小。GFRP 筋是各向异性材料，其强度主要由纵向纤维的强度所决定，而横向强度则主要由筋表面树脂的强度所决定。在泊松效应的作用下，GFRP 筋受拉时，其纵向应力略有降低以及剪切滞后使得筋横截面中心与边缘的变形有一定差异，横截面的正应力非均匀分布。筋直径越大，纵向应力降低越大，横截面的正应力分布越不均匀，不利于黏结强度的发挥，从而降低其与混凝土的黏结强度。另外当黏结长度一定时，黏结面积与 GFRP 筋周长成正比，受拉荷载与截面积成正比，GFRP筋周长与截面积比值(4/D)确定了相对黏结面积。GFRP 筋直径越大，相对黏结面积越小，故黏结强度降低[20, 21]。

6.4.7　GFRP 筋基本锚固长度

GFRP 筋基本锚固长度（l_a）可通过极限拉伸荷载作用下 GFRP 筋表面的黏结应力来计算，GFRP 筋表面的黏结应力分布如图 6-13 所示。

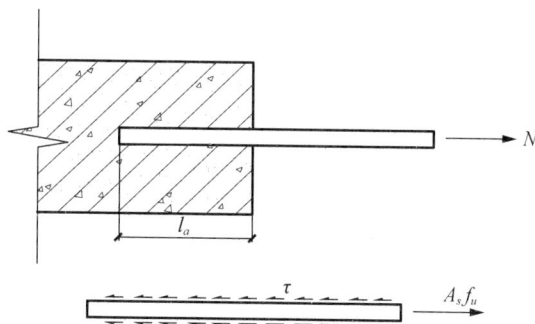

图 6-13　GFRP 筋表面黏结应力分布

由于黏结表面上的黏结力与截面上的轴向拉力的平衡关系，可得

$$\tau_u \pi d l_a = A_s f_u \qquad (6-12)$$

则 GFRP 筋锚固长度 l_a 计算为

$$l_a = \frac{A_s f_u}{\pi d \tau_u} = \frac{d f_u}{4 \tau_u} \qquad (6-13)$$

式中：l_a —— GFRP 筋锚固长度，mm；

　　　A_s —— GFRP 筋截面积，mm^2；

　　　f_u —— GFRP 筋的极限抗拉强度，MPa；

　　　τ_u —— 平均黏结强度，MPa。

根据式（6-13），本次试验的 ϕ16 GFRP 筋、ϕ18 GFRP 筋、ϕ20 GFRP 筋的基本锚固长度（l_a）分别为 $17d_{16}$、$12d_{18}$、$24d_{20}$。

6.5　GFRP 抗浮锚杆极限承载力探讨

目前，FRP 锚杆大部分都是根据《锚杆喷射混凝土支护技术规范》（GB 50086—2001）来设计的，其采用统一的强度参数，围岩类材料的抗压强度与黏结强度如表 6-15 所示。

表 6-15　围岩类材料的抗压强度与黏结强度

围岩类	抗压强度/MPa	黏结强度/MPa
黏土岩、粉砂岩	5.00	1.2～1.6
页岩、泥灰岩、砂岩	14.00	1.6～3.0
砂岩、石灰岩	50.00	3.0～5.0
花岗岩及各类类似花岗岩的火成岩	100.00	5.0～7.0

基础抗浮的基本思路除了压重、排水等措施之外，可采用抗浮锚杆将结构锚固在稳定地层上，如图 6-14 所示。

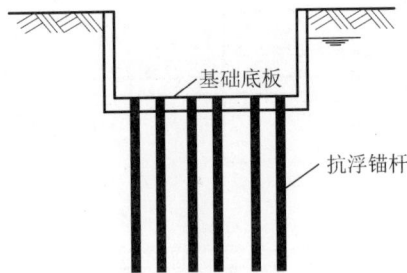

图 6-14　抗浮结构

1) GFRP 抗浮锚杆承载力的理论计算

抗浮锚杆分为全长锚固型和端头锚固型两种，前者是不能对地层施加预应力的被动型锚固，要依靠地层变形来发挥作用，仅用于变形量较小的岩土地层，且锚杆长度不大，后者可以施加预应力。全长锚固型锚杆的作用主要是提高了锚固岩体的关键力学参数，即黏结强度 c、内摩擦角 φ 值，而端头锚固型锚杆对上述力学参数的提高作用甚微。在相同条件下，全长锚固型锚杆的锚固作用效果是端头锚固型锚杆的数倍[22]。

如图 6-15 所示，全长锚固拉力型 GFRP 抗浮锚杆承载力的计算，可根据《土层锚杆设计与施工规范》（CECS22：90）及相关工程地质手册标示的圆柱形一次常压灌浆锚杆锚固力（ $K \cdot N_t$ ），具体表述如下。

（1）黏性土：

$$K \cdot N_t = \pi \cdot d_2 \cdot l_a \cdot q_s \tag{6-14}$$

（2）非黏性土：

$$K \cdot N_t = \pi \cdot d_2 \cdot l_a \cdot (q_s + \sigma \cdot \tan\delta) \tag{6-15}$$

式中：K——安全系数；

　　　N_t——锚杆的设计轴向拉力值，kN；

　　　d_2——锚固体直径，m；

　　q_s——土体与锚固体间黏结强度值，kPa；

　　σ——锚固体剪切面上法向应力，kN/m^2；

　　δ——土体与锚固体间的摩擦角，（°）。

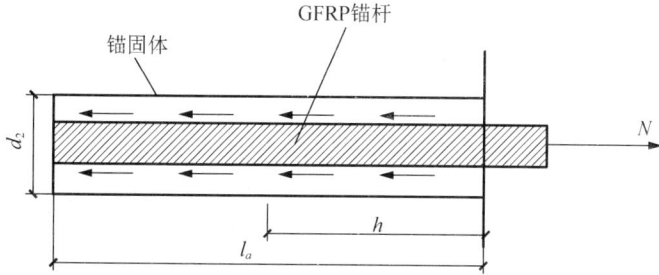

图 6-15　拉力型 GFRP 抗浮锚杆

　　对于风化岩或土层中的砂浆锚杆，有

$$q_s = \tau = c + k_0 \cdot \gamma \cdot h \cdot \tan\varphi \tag{6-16}$$

式中：c——土的黏结力，kPa；

　　　k_0——锚固段土压力系数，接近或小于 1；

　　　γ——土的天然重度，kN/m^3；

　　　h——锚杆锚固体中点的埋置深度，m；

　　　φ——土的内摩擦角，（°）。

　　2）GFRP 锚杆极限承载力与锚固体长度之间的关系

　　极限承载力与锚固体长度的关系一直是研究者们关注的热点。锚杆锚固体长度并不是越长越好，一般来说不同地层有一个较为合理的最优锚固长度，锚固太长有时还会破坏和扰动被加固的地层。不同介质能够提供抗拔力的大小与长度不同，即有一个最优值（锚固段存在一个临界长度值）。

　　锚固长度越大，则黏结应力分布越不均匀，平均黏结强度也越小，但总黏结力随锚固长度的增加而增大。当锚固长度增加到一定值时，使得 GFRP 锚杆的受拉达到极限荷载，此时的锚固体的锚固长度称为锚固体临界长度。当锚固体超过临界长度时，GFRP 锚杆极限承载力与锚固体长度无关，锚固体临界长度与荷载无关。

　　3）影响 GFRP 锚杆极限承载力大小的因素

　　影响 GFRP 锚杆极限承载力大小，即锚固体锚固能力的因素有岩体岩性、岩体荷载、黏结剂性质、施工质量等，工程实践表明，当其他条件不变时，锚杆极限承载力与锚杆直径、钻孔直径成正比。多数锚杆设计的控制破坏发生在砂浆与岩土界面最为有利，因此钻孔直径过小是不合算的，尤其在土层内。孔径至少要比锚杆直径多 15～50mm，但钻孔直径过大，浆体的径向收缩越多，会降低浆体的黏结力。

影响 GFRP 锚杆极限承载力因素除了锚杆体直径及钻孔直径外，更取决于地层受锚杆拉力时所能提供的抗拉拔力和锚固砂浆的抗剪强度，这种抗拉拔力和抗剪强度只有在大于锚杆锚固力时才能保证稳定。

此外，全长黏结锚杆的所能够承受的拉拔荷载除了与锚固砂浆的抗剪强度、锚杆杆体的直径和强度有关外，施加荷载的速率也有较大的影响。

4）提高 GFRP 抗浮锚杆极限承载力方法

从式（6-14）～式（6-16）中可以看出，增大抗浮锚杆锚固力 N_t 主要可以通过提高土体与锚固体间黏结强度值 q_s 实现。影响 q_s 值的主要因素是钻探成孔工艺（影响 c、φ 值）和注浆方法。对于锚杆灌浆，《土层锚杆设计与施工规范》（CECS22：90）中要求水泥浆可加入控制泌水或延缓凝结等外加剂，除二次劈裂灌浆和自由段的充填灌浆外，一般不宜采用膨胀剂。使用膨胀剂，可提高 q_s 值的主要原因是膨胀剂是掺入膨胀剂的水泥砂浆具有微膨胀特性，可用来抵消砂浆的全部或大部分收缩[23]。进行抗拔试验时，q_s 值偏大主要是膨胀剂的作用。

6.6　GFRP 抗浮锚杆与底板锚固问题的探讨

GFRP 抗浮锚杆与底板的锚固系统的黏结作用由以下几部分组成[24,25]：①GFRP 锚杆与胶结材料之间的化学胶着力；②GFRP 锚杆与胶结材料之间的摩擦力；③若 GFRP 锚杆表面为异形，GFRP 锚杆表面粗糙产生的机械咬合作用；④胶结材料与基体之间的化学胶着力；⑤胶结材料与基体之间的摩擦力；⑥胶结材料与基体间的机械咬合作用。

1）GFRP 抗浮锚杆与底板临界锚固长度的确定

影响 GFRP 筋与混凝土黏结性能的因素有很多，如混凝土强度、破坏形式、筋材直径、筋材埋长、混凝土保护层厚度、外部约束和表面变形、筋材浇筑位置、顶部筋影响、温度变化及环境因素等，GFRP 筋与混凝土锚固长度的计算公式至今尚未统一，还需要进一步完善。美国 ACI318-71 所规定的混凝土劈裂破坏时钢筋锚固长度的表达式为

$$l_a = \frac{d f_y}{4\tau_u} = K_1 \frac{A_f f_y}{\sqrt{f_c'}} \qquad (6-17)$$

式中：K_1—— 修正系数。

规定钢筋拔出破坏时钢筋锚固长度的表达式为

$$l_a = 0.058 d f_y \qquad (6-18)$$

同时满足 $l_a \geqslant 305\text{mm}$。

由于 GFRP 筋与钢筋的物理力学性能存在较大的差异，GFRP 锚杆与底板的

锚固长度与钢筋存在一定的差异,混凝土结构中的 GFRP 筋不能直接使用 ACI318-71 所规定钢筋的锚固长度表达式, 应对其进行修正后再应用到 GFRP 锚杆中。

Pleimann[26]、Faza 等[27]、Tighiouart 等[28]、高丹盈等[29]通过拔出试验, 对 FRP 筋的锚固长度进行了系统研究, 分别提出了 FRP 筋锚固长度的建议计算公式, 如表 6-16 所示。

表 6-16　FRP 锚固长度计算公式

学者	提出的 FRP 筋锚固长度表达式
Pleimann[26]	$l_{db} = \dfrac{f_u A_b}{42\sqrt{f_c'}}$,　$l_{db} = \dfrac{f_u A_b}{38\sqrt{f_c'}}$ (E-GLASS 筋)
Faza 等[27]	$l_{db} = 0.028 \dfrac{f_u A_b}{\sqrt{f_c'}}$
Tighiouart 等[28]	$l_{db} = 0.064 \dfrac{f_u A_b}{\sqrt{f_c'}}$
高丹盈等[29]	$l_{db} = K_1 \dfrac{f_u A_b}{\sqrt{f_c'}}$,　$l_{db} = K_2 d_b f_u$

注: 表中 l_{db} 为 FRP 筋锚固长度（mm）; f_u 为纤维增强塑料筋的极限强度（MPa）; A_b 为纤维增强塑料筋的横截面积（mm²）, 为 28d 龄期的混凝土抗压强度（MPa）; f_y 为 FRP 筋的极限拉伸强度（MPa）; d_b 为 FRP 筋材直径（mm）; K_1、K_2 为修正系数, K_1 取值为 0.022～0.026, K_2 取值为 0.015。

GFRP 筋抗浮锚杆锚固长度可通过极限拉伸荷载作用下 GFRP 锚杆表面的黏结应力来计算, 由黏结表面上的黏结力与截面上的轴向拉力的平衡关系可得

$$\tau_u \pi d l_{ab} = A_s f_u \qquad (6\text{-}19)$$

则 GFRP 筋抗浮锚杆基本锚固长度 l_{ab} 计算为

$$l_{ab} = K_1 \frac{f_u A_b}{\sqrt{f_c'}} \qquad (6\text{-}20)$$

式中: l_{ab} —— 基本锚固长度, mm;

K_1 —— 修正系数, 取 0.022～0.026。

综上所述, GFRP 筋与底板的锚固长度 l_a 是基本锚固长度 l_{ab} 与考虑不同影响因素的一系列因子的乘积, 修正因子 K 在 1.2～1.5 变化, 当保护层厚度 $c \leqslant d_b$ 时, 修正因子取 1.5, 而保护层厚度 $c > 2d_b$, 修正因子取 1.2。同时考虑到 GFRP 筋的黏结强度较小, 建议最小锚固长度取 $20d$, 偏安全考虑时, 最小锚固长度建议取 $25d$。

2）提高 GFRP 抗浮锚杆与底板锚固方法

当底板厚度大于一定的厚度, 即 GFRP 锚杆与混凝土的黏结力满足抗浮结构的要求, 此时无须采取额外的加固措施, 锚杆在底板内就可利用 GFRP 锚杆与混

凝土的黏结力作基础底板的反力，防止基础结构上浮。当底板厚度小于一定的厚度，即 GFRP 锚杆与混凝土的黏结力无法满足抗浮结构的要求，此时就要采取相应的附加锚固措施，以满足其抗浮要求。

从 GFRP 锚杆抗拉强度大的优点出发，可设计如图 6-16 的 GFRP 锚杆与底板的锚固系统，由锚杆、钢罗盘、塑料螺帽和夹具组成。钢罗盘的尺寸：内径为 28mm，外径为 150mm，厚度为 10mm，夹具设计如图 6-17 所示。经现场拉拔试验证明，该夹具可行，可弥补底板厚度的不足，一定程度上增大了其锚固能力。

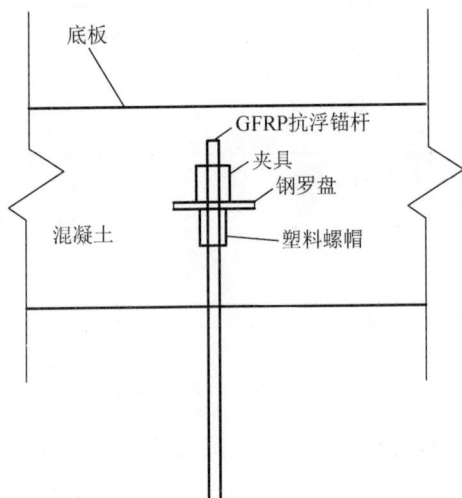

图 6-16　锚杆与底板的锚固系统

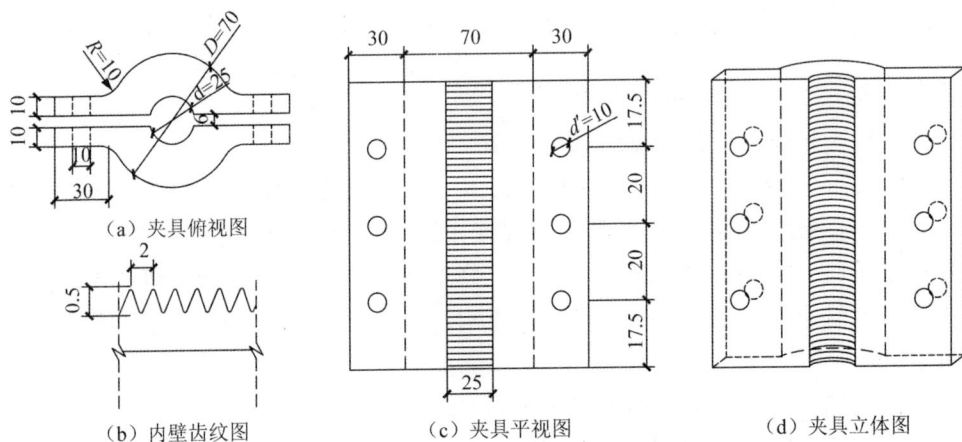

（a）夹具俯视图

（b）内壁齿纹图

（c）夹具平视图

（d）夹具立体图

图 6-17　夹具设计（单位：mm）

6.7　本章小结

本章围绕 FRP 混凝土抗拔桩开展研究和讨论，得到的主要结论如下。

（1）详细阐述 FRP 筋基本物理力学性质。与钢筋相比，FRP 筋具有密度小、轻质、高强，耐腐蚀性能好，电性能好，抗疲劳性能优良，热性能良好，热膨胀系数与混凝土接近，抗电、抗磁、耐磨和耐腐蚀，可设计性好等优点，同时存在弹性模量低、长期耐温性差、老化现象严重、剪切强度低等缺点。

（2）GFRP 筋的破坏为脆性破坏，延性较差，破坏前没有明显的预兆。GFRP 筋材破坏时，筋材被拉裂，纤维呈长条状或片状散开，整个试件破坏断面呈"劈裂"破坏状。GFRP 筋应力-应变关系并非严格意义上的直线，而是一条带有拐点的曲线，而且拐点前的曲线段的线弹性特征明显，随着应力的增加，纤维的断裂并不影响位移的线弹性变化，位移从加载开始一直呈线弹性增加直至试件破坏。

（3）通过分析影响 GFRP 筋抗拉强度的因素，对所得的数据进行回归分析，并引入修正系数，建立不同直径的 GFRP 筋材的抗拉强度的公式，为预测其抗拉强度提供了理论公式和参考依据。

（4）GFRP 杆体与混凝土的黏结面滑移破坏的原因是埋入混凝土中 GFRP 筋表面螺纹与混凝土的黏结力小于在加载端所施加的拉拔力，导致 GFRP 筋的表面螺纹被削弱或剪切破坏，使 GFRP 筋与混凝土发生相对滑移，产生滑移破坏。

（5）GFRP 筋的荷载-滑移曲线由上升段和下降段组成，呈非线性关系。上升段包括微滑移段、滑移段和脱离段。在荷载达到峰值点后随即进入下降段，滑移大幅度增加，直至 GFRP 筋被拔出，荷载曲线出现明显的转折点。

（6）在混凝土强度、筋材埋长、筋材表面形式及类型都相同的情况下，GFRP 筋直径增大而黏结强度反而减小的原因是 GFRP 筋存在泊松效应，以及其剪切强度较小。在泊松效应的作用下，筋直径越大，纵向应力降低越大，横截面的正应力分布越不均匀，从而降低其与混凝土的黏结强度。

（7）当黏结长度一定时，GFRP 筋直径与相对黏结面积成反比，黏结强度随着筋直径增加而降低。

（8）通过极限拉伸荷载作用下 GFRP 筋表面的黏结应力与截面上的轴向拉力的平衡关系可计算得 $\phi16$GFRP 筋、$\phi18$GFRP 筋、$\phi20$GFRP 筋的基本锚固长度（l_a）分别为 $17d_{16}$、$12d_{18}$ 和 $24d_{20}$。

（9）GFRP 筋与底板的锚固长度是基本锚固长度和考虑不同影响因素的一系列因子的乘积。修正因子 K 在 $1.2\sim1.5$ 范围内变化，当保护层厚度 $c\leqslant d_b$ 时，修正因子取 1.5，而保护层厚度 $c>2d_b$，修正因子取 1.2。同时考虑到 GFRP 筋的黏结强度较小，建议最小锚固长度取 $20d$，偏安全考虑时，最小锚固长度建议取 $25d$。

参 考 文 献

[1] 高丹盈, 朱海堂, 谢晶晶. 纤维增强塑料筋锚杆及其应用[J]. 岩石力学与工程学报, 2004, 23(13): 2205-2210.

[2] 耿运贵, 张永涛, 潘文. 玻璃钢/复合材料在煤矿的应用[J]. 中州煤炭, 2007, 3: 57-59.

[3] 高洁, 王香梅, 李青山. 功能纤维与智能能材料[M]. 北京: 中国纺织出版社, 2004.

[4] 冯鹏, 叶列平. FRP 结构和 FRP 组合结构在结构工程中的应用与发展[C]// 第二届全国土木工程用纤维增强复合材料（FRP）应用技术学术交流会, 2002 年 7 月, 昆明.

[5] 何政, 孙颖. 高应力重复加卸载下 GFRP 筋与混凝土的黏结性能[J]. 复合材料学报, 2006, 23(6): 149-157.

[6] LSAYED S H A et al. Fiber reinforced polymer repair materials some facts [J]. Civil Engineering, 2000, (8): 131-134.

[7] KOCAOZA S, SAMARANAYAKEB V A, NANNIA A. Tensile characterization of glass FRP bars[J].Composites Part B, El Sevier, 2005, 36(2): 127-134.

[8] 孙秀红, 徐向东, 徐茂波. 影响 FRP 基本力学性能的因素[J]. 山东建筑工程学报, 2005, 20(2): 18-23.

[9] 方允伟. 玻璃纤维直径对纤维强度及复合材料强度影响的研究[J]. 技术与研究, 2006, 2: 1-4.

[10] 王善元, 张汝光. 纤维增强复合材料[M]. 上海: 东华大学出版社, 1998.

[11] 高峰, 姚穆. 纤维体积含量对纤维增强复合材料拉伸断裂强度影响[J]. 纺织学报, 1996, 17(1): 4-7.

[12] 张向东, 张树光, 李永靖. 纤维硬塑筋的试验研究[J]. 中国有色金属学报, 2001, 5: 213-215.

[13] 刘汉东, 于新政, 李国雄. GFRP 筋拉伸力学性能试验研究[J]. 岩石力学与工程学报, 2005, 24(20): 3719-3723.

[14] 周继凯, 杜钦庆, 陈礼和, 等. GFRP 筋拉伸力学性能尺寸效应试验研究[J]. 河海大学学报(自然科学版), 2008, 36(2): 242-247.

[15] 杨保华, 张松旺, 黄诚. GFRP 筋抗拉试验研究[J]. 应用科技, 2008, 7: 73-74.

[16] LEES J M, BURGOYNE C J. Transfer bond stresses generated between FRP tendons and concrete[J]. Magazine of Concrete Research, 1999, 51(4): 229-239.

[17] ZENON A, KYPROS P. Bond behavior of fiber reinforced polymer bars under direct pullout conditions [J]. Journal of Composites for Construction, 2004, 8 (2): 173-181.

[18] TIGHIOUART B, BENMOKRANE B, GAO D. Investigation of bond in concrete member with fiber reinforced polymer(FRP) bars[J]. Construction and Building Materials, 1998(12): 453-462.

[19] 王勃, 欧进萍, 张新越, 等. FRP 筋与混凝土黏结性能的试验研究[J]. 低温建筑技术, 2006, 1: 39-41.

[20] BENMOKRANE B, TIGHIOUART B, CHAALLAL O. Bond strength and load distribution of composite GFRP reinforcing bars in concrete [J]. ACI Materials Journal, 1996, 93(3): 246-253.

[21] TIGHIOUART B, BENMOKRANE B, GAO D. Investigation of bond in concrete member with fiber reinforced polymer(FRP) bars[J]. Construction and Building Materials, 1998, (12): 453-462.

[22] 李化敏, 刘长龙. 端部锚固与全长锚固作用效果分析[J]. 焦作工学院学报(自然科学版), 2001, 20(3): 206-209.

[23] 江正荣. 建筑施工工程师手册[M]. 北京: 中国建筑工业出版社, 1992.

[24] LEE N K. Resin anchors in concrete[J]. Civil Engineering, 1980, 35(4): 35-41.

[25] 吕仲鸣, 刘文连, 张成龙, 李志坚. 地下室抗浮锚索工程临界锚固长度的确定[J]. 有色金属设计, 2007, 34(4): 36-40.

[26] PLEIMANN L G. Tension and bond pull-out tests of deformation fiberglass rods[R]. Civil Engineering Department, University of Arkansas, Fayettevill Ark., 1987.

[27] FAZA S S, GANGARAO H V S. Bending and bond behavior of concrete beams reinforced with plastic rebars[J]. Transportation Research Record , 1991: 185-193.

[28] TIGHIOUART B, BENMOKRANE B, GAO D. Investigation of bond in concrete member with fibre reinforced polymer(FRP)bars[J]. Construction and Building Materials, 1998, 12: 453-462.

[29] 高丹盈, BRAHIM B. 纤维聚合物筋混凝土的黏结机理及锚固长度的计算方法[J]. 水利学报, 2000, 11: 70-78.

第7章 伞状锚抗浮技术

面对日益增长和复杂的抗浮需要，本章将结合扩底桩与抗拔锚杆的优点，设计制作出一种结构简单、操作方便的新型伞状锚杆（简称伞状锚），使其在材料利用和锚杆承载力两方面具有较现有桩锚更好的抗浮效果，并在此基础上制订相应的拉拔试验方案。

7.1 伞状锚的设计

7.1.1 设计思路

现有的抗拔桩和抗拔锚杆均是依靠桩体或锚固段与土体的摩阻力来提供抗拔力，固定桩长的抗拔承载力自然也十分有限，由此构想出一种锚头类似雨伞的抗浮装置，受拉时，伞翼和支撑杆自然张开，并形成底面积很大的土柱，利用土体本身的质量以及土与土本身的抗剪强度来提供基础所需的抗拔力。

形象地说，伞状锚的构想来源于生活中的雨伞，锚翼在张开后其形状就类似雨伞的骨架，如图7-1（a）所示。具体的工作原理为：钻机成孔完毕后，将整个锚头放入孔中至预定深度，然后把锚翼的约束打开，锚翼端部与土接触，再给锚索一个向上的拉力，使锚头有向上运动的趋势，因为锚翼和锚索之间是铰接，所以锚头在上升过程中，锚翼不断张开并刺入土体，如图7-1（b）所示。

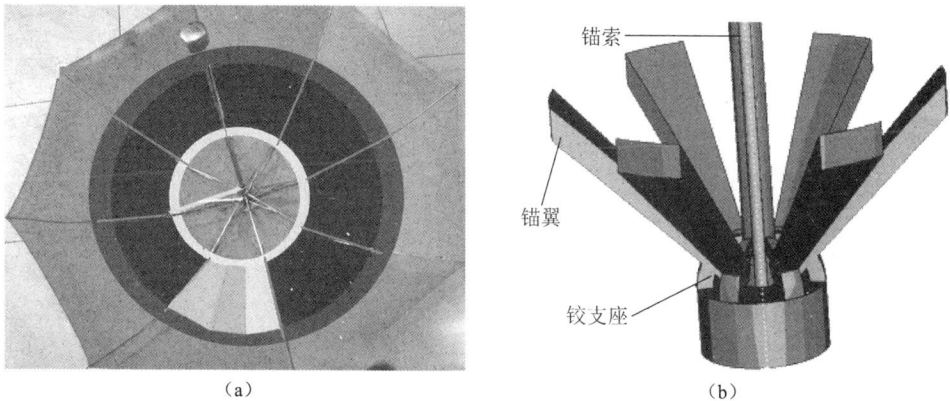

图 7-1 伞状锚抗拔桩的三维效果图

7.1.2 结构设计

根据上述构想，考虑到要求制作简单、操作方便，伞状锚简化图如图 7-2 所示，其中图（a）为空间简图、图（b）为平面简图。

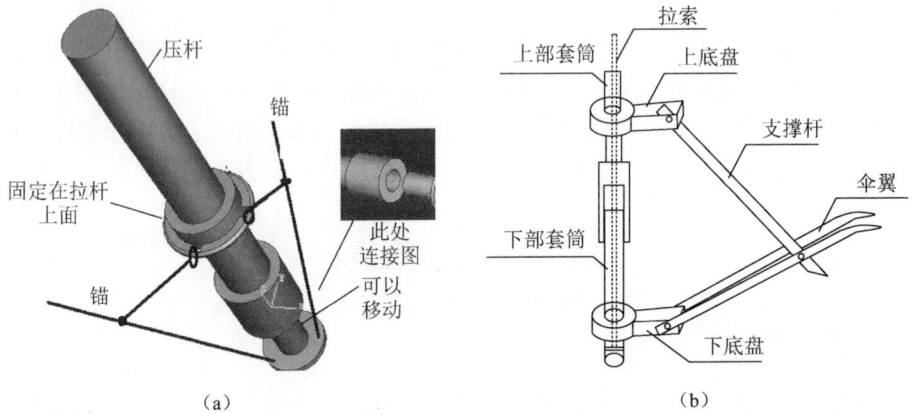

图 7-2 伞状锚简化图

经过深入分析，最终确定制作工艺，新型伞状锚结构简图如图 7-3 所示。伞状锚主要由张拉锚索、上部套筒及下部套筒贯穿一体组成；各构件之间的连接为：上部套筒与上底盘、下部套筒与下底盘之间均用螺旋形口连接固定；上底盘与支撑杆之间，下底盘与伞翼之间，支撑杆与伞翼之间均采用铰接；上部套筒与助扩圆之间采用焊接。具体实施方式：该伞状抗拔锚包括锚索 1、上部套筒 4 和下部套筒 8，在上部套筒 4 上设有上底盘 2，在下部套筒 8 上设有下底盘 7 及助扩圆 6，在上底盘 2 上活动连接有支撑杆 3，在下底盘 7 上活动连接有伞翼 5，且支撑杆 3 和伞翼 5 活动连接，锚索 1 设在下部套筒 8 中，且从上部套筒 4 中穿过，在上部套筒 4 的下端设有导向柱，在导向柱中设有导向槽，下部套筒 8 的上端位于该导向槽中，上底盘 2 周边设有安装架，支撑杆 3 就活动连接在安装架上，在本结构体中的活动连接均可采用铰接方式实现。

在实施中，先成孔（也可以利用已有勘探孔），后将伞状锚合拢置入钻孔，放入后先给上部套筒 4 施加一个向下的压力，使伞翼 5 张开一定的角度，当伞翼 5 刺入土体一定深度时再对锚索 1 施加向上的拉力，使下底盘 7 和下部套筒 8 这段联合体产生向上运动的趋势，从而促使伞状锚固端完全打开，然后灌注一定的混凝土，形成桩端扩大头，确保其与底部土体紧密接触，在钻孔的上部填入黏土并夯实，最后在将锚索 1 锁定至基础底板上时，对其施加一定的预应力即可。

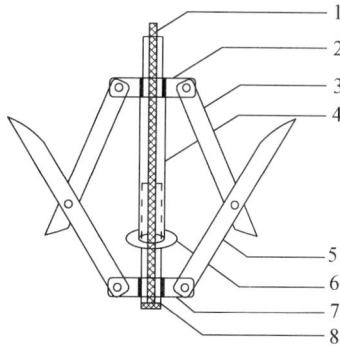

图 7-3　新型伞状锚结构简图

锚头各部件构造图如图 7-4 所示，其中：（a）为上底盘与下底盘的平面图；（b）为上部套筒与下部套筒的平面图；（c）为支撑杆与伞翼的平面图。其尺寸的确认方式为：先取伞翼长度为固定值 500mm，由此限定了锚头的整体高度，根据伞翼的运动轨迹，采用数学函数计算其他部件最合理的尺寸；管径、盘径等自由选择，但材料需满足强度要求。

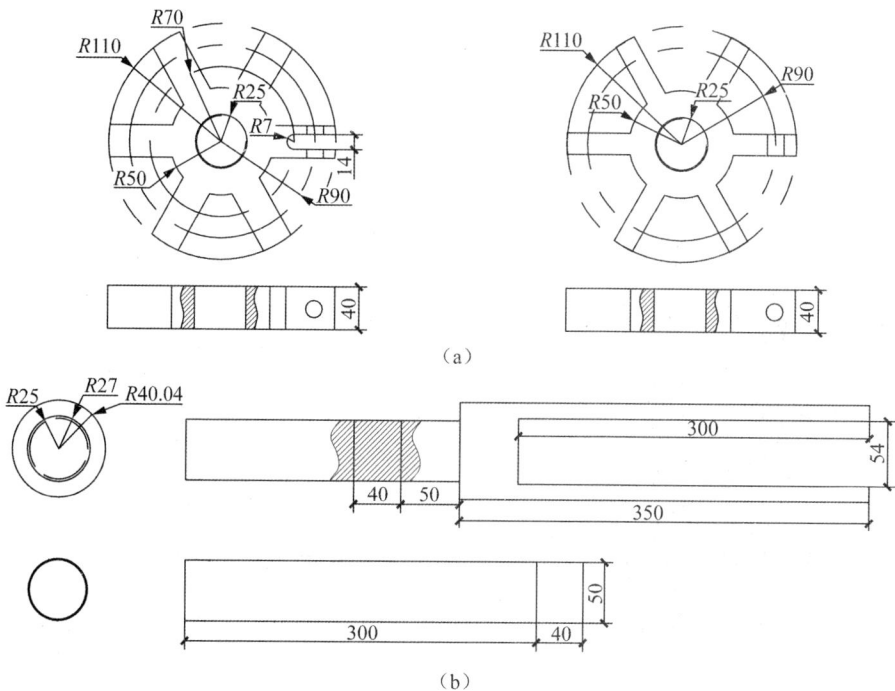

（a）

（b）

图 7-4　伞状锚各部件构造图

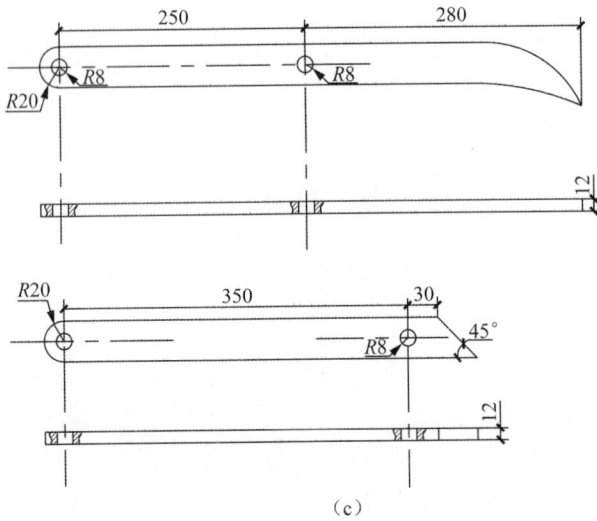

(c)

图 7-4 （续）

　　按图 7-4 所示图纸制作的伞状锚尺寸过大，在模型试验中难以实施，因此实际制作时需将其尺寸按比例缩小，最终确定用于试验的模型实物图如图 7-5 所示，图左为放入钻孔前的形状，是收缩在一起的；图右为伞状锚工作时的张开状态。伞状锚尺寸参数见表 7-1。

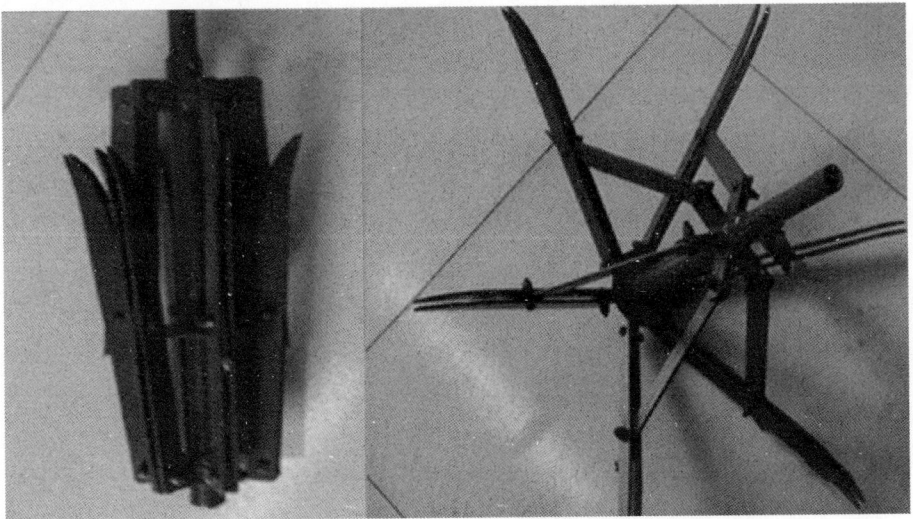

图 7-5　伞状锚模型实物图

表 7-1　伞状锚的尺寸参数

构件	参数				
	数量/个	长度/mm	宽度/mm	厚度/mm	直径/mm
锚索	2	—	—	—	6
上底盘	1	—	—	24	114
支撑杆	6	217	24	3	—
上部套筒	1	220	—	2	34
伞翼	12	280	24	3	—
助扩圆		—	—	2	68
下底盘	1	—	—	24	114
下部套筒	1	120	—	2	26

7.1.3　锚翼运动轨迹分析

　　根据伞状锚的张开过程，可对锚翼上各点在土体中的运动轨迹进行分析。假定锚头以匀速 v 向上提升张拉，锚翼在时间为 t_0 时，由初始的垂直向到最后完全张开成水平向（图 7-6），在提升过程中可对锚翼上任意点 M（取端点）的轨迹进行分析。

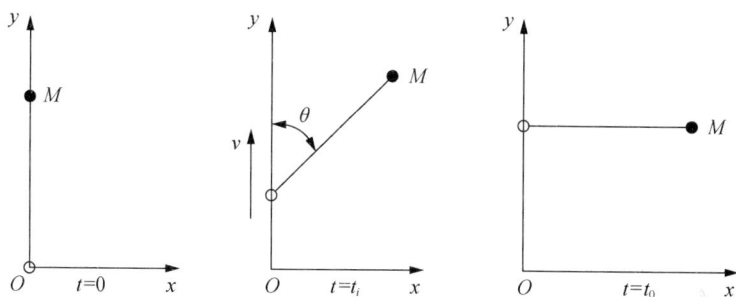

图 7-6　锚头提升过程中锚翼的运动情况

　　当锚头提升至某一时刻 t_i 时，锚索在上升一定距离的同时，锚翼也张开了 θ 角，则 M 点的轨迹方程为

$$\begin{cases} x_M = R \cdot \sin\theta \\ y_M = v \cdot t + R \cdot \cos\theta \end{cases} \tag{7-1}$$

式中：R——锚翼的长度；

　　　　v——锚头提升的速度；

　　　　t——锚头提升过程中的时间；

　　　　θ——锚翼张开的角度。

　　在式（7-1）中，速度的大小是已知的，而张开的角度需通过计算得到，即

$$\theta = \bar{\omega} \cdot t \tag{7-2}$$

由于整个过程中，锚翼转过 90°，则平均角速度的大小为

$$\bar{\omega} = \frac{\pi}{2t_0} \tag{7-3}$$

则

$$\theta = \frac{\pi}{2t_0} \cdot t \tag{7-4}$$

另外，根据假定，锚头上升的距离为锚翼的长度，则

$$R = v \cdot t_0 \tag{7-5}$$

根据锚头上升和锚翼张开所需的时间相等，将式（7-5）代入式（7-4）得到

$$\theta = \frac{\pi \cdot v}{2R} \cdot t \tag{7-6}$$

将式（7-6）代入式（7-1）得到

$$\begin{cases} x_M = R \cdot \sin\left(\frac{\pi \cdot v}{2R} \cdot t\right) \\ y_M = v \cdot t + R \cdot \cos\left(\frac{\pi \cdot v}{2R} \cdot t\right) \end{cases} \tag{7-7}$$

最后可以得到 M 点的轨迹为

$$\begin{aligned} s &= \sqrt{x_M^2 + y_M^2} \\ &= \sqrt{R^2 + v^2 t^2 + 2vR \cdot t \cos\left(\frac{\pi \cdot v \cdot t}{2R}\right)} \end{aligned} \tag{7-8}$$

式中：t 的变化范围为 $[0, t_0]$，可见，当 $t=0$ 时，$s=R$；当 $t=t_0$ 时，$s=\sqrt{2}R$，与实际情况相符。

假设锚翼长为 5.0m，提升速度为 2m/s，则可得到 M 点的运动轨迹，如图 7-7 所示，M 点的空间运动轨迹如图 7-8 所示。

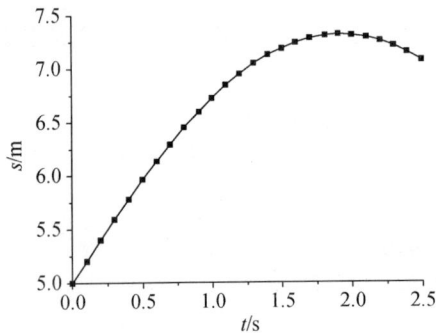

图 7-7　锚头提升过程中 M 点的运动轨迹

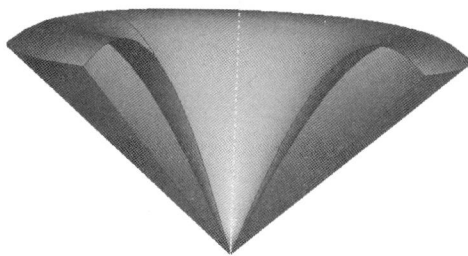

图 7-8　锚头提升过程中 M 点的空间运动轨迹

以上研究的是锚翼端点 M 在锚头提升过程中的运动轨迹，对于锚翼上各个部位在某一时刻的运动情况，可假定时间一定，取某个值对其进行分析，如图 7-9 所示为 t=1.25s 时锚翼上各点的运动轨迹。

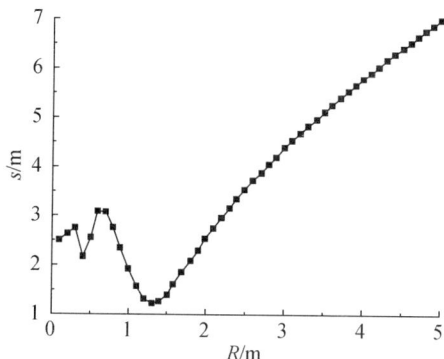

图 7-9　t =1.25s 时锚翼上各点的运动轨迹

图 7-9 所示的是锚翼上各点在某时刻相对于原点的距离，如果将各点水平向和垂直向的移动距离分开表示，如图 7-10 所示，则会发现靠近铰支座的点的水平向移动距离会出现负值，这与实际情况是相互矛盾的。

分析产生这种现象的主要原因是时间引起的，当锚翼非常短时，其张开的时间也就非常短，达不到所给的时间，如果将给定的时间变小，如图 7-11 和图 7-12 所示，当时间 t =0.1s 时，锚翼上各点不管是水平向、垂直向的移动距离，还是总的运动轨迹距离都与锚翼的长度呈线性关系。

上述对锚翼运动轨迹的分析，也说明了锚翼越长，其运动的范围就越大，扰动的土体体积也就越大。但实际设计中并不是锚翼越长越好，还需考虑其稳定性的问题，不过相对于传统抗拔桩或抗拔锚杆，这种新型的伞状锚由于锚翼扩开，毫无疑问的使土体影响范围变大。因此在尺寸设计时，需考虑锚翼的运动轨迹，以避免结构失稳，从而达到最优设计的目的。

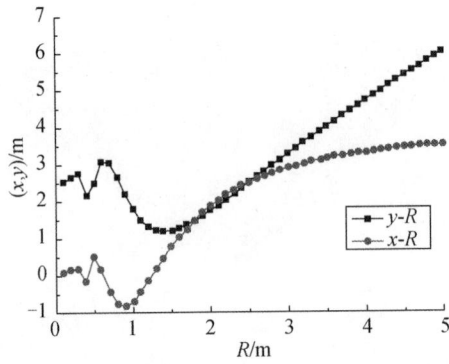

图 7-10　$t = 1.25\text{s}$ 时锚翼上各点的水平向、垂直向移动距离

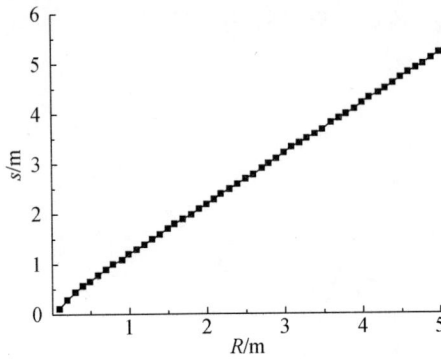

图 7-11　$t = 0.1\text{s}$ 时锚翼上各点的运动轨迹

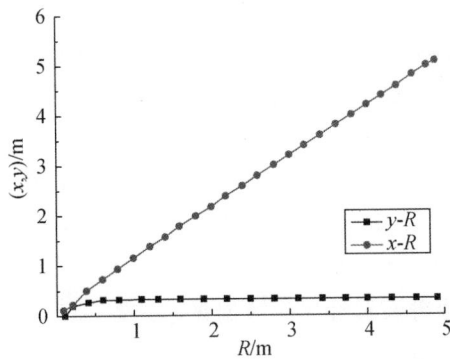

图 7-12　$t = 0.1\text{s}$ 时锚翼上各点的水平向、垂直向移动距离

7.2 伞状锚模型试验方案

为了检测伞状锚的抗拔承载性能，明确其抗拔机理，并与现有传统等截面抗拔桩进行对比，本节拟进行三组试验，即竖直桩的拉拔试验（Ⅰ）、锚头不灌浆的伞状锚拉拔试验（Ⅱ）和锚头灌浆的伞状锚拉拔试验（Ⅲ）。

7.2.1 试验设计

根据上述试验方案，在充分了解国内外有关文献、资料和实验技术的基础上，明确桩锚模型试验设计包括三个方面，即桩锚模型设计、荷载装置设计和试验观测设计。

（1）桩锚模型设计。上述伞状锚是基于模型试验和原型试验的力学相似关系确定的模型的材料、数量、直径长度、布置方式等，另外还需考虑地基土的模拟方法和有关技术。若地基土介质为粒状材料如砂、砾砂等，试验前应确定其颗粒级配，若地基土介质为黏性土，需确定其密实度和固结情况。

（2）荷载装置设计。首先明确荷载类型，即桩锚承受的是静荷载还是动荷载，是水平荷载还是竖向荷载。试验的加载装置因试验类型不同而异。现场小尺寸模型试验可以采用堆载平台装置、锚桩反力装置或杠杆加载施加竖向荷载。当室内模型试验所施加的荷载较小时，可采用砝码加载；当所需荷载较大时，可选用千斤顶、手拉葫芦等加载工具。根据实验目的的要求，规定荷载分级、每级加载量、加卸载速度和间歇时间，并确定变形的稳定标准。

（3）试验观测设计。其主要是确定观测项目、测点布置、仪器选择、观测方法等。设计中要做到观测时间和记录方式同加载程序密切配合，使观测结果不仅能得到试验数据，还能检查和控制试验过程。选择观测仪器时，应根据实际情况选择既符合试验要求又简便的量测工具，不可盲目采用高精度、高灵敏度的精密仪器。同时要求观测仪器型号、规格尽可能相同，种类尽量少。仪器的量程应充分考虑其适用性，避免在实验过程中调整。若有条件，应尽量采用自动记录式仪器。根据上述三点要求，本章在试验中，利用 PVC 管模拟等截面抗拔桩，与研制的伞状锚进行拉拔性能比较，采用电动葫芦、手拉葫芦及千斤顶施加外荷载，观测时用拉压传感器、百分表及标尺等数据采集装置。下面就对所涉及的试验装置和仪器进行详细介绍。

7.2.2 试验装置和仪器

本次试验要用到的仪器和装置介绍如下。

试验场所采用的是某学校岩土试验室的室内模型坑。模型坑的尺寸（长×宽×

深）为 3.0m×2.0m×1.0m，其中沿长度方向可用木板平均分隔为三段，本试验仅使用其中的一段，试验区与剩余的空间用木板隔开。在进行前期的探索性试验后，因深度满足不了试验要求，沿坑边采用的有机玻璃钢框结构加高了 1.0m，使可用深度增加到 2.0m，试验区空间（长×宽×高）由 1.0m×2.0m×1.0m 变为 1.0m×2.0m×2.0m。模型坑实景如图 7-13 所示。

图 7-13　模型坑实景图

　　加载设备（图 7-14）主要用于试验过程中起吊安装、重力测试等，包括反力架、电动葫芦、手动葫芦各一个，以及千斤顶，其中电动葫芦的最大起吊质量为 2t，手动葫芦的最大起吊质量为 1.5t。

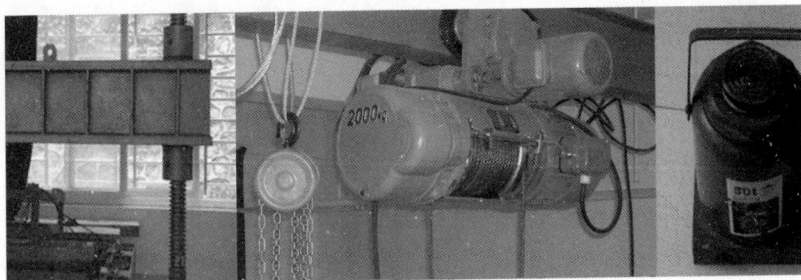

图 7-14　加载设备

　　试验中采用的测试仪器包括拉压传感器、位移计、标尺等，分别用来测试伞锚上拔力和位移。根据试验需求，拉压传感器采用安徽蚌埠科达传感器厂生产的 CLBSZ 型柱式拉压传感器，如图 7-15 所示，其采用电阻应变式结构，便于数据的采集，且量程较小、精度高，适合在试验中使用。拉压传感器的标定（5T）及率定系数见表 7-2。另外，位移计及标尺均用来量测桩和锚的拉拔位移。

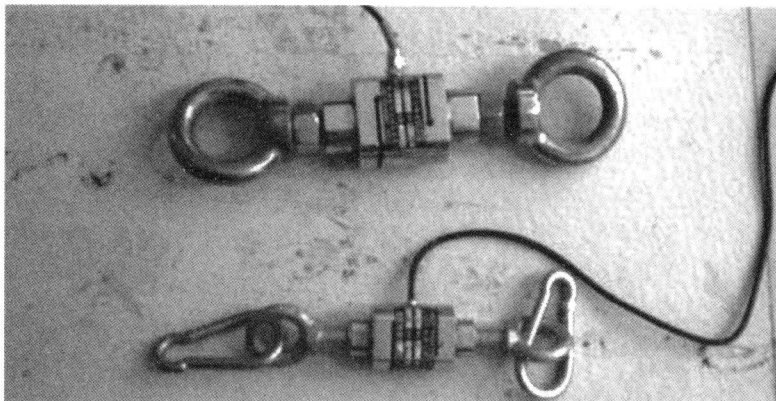

图 7-15　拉压传感器

表 7-2　传感器率定系数

荷载/kN	5	10	15	20	25	30	40
读数	407	816	1 226	1 634	2 043	2 452	3 270

　　试验中采用的测试仪表为东华测试技术有限公司生产的 DH3818 电阻应变仪，该仪器有 20 个测点，每个测点分别自动平衡，还可根据应变计的灵敏度系数、导线电阻、桥路方式以及各种桥式传感器灵敏度对测量结果进行修正，且该仪器可以通过 RS-232 口直接与计算机相连，进行计算机控制测量，巡检速度为 10 点/s，采集数据十分方便。

　　另外，试验中还有一些相关的辅助设备，包括铁锹、水泥注浆器、钢丝绳、扳手等。

7.3　模型试验结果与分析

　　根据前述试验方案和所提供的试验设备开展了竖直桩、无灌浆伞状锚和灌浆伞状锚三组拉拔试验。由于本次试验采用的是大比例尺模型试验，在相似性方面同原型桩锚接近，其不仅可以获取现场实测数据，还能够反映桩锚的工作机理和变形规律。

7.3.1　竖直桩拉拔试验 I

　　竖直桩拉拔试验的总体过程是将模型桩（采用灌浆 PVC 管模拟）埋入土中，对其展开拉拔试验，观察试验过程中桩周土体的破坏模式，并测定试验中拉力和位移值，以得到拉拔的 Q-s 图，为后期的计算和分析做准备，具体的试验装置设计图如图 7-16 所示。

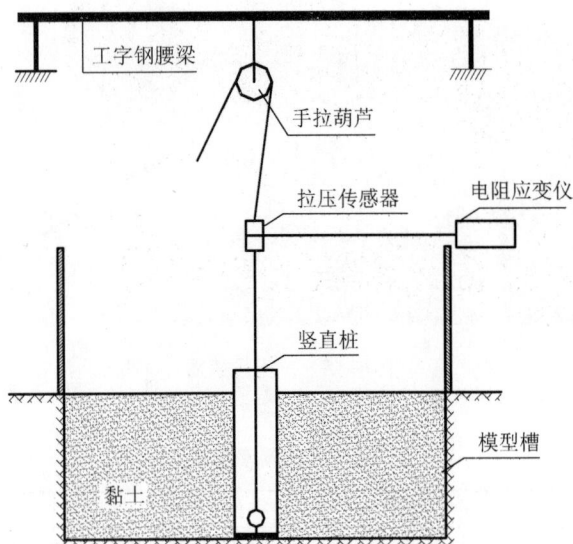

图 7-16　竖直桩拉拔试验装置设计图

对照试验装置设计图，具体的试验操作步骤叙述如下。

（1）埋管。找出试验区的中心点，将直径为 φ160mm、侧表面经过打毛处理的 PVC 管埋于模型坑中，分层填土夯实。

（2）制桩。将一根底端带钩的钢索放入管内（钢索是为后期试验中的拉拔之用），再往管内灌浆（浆体按 C30 混凝土强度配置），然后静置一个月，一是等待浆体凝固，二是使桩周土体充分固结密实。

（3）安装拉拔设施。一个月之后，开始进行试验，首先安装加载装置，以工字钢梁作为反力架，在反力架上安装手拉葫芦，并确保手拉葫芦吊钩的垂线与模型桩的中心对齐，将拉压传感器连接于手拉葫芦吊钩与模型桩头的钢索之间；然后安装百分表（用于观测初始阶段的小位移）和标尺位移测试仪器，以及用于采集数据的电阻应变仪（试验前需先调试好）。

（4）拉拔试验。试验仪器安装完毕后，进行拉拔操作，缓慢匀速用手拉动葫芦，将模型桩由静止到最终拉起，在此过程中采集电阻应变仪的读数，并记录相对应的位移计及标尺的读数，同时密切关注桩周土体的破坏情况，直到桩体被完全拔出，试验结束。

（5）整理观测的试验数据。将电阻应变仪采集的数据按其率定系数转换成对应的力，同时挑选试验过程反映土体变化的照片以便后期作对比分析。

为描述整个试验过程，截取每个试验步骤的图片进行展示，如图 7-17 所示，其中图（a）为埋管成桩；图（b）为安置测试仪器；图（c）为拉拔过程；图（d）为桩体被完全拔出后地表土体的破坏情况。

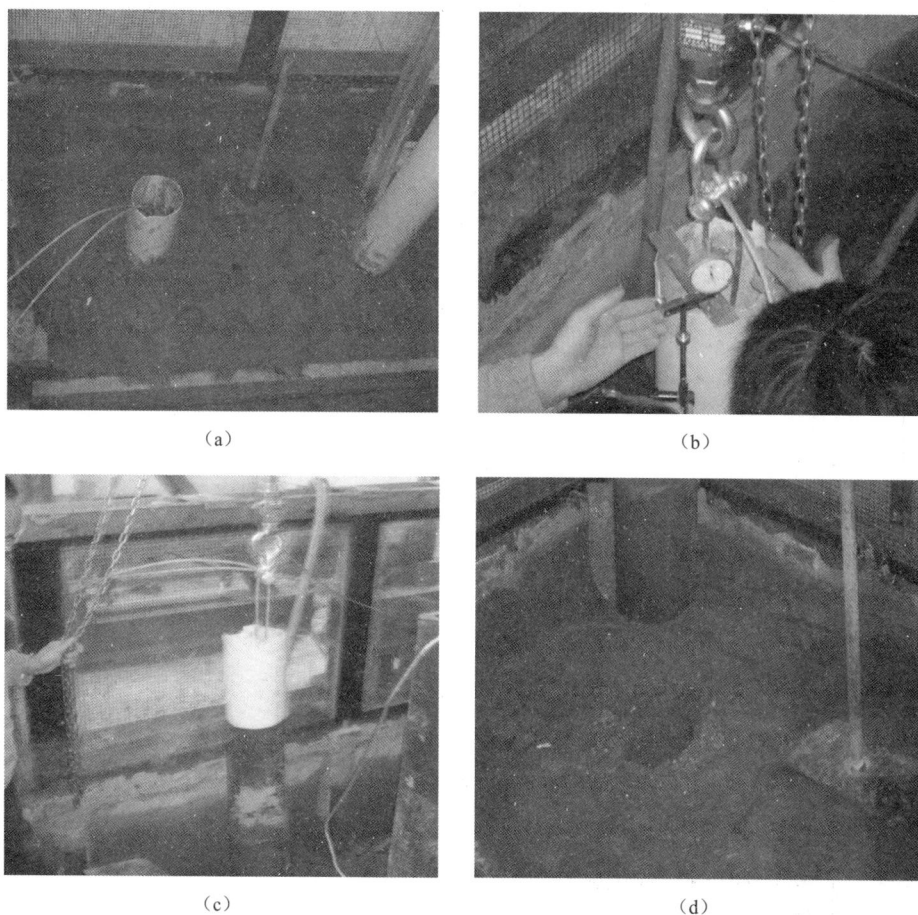

|（a）|（b）|
|（c）|（d）|

图 7-17　竖直桩的拉拔试验

针对竖直桩的拉拔试验一共做了两组，一组采用电动葫芦施加荷载，一组采用手拉葫芦施加荷载，比较两组试验结果发现：竖直桩的最终抗拔力值比较接近，但两者初始阶段的抗拔力发挥情况差异较大，采用手拉葫芦组的抗拔力从零开始逐渐增大至稳定，而电动葫芦组的测试启动时，拉力表现非常大，但很快就徘徊在一个稳定值。经过分析可认为电动葫芦启动时有加速度，且速度过快影响试验结果，而手拉葫芦可认为是匀速运动，保持拉力缓慢增加，由此可判定手拉葫芦得到的试验结果更接近实际情况，后期与伞状锚的对比分析也将采用手拉葫芦组的试验值。

施加拉拔力之后，桩体开始产生位移，可以观察到电阻应变仪应变值从零开始逐渐增加，直至读数增加至 300 左右后，读数趋于稳定，最大时跳至 302；虽然拉压传感器的读数不再发生变化，但桩体位移依旧在增加。当桩体被完全拔出土体后，拉压传感器的读数突然降低至 30，此时的读数即为桩体自重。

竖直桩拉拔试验的 Q-s 曲线如图 7-18 所示，可见竖直桩的极限承载力为 3.7kN。另外，观察土体表面破坏情况可发现：竖直桩在上拔过程中，桩周土体表面基本没什么变化，当桩体被完全拔出时，土体表层仅剩下一个空洞，桩周土体依旧看不到明显变化，如图 7-17（d）所示，可见竖直桩的抗拔力虽然由桩侧摩阻力及桩身自重提供，但影响范围仅局限于与桩体接触的薄层侧壁土体。

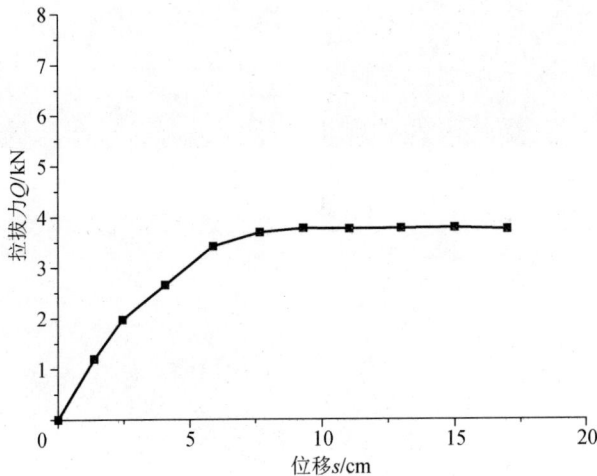

图 7-18　竖直桩拉拔试验的 Q-s 图

7.3.2　无灌浆伞状锚拉拔试验Ⅱ

无灌浆处理的伞状锚拉拔试验的总体过程是：将伞状锚模型埋入土体中，安装好测试仪器后，并对其展开拉拔试验，观察试验过程中土体表面的破坏情况，并记录试验中的拉力和位移值，以绘制伞状锚拉拔试验的 Q-s 图，具体的试验装置设计图见图 7-19。

对照试验装置图，具体的试验操作步骤叙述如下。

（1）安置伞状锚。当竖直桩被拔出后，利用其留下的空洞作为钻孔，将伞状锚置入孔中，并使其张开后回填土并夯实，约两周后再进行拉拔试验。

（2）安装测试设备与试验Ⅰ相同，将锚索与拉压力传感器连接，调整好手拉葫芦的位置，确保锚索在竖直方向受力，将百分表、标尺、电阻应变仪等设备安装在合适的位置以便观察。

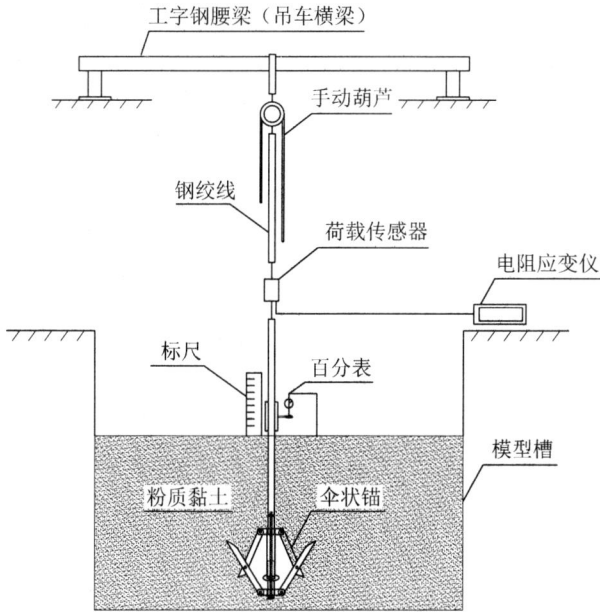

图 7-19　无灌浆伞状锚试验装置设计图

（3）拉拔试验。拉拔过程中缓慢匀速拉动葫芦链条，使伞状锚逐渐受力，在此过程中，连续记录电阻应变仪的读数和与之相对应的位移计及标尺读数，并密切关注地表土体的变化情况，直到锚头被完全拉出。

（4）整理观测的试验数据。参照试验Ⅰ的结果处理过程，将伞状锚在各阶段的受力计算出来，并绘制荷载-位移曲线图，同时保存好试验过程中地表土体变化的照片，以分析其破坏模式。

同样截取每个试验步骤的图片进行展示，如图 7-20 所示，其中图（a）为拉拔前的测试装置；图（b）为拉拔初期地表裂缝；图（c）为锚头快拉出时土体表面的破坏情况；图（d）为锚头被完全拔出后的状况。

因钻孔口径较小，如何保证伞状锚杆在钻孔内能完全张开，是试验中必须克服的问题，伞状锚收紧时的张开度，只能等于钻孔口径，不能保证伞翼充分张开。对于这个问题，在伞状锚的拉拔试验初期，曾直接将锚置入钻孔通过反力架施加反力以固定锚头，再给锚索施加拉力使伞翼扩开（图 7-21），由于所能提供的拉力有限，伞翼在竖直孔内张开的角度较小。为此，采用扩孔方式进行伞状锚的安装，即在钻孔底部给伞翼一定的张开空间，锚翼在土体中有一个初始角，然后施加较小的拉力便可使其张开，并刺入土体中。在无灌浆条件下的伞状锚拉拔试验中，采用的就是上述思路。

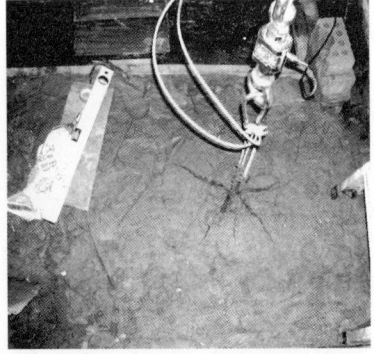

（a） （b）

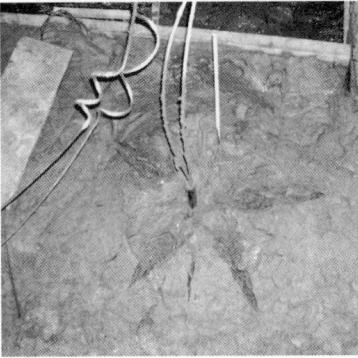

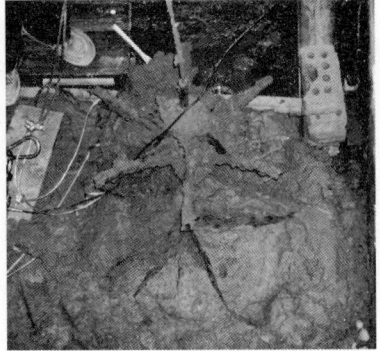

（c） （d）

图 7-20 无灌浆伞状锚拉拔试验场景图

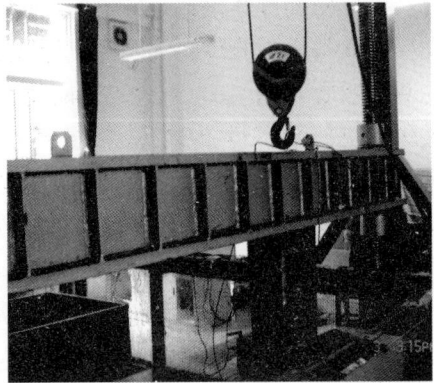

图 7-21 伞翼扩开试验

施加拉拔力之后，伞状锚开始产生位移，可以观察到电阻应变仪应变值从零开始逐渐增加，随着拉力的增大，地表开始出现裂缝，当其读数达到 498 时，地表裂缝出现微微隆起，且随着拉力的增大隆起幅度继续增大；当应变仪器读数达 630 时伞翼切开土体破土而出，如图 7-20（c）、（d）所示。

无灌浆伞状锚拉拔试验的 Q-s 曲线如图 7-22 所示，可见极限承载力为 6.2kN，在地表裂缝发生隆起时的拉力为 4.9kN。另外，根据试验过程所观测到的土体破坏状况，可推测无灌浆伞状锚的抗拔力主要来自锚头自重力、锚端头与土体间的阻力以及伞翼侧壁与土体间的侧摩阻力。初始阶段由于锚头所兜土体自重力大于锚与土体间的摩阻力，此时土体自重力提供主要的抗拔力，土体表面开始出现裂纹并逐渐发展到大裂缝，而后随着伞翼对土体的切割，当锚头与土体间摩阻力大于所兜土体自重力时，锚头自重力和伞状锚端头与土体间的阻力，以及伞翼侧壁与土体间的侧摩擦阻力提供抗拔力，持续施加拉力最终伞翼切开土体破土而出。

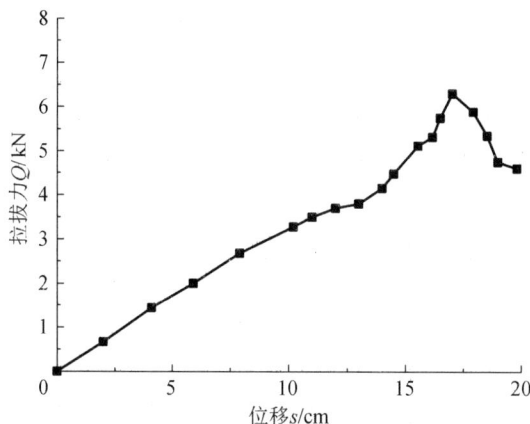

图 7-22　无灌浆伞状锚拉拔试验 Q-s 曲线图

7.3.3　灌浆伞状锚拉拔试验Ⅲ

锚头灌浆处理的伞状锚拉拔试验与无灌浆处理的伞状锚拉拔试验的总体过程基本一致，不同的是在将伞状锚模型埋入土体中后，对锚头进行灌浆处理并放置一个月左右；试验获取的也是试验过程中土体表面的破坏情况和拉拔试验的 Q-s 图。具体的试验装置设计图如图 7-23 所示。

对照试验装置图，具体的试验操作步骤叙述如下。

（1）安置伞状锚。钻孔后将伞状锚置入孔中，并使其张开后在锚头部位灌注混凝土，回填土并夯实，约一个月后再进行拉拔试验。

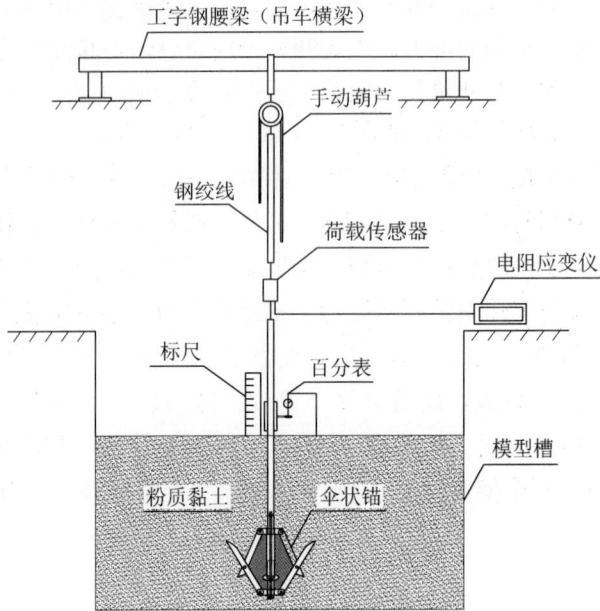

图 7-23　灌浆伞状锚试验装置设计图

（2）安装测试设备。与试验Ⅱ相同，将锚索与拉压传感器连接，调整好手拉葫芦的位置，确保锚索在竖直方向受力，将百分表、标尺、电阻应变仪等设备安装在合适的位置以便观察。

（3）拉拔试验。拉拔过程中缓慢匀速拉动葫芦链条，使锚逐渐受力，在此过程中，连续记录电阻应变仪的读数和与之相对应的位移计及标尺读数，并密切关注地表土体的变化情况，直到锚头被完全拉出。

（4）整理观测的试验数据。参照试验Ⅱ的结果处理过程，将锚在各阶段的受力计算出来，并绘制荷载-位移曲线图，同时保存好试验过程中地表土体变化的照片，以分析其破坏模式。

试验初始阶段，土体表面破坏模式与试验Ⅱ类似，随着拉力的不断加大，土体表面裂缝不断增大，并在地表形成一个破裂圈，之后锚头携带上部土体整体隆起，具体如图 7-24 所示，其中图（a）为锚头在拔出前的状态；图（b）为锚被拔出后的情形。

根据试验记录可知，随着拉力的增大，地表逐渐开裂，当应变仪读数达 518 时，土体开始隆起且地表裂痕长度高于锚头在土体中的最大半径，随着拉力不断加大，地表隆起幅度不断增加且幅度远超过试验Ⅱ中的情况，电阻应变仪的读数最高达到 900。通过对所测得的数据进行处理，可得到伞状锚拉拔试验的 Q-s 曲线如图 7-25 所示，可见极限承载力为 8.9kN。

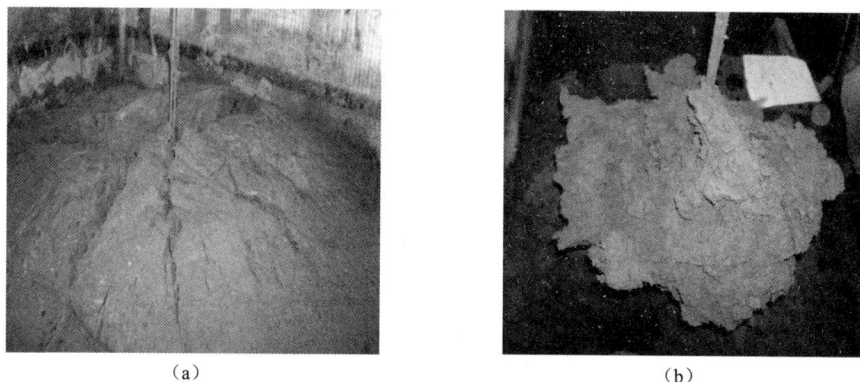

（a）　　　　　　　　　　　　　　　（b）

图 7-24　灌浆伞状锚拉拔图

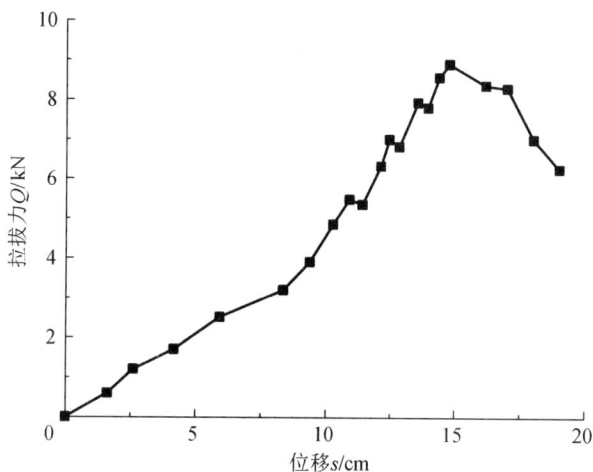

图 7-25　灌浆伞状锚拉拔试验 Q-s 曲线图

7.3.4　拉拔试验对比分析

　　上述针对竖直桩、无灌浆伞状锚和灌浆伞状锚三种情况进行了拉拔试验，并得到了各自的 Q-s 图和破坏过程，为对比三种情况的抗拔承载性能，将三组试验的 Q-s 曲线绘制成图 7-26。

　　由图可见，三组试验的 Q-s 曲线在趋势上是一致的，即抗拔力在上拉过程中均缓慢增加，但最大抗拔承载力却不同，其中竖直桩的抗拔力最小，最大值仅为 3.7kN，灌浆伞状锚的抗拔力最大，最大值达到 8.9kN，无灌浆伞状锚的抗拔力介于两者之间，最大值为 6.2kN。另外，抗拔承载力的发挥情况也不相同，竖直桩抗拔承载力发挥所需的位移最少，而伞状锚抗拔承载力发挥所需的位移较大，因此，伞状锚在施工过程中需要进行预张拉。

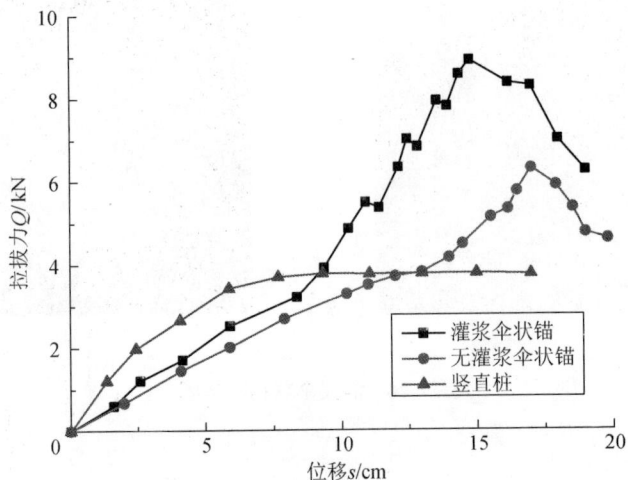

图 7-26　拉拔 Q-s 曲线图

　　综上所述,在受力尺寸相同条件下,伞状锚的抗拔力较传统抗拔桩要大,且经过预张拉后,所能提供的抗拔力更大;如果进行灌浆处理,则抗拔性能提高得更显著。

7.4　伞状锚数值模拟

　　为进一步验证伞状锚的承载力性能,通过 ABAQUS 有限元软件进行数值模拟,并将现场获得的实测数据和模拟结果进行对比分析。

7.4.1　数值计算建模

　　承受上拔荷载的伞状锚和土体的材料参数如表 7-3 所示,分析伞状锚在上拔荷载作用下的力学特性。

表 7-3　伞状锚和土体的材料参数

类别	弹性模量 E/MPa	泊松比 v	重度 γ /(kN/m³)	黏结力 c /kPa	内摩擦角 φ /(°)
伞状锚	$0.3×10^5$	0.167	25	—	—
钢丝绳	$0.2×10^6$	0.2	78	—	—
土体	5	0.35	18	10	10

　　上拔荷载:逐级施加拉拔荷载;
　　模型选择:由于结构模型具有对称性,采用轴对称模型;

单位选择：由于 ABAQUS 没有固定单位，用户使用时要保证量纲的一致性，本模型采用国际标准单位，即长度（m）、力（N）、质量（kg）、时间（s）、应力（Pa）、密度（kg/m³）。

依次建立伞状锚模型［图 7-27（a）］和土体模型［图 7-27（b）］，然后调整两者的位置，可得到装配件模型［图 7-27（c）］。后期的对比模型可通过修改两个模型部件实现，且这些修改会直接反映在装配件上。

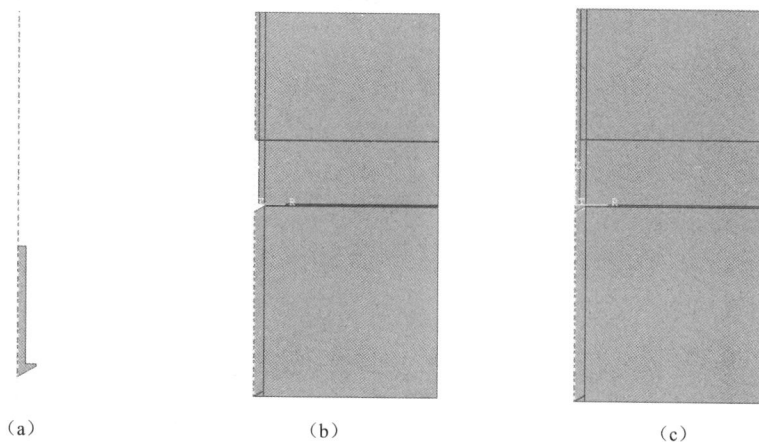

（a）　　　　　　　（b）　　　　　　　（c）

图 7-27　ABAQUS 软件中伞状锚和土体的模型图

7.4.2　模拟分析与计算

1. 荷载传递规律

伞状锚的抗拔承载力主要由三大部分组成，即伞状锚注浆部分对土体产生的摩阻力、扩大端部分挤土产生的端阻力及本身的质量，其受力分析如图 7-28 所示。

图 7-29 为扩底端直径为 650mm 伞状锚在抗拔过程中轴力的分布曲线图。

由图 7-28 和图 7-29 可以看出，伞状锚在上拔的过程中，拉拔荷载沿传力装置向下传递，其中在传力装置（钢丝绳）与土体接触的一段，荷载在传递过程中几乎无损失。当到达注浆区顶部时，其轴力出现明显的下降段，这是由于注浆顶部向上挤土产生端阻力，端阻力导致轴力急剧下降；随着入土深度的增大，抗拔荷载的发挥由端阻力转变为注浆区混凝土的侧摩阻力，其原理与前述抗拔桩相似，轴力刚开始出现了陡然增大段，接着呈现圆弧状下降的趋势；随后当拉拔荷载传递到伞状锚底部扩大端时，通过底部扩大端对上部土层的挤压，有效抵抗上部拉拔荷载。当扩大端上部的土体全部破坏后，伞状锚的抗拔承载力才完全消失。

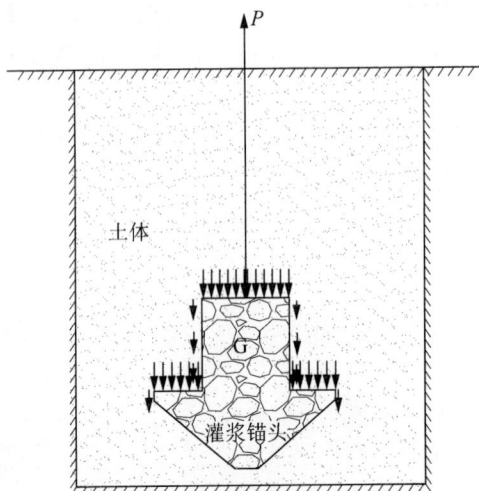

图 7-28　伞状锚受力分析简图

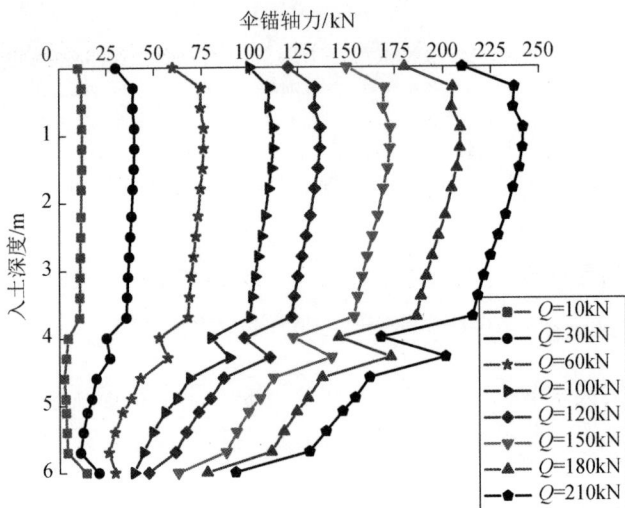

图 7-29　伞状锚轴力分布图

　　因此，对于抗拔桩而言，当桩尖部位的桩-土相对滑移量达到某一定值（通常在 10mm 以内）时，其桩周的摩阻力已发挥出其极限值。此时整个桩身侧壁总摩阻力已经达到甚至超过了峰值，随后桩的抗拔总阻力就将逐渐下降，抗拔承载能力逐渐丧失并发生破坏；而对于伞状锚来说，当注浆部分侧壁的摩阻力消失后，由于其底部的扩大端产生的端阻力，抗拔力的发挥由单一的摩阻力转变为摩阻力和端承力共同提供，改善了伞状锚的抗拔承载性能。

2. 桩（锚）周土体位移

图 7-30 为抗拔桩达到极限荷载时，土体的水平向（a）和竖向（b）位移云图。抗拔桩在承受上拔荷载时，桩身下部带动土体产生向上的运动趋势，同时上部土体的自重挤压下部土体，土体产生竖向最大位移为 2.3mm［图 7-30（b）］；图 7-30（a）为桩周土体的水平向位移云图。

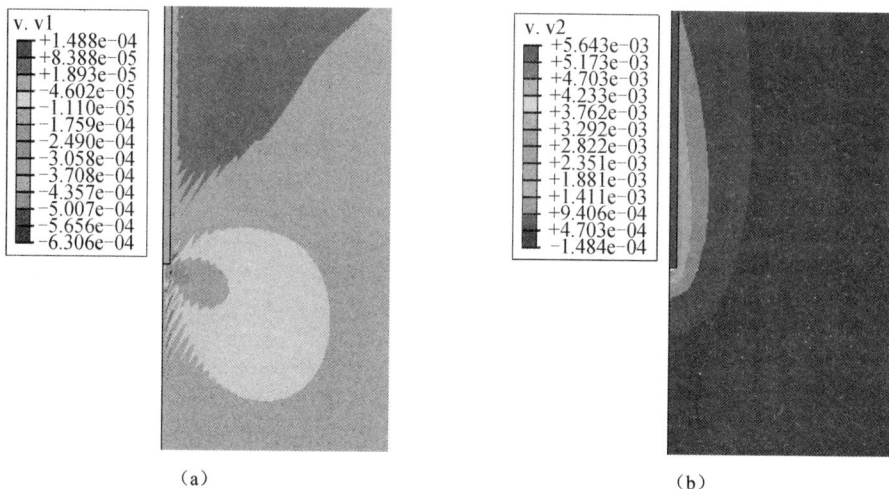

（a）　　　　　　　　　　　　　　　　　　　　（b）

图 7-30　抗拔桩位移云图

结果显示，抗拔桩在抗拔过程中，桩身部位处的土体的水平方向几乎无位移。由此可以看出，抗拔桩在拉拔的过程中只有桩周小部分土体沿竖直方向参与抗拔。

伞状锚达到极限抗拔荷载时土体的位移云图如图 7-31 所示。伞状锚的扩底端对土体同时产生竖向和水平向位移，其最大竖向位移为 187mm，最大水平向位移为 68mm。

图 7-32 表示的是抗拔桩和伞状锚在同一荷载（100kN）作用下沿竖向和径向土体的位移图。其中图 7-32（a）表示的是抗拔桩和伞状锚上拔时桩周土体竖直向的位移分布曲线图，由图中可以看出，抗拔桩桩身部位土体的竖向位移呈现中间较大，最大部位位于桩顶下 4m 处（约桩长的 2/3 处），并且沿着桩身向两头逐渐减小；伞状锚在注浆区顶部，其位移增长显著，说明伞状锚可以利用注浆区产生的扩大端挤压上部土体产生较大的位移，从而更好地提供抗拔承载力。

伞状锚和抗拔桩沿径向土体的位移图如图 7-32（b）所示。由于伞状锚底部扩大端挤压土体，伞状锚径向的土体在靠近伞状锚附近的位移较抗拔桩大。在远离锚体附近的土体，伞状锚所产生的土体位移与抗拔桩抗拔产生的位移曲线相似。

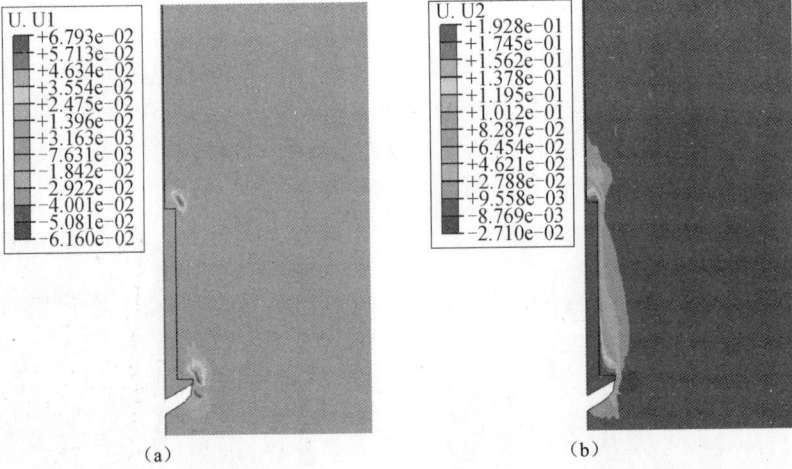

图 7-31　伞状抗拔锚位移云图

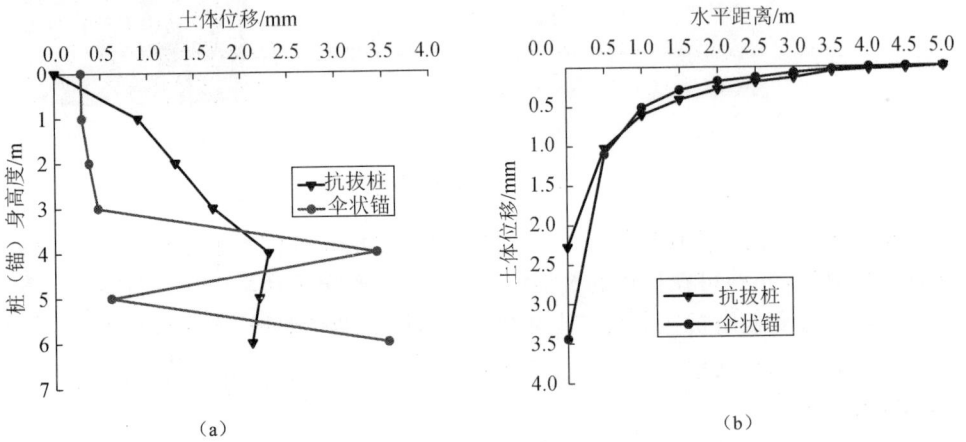

图 7-32　桩（锚）周土体位移图

　　从土体的位移分布和数值的大小可以看出，伞状锚在抗拔的过程中可以充分地调动其底部扩大端周围的土体参与抗拔作用，因而在同等条件下，伞状锚能提供较大的抗拔承载力。

3. 桩（锚）周土体塑性区发展规律

　　抗拔桩的塑性区开展得很缓慢，上拔荷载作用下桩周土体无塑性区开展，只是在到达其抗拔承载力时，桩底区域的土体才产生一小部分的塑性区域（图 7-33）。

　　伞状锚在抗拔力的作用下，土体塑性区开展得较为迅速，土体塑性区从注浆顶部开始，随着抗拔力逐渐增大，塑性区逐渐向扩底端开展，并贯穿于整个注浆区内。对于伞状锚扩底端周围土体塑性区沿着锚尖部位向周围扩展，形状类似圆弧状（图 7-34），圆弧半径大于等于伞状锚扩底端扩开后的半径，随着抗拔力的不断加大，圆弧覆盖的区域充满伞状锚扩底端周围大面积的土体。当荷载达到 210kN 后，由于土体的变形过大而使土体发生塑性破坏，数值模拟无法收敛，至此整个数值模拟计算结束。通过分析土体塑性区的开展形状，有助于更好地了解伞状锚在承受极限抗拔荷载时的破坏机制。

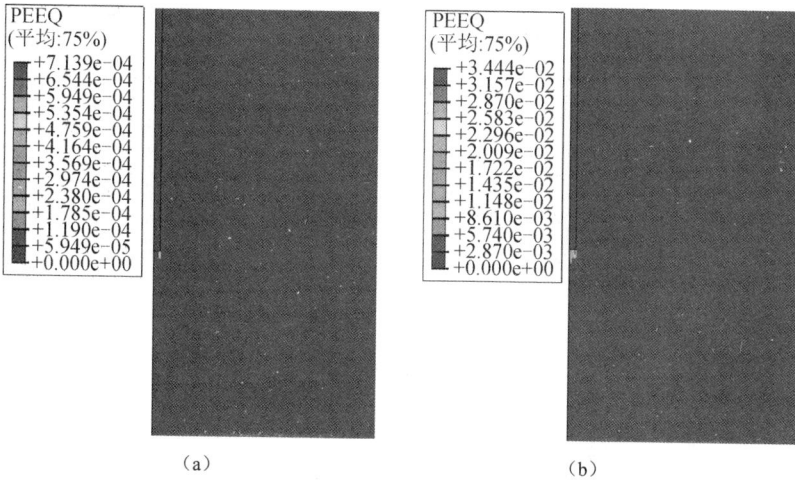

（a）　　　　　　　　　　　　　　（b）

图 7-33　抗拔桩上拔过程中土体塑性区开展图

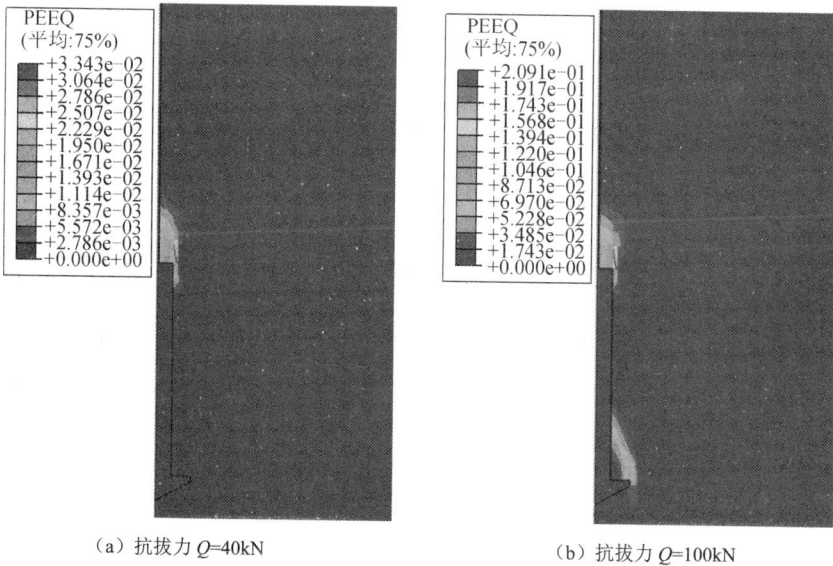

（a）抗拔力 Q=40kN　　　　　　　　（b）抗拔力 Q=100kN

图 7-34　伞状锚上拔过程中土体塑性区开展图

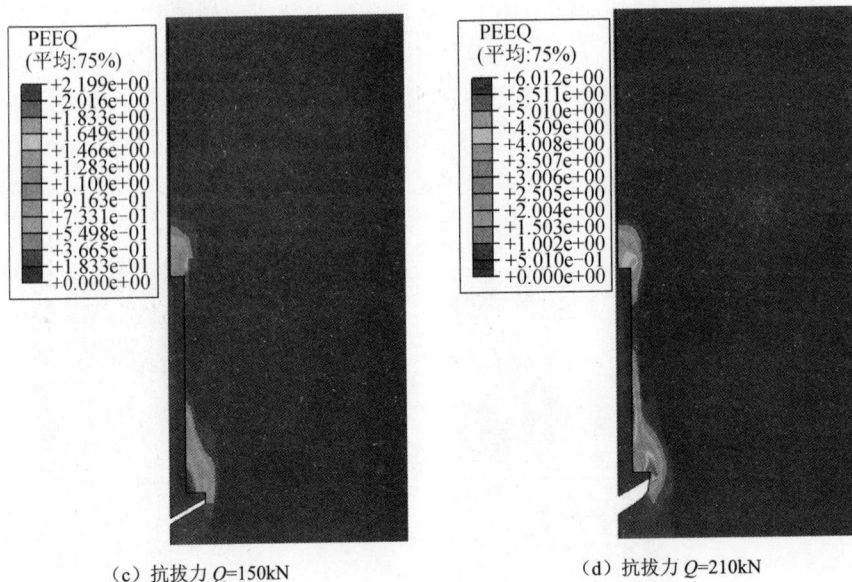

(c) 抗拔力 *Q*=150kN　　　　　　　　(d) 抗拔力 *Q*=210kN

图 7-34 （续）

7.5　伞状锚尺寸影响分析

7.5.1　材料属性

伞状锚尺寸影响研究过程中，需保持土体的材料（参数详见表 7-3）、伞骨架结构材料和伞状锚与土的接触特性不变，避免这些因素对模拟结果的影响。

7.5.2　尺寸影响模拟分析

在单一尺寸伞状锚上改变结构的扩大端直径 D、入土深度 H 和底部注浆区高度 h，如图 7-35 所示。

根据图 7-35 中给出的伞状锚的三种关键部位，对其尺寸影响情况进行研究（表 7-4），通过对表中 9 种不同结构尺寸伞状锚的模拟结果对比分析，可获得伞状锚在不同尺寸下对应的承载力的大小关系，为伞状锚结构尺寸设计提供数值方面的参考。

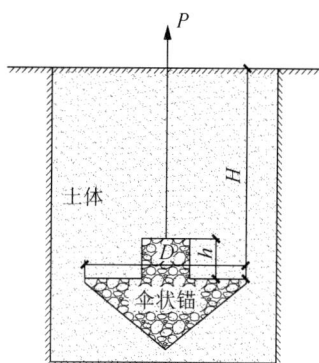

图 7-35　伞状锚尺寸示意图

表 7-4　伞状锚的结构尺寸

工况	入土深度 H /m	底部注浆区高度 h /m	扩大端直径 D /mm	备注	研究目的
1	6	2	650	原始模型尺寸	原始对比
2	6	2	950	增大扩底端直径	扩底端直径的影响
3	6	2	350	减小扩底端直径	
4	2	2	650	减小入土深度	
5	4	2	650	减小入土深度	入土深度对抗拔承载力的影响
6	8	2	650	增大入土深度	
7	10	2	650	增大入土深度	
8	6	3	650	增大注浆高度	注浆高度对抗拔力影响
9	6	1	650	减小注浆高度	

7.5.3　扩底端直径的影响

根据伞状锚轴力分布可知,在其等截面部分,轴力几乎无变化,与上拔荷载大小相同,承载力的发挥很少;当轴力传递到伞状锚底部扩底端注浆区时,其轴力分布图出现明显陡峭变化段,并且随上拔荷载增大越明显,因此可以将整个伞状锚的承载力的发挥归因于扩大头抗拔阻力的提高。扩大头阻力由周围土体的竖向的压力提供,随着抗拔荷载的增加,扩大头阻力所占上拔力的比例增大。当荷载达到极限值时,扩大端为整个抗拔力的发挥提供了 2/3 极限阻力,如表 7-5 所示。

表 7-5　伞状锚扩底端作用

抗拔荷载/kN	等截面端		扩大端	
	承载力/kN	占用比例/%	承载力/kN	占用比例/%
30	18.9	63	11.1	37
60	33.9	56.5	26.1	43.5

抗拔荷载/kN	等截面端		扩大端	
	承载力/kN	占用比例/%	承载力/kN	占用比例/%
100	55.8	55.8	44.2	44.2
120	58.9	49	61.1	51
150	62.7	41.8	87.3	58.2
180	69.2	38	110.8	62
210	79.6	37.9	130.4	62.1

通过表 7-5 可见，伞状锚骨架在注浆后形成的扩大端将是承载力发挥的决定性因素。因此，对扩底端的研究将是伞状锚尺寸影响研究的主要对象。

伞状锚扩底端形状和尺寸直接决定了其抗拔承载力提高的幅度，而扩大端直径的大小是表征扩大端尺寸最主要的参数。为了探索伞状锚扩大端直径与其承载力的关系，需保持伞状锚的入土深度和注浆高度不变，改变扩底端直径。

工况 1～工况 3 分别给出了伞状锚各结构尺寸，依据在原始试验尺寸（扩底端直径 $D=650mm$）基础上，对扩底端直径增加和减小一半成孔直径（成孔直径 $d=300mm$）进行模拟分析，伞状锚的扩大端直径依次在 350mm、650mm 和 950mm 情况下进行模拟分析，获得了相应的 Q-s 曲线，如图 7-36 所示。

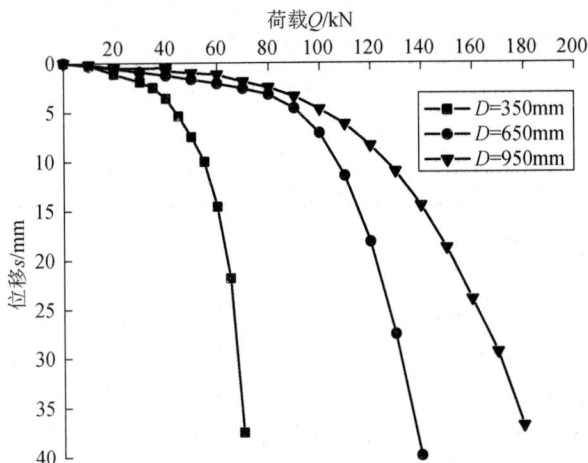

图 7-36 不同扩底端直径下 Q-s 曲线

为更形象地分析伞状锚的扩大端直径与抗拔承载力的关系，利用伞状锚数值模拟结果与直径为 300mm 的抗拔桩的模拟结果进行对比，采用两者直径的比值 D/d 与两者相应承载力的变化率建立坐标进行对比分析，从而获得两者无量纲关系曲线（图 7-37），其中横坐标为扩大端直径与等截面桩直径的比值（D/d），纵坐标为对应的承载力与同深度的 300mm 等截面抗拔桩的承载力的比值。

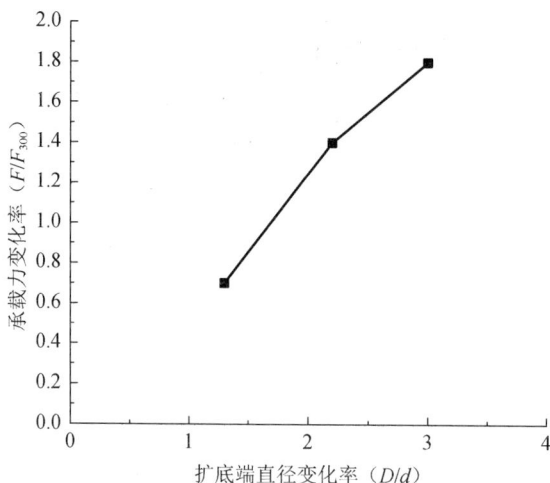

图 7-37　扩底端直径与承载力的关系曲线

根据图 7-36 和图 7-37 不同扩大端直径下的计算结果，可以获得以下的规律。

（1）随着扩底端直径的增大，伞状锚的极限承载力有较大提高。

（2）扩大端的直径越大，伞状锚的抗拔承载力越高，达到极限所需的变形越大，因此，伞状锚的极限承载力可根据使用状态下的变形控制来确定。

（3）扩大端直径越大，扩大头挤压上部土体所受的阻力越大，扩底端承载力的发挥所占的比例也越高。扩大头单位直径提供的阻力随扩径值的增加而增大，但增幅逐渐减小。工程中结合施工条件和经济效益，可以根据设计承载力要求确定伞状锚的扩底端直径。

7.5.4　入土深度的影响

上述计算是在固定的扩底端长度下，研究不同的扩底端直径的影响，下面研究的是相同的扩径比（D/d）条件下，伞状锚的入土深度对抗拔承载力的影响。由于伞状锚的一部分承载力的发挥是由底部注浆区扩大端兜住的上部土体自重力所产生的，研究伞状锚的入土深度对抗拔承载力的影响也是一个重要环节。

如图 7-38 所示，模拟过程中，选择伞状锚的埋置深度分别为 2m、4m、6m、8m 和 10m，分别获得对应入土深度下的 Q-s 曲线。

模拟获得不同深度下的抗拔承载力后，为了能形象地了解不同的入土深度与抗拔承载力的关系，现将两者按照 10m 埋深伞状锚的承载力作归一化处理，处理结果如图 7-39 所示。

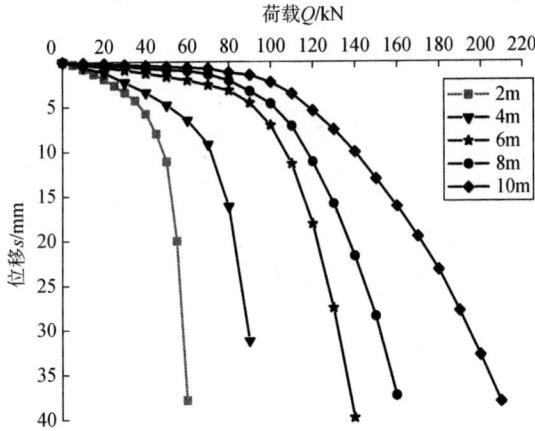

图 7-38 不同埋置深度下 $Q\text{-}s$ 曲线

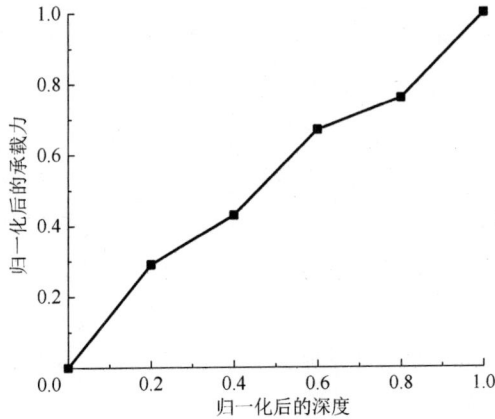

图 7-39 以 10m 伞状锚的承载力作归一化处理

从图 7-39 可以看出，随着入土深度的增加，伞状锚的抗拔承载力也相应增加，并且从归一化的结果可以看出，伞状锚随着入土深度的增加，其承载力呈线性增长，且增长幅度较大。因此，单一地从承载力角度考虑，增加抗拔锚杆的入土深度可以提高其抗拔承载力，但在设计时需根据伞状锚本身材料的性能及工程的地质条件和施工条件，设计出合理的深度供工程使用。

7.5.5 注浆高度的影响

伞状锚承载力的发挥主要由上部土体的自重力和侧壁摩阻力提供，摩阻力的发挥由注浆区段混凝土与土之间的摩阻力及填土段土与土的摩阻力共同提供，由于两种摩阻力大小相差不大，从理论上讲注浆区高度对抗拔承载力的影响不大，则工程上可以用土来代替注浆区上部孔洞，从而为工程上节省了相当多的造价。通过 ABAQUS 数值模拟伞状锚注浆区高度分别为 1m、2m、3m 进行对比模拟三种情况，模拟过程中依旧保持其他量不变，其模拟结果获得的 $Q\text{-}s$ 曲线如图 7-40 所示。

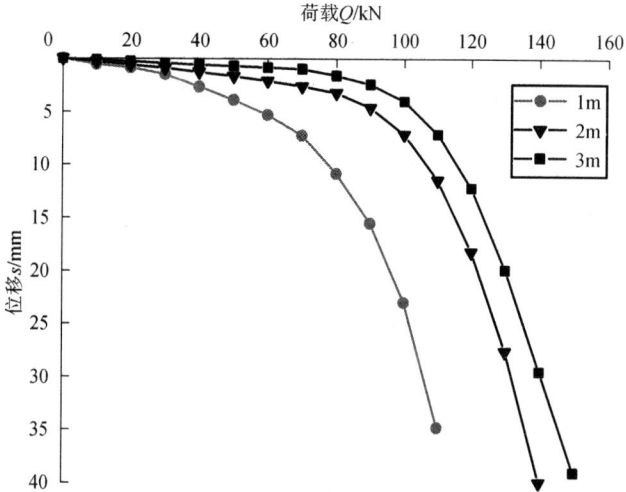

图 7-40　不同注浆高度下 $Q\text{-}s$ 曲线

同样，为更直观地了解不同注浆高度与抗拔承载力的关系，现将两者按照注浆区高度为 3m 时的伞状锚的承载力作归一化处理，处理结果如图 7-41 所示。

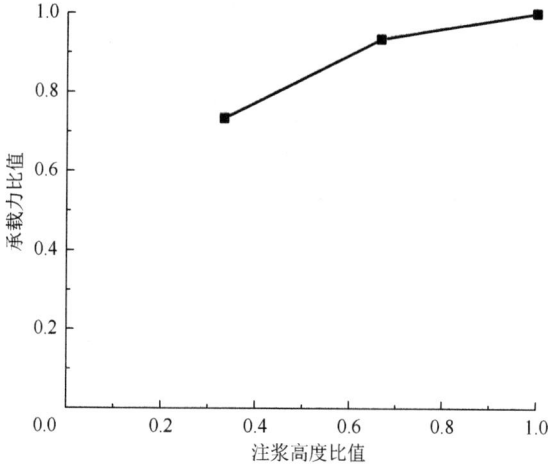

图 7-41　注浆高度比值与抗拔承载力比值关系曲线

根据图 7-40 可以看出，随着注浆区高度的增加，伞状锚的抗拔承载力也随之增大，但从图 7-41 看出，当注浆区高度超过 2m 后，承载力增大的效果不明显。因此，在工程许可的注浆范围内，伞状锚的注浆高度对整个伞状锚的承载力影响并不明显，注浆区高度较大的情况下其抗拔承载力略大。因此，从工程设计和经济的角度出发，伞状锚的注浆体积只需满足底部扩大端充分包裹即可。

7.5.6　扩底端持力层的影响

　　伞状锚承载力的发挥除了由其本身结构尺寸决定外，还与伞状锚所在持力层的土质参数有关。ABAQUS 数值模拟中，土体采用 Mohr-Coulomb 模型。在 Mohr-Coulomb 模型中作为影响土体性质的三个主要参数分别是黏结力、内摩擦角和弹性模量。本节在基本模型的基础上通过选择有代表性的几种情况来考虑，考察土体性质对伞状锚承载力的影响。为了能较好地比较每个参数对承载力的不同影响，模拟过程中保持其他参数不变，对分析参数进行归一化比较，具体土层对比参数如表 7-6 所示。

表 7-6　土层对比参数

组号	参数			
	黏结力 c/kPa	内摩擦角 φ /(°)	弹性模量 E/MPa	泊松比 ν
1	10	10	15	0.35
2	15	10	15	0.35
3	20	10	15	0.35
4	25	10	15	0.35
5	30	10	15	0.35
6	35	10	15	0.35
7	40	10	15	0.35
8	20	10	15	0.35
9	20	15	15	0.35
10	20	20	15	0.35
11	20	25	15	0.35
12	20	30	15	0.35
13	20	35	15	0.35
14	20	40	15	0.35
15	20	10	1	0.35
16	20	10	5	0.35
17	20	10	10	0.35
18	20	10	15	0.35
19	20	10	20	0.35
20	20	10	25	0.35
21	20	10	30	0.35

　　（1）保持内摩擦角 φ 和弹性模量 E 两个参数不变，通过模拟黏结力 c 分别在 10kPa、15kPa、20kPa、25kPa、30kPa、35kPa 和 40kPa 七种情况下的荷载-位移曲线，并且将黏结力和承载力进行归一化处理，模拟结果如图 7-42 和图 7-43 所示。

从图 7-42 中可以看出，当荷载较小时，土体黏结力 c 的增加对承载力的影响较小，当荷载增大到 200kN 时，c 的影响显现出来，并随着 c 的增大，其抗拔承载力随之增大。

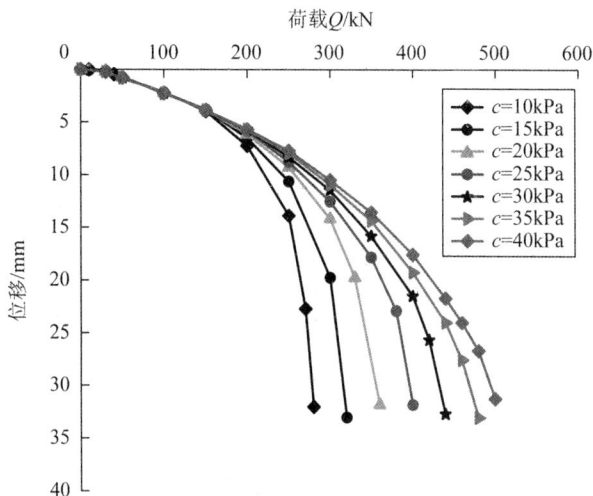

图 7-42　不同黏结力下的 Q-s 曲线

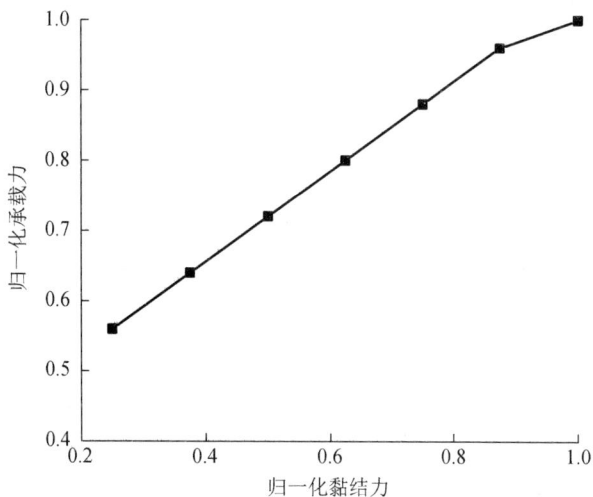

图 7-43　归一化黏结力与伞状锚承载力的关系曲线

将不同的黏结力下的承载力进行归一化处理，得到了如图 7-43 所示的归一化曲线，从该曲线中看出，伞状锚的抗拔承载力随着所在持力层土体黏结力的增大呈现线性增加，当 c 达到 35kPa 后，增长幅度变缓。总之，较高的土体黏结力有利于提高伞状锚的抗拔承载力，但超过一定大小后影响减小。

由此可见，提高伞状锚持力层土体的黏结力可明显提高其抗拔承载力，但一味地选择较好黏结力持力层的意义不大,当持力层土体的黏结力 c 超过 35kPa 时,其承载力变化不大,因此,工程上应选取最佳持力层。

(2)保持黏结力 c 和弹性模量 E 不变,仅改变持力层土体的内摩擦角,模拟内摩擦角分别为 10°、15°、20°、25°、30°、35° 和 40° 七种情况下伞状锚的 $Q\text{-}s$ 曲线,其结果如图 7-44 和图 7-45 所示。

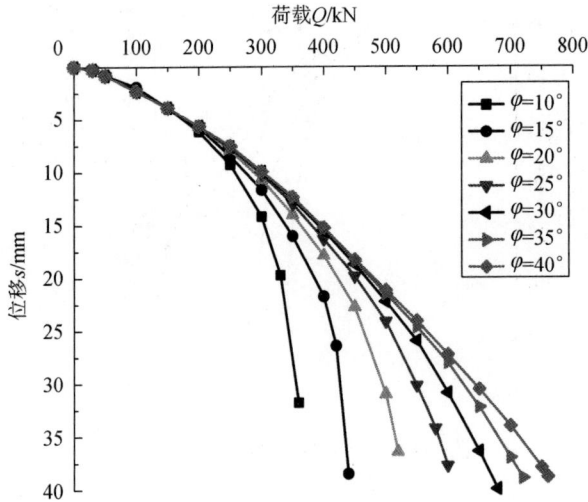

图 7-44　不同内摩擦角下的 $Q\text{-}s$ 曲线

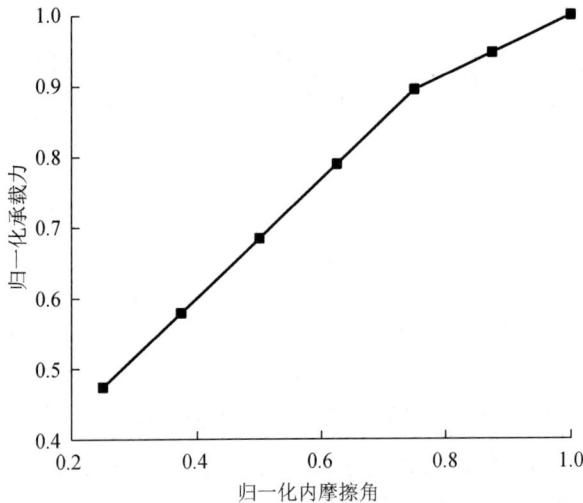

图 7-45　归一化内摩擦角与伞状锚承载力的对比曲线

改变持力层土体内摩擦角获得的 $Q\text{-}s$ 曲线如图 7-44 所示,从该图中可以看出,曲线的发展规律与图 7-42 表现得很相似，在荷载达到 200kN 之前，承载力几乎不发生改变，当超过 200kN 时，随着内摩擦角的增大，其抗拔承载力随之增强。

通过对荷载-位移曲线进行归一化处理，可获得如图 7-45 所示的归一化后的内摩擦角与伞状锚承载力的对比曲线，从该曲线中可以看出，土层的内摩擦角为 10°～30°，其抗拔承载力呈现线性增加，超过 30°，抗拔承载力增加变缓。因而，较高的土体内摩擦角有利于提高承载力，但超过一定大小后影响减小。

由此可见，提高伞状锚持力层土体的内摩擦角可在一定程度上提高其抗拔承载力，但当持力层土体的内摩擦角超过 30° 后，其承载力变化不大。

（3）保持黏结力和内摩擦角不变，仅改变持力层土体的弹性模量 E，模拟弹性模量分别为 1MPa、5MPa、10MPa、15MPa、20MPa、25MPa 和 30MPa 七种情况下伞状锚的 Q-s 曲线，其结果如图 7-46 和图 7-47 所示。

从图 7-46 所示模拟结果和图 7-47 归一化后的图中可以看出，在地基土其他参数确定的情况下，土体弹性模量 E 对伞状锚的抗拔承载力的影响程度较小，当 E 较小时，随着 E 的增加其抗拔承载力增长还比较明显，当土体的 E 值增大到 10MPa 时，承载力增加的幅度越来越小，最终接近一定值，曲线呈收敛趋势，土体弹性模量与伞状锚的抗拔承载力接近对数关系。

由此可见，提高伞状锚持力层土体的弹性模量可明显提高其抗拔承载力，但一味地选择较好弹性模量持力层的意义不大，当持力层土体的弹性模量 E 超过 10MPa 后，其承载力变化不大。

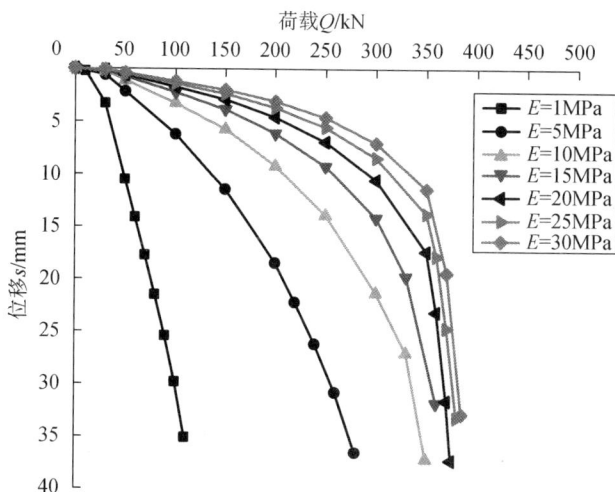

图 7-46　不同弹性模量下的 Q-s 曲线

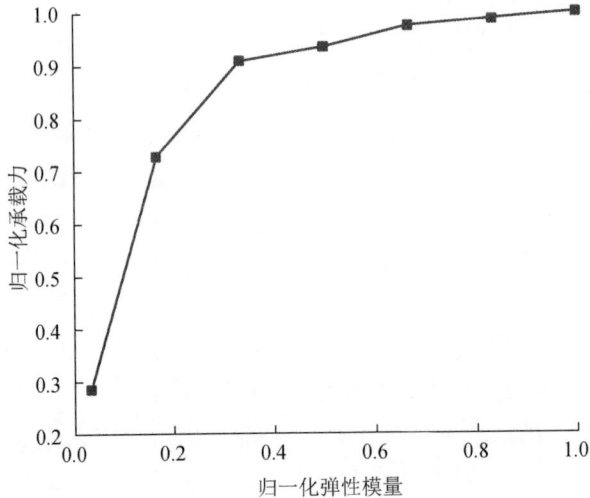

图 7-47　归一化弹性模量与伞状锚承载力的关系曲线

7.6　伞状锚的承载力估算

7.6.1　破坏模式与受力机理分析

由伞状锚和竖直桩的模型拉拔试验和数值模拟计算结果可知，伞状锚的破坏机理不同于竖直桩，与扩底桩或扩底锚杆比较相似，伞状锚的破坏模式和受力机理可借鉴上述扩底抗浮装置的分析思路。另外，无灌浆伞状锚与灌浆伞状锚虽然均属扩底型锚杆，但具体的破坏模式也存在差异。

（1）由无灌浆伞状锚拉拔试验可观察到：伞状锚在被拉出时是切割土体破土而出的，由此可分析出其抗拔力主要由锚头自重力、锚端头与土体间的阻力以及伞翼侧壁与土体间的侧摩阻力三部分组成，如图 7-48 所示。

（2）同样，由灌浆伞状锚拉拔试验可观察到：伞状锚在被拉出时是携带大块土体隆起而出现类似整体性破坏。由此可分析出其抗拔力主要由灌浆锚头的自重力、锚头所兜住土柱的自重力以及兜住土柱与周围土体的抗剪强度三部分组成，如图 7-49 所示。

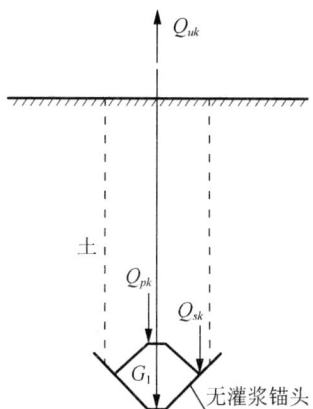

图 7-48　无灌浆伞状锚抗拔力分析图　　　　　图 7-49　灌浆伞状锚抗拔力分析图

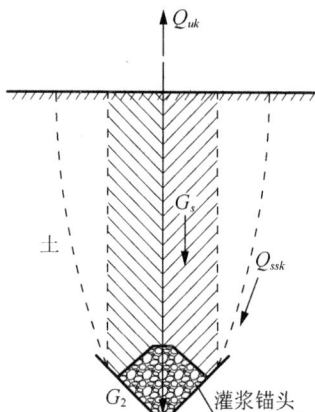

7.6.2　伞状锚抗拔承载力的估算公式推导

根据上述无灌浆伞状锚和灌浆伞状锚的破坏模式和受力机理分析，结合现有扩底抗浮装置的承载力计算方法，可分别推导出无灌浆和灌浆条件下的新型伞状锚的极限承载力计算方法。

无灌浆条件下的伞状锚极限承载力可按下式计算：

$$Q_{uk} = G_1 + Q_{sk} + Q_{pk} \tag{7-9}$$

灌浆条件下的伞状锚极限承载力计算公式为

$$Q_{uk} = G_2 + G_s + Q_{ssk} \tag{7-10}$$

上述式中：Q_{uk}——伞状锚的极限承载力特征值；

$\quad\quad\quad G_1$——无灌浆伞状锚的自重力；

$\quad\quad\quad G_2$——灌浆伞状锚的自重力；

$\quad\quad\quad G_s$——灌浆伞状锚所兜住的土柱自重力；

$\quad\quad\quad Q_{sk}$——无灌浆伞状锚的伞翼侧壁与土体间的侧摩阻力；

$\quad\quad\quad Q_{pk}$——伞翼端头与土体间的阻力；

$\quad\quad\quad Q_{ssk}$——灌浆伞状锚所兜土柱与周边土体的摩阻力。

上述几个分量可分别计算为

$$Q_{sk} = q_{sk}A_1 \tag{7-11}$$

$$Q_{pk} = q_{pk}A_2 \tag{7-12}$$

$$Q_{ssk} = f_{sk}A_3 \tag{7-13}$$

$$G_1 = W_m \tag{7-14}$$

$$G_2 = W_m + \gamma \cdot A_4 h \tag{7-15}$$

式中： A_1 、 A_2 、 A_3 、 A_4 ——锚头伞翼侧壁面积、锚头伞翼切土端部面积、锚头所兜住的土柱侧表面积及锚头所兜住土柱的底面积；

q_{sk} ——土体极限侧阻力标准值（取值 25kPa）；

q_{pk} ——极限端阻力标准值（取值 210kPa）；

f_{sk} ——土体间的摩阻力标准值（取值 5.0kPa）；

W_m ——锚头的质量；

γ ——土体的重度；

h ——锚头上部覆盖土层的厚度。

将式（7-11）～式（7-15）中的分量依次代入式（7-9）和式（7-10），可分别得到无灌浆条件下和灌浆条件下新型伞状锚极限承载力的具体计算式为

$$Q_{uk} = W_m + q_{sk}A_1 + q_{pk}A_2 \quad （无灌浆条件） \tag{7-16}$$

$$Q_{uk} = W_m + \gamma \cdot A_4 h + f_{sk}A_3 \quad （灌浆条件） \tag{7-17}$$

7.6.3 估算值与实测值的对比分析

针对本次模型试验的具体情况，按照式（7-16）和式（7-17）可分别计算得到模型试验中的无灌浆和灌浆条件下的伞状锚的承载力极限值（表 7-7 和表 7-8），并将其与实测值进行对比，以进一步证实本次方法的合理性。

表 7-7　无灌浆伞状锚承载力极限值

Q_{uk} /kN	W_m /kN	$q_{sk}A_1$ /kN	$q_{pk}A_2$ /kN
3.3	0	0.5	2.8

表 7-7 中 W_m 为无灌浆伞状锚自重力，在此忽略； $q_{sk}A_1$ 、 $q_{pk}A_2$ 分别是将土体极限侧摩阻力值、极限端阻力值及伞状锚尺寸参数代入式（7-16）求解得到。

表 7-8　灌浆伞状锚承载力极限值

Q_{uk} /kN	W_m /kN	$\gamma \cdot A_4 h$ /kN	$f_{sk}A_3$ /kN
4.8	0.28	1.22	3.3

表 7-8 中 W_m 为灌浆锚头自重力，拉拔试验结束后实际量得； $\gamma \cdot A_4 h$ 、 $f_{sk}A_3$ 分别是将各参数代入式（7-17）求解得到。

由上述表中的计算结果，可得到无灌浆伞状锚的极限承载力特征值为 Q_{uk} =3.3kN，锚头自重力与伞翼侧壁与土体间的极限侧摩阻力值为 0.5kN，极限端阻力值为 2.8kN；灌浆伞状锚的极限承载力特征值为 Q_{uk} =4.8kN，锚头及其兜住土体的自重力为 0.28kN，锚头周围土体的剪切摩阻力值为 3.3kN。

根据现场试验实测结果，试验 II 中无灌浆伞状锚所能提供的最大拉力为

6.2kN，试验Ⅲ中灌浆伞状锚能提供的最大拉力为 8.9kN。实测结果可认为是破坏时的抗拔力，则与上述估算公式的计算值相比，可见试验Ⅱ中无灌浆伞状锚的安全度 n=6.2/3.3=1.88，试验Ⅲ中灌浆伞状锚的安全度 n=8.9/4.8=1.85。因此，可将安全系数设定为 2，与现有同类规范一致。

7.7　本 章 小 结

本章围绕伞状锚的抗拔承载性能及抗拔机理展开研究，对伞状锚进行数值模拟，主要介绍和分析了以下几点内容。

（1）详细介绍了每组试验的装置图、试验步骤及试验过程中的图片，并确定了伞状锚的拉拔试验方案。

（2）根据试验过程数据，分析了竖直桩与伞状锚的抗拔机理。

（3）通过对比抗拔桩与伞状锚的荷载传递规律、位移云图和塑性区，得出伞状锚在抗拔过程中，承载力的发挥表现更优越。

（4）对影响伞状锚承载特性的主要因素进行了敏感性分析，并对不同计算参数下的结果进行了对比。

综上所述，与传统的抗浮装置相比，伞状锚的施工工艺简单、施工灵活、造价低廉，有很大的工程应用潜力；在同等条件下，与传统的抗浮装置相比，伞状锚的承载力有较大提高。

第8章　自张式人字形抗拔桩抗浮技术

本章提出自张式人字形抗拔桩（以下简称"人字桩"）有如下特点：①桩体预制，保证强度；②机械压入，施工快速；③自行扩角，承载力高。人字桩可使工程用桩量明显减少，从而取得显著的经济效益。

围绕人字桩的抗拔承载力，利用模型试验和数值模拟两种手段开展了如下五个方面的研究[1-5]。

（1）试验人字桩的成桩工艺，验证人字桩在压入过程中能自行扩角。

（2）用模型试验的数据来评价人字桩与压入式直双桩的抗压与抗拔荷载-位移曲线，并比较它们的极限承载力；考察人字桩与压入式直双桩在竖向荷载下的桩身轴力、侧阻力及桩身弯矩分布。

（3）比较三种夹角下人字桩的抗拔承载力。

（4）将数值模拟结果和试验结果进行对比，并分析人字桩承载能力的影响因素。

（5）提出预估人字桩抗拔极限承载力的实用计算公式，并验证其可靠性。

8.1　室内模型试验设计

8.1.1　试验目的

本次模型试验拟达到下述目的。

（1）试验人字桩的成桩工艺，验证人字桩能够在压入成桩过程中自行张角。

（2）用模型试验的数据来评价人字桩与压入式直双桩的抗压与抗拔荷载-位移曲线，并比较它们的极限承载力；考察人字桩与压入式直双桩在竖向荷载下的桩身轴力及侧阻力分布。

（3）加载到整体破坏，观察人字桩桩周土的破坏形态，据此对其破坏模式做出相应的推断。

（4）比较20°、40°和60°固定夹角人字桩的抗拔极限承载力。

对用于比较人字桩与压入式直双桩承载性能的室内模型试验，试验装置主要包括模型箱、桩模型和模型箱填料三部分。

8.1.2　模型设计

1）模型槽（箱）的制作

试验使用的模型槽（箱）尺寸、材料，如表 8-1 所示，其是在分析已有模型槽（箱）设计目的的基础上结合本次试验特点进行设计的。

表 8-1　模型箱设计参数

槽（箱）设计者	长/m	宽/m	深/m	模型槽（箱）材料	试验目的
石磊，殷宗泽[2]	2.10	1.65	1.05	钢筋混凝土	桩-土共同作用
Tamotsu 等[3]	0.60	0.30	0.30	钢板和钢化玻璃	被动桩受荷机理
Cao 等[4]	1.70	0.24	0.80	钢筋混凝土	桩-土-筏板共同作用
桩基工程手册编委会[5]	0.2/0.12			聚氯乙烯和有机玻璃	模拟大规模带桩筏基的受荷性状
本书作者	2.00	1.00	1.50	角钢支架和钢化玻璃板	人字桩承载力研究

模型槽（箱）结构尺寸为长 2m、宽 1m、高 1.5m，由角钢支架和钢化玻璃板组装而成，钢化玻璃表面刻有间距为 1cm 的网格，如图 8-1 所示。

2）桩基模型制作

模型桩选用有机玻璃板，抗弯刚度测量方法如图 8-2 所示，将模型桩简支、跨中加砝码、荷载作用处用百分表测量竖向位移，测得荷载位移曲线，则桩身抗弯刚度计算为

$$EI = \frac{Fl^3}{48def} \tag{8-1}$$

式中：EI——桩身抗弯刚度；

$\quad\quad F$——荷载；

$\quad\quad l$——跨度；

$\quad\quad def$——跨中竖向位移，测得有机玻璃弹性模量 $E = 2.7 \times 10^3 \text{MPa}$。

图 8-1　模型箱

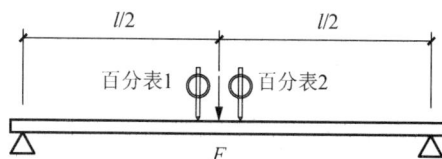

图 8-2　桩身抗弯刚度测量示意图

（1）试验所用的有机玻璃模型桩侧面双向开槽，桩身截面 15mm×20mm，埋设应变片，应变片表面用硅胶保护，槽用环氧树脂填平，如图 8-3 和图 8-4 所示。

（2）用于夹角比较试验的模型桩桩身截面 15mm×20mm，不埋设应变片，如图 8-5 所示。为了使桩侧壁达到一定的粗糙程度，在所有桩表面用环氧树脂胶粘一薄层细砂。

3）模型箱填料

进行颗分试验得到砂土的颗粒级配曲线如图 8-6 所示，由曲线可知砂土的不均匀系数 C_u=3.07，属于中砂。试验中预埋钢环刀，取样后测得砂土密度 ρ= 1.55g/cm³，进行排水快剪试验后测得砂内角 φ= 30°。

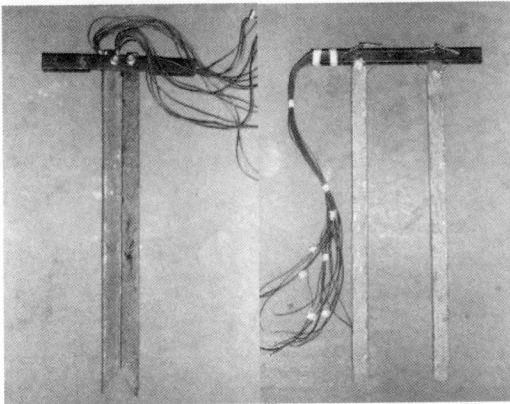

图 8-3　人字桩与压入式直双桩模型

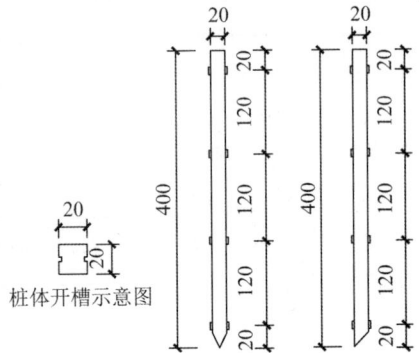

图 8-4　桩模型几何尺寸与应变片布设

图 8-5　20°、40° 和 60° 固定夹角人字桩

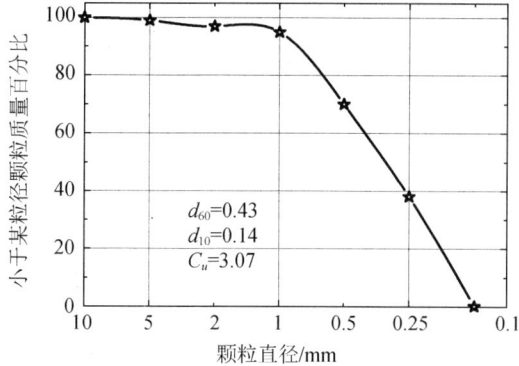

图 8-6　砂土粒径级配曲线

8.1.3　试验方案

　　试验分为 3 组：第 1 组为人字桩与压入式直双桩的抗压性能对比试验；第 2 组为人字桩与压入式直双桩的抗拔性能对比试验；第 3 组为三种不同夹角人字桩的抗拔承载力对比试验。试验分组和模型桩尺寸如表 8-2 所示。

表 8-2　模型试验分组和模型尺寸

试验项目		试验模型尺寸	
		桩长 L/mm	截面尺寸/（mm×mm）
试验 1	人字桩	400	20×20
	压入式直双桩	400	20×20
试验 2	人字桩	400	20×20
	压入式直双桩	400	20×20
试验 3	20°夹角人字桩	200	20×15
	40°夹角人字桩	200	20×15
	60°夹角人字桩	200	20×15

8.1.4　加载系统与加载程序

　　试验采用杠杆系统施加荷载可以有效地模拟建筑物荷载施加过程，装置简图如图 8-7 所示。传感器为电阻应变式，传感器应变值与外荷载的关系由万能试验机标定，标定的荷载-应变曲线如图 8-8 所示。试验 1、2 先使用杠杆分别将人字桩和压入式直双桩压入砂土中以模拟实际成桩过程，人字桩最终在土中扩角 32°，直双桩两桩间距 100mm（5d）；试验 3 进行 20°、40° 和 60° 夹角人字桩的抗拔极限承载力试验，桩长均为 0.2m，截面均为 20mm×15mm。分层夯实砂土埋设各桩，洒水静置 12h 后，再通过杠杆作用分级加载，并由拉压力传感器读取加载下压力或上拔力。

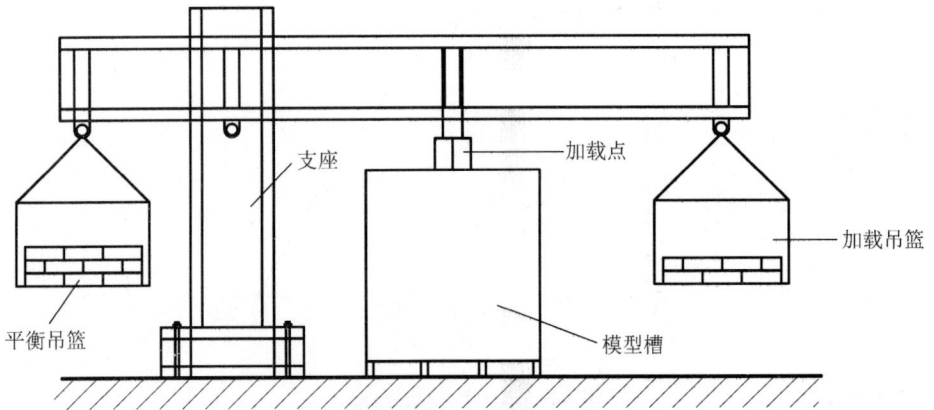

图 8-7　模型试验加载装置

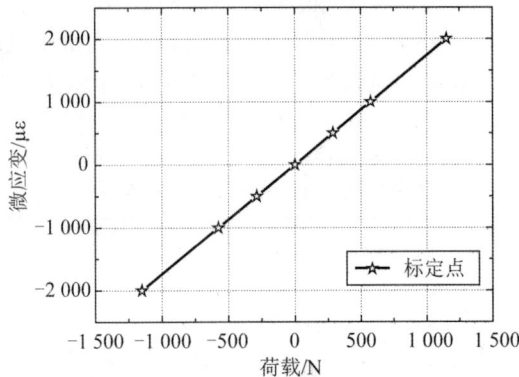

图 8-8　拉压力传感器的荷载-应变标定曲线

试验采用慢速维持荷载法加载，根据试验情况进行分级加载（不少于 8 级）。

当达到下述情况之一时，即可终止加载。

（1）在当前级荷载作用下的沉降量为上一级荷载下的沉降量的 5 倍。

（2）在当前级荷载作用下的沉降量为上一级荷载下的沉降量的 2 倍，且经 1h 沉降尚未达到相对稳定。

（3）当前级荷载下的沉降与时间曲线 $s\text{-}\log t$ 尾部出现明显向下弯曲。

8.1.5　试验测试

1）桩模型沉降测试

采用量程为 3cm 的百分表量测基础沉降，两只百分表在两侧对称布置，取其平均值为桩顶沉降值。

加载 30min 内按 5min、10min 测读一次沉降，以后每 10min 测读一次，直至达到加载标准。

2）桩身轴力测试

桩身应变的测定选用河北邢台金力传感器元件厂生产的电阻值为 $120\Omega\pm2\Omega$ 的 2mm×3mm 的胶基应变片，应变片灵敏系数为 2.12。

自桩顶部向下对称布设 4 组、8 个电阻应变片。

应变值由 DH3818 型静态电阻应变仪量测，在每一级荷载下分别在加载初始和结束读两次数据。

3）土体破坏形态观察

加载到人字桩拔出，相机拍摄桩侧土体破坏形态，可在一定程度上揭示桩周土的破坏机理。

8.1.6　数据处理

数据的处理主要是根据试验测得的桩身应变片的数据，计算桩身轴力、桩侧阻力，并绘制相应的曲线。

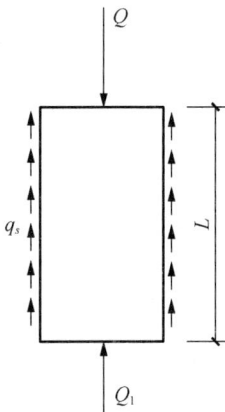

图 8-9　桩身单元受力分布图

1）桩身轴力计算

模型桩采用有机玻璃棒制作，其受力产生的变形可以看作弹性变形。由材料力学中的应变与应力关系可知，桩身应力为

$$\sigma = \varepsilon \times E \qquad (8\text{-}2)$$

式中：σ——桩身应力，Pa；

　　　ε——桩身应变，$\mu\varepsilon$；

　　　E——模型桩材料的弹性模量，Pa。

桩身轴力 Q 为

$$Q = \sigma \times A \qquad (8\text{-}3)$$

式中：A——桩身横截面面积，m^2。

2）桩侧阻力计算

取任一桩身单元，如图 8-9 所示，根据静力平衡，桩侧摩阻力平均值 q_s 可求得为

$$q_s = \frac{Q - Q_1}{L \times D \times \pi} \qquad (8\text{-}4)$$

式中：q_s——桩侧摩阻力平均值，Pa；

　　　L——桩身单元的长度，m；

　　　D——桩的直径，m；

　　　Q、Q_1——桩身轴力，N。

8.1.7　试验保障措施

（1）在每次试验前都对仪器设备进行检查和标定。

（2）为确保土体的均匀性，对土体分层夯实。桩压入过程中，对土体按规定的含水量浇水后静置 12h。

（3）每次试验前对土体取样并进行土工试验，测试颗粒级配曲线，以及密度 ρ、黏结力 c、内摩擦角 φ。确保每组试验的土工测试结果基本一致，从而使每组试验之间具有可对比性。

8.1.8　试验过程图片记录

图 8-10～图 8-15 为人字桩、压入式直双桩及三种夹角人字桩等三种类型桩施加下压力和上拔力时的加载图片。

图 8-10　人字桩下压力加载

图 8-11　人字桩上拔力加载

图 8-12　压入式直双桩下压力加载

图 8-13　压入式直双桩上拔力加载

图 8-14　三种夹角人字桩模型的埋设

图 8-15　三种夹角人字桩上拔力加载

8.2　人字桩与直双桩的抗压性能对比试验

8.2.1　桩破坏模式

模型试验中的两种桩型的桩顶总荷载（Q）-竖向位移量（s）曲线如图 8-16 所示。从两桩型的 Q-s 曲线可以看出：压入式直双桩的抗压 Q-s 曲线属陡降形，呈典型的刺入破坏典型特征。取沉降量明显增大的前一级荷载 800N 作为极限承载力，对应的沉降量约为 1.9mm，而人字桩抗压 Q-s 曲线属明显的缓变形，相似于扩底承压桩 Q-s 曲线形状。结合曲线形状，以 Q-s 曲线斜率减小的起始点荷载 1220N 作为抗压极限承载力，此时沉降量 4mm，较竖直双桩极限承载力提高约 53%。

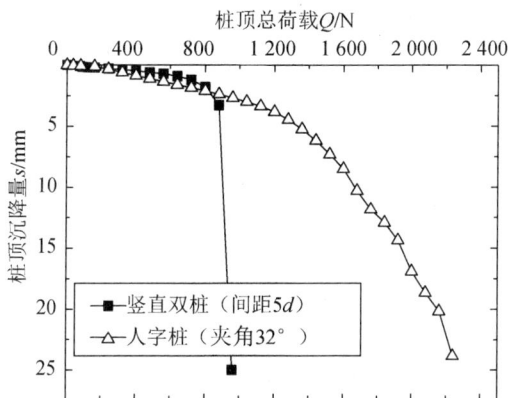

图 8-16　模型试验中的两种桩型的桩顶 Q-s 曲线

8.2.2　桩身轴力传递性状

两桩型试验得出的桩身轴力沿深度传递规律与传统理论及有关文献报道[5]的基本一致。竖向下压荷载施加于桩顶时，桩身的上部首先受压而产生相对于土的向下的位移，相对位移导致了周围土对桩侧界面向上的摩阻力。荷载沿桩身向下传递的过程就是不断克服摩阻力并通过它向土中扩散的过程，从而导致桩身的轴力沿着深度逐渐地减小。但由于桩较短，且砂土属中等密实，桩身轴力沿深度衰减并不是很快，轴力分布曲线变化较为平缓。同时可以发现：相同桩顶荷载下，人字桩略大于竖直双桩的桩身轴力。两桩型桩身轴力分布曲线如图 8-17 和图 8-18 所示。

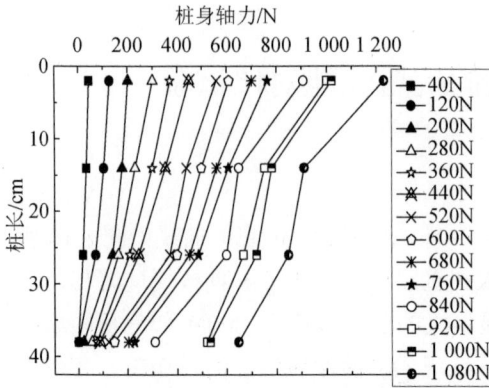

图 8-17　人字桩抗压时单桩桩身轴力分布　　　图 8-18　竖直双桩抗压时单桩桩身轴力分布

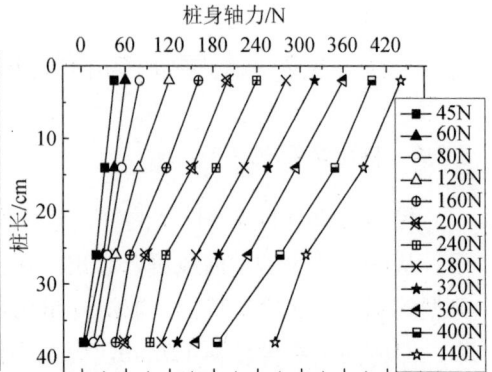

图 8-19 和图 8-20 是不同下压荷载时两桩型单桩桩身轴力的归一化曲线图，N 是沿桩身各截面轴力，N_i 是当前单桩桩顶加载级（取部分加荷级）。可以看出：两桩型轴力分布是沿桩身向下不断衰减的，随着桩顶荷载的增加衰减的幅度趋于平缓。

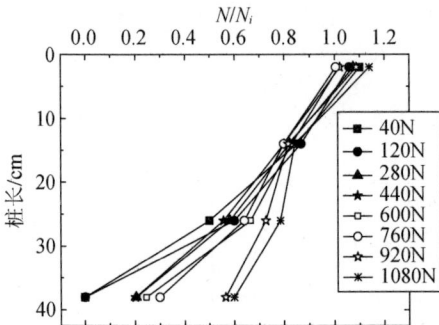

图 8-19　不同下压荷载时人字桩单桩桩身　　　图 8-20　不同下压荷载时竖直双桩单桩桩身
轴力归一化曲线　　　　　　　　　　　　轴力归一化曲线

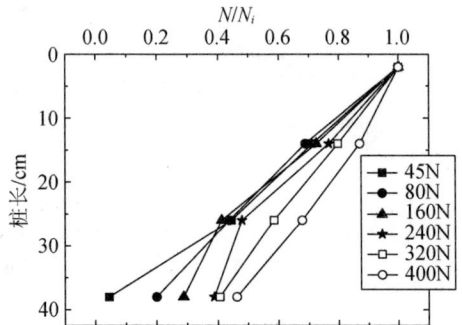

8.2.3　桩侧摩阻力性状

（1）随着桩顶荷载增加，桩侧阻力也逐渐增大，并且随深度近似"R"形分布，其原因为由于桩身压缩量的积累，上部桩身的位移总是大于下部，上部的摩阻力总是先于下部发挥。

随着载荷增加，下部桩侧摩阻力逐渐发挥，到达极限后，继续增加的载荷就完全由桩端的持力层土承受。因为直双桩单纯依靠桩侧摩阻力来平衡桩顶荷载，而人字桩用来抵抗荷载的因素可能很多，有桩土间的力，也有桩对土的弹性压缩或剪切，鉴于研究方便，本章将人字桩这些可能的综合因素合并称为名义侧摩阻力。两桩型桩侧摩阻力分布不同之处是：人字桩沿桩身向下侧摩阻力第一个峰值均出现在靠近桩顶处，而直双桩侧摩阻力第一个峰值大致出现在桩身中部，这说明在下压荷载下，人字桩向下位移，而两桩之间夹有的三角区土被越挤越密，增加了桩土间的名义摩阻力，尤其是靠近桩顶处的砂土（因为桩身上部的位移总是大于下部）限制着人字桩的位移，而这种限制是不单纯由桩土间力来平衡的，如图 8-21 和图 8-22 所示。

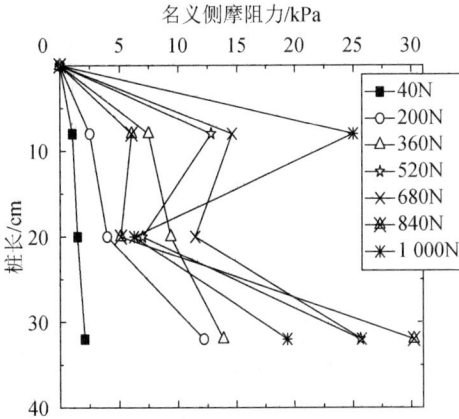

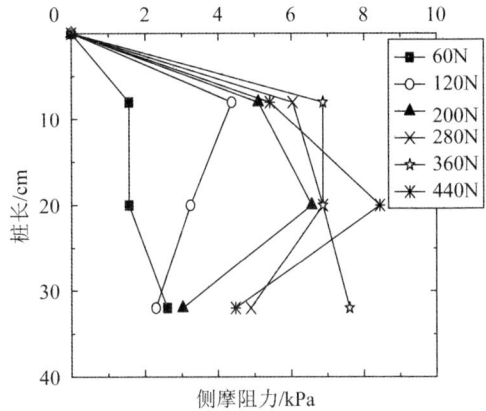

图 8-21　人字桩抗压时单桩桩身侧摩阻力分布　　图 8-22　竖直双桩抗压时单桩桩身侧摩阻力分布

另外，由图 8-23 和图 8-24 可以发现：人字桩的平均名义桩侧摩阻力和竖直双桩的平均桩侧摩阻力随着桩身轴力的增加也在增加，达到极限之后就保持不变。

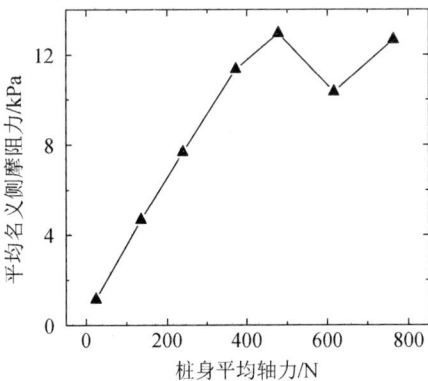

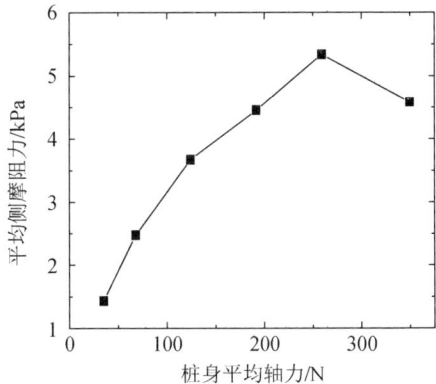

图 8-23　人字桩抗压时单桩桩身平均轴力　　图 8-24　竖直双抗压时单桩桩身平均轴力
　　　　　与平均名义侧摩阻力曲线　　　　　　　　　与平均侧摩阻力曲线

（2）不同深度处桩侧摩阻力随荷载增加也呈增长趋势，曲线如图 8-25 和图 8-26 所示。每条曲线间距离大小反映了桩侧摩阻力分布的均匀程度，曲线之间距离越近、越靠拢的，桩侧各段摩阻力分布越接近；反之，桩身上、下部侧摩阻力之差越大。可以看到：竖直双桩的三条曲线较为靠拢，说明桩侧各段侧摩阻力分布接近，原因是桩较短，埋深浅，桩土间的摩阻力也较小，这也是造成竖直双桩侧摩阻力沿桩身分布起伏较为平缓的原因。而人字桩三条曲线间距离较大，尤其是"26～38cm"段与另两条的距离较大，这说明：人字桩越接近于破坏，两桩尖越加有撑开两侧土的趋势，这也就极大增大了桩端处桩土间的名义摩阻力，所以，人字桩名义侧摩阻力沿桩身分布起伏较大。

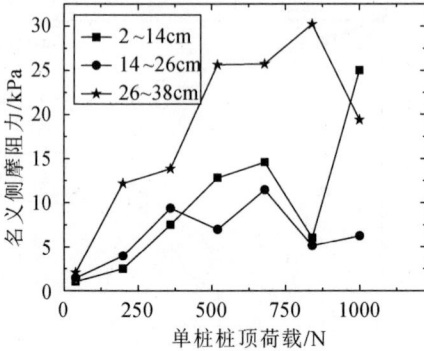

图 8-25　抗压时不同深度人字桩单桩
侧摩阻力随荷载变化

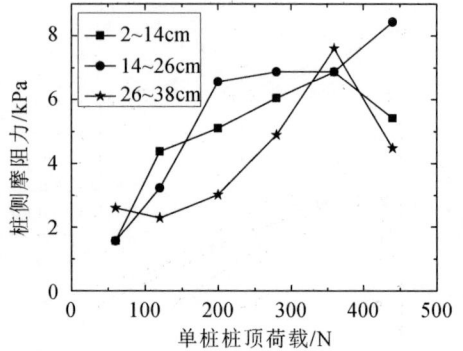

图 8-26　抗压时不同深度竖直双桩单桩
侧摩阻力随荷载变化

（3）桩侧摩阻力随桩顶沉降量的增大也逐步增加，两桩型全桩长范围内的平均侧摩阻力随桩顶沉降的变化情况，如图 8-27 和图 8-28 所示。

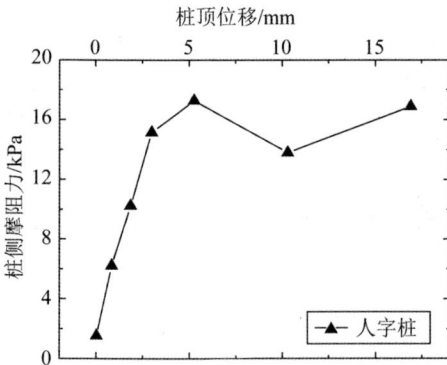

图 8-27　压荷载下人字桩单桩桩侧摩阻力
随桩顶沉降变化

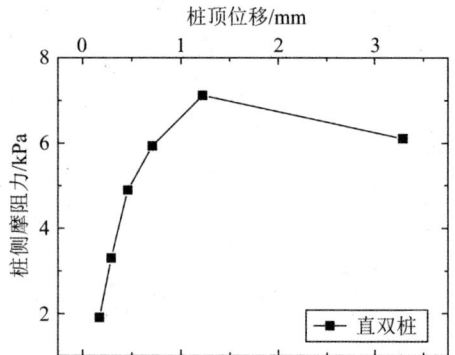

图 8-28　压荷载下竖直双桩单桩侧摩阻力
随桩顶沉降变化

结合曲线可发现，人字桩在极限荷载之前即桩顶沉降量不大时，桩侧摩阻力随桩顶沉降而增大，基本按线性增长，且增长速度较快，而一旦沉降量大于某一值后，随着沉降增大，桩侧摩阻力却有所减小，可判断此时砂土已属加工软化型土，即此时砂土在荷载作用下先挤密成为密实砂，后在荷载继续作用下破坏。这也证明了人字桩在压入扩角过程中对地基土强烈的挤密作用。

8.2.4 人字桩桩身弯矩性状

图 8-29 给出了人字桩模型的弯矩实测结果，另外可利用式（8-1）得到的抗弯刚度来计算抗压极限荷载时人字桩单桩的桩身弯矩值。可以看出，此时人字桩桩身出现两个弯矩峰值，一个在桩顶，一个在桩身中下部，且符号相反。

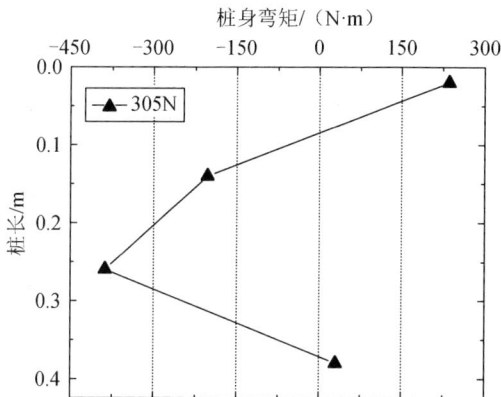

图 8-29 抗压极限荷载时人字桩单桩桩身弯矩

8.3 竖直双桩与人字桩的抗拔性能对比试验

8.3.1 桩破坏模式

模型试验中的两种桩型的桩顶抗拔荷载（Q）-竖向位移量（s）曲线如图 8-30 所示。从两桩型的抗拔 Q-s 曲线可以看出，竖直双桩的抗拔 Q-s 曲线属陡降型，取竖向位移量明显增大的前一级荷载 80N 作为极限承载力，对应的竖向位移量约为 2.7mm；人字桩抗拔 Q-s 曲线属缓变型，结合曲线形状，取 230N 为抗拔极限承载力，对应竖向位移量为 2.5mm，较竖直双桩极限承载力提高约 188%。

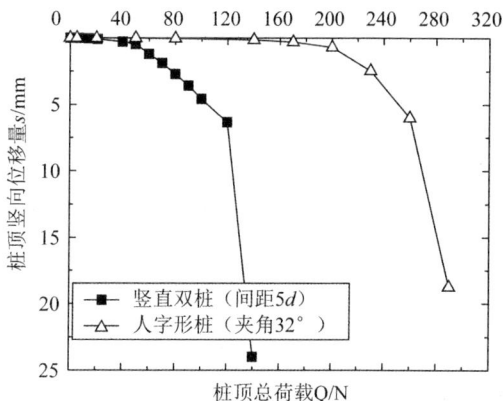

图 8-30 模型试验中的两种桩型的桩顶抗拔 Q-s 曲线

8.3.2　桩身轴力传递性状

　　试验得出两桩型桩的轴力沿桩长的分布特点与抗压桩相似，竖向上拔荷载施于桩顶后，桩身的上部首先受拉而产生相对于土的向上位移，相对位移导致了周围土对桩侧界面向上的摩阻力。荷载沿桩身向下传递的过程就是不断克服摩阻力并通过它向土中扩散的过程，从而导致桩身的轴力沿着深度逐渐地减小。同时发现：相同桩顶上拔力下，人字桩略大于竖直双桩的桩身轴力。两桩型抗拔桩身轴力分布如图 8-31 和图 8-32 所示。

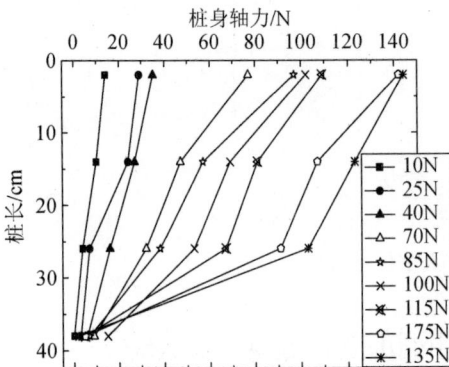

図 8-31　人字桩抗拔时单桩桩轴力分布

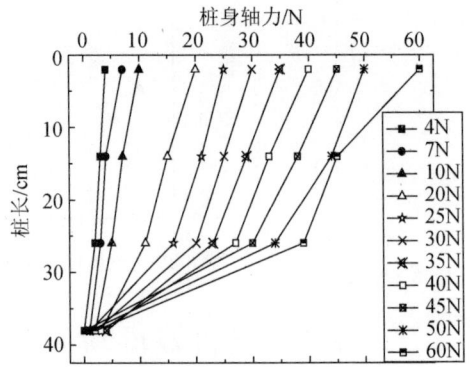

图 8-32　竖直双桩抗拔时单桩桩轴力分布

　　图 8-33 和图 8-34 是不同上拔荷载时两桩型单桩桩身轴力的归一化曲线图，N_i / N 可看出：两桩型轴力分布是沿桩身向下不断衰减的，随着桩顶荷载的增加衰减的幅度趋于平缓，与抗压是有大致相同的分布趋势。

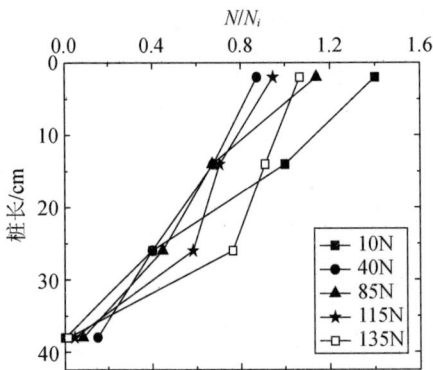

图 8-33　不同压荷载时人字桩单桩桩身轴力归一化曲线

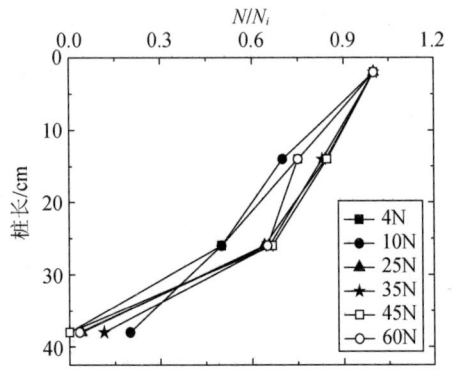

图 8-34　不同压荷载时竖直双桩单桩桩身轴力归一化曲线

8.3.3　桩侧摩阻力性状

（1）试验得出两桩型桩的侧摩阻力沿桩深度的分布特点也与抗压桩相似，这表明：桩侧摩阻力是自上而下逐渐产生的，桩身荷载向土中的传递过程也符合一般抗压桩的规律，只是应力的符号相反，且土与桩的相对位移也是从桩顶逐步传向桩端的，如图 8-35 和图 8-36 所示。由图 8-37 和图 8-38 看出：抗拔时人字桩的平均名义桩侧摩阻力和竖直双桩的平均桩侧摩阻力随着桩身轴力的增加也在增加，到极限后就保持不变。

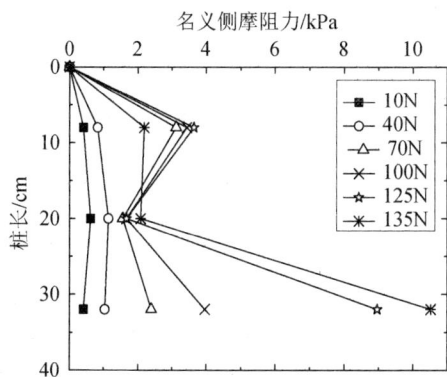

图 8-35　人字桩抗拔时单桩侧摩阻力分布

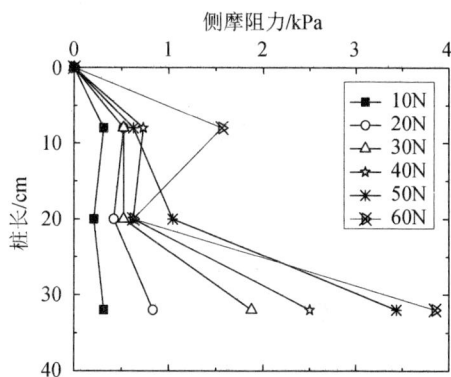

图 8-36　竖直双桩抗拔时单桩侧摩阻力分布

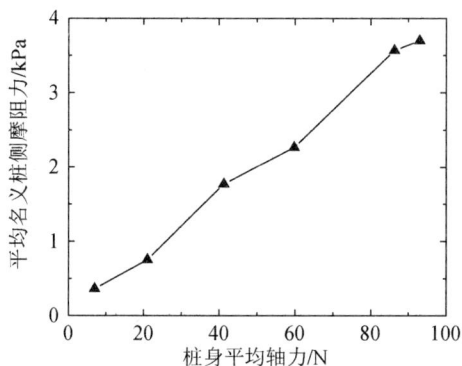

图 8-37　人字桩抗拔时单桩桩身平均轴力
与平均名义侧摩阻力曲线

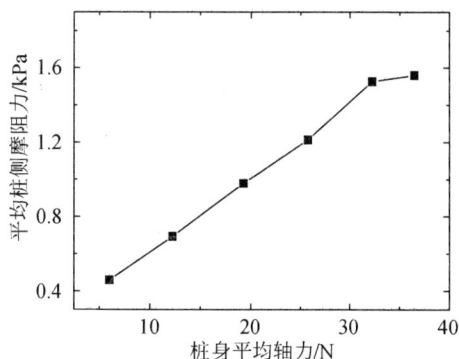

图 8-38　竖直双桩抗拔时单桩桩身平均轴力
与平均侧摩阻力曲线

（2）不同深度处桩侧摩阻力随荷载增加也呈增长趋势，曲线如图 8-39 和图 8-40 所示。从图 8-39 和图 8-40 可以看到，竖直双桩的"2～14cm"段曲线与另两段曲线距离较大，说明桩身上、下部侧摩阻力之差大，原因是：在竖直双桩上拔到接近破坏时，有"越拉越松"的特性。而人字桩三条曲线在较大荷载下一直都很接近，说明桩身上、下部名义侧摩阻力一直都很接近，原因是：人字桩在拔出过程中，桩外侧上覆土重对人字桩的竖向压力增大了桩土间的力，而越靠近桩顶，上覆土越早发挥作用，这就使得沿桩身能保持较均匀的名义侧摩阻力，证明了桩外侧上覆土对提高人字桩的抗拔能力是有贡献的。

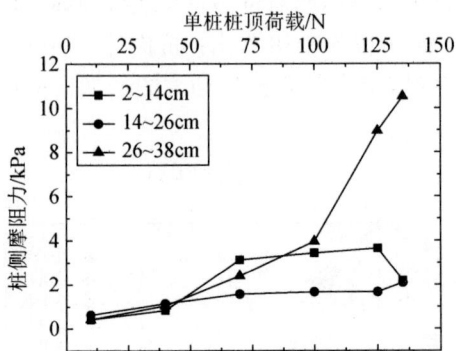

图 8-39　抗拔时不同深度人字桩桩侧摩
阻力随荷载变化曲线

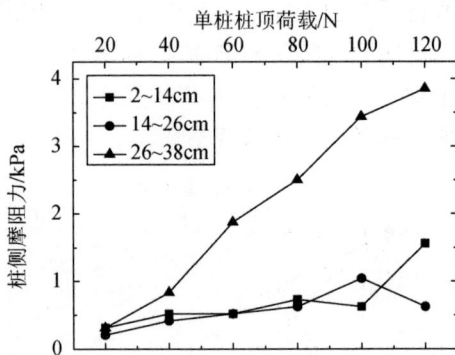

图 8-40　抗拔时不同深度竖直双桩桩侧摩
阻力随荷载变化曲线

（3）图 8-41 和图 8-42 是两桩型全桩长范围内的平均侧摩阻力随桩顶位移的变化情况，桩侧摩阻力随桩顶位移增大而增大，结合曲线发现，人字桩在桩顶位移很小时，平均摩阻力就有很大增加，说明桩外侧上覆土在上拔的初始阶段就发挥着作用，而竖直双桩桩侧摩阻力随桩顶位移而增大，基本按线性增长，且增长速度较快，达到极值后，陡然破坏，所以试验没有测到平缓段。

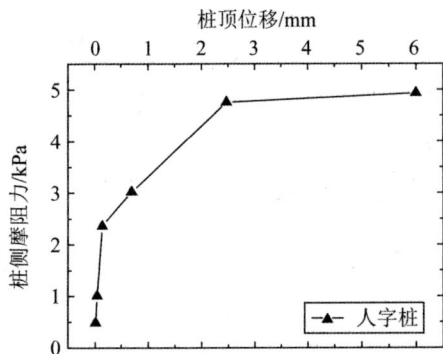

图 8-41　上拔荷载下人字桩桩侧摩
阻力随桩顶位移变化

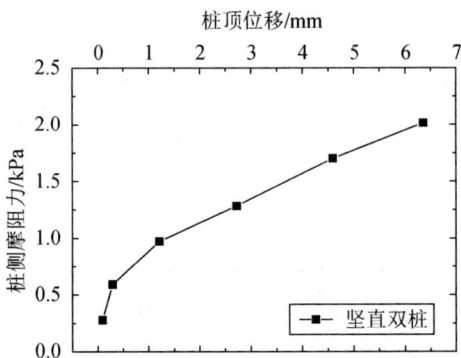

图 8-42　上拔荷载下竖直双桩桩侧摩
阻力随桩顶位移变化

8.3.4　人字桩桩身弯矩性状

图 8-43 给出了人字桩模型在抗拔极限荷载时的弯矩实测结果。可以看出，此时人字桩桩身出现两个弯矩峰值，一个在桩顶，一个在桩身中下部，且符号相反，说明人字桩桩外侧上覆土限制着桩向上的位移。

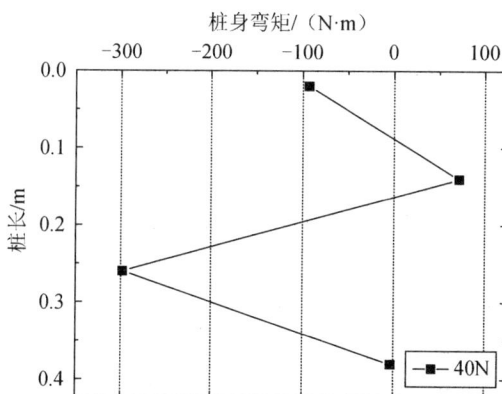

图 8-43　抗拔极限荷载时人字桩单桩桩身弯矩

8.4　三种不同夹角人字桩抗拔承载力对比试验

8.4.1　桩的设置

我们进行了 20°、40° 和 60° 夹角人字桩的抗拔极限承载力试验，桩长均为 0.2m，截面均为 20mm×15mm。分层夯实砂土埋设各桩，洒水静置 12h 后通过杠杆作用加载。

8.4.2　试验结果分析

桩顶上拔荷载（Q）-竖向位移量（s）曲线如图 8-44 所示。从图中三条曲线可看出，三种夹角人字桩的抗拔 Q-s 曲线属缓变型，且随着夹角的增大，人字桩的抗拔极限承载力也在下降，这是由于随着人字桩的夹角变化，引起桩身外侧上覆土重和桩埋深的双重变化，双重影响导致了抗拔极限承载力的下降。

由于模型桩加工困难，没有制作小于 20° 夹角的人字桩，但我们认为是存在人字桩抗拔极限承载力的最优夹角的，且其范围在 20°～30°。由于试验的限制，10° 夹角人字桩的抗拔极限承载力是否会降低，这将在后面的有限元模拟中加以验证。

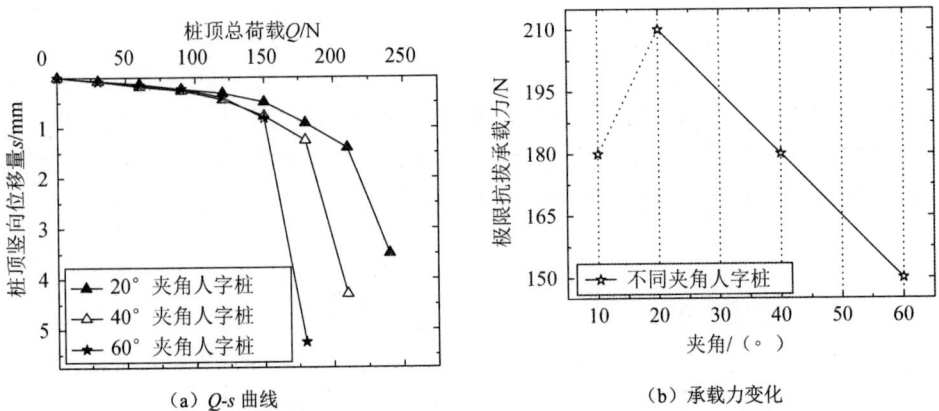

（a）Q-s 曲线　　　　　　　　　（b）承载力变化

图 8-44　不同夹角人字桩抗拔极限承载力

8.5　人字桩承载性能的数值分析

采用岩土工程专业三维有限元软件 Plaxis3DT 模拟模型试验进行对比分析，并证明人字桩是优于竖直桩的。

8.5.1　建模过程

依据试验中模型桩和模型箱的尺寸设定了计算模型尺寸和边界条件。采用三维全模型分析，土体本构模型采用 MC 模型，参数见表 8-3。用均质砂土作为地基，地基土区域（长×宽×深）2m×1m×1.5m，在土模型的两侧施加水平方向位移约束，在底部施加水平、垂直两个方向的位移约束，无地下水。土和结构的单元刚度是根据它们的本构模型或应力-应变关系加以确定的。

表 8-3　土体 MC 模型计算参数

参数	土体重度 $\gamma /(kN/m^3)$	黏结力 c/kPa	内摩擦角 $\varphi /(°)$	剪胀角 $\psi /(°)$	土体模量 E/MPa	泊松比 ν	折减系数 R_{inter}
数值	15.2	0.1	30	0	10	0.3	0.8

对于桩可采用两种单元模型：如果桩直径尺寸与土体单元尺寸即土体有限元网格相当，则可用实体单元模拟，此时可在桩土界面增加接触面单元，模拟桩土相对变形和滑移，如果桩尺寸很小，则采用梁、杆单元模型，同样也可以设置接触面单元。Plaxis 程序中，这两种情形都可以模拟，此处采用梁单元来模拟桩体，人字桩夹角32°，直双桩间距 5d（0.1m），参数见表 8-4。

一般说来，结构材料的刚度通常要比其周围土体高得多，因此通常都假定它们是线弹性的，而土体本构关系则一般都是非线性的，应按非线性进行处理。

表 8-4　模型桩身线弹模型计算参数

参数	土体模量 E/MPa	模型尺寸 $a\times b$（长×宽）/(mm×mm)	抗拉刚度 EA/kN	抗弯刚度 EI/(kN·m²)
值	2.7×10^3	20×20	5.4×10^4	1.8

　　土与结构的共同作用是土力学中最困难的问题之一。有限元的应用为解决共同作用提供了有效的方法。共同作用有两种情况：一种是土与结构之间仅有力的传递，没有相对位移，也就是没有错动和拉开，可看成是由两种材料组成的连续体，进行计算时不会产生困难；另一种是土与结构间有相对位移，从整体上说是不连续的，为了进行有限元计算，就要设置接触面单元来处理这种不连续性。为了模拟桩土间的相互作用，就要在桩土界面处设接触面单元。接触面间可以传递压力，但不能受拉。受拉时，桩土间形成裂隙，则桩土间脱开。接触面只能在有压力作用时传递剪力。Plaxis 采用 Coulomb 剪切破坏准则和拉裂准则判别桩土间的接触性状。

　　当接触面处于弹性状态时，有

$$|\tau| < c_i + \sigma_{ti}\tan\varphi_i \qquad \sigma < \sigma_{ti} \tag{8-5}$$

　　当接触面处于塑性状态时，有

$$|\tau| = c_i + \sigma_n\tan\varphi_i \tag{8-6}$$

式中：φ_i、c_i——接触面的角和黏结力；

　　　　σ_{ti}——接触面处的拉裂强度；

　　　　σ_n、τ——作用在接触面单元上的正应力和剪应力。

　　当接触面单元处于弹性状态时，在垂直于接触面方向上可发生微小弹性法向位移，而在切向可发生微小的弹性剪切位移。接触面处的弹性剪切位移和法向位移由下式得到，即

$$w_s = \frac{\tau \times t_i}{G_i} \qquad w_n = \frac{\sigma \times t_i}{E_{oed,i}} \tag{8-7}$$

式中：G_i、$E_{oed,i}$——接触面土体的剪切模量和侧限压缩模量；

　　　　t_i——接触面的虚拟厚度，由程序根据网格的精细程度乘上虚拟厚度因子（可设定）。

　　决定刚度的关键因素就是虚拟厚度因子 t_i，程序会为其自动选择一个值以使刚度适合计算的需要。

　　将结构离散化为由单元组成的计算模型，称作单元剖分。离散后，单元之间用单元结点相互连接。单元结点的设置、性质和数目视问题的性质、描述变形形态的需要和计算精度而定，一般情况是单元剖分越细则描述变形情况越精确，但计算量越大。所以，有限元分析的结构已不是原有结构物，而是由众多单元以一

定方式连接成的离散物体。用有限元计算获得的结果只是近似的，如果划分单元多且合理，则所得结果就与实际相符。

对于人字桩与直双桩在竖向受荷下的承载性能分析，网格可用如图 8-45 和图 8-46 所示的形式。为了更精确地反映桩体的变形和受力状况，对桩体周围土的网格进行了局部加密。为了模拟桩土之间存在的错动滑移，在其间设置接触面单元。接触单元向下伸延直到底面，如图 8-47 和图 8-48 所示。

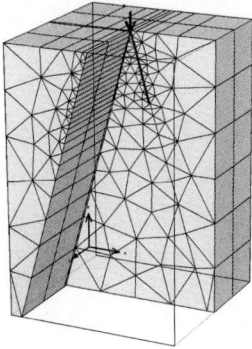

图 8-45　32°人字桩有限元计算网格

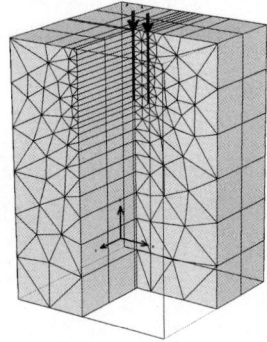

图 8-46　直双桩有限元计算网格

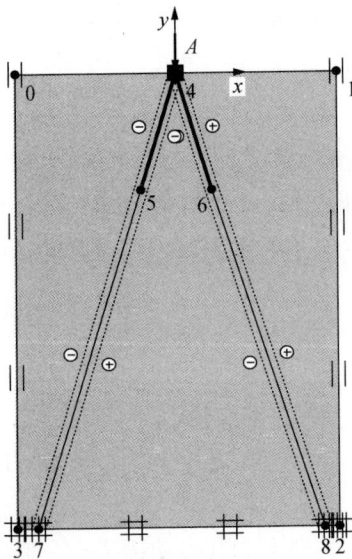

图 8-47　32°人字桩接触面与边界条件设置

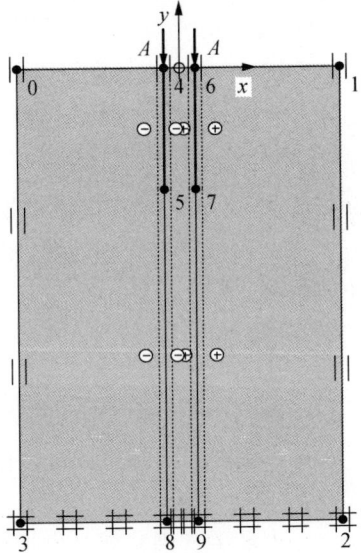

图 8-48　直双桩接触面与边界条件设置

8.5.2　初始应力状态

土体的初始应力受到材料的重度和应力历史的影响，这种应力状态可以用静

止侧压力系数 K_0 表示，K_0 表示初始应力状态 σ_x 与 σ_z 的比值，因而反映了初始的应力水平。

在 Plaxis 程序中，初始应力通过指定静止侧压力系数 K_0 值或将重力作为荷载施加重力场的方式产生。当地基土表面水平且各土层平行于地表时可以指定 K_0 值来产生初始应力。当各土层表面不平行时可以用施加重力场的方式产生初始应力。

由于程序功能的限制，不能设置 K_0 的线性变化，但可以分块设置不同的 K_0 值。在本节的计算中，为方便起见，取 $K_0=1-\sin\varphi$。

8.5.3　人字桩与竖直双桩抗压承载性能分析

在计算过程中先产生初始土压力，计算完成后，就可以进行成果输出。在计算成果输出过程中，可以很直观地了解所计算问题变形后的位移、应力、应变等状态。

1）桩顶下压荷载-沉降特性比较

不同加载时段人字桩有限元模拟结果如图 8-49～图 8-54 所示。

当荷载加至 180N 时，如图 8-49 和图 8-50 所示，人字桩最大沉降值约为 0.3mm，此时桩周土体沉降在 0.2～0.4mm，桩土沉降基本保持一致，桩体本身未发生变形，人字桩基本处于线弹性工作阶段，土体塑性区基本处于桩周附近。

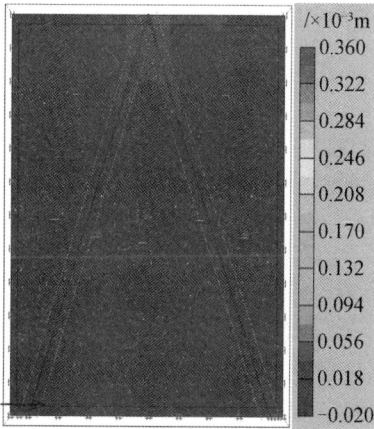

图 8-49　加载至 180N 时的沉降云图　　　图 8-50　加载至 180N 时的塑性区分布图

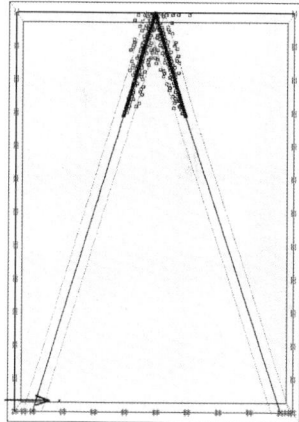

当加载至 360N，如图 8-51 和图 8-52 所示，人字桩沉降增大，最大沉降值约为 0.5mm，此时桩周土体沉降在 0.3～0.5mm，桩土间的沉降差值变大，桩体局部出现了塑性区，人字桩开始进入弹塑性工作阶段。

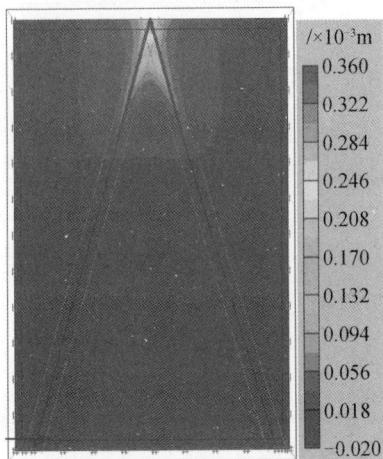

图 8-51　加载至 360N 时的沉降云图

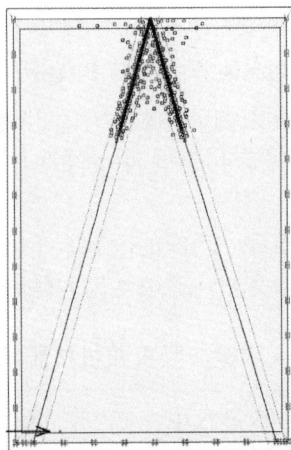

图 8-52　加载至 360N 时的塑性区分布图

继续加载至 555N，如图 8-53 和图 8-54 所示，人字桩沉降急剧增大，最大沉降值达到了 2.5mm，桩周土体沉降 1.5～2.5mm。此时，人字桩荷载超过了其抗压极限承载力，桩体进入塑性破坏阶段。

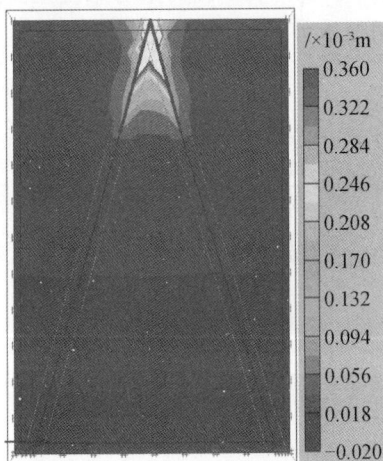

图 8-53　加载至 555N 时的沉降云图

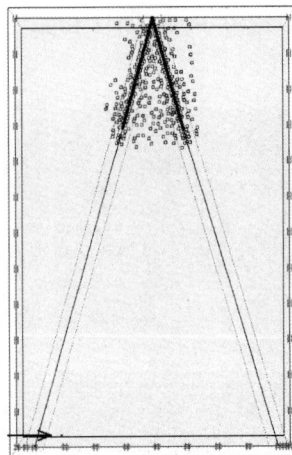

图 8-54　加载至 555N 时的塑性区分布图

通过人字桩加荷过程中地基土位移云图和塑性区分布图可以发现：人字桩两单桩之间靠近桩顶处的三角区是土体位移最大，也是最早出现塑性区的地方。这说明人字桩承受下压荷载时对桩内侧三角区土有压密作用，而三角区土的压密又更加大了对人字桩向下位移的限制，使得抗压承载力得到提高。

桩的荷载-竖向位移量曲线是桩土体系的荷载传递、侧阻和端阻发挥性状的综合反应，研究桩的荷载-竖向位移量曲线是研究桩的受力机理的重要途径之一。用 Plaxis 程序可模拟桩的静荷载试验。在静荷载试验中常采用分级加载法，每级荷载达到相对稳定后，再加下一级荷载，直到试验破坏。荷载分级按试桩的预计最大试验承载力等分为 8～10 级进行加载。在 Plaxis 可通过先施加某级荷载的方法来模拟分级加载法。

图 8-55 是有限元模拟结果与模型试验结果的对比，模拟结果显示人字桩的抗压承载能力要明显优于竖直双桩。两桩型抗压的切线刚度 $K=\Delta Q/\Delta s$，图 8-56 表明，竖直双桩模拟和试验的切线刚度 K，在临近破坏段均陡然下降，而人字桩模拟和试验的切线刚度 K 却起伏平缓，因此在 Q-s 曲线上竖直双桩表现为陡降形，人字桩表现为缓变形，具有很好的"延性"，试验的竖直双桩切线刚度前部有突然跃起，这可能是试验离散性造成的；同时发现模拟得到的承载力尤其是人字桩的模拟承载力均小于试验结果。其原因一方面是由于 MC 模型为理想弹塑性模型，另一方面是模拟计算没有考虑人字桩与直双桩的压入成桩过程，说明人字桩在压入扩角过程对砂土有强烈挤密作用，大幅度提高了抗压承载力。

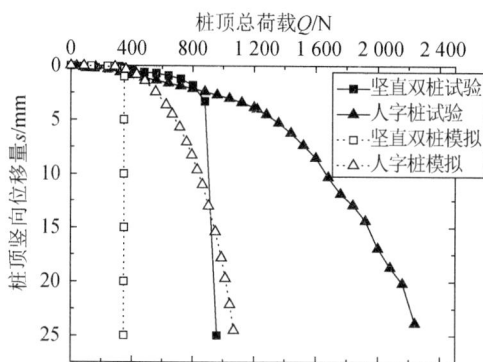

图 8-55　两桩型抗压 Q-s 曲线比较

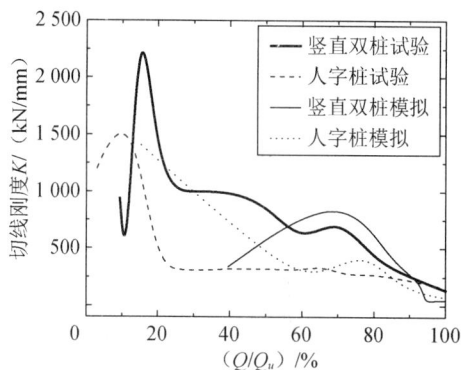

图 8-56　两桩型抗压荷载（Q/Q_u）-刚度 K 归一化曲线

2）两桩型的轴力分布

图 8-57 和图 8-58 给出了各级荷载下的两桩型单桩轴力分布。从上述图中可见，桩顶受到下压荷载时，桩的承载力主要由桩侧摩阻力承担，通过桩身逐渐将荷载传到桩底。在荷载较小时，轴力线近似是一条直线，到桩底时轴力已很小。随着桩顶荷载的增加，曲线形状有了较大的变化，由直线慢慢变成了弯曲的弧线，且弯曲的幅度越来越大。纵观所有的轴力线，到桩底时的轴力都不大。这与模型试验得到的轴力分布趋势图不太一致。

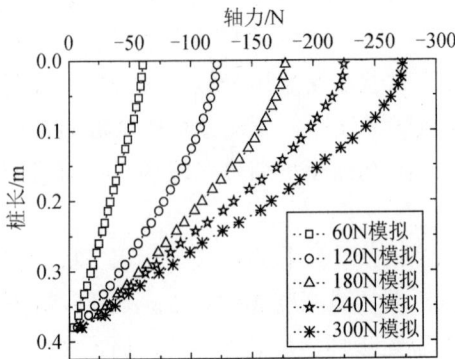

图 8-57　抗压时人字桩单桩桩身轴力分布　　　图 8-58　抗压时直双桩单桩桩身轴力分布

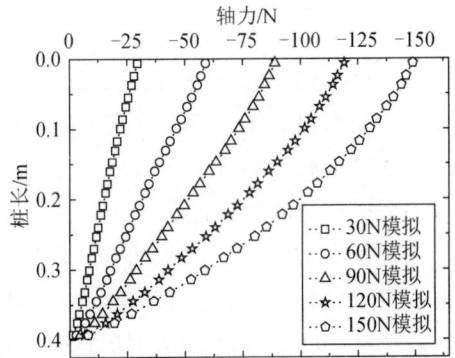

3）人字桩单桩桩身弯矩分布

图 8-59 是计算得到的人字桩抗压极限荷载时的单桩桩身弯矩，可以看出：此时人字桩桩身出现两个弯矩峰值，一个在桩顶，一个在桩身中下部，符号相反，与模型试验结果有类似趋势。模拟计算的人字桩桩顶理想固结状态使得计算得到的桩顶弯矩比试验结果大很多，这表明相对柔性的约束能有效减小桩顶弯矩。

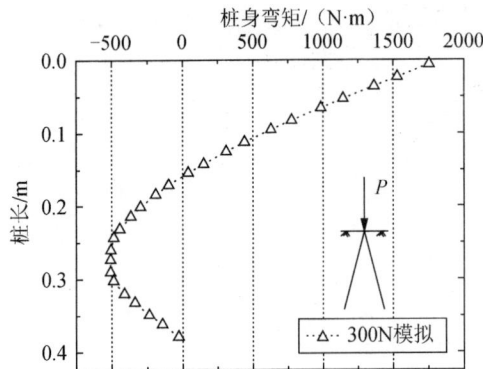

图 8-59　抗压极限荷载时人字桩单桩桩身弯矩分布

8.5.4　人字桩与竖直双桩抗拔承载性能分析

计算模型与参数选取同抗压分析，加载仍采用慢速加载法。

1）桩顶上拔荷载-位移特性比较

不同加载时段人字桩有限元模拟结果如图 8-60～图 8-65 所示。

上拔荷载加至 60N 时，如图 8-60 和图 8-61 所示，人字桩最大上拔量约为 0.03mm，此时桩周土体沉降在 0.01～0.02mm，桩土位移基本保持一致，桩体本身未发生变形，人字桩主要表现为线弹性状态，土体塑性区基本处于桩周附近。

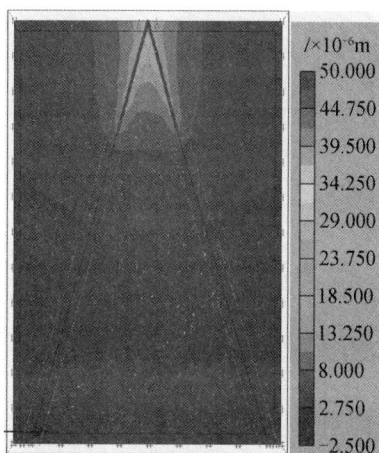

图 8-60　加载至 60N 时的位移云图

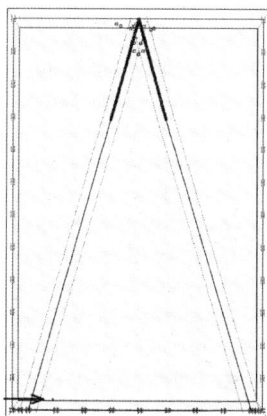

图 8-61　加载至 60N 时的塑性区分布图

当加载至 120N，如图 8-62 和图 8-63 所示，人字桩位移增大，最大沉降值约为 0.08mm，此时桩周土体沉降为 0.03～0.07mm，桩土间的位移差值变大，桩体局部出现了塑性区，人字桩开始进入弹塑性工作阶段。

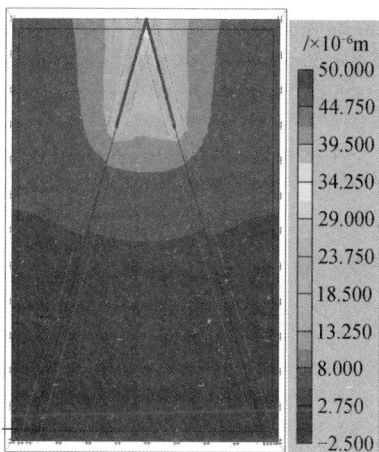

图 8-62　加载至 120N 时的位移云图

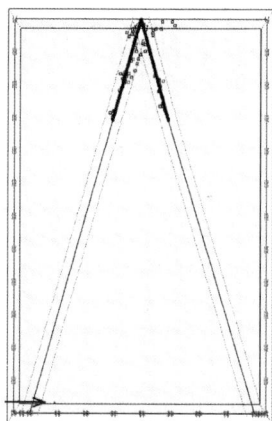

图 8-63　加载至 120N 时的塑性区分布图

继续加载至 166N，如图 8-64 和图 8-65 所示，人字桩位移急剧增大，最大沉降值达到了 1.2mm，桩周土体沉降 0.8～1.1mm，人字桩荷载超过了其抗拔极限承载力，桩周土体形成了连贯的塑性区。

通过人字桩加上拔荷载过程中地基土位移云图和塑性区分布图可以发现：人字桩两单桩外侧区的土体位移最大，也是最早出现塑性区的地方，这说明人字桩向上位移时，两侧上覆土也被向上拉起，随着上拔量的不断增大，人字桩影响上覆土的范围也在不断增大，上覆土竖向压力使得人字桩抗拔承载力得以提高。

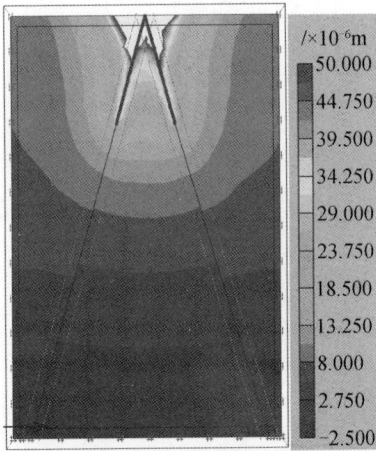

图 8-64　加载至 166N 时的位移云图

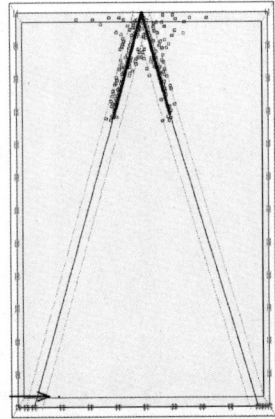

图 8-65　加载至 166N 时的塑性区分布图

　　有限元模拟结果与模型试验结果的对比结果如图 8-66 所示。可以发现：人字桩的抗拔承载能力要明显优于竖直双桩，极限抗拔力提高接近 100%。图 8-67 表明：在加载全过程，人字桩模拟和试验的刚度 K 均大幅高于竖直双桩模拟和试验的刚度 K，试验的人字桩切线刚度前部有突然跃起可能是试验离散性造成的；模拟结果小于试验结果的原因也是因为土体本构模型的选取，以及没有考虑人字桩与竖直双桩的成桩过程，说明人字桩在压入扩角过程对砂土的强烈挤密作用也大幅提高了抗拔承载力。

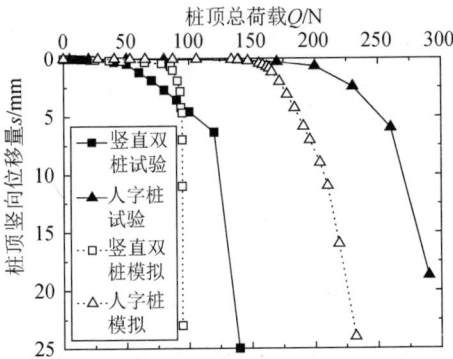

图 8-66　两桩型抗拔 Q-s 曲线比较

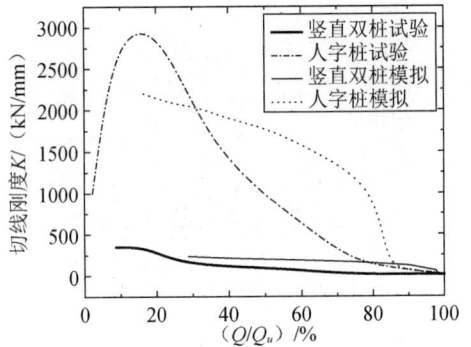

图 8-67　两桩型抗拔荷载（Q/Q_u）-刚度 K 归一化曲线

　　2）两桩型的轴力分布

　　模拟得出的两桩型单桩轴力沿桩身的分布与抗压时相似。竖向荷载沿桩身向下传递的过程就是不断克服摩阻力并通过它向土中扩散的过程，从而导致桩身的轴力沿深度逐渐减小，在相同桩顶上拔力下，人字桩略大于竖直双桩的桩身轴力。两桩型抗拔桩身轴力分布如图 8-68 和图 8-69 所示。

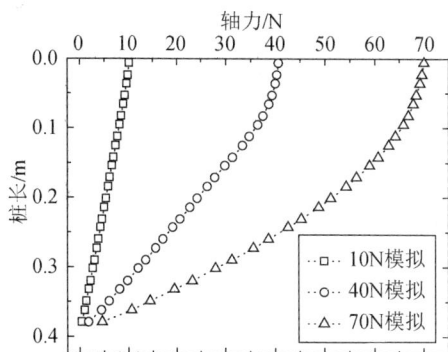

图 8-68　抗拔时人字桩单桩桩身轴力分布　　图 8-69　抗拔时竖直双桩单桩桩身轴力分布

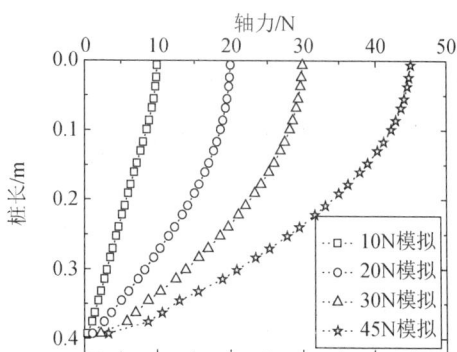

3）人字桩单桩桩身弯矩分布

图 8-70 是模拟计算的人字桩抗拔极限荷载时的弯矩分布。此时人字桩桩身出现两个弯矩峰值，一个在桩顶，一个在桩身中部，且符号相反，与试验有类似结论，说明人字桩桩外侧上覆土对桩向上位移有限制作用。

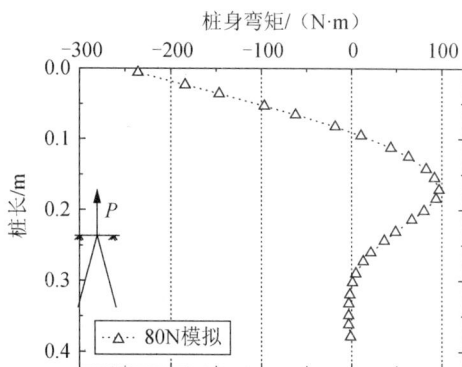

图 8-70　抗拔极限荷载时人字桩单桩桩身弯矩分布

8.5.5　不同夹角人字桩抗拔承载力性状分析

桩顶上拔荷载（Q）-竖向位移量（s）曲线如图 8-71 所示。从三条 Q-s 曲线可见，三种夹角人字桩的抗拔 Q-s 曲线属缓变形。

图 8-72 是各夹角人字桩抗拔极限承载力变化曲线，可以发现：随着夹角的增大，人字桩的抗拔极限承载力也在下降，这是人字桩的桩身外侧上覆土重和桩埋深综合变化的影响结果，而 30° 夹角为人字桩抗拔最优夹角，这也即验证了前述推断。

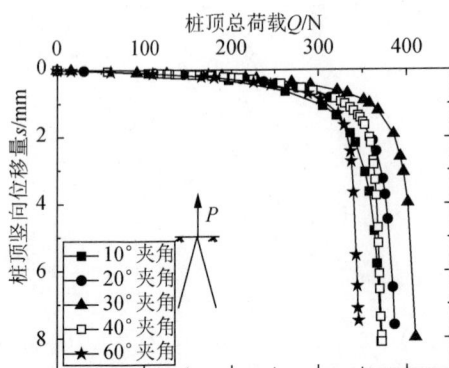

图 8-71　不同夹角人字桩模拟抗拔 Q-s 曲线　　图 8-72　不同夹角人字桩抗拔极限承载力变化

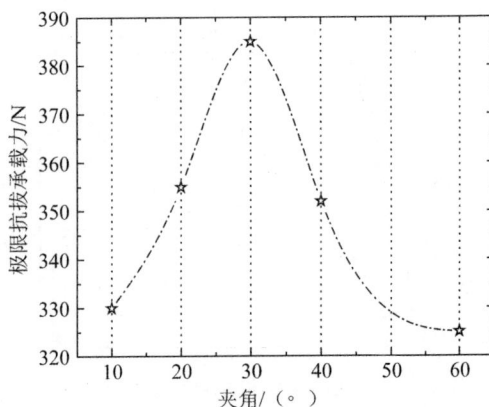

8.6　人字桩抗拔极限承载力经验计算公式——新锥体法

　　人字桩抗拔极限承载力经验计算公式——新锥体法，其理论依据是模型试验和有限元模拟，假定在人字桩破坏时，在桩端扩大角将出现一个稍大于扩大角的圆锥形破坏土体。新锥体法计算模型如图 8-73 所示。

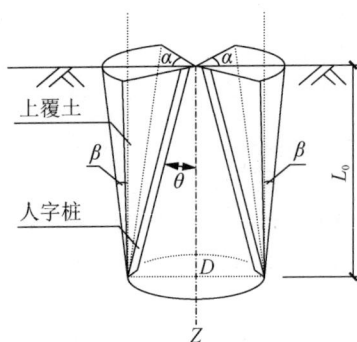

α—水平扩散角，一般取 $\varphi/2$；　β—垂直扩散角，一般取 $\varphi/2$；　θ—桩倾角（即人字桩夹角度数的 1/2），一般取 $10°\sim20°$；L_0—桩深，$L_0=L\cos\theta$；D—人字桩扩角桩端间距离。

图 8-73　新锥体法计算模型

　　基于上述理论模型的极限抗拔承载力计算公式可写为

$$P_u = \left(\frac{4\alpha}{360°}\right)\pi D(\sigma\tan\varphi + c)L_0 + W_s + W_p \tag{8-8}$$

式中：σ——桩端处土的有效正应力；

W_s——桩外侧上覆土的有效重度；

W_p——桩体的有效重度；

φ——桩端所在持力层的土内摩擦角。

由式（8-8）可知，桩夹角和桩端土的工程性质显著影响人字桩的抗拔极限承载能力，因此我们将考察桩夹角和桩端土性的变化对人字桩抗拔能力的影响程度。

8.7　人字桩抗拔承载特性影响因素讨论

8.7.1　夹角的影响

图 8-74 是土层分布情况，人字桩夹角分别为 20°、30°、40° 和 60°，有限元模拟得到的抗拔 Q-s 曲线如图 8-75 所示。

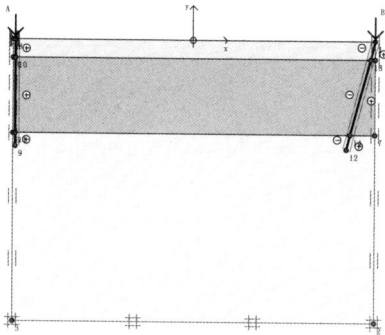

图 8-74　土层分布

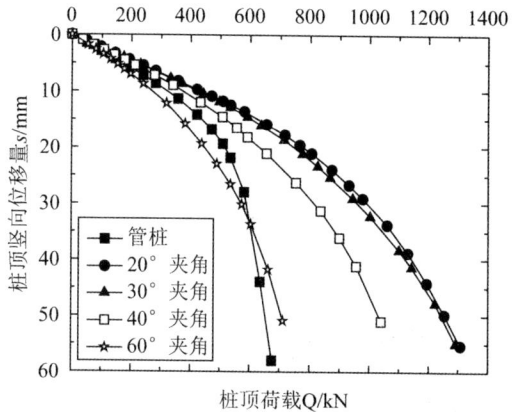

图 8-75　各夹角人字桩抗拔 Q-s 曲线

结合图 8.75 所示的曲线可以得到各夹角人字桩抗拔极限承载力，如表 8-5 所示；其变化趋势如图 8-76 所示，可以发现：30° 夹角人字桩的抗拔极限能力达到极值，20° 人字桩抗拔能力与 30° 人字桩相差不大，40° 与 60° 人字桩抗拔能力陡然下降，60° 人字桩抗拔能力甚至还不如 PC 管桩，这与模型试验和得到的结论是一致的。因此，可以确定 30° 为人字桩的抗拔最优夹角。

另外，对 PC 桩及各夹角人字桩的抗拔能力进行了归一化处理，Q_u 为各桩型抗拔极限承载力值，切线刚度 $K = \Delta Q / \Delta s$，从图 8-77 中可见，各夹角人字桩曲线较平缓，在加载至破坏的整个过程中抗拔刚度起伏不大，20° 和 30° 人字桩刚度最大，这说明人字桩抗拔"延性"好，而PC管桩在临近破坏时，刚度陡然下降，破坏迅速。

表8-5　各夹角人字桩抗拔极限承载力

桩型	抗拔极限承载力/kN	相应竖向位移量/mm
20°夹角人字桩	868	25
30°夹角人字桩	880	25
40°夹角人字桩	744	25
60°夹角人字桩	520	25
PC管桩	570	25

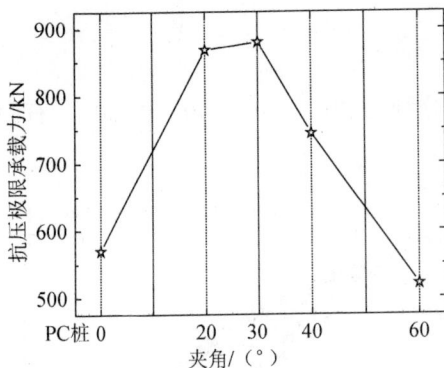

图8-76　不同夹角人字桩抗拔极限承载力变化曲线

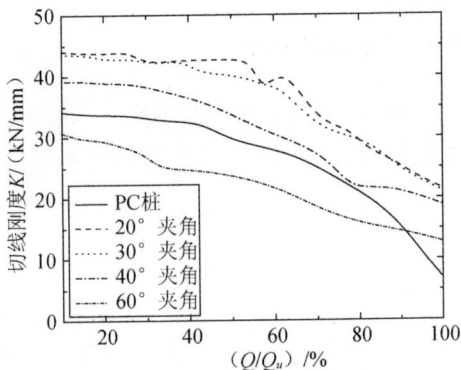

图8-77　各夹角人字桩抗拔（Q/Q_u）-K归一化曲线

8.7.2　桩端土的影响

Plaxis中可以方便地赋予各区域不同土的性质，我们直接将土层③变为土质较差的土层②。此时，考察的是30°人字桩在桩端土不同时抗拔承载力的变化。

从图8-78和图8-79可以看出：人字桩与PC桩刚度，当桩端土为硬土时差值较大，这说明桩端土质会影响人字桩抗拔能力提高的幅度；无论桩端土质硬与软，PC桩临近抗拔极限荷载时，刚度均陡然下降，在Q-s曲线上表现为陡降形；人字桩在桩端土为硬土时的加载全过程中刚度变化不大，这说明在人字桩向上位移过程中对土层②有挤密作用，使得土层②的抗剪强度一直在增大。

另外，使用式（8-8）计算桩端在土层②的人字桩的抗拔极限承载力，得到P_u=466kN；有限元模拟结果是501kN（相应沉降量25mm），与式（8-8）结果仅相差7%，再一次验证了新锥体法准确性，可以满足工程设计需要。

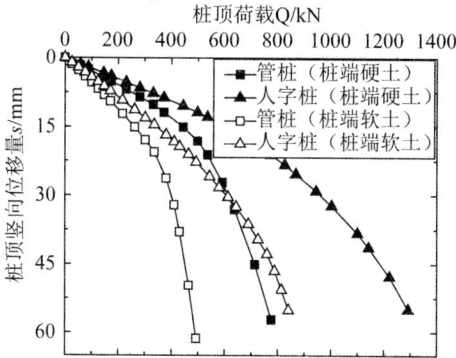

图 8-78　桩端土不同时人字桩抗拔
Q-s 曲线

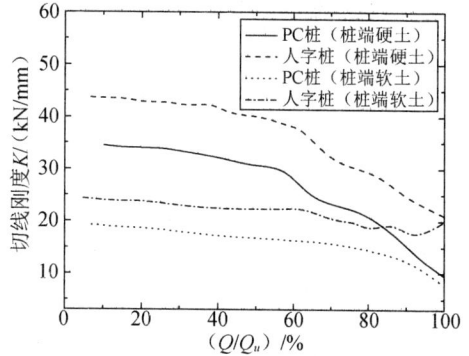

图 8-79　桩端土不同时人字桩抗拔
（Q/Qu）-K 归一化曲线

8.8　人字桩抗压承载特性影响因素讨论

8.8.1　夹角的影响

图 8-80 是土层分布情况，人字桩夹角分别为 20°、30°、40° 和 60°，有限元模拟得到的抗压 Q-s 曲线如图 8-81 所示，各桩型抗压极限承载力如表 8-6 所示，绘制成图 8-82 和图 8-83，同样可以得出 30° 为人字桩的抗压最优夹角。

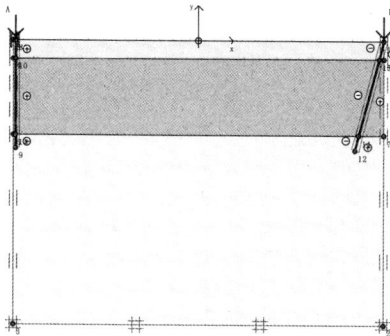

图 8-80　土层分布

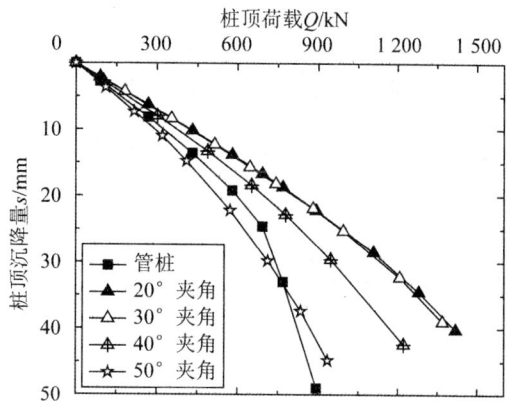

图 8-81　各夹角人字桩抗压 Q-s 曲线

表 8-6 各夹角人字桩抗压极限承载力

桩型	抗压极限承载力/kN	相应沉降量/mm
20°夹角人字桩	992	25
30°夹角人字桩	994	25
40°夹角人字桩	840	25
60°夹角人字桩	630	25
PC 管桩	692	25

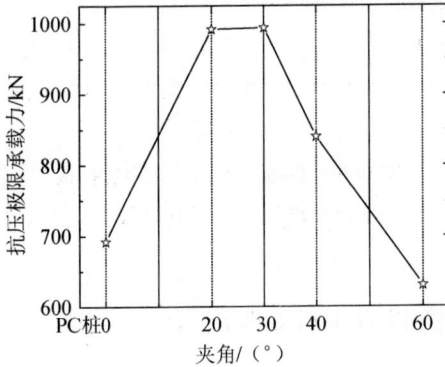

图 8-82 不同夹角人字桩抗压极限承载
变化曲线

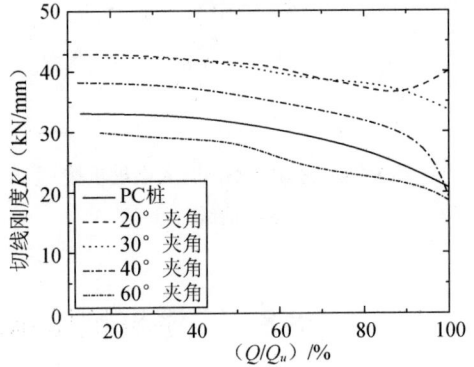

图 8-83 各夹角人字桩抗压（Q/Q_u）-K
归一化曲线

8.8.2 桩端土的影响

考察 30°人字桩在桩端土不同时抗压承载力的变化。从图 8-84 和图 8-85 中可以看出，人字桩与 PC 桩刚度在桩端土为硬土时差值较大，这说明桩端土质也会影响人字桩抗压能力提高的幅度；当桩端土质为硬土时，PC 桩在加载全过程中刚度变化较为平缓，$Q\text{-}s$ 曲线表现为缓变形；PC 桩和人字桩在桩端土为软土时临近破坏时刚度均陡然变小，$Q\text{-}s$ 曲线均表现为陡降形。

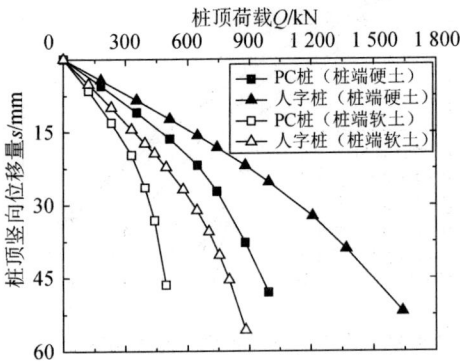

图 8-84 桩端土不同时人字桩抗压
$Q\text{-}s$ 曲线

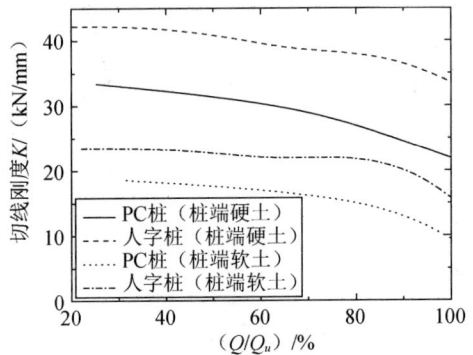

图 8-85 桩端土不同时人字桩抗压
（Q/Q_u）-K 归一化曲线

8.9　本章小结

通过小比例尺寸的自行扩角、竖向承载比较和夹角影响分析的系列室内模型试验，研究了人字桩的成桩工艺和工作性状，可得出以下结论。

（1）人字桩只需现有压桩设备进行压桩，模型试验证明其在压入过程中可以自行扩角，证明了成桩工艺和实际应用的可行性。

（2）人字桩的抗压极限承载力明显高于竖直双桩，主要原因在于两桩之间夹有的三角区土的挤密，增加了桩土间的名义侧摩阻力。

（3）人字桩的抗拔极限承载力也明显高于竖直双桩，主要原因在于桩端对外侧上覆土的挤推作用和外侧上覆土重对人字桩的位移约束，增大了桩土间的名义侧摩阻力。

（4）不同夹角的人字桩的抗拔极限能力是不同的，主要原因在于桩的埋深和桩身外侧的上覆土重的综合动态影响，确定了其竖向承载力的最优夹角为约30°。

（5）本章提出的新锥体法在计算人字桩抗拔极限成承载力时是可行的和准确的。

参 考 文 献

[1] 左东启，等. 模型试验的理论和方法[M]. 北京: 水利电力出版社, 1984.

[2] 石磊, 殷宗泽. 砂土中群桩特性的试验研究[J]. 岩土工程学报, 1998(20): 3.

[3] TAMOTSU W, HONG W P, TOMIO I. Earth comcompression on pile in a row due to lateral soil movements[J]. Soils and Foundations, 1982(22): 71-81.

[4] CAO X D, WONG L H, CHANG M F. Behavior of model rafts resting on pile-reinforced sand[J]. Journal of Geotechnical and Geoenvironmental Engineering, 2004(130): 129-138.

[5] 桩基工程手册编委会. 桩基工程手册[M]. 北京: 中国建筑工业出版社, 1995.

第9章 配重法抗浮技术

9.1 增加配重法抗浮技术

对于水浮力较小、地下室埋深较浅的地下结构抗浮设计，可以采用增加配重法，即通过增加结构体自重力、地下室结构内部和外部的附加荷载，使其始终大于地下水对结构物所产生的浮力，从而解决地下结构抗浮问题。本章针对增加配重法的地下结构抗浮设计方法，分析其常见的类型和适用范围、设计计算方法和工程实例。

9.1.1 类型和适用范围

顾名思义，增加配重法就是增加结构体自身的质量和附加荷载的大小，使其始终大于地下水对结构物所产生的浮力，确保结构物不上浮，其设计较其他抗浮方法简单易行。常用的增加配重法，包括增加结构自重力、增加地下室内部附加荷载和增加地下室外部附加荷载三种类型，如图 9-1 所示。这三种方法可以组合使用，也可以单独使用。下面分别介绍三种方法及其适用性。

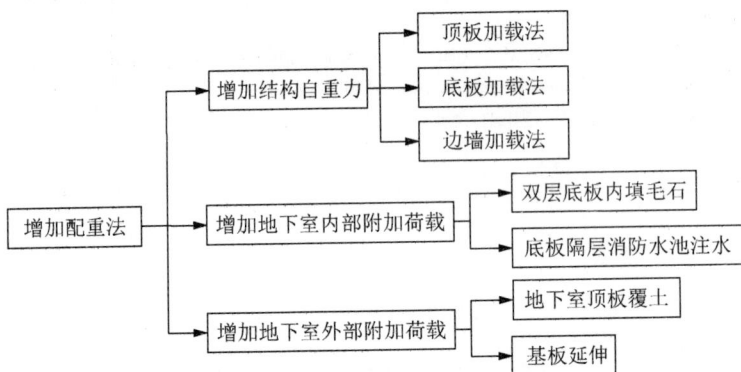

图 9-1 增加配重法常见的类型

1）增加结构自重力

增加结构自重力的方法包括顶板加载法、底板加载法和边墙加载法，分别通过增加地下结构的顶板、底板和边墙的厚度，使自重力（恒载）增加以抵抗地下水的上浮力。该方法的优点是简单易行、施工及设计较简单，但当结构物需要抵抗的浮力较大时，需要大量增加混凝土，导致费用增加较多。同时，增加结构自重力可能会影响地下室的使用净高。下面分别对三种增加结构自重力方法的适用性进行分析。

（1）顶板加载法。一般用于埋深较浅、不需增加太厚压载物且其顶部有条件压载的地下结构物的抗浮，但会增加结构自身造价和基础造价，对规模较大、埋深较深的地下结构物的抗浮不宜采用此法作抗浮措施，图 9-2 所示为顶板加载法示意图。

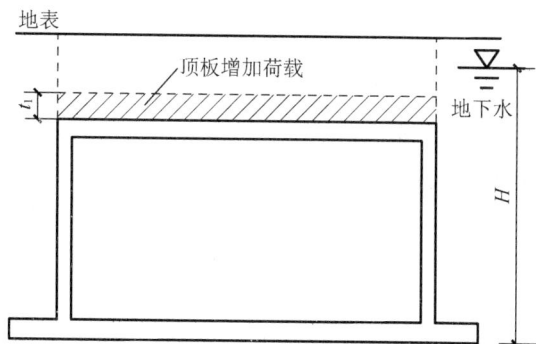

图 9-2　顶板加载法示意图

（2）底板加载法。一般适用于上浮力不是很大、埋深较浅、不需增加太厚混凝土的地下结构物的抗浮。底板加载法需在地下室底板浇筑大量的压载混凝土，材料上造成极大的浪费，也相应增加了工程造价，厚板施工也非常困难和不便；底板加载加深了基坑的开挖深度，须在基坑支护结构设计中进行考虑。图 9-3 所示为底板加载法示意图。

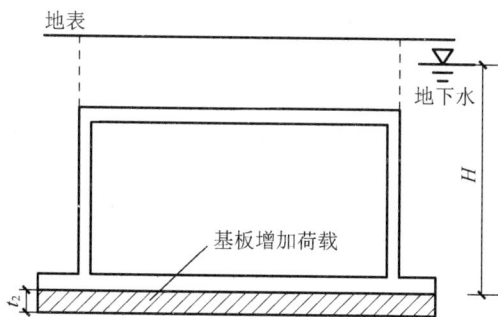

图 9-3　底板加载法示意图

（3）边墙加载法。一般适用于不受场地条件限制、上浮力较小的地下结构物的抗浮。边墙加载和底板加载法相比较，其不需要加深基坑开挖深度。边墙加载导致基坑面积加大，并且土方开挖量及造价、工期也将增加，一般很少选用。图 9-4 所示为边墙加载法示意图。

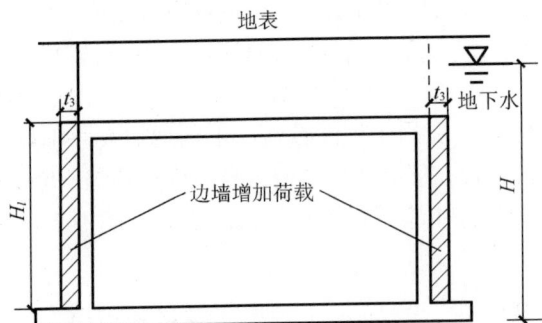

图 9-4　边墙加载法示意图

2）增加地下室内部附加荷载

增加地下室内部附加荷载可以通过设置双层底板内填毛石和地下室内消防水池注水的方法，实现内部附加荷载的增加，以抵抗地下室自重力不足的地下水的上浮力。该方法是底板加载法的一种改进，优点是简单易行、造价便宜，但施工及设计较复杂。

（1）双层底板内填毛石。如图 9-5 所示，通过在底板结构设计中设置双层底板，在底板之间内填毛石，实现结构附加荷载和结构自重力共同抵抗地下水浮力，其一般适用于上浮力不是很大、埋深较浅的地下结构物的抗浮。该方法和底板加载法对比，采用毛石填筑减小了底板加厚导致的工程造价，费用较低，但设置双层底板，在相同地下室净空的情况下，加大了基坑的开挖深度，须在基坑支护结构设计中进行考虑。

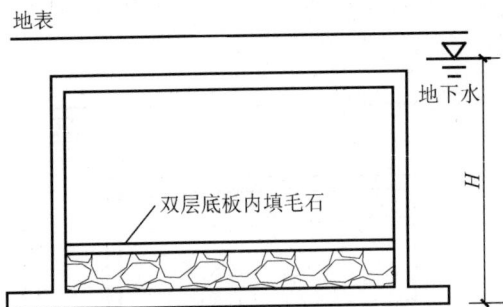

图 9-5　双层底板内填毛石示意图

（2）底板隔层消防水池注水。如图 9-6 所示，通过在底板结构设计中设置底板隔层消防水池，在消防水池间内注水，实现结构附加荷载，并与结构自重力共同抵抗地下水浮力。其一般适用于上浮力不是很大、埋深较浅的地下结构物的抗浮。该方法通过巧妙的结合地下室消防水池的设计，利用注水提供地下结构的抗浮力。该方法工程造价低，但在长期的使用过程中，需要对消防水池的长期使用进行管理，防止消防用水使用后附加荷载减小，导致地下结构上浮。

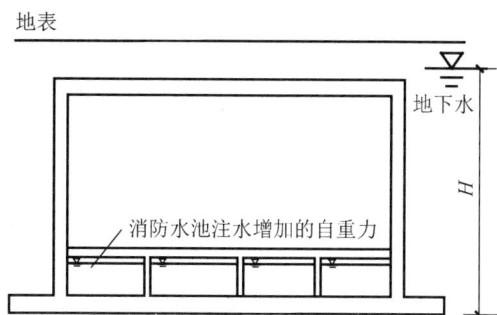

图 9-6　底板隔层消防水池注水示意图

3）增加地下室外部附加荷载

增加地下室外部附加荷载，通过地下室顶板覆土和基板延伸等方法，实现外部附加荷载的增加，以抵抗地下室自重力不足的地下水上浮力。顶板覆土法是顶板加载法的一种改进，而基板延伸法是边墙加载法的一种改进。增加地下室外部附加荷载法和增加结构自重力的适用条件类似，现分别对地下室顶板覆土和基板延伸的适用条件进行说明。

（1）地下室顶板覆土，即通过在地下室顶板进行降板处理，在顶板上填充覆土或重度较大的材料。其一般适用于上浮力不是很大、埋深较浅的地下结构物的抗浮。与顶板加载法对比，该方法具有采用填充覆土或重度较大的材料、增加自重力、工程造价较小及费用较低的特点。

（2）基板延伸，是将地下结构物的基板向外延伸而形成翼板，如图 9-7 所示，由翼板承托覆土以抵抗上浮力。基板延伸是边墙加载法的一种改进，用基板上回填的覆土或重度较大的材料来抵抗浮力。其一般适用于上浮力不是很大、埋深较浅的地下结构物的抗浮。与侧墙加载法对比，该方法造价较低，但由于基板延伸，基坑开挖面积加大，土方开挖量增加，造价也将有所增加。因此，对规模较大的地下结构物，很少将其作为抗浮措施。

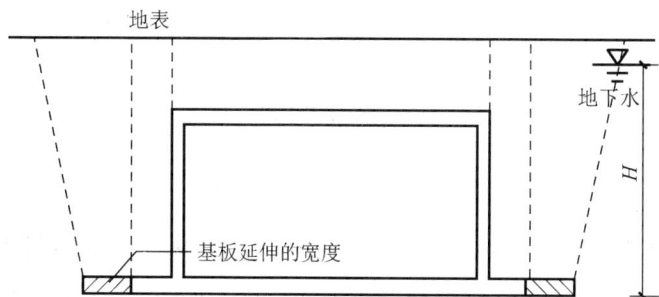

图 9-7　基板延伸法示意图

9.1.2 设计计算

增加配重法的设计计算比较简单，基本原理是结构自重力和附加荷载之和满足地下水的浮力，即满足

$$\frac{G}{S} \geqslant K \tag{9-1}$$

$$G = G_z + G_1 \tag{9-2}$$

式中：G——结构自重力 G_z 及其上作用的附加荷载 G_1 的标准值的总和；

S——地下水对建筑物的浮力标准值；

K——地下结构抗浮安全系数，K 取 $1.05 \sim 1.10$。

为了保证地下结构的抗浮稳定性，增加配重法的计算需要确定除地下结构自重力 G_z 外的需加载质量混凝土或其他附加荷载 G_1，包括结构自身增加的重力、附加荷载，如双层底板内填毛石、底板隔层消防水池注水和地下室顶板覆土。对于上覆土重力需要考虑有效重度。

对于基板延伸方法，相对于其他增加配重法的计算要复杂一些，即需要根据受力机理进行基板延伸的长度、基板的受力和配筋计算。对于基板延伸方法的受力机理和计算原则分析如下。

如图 9-8 所示，基板延伸方法的附加荷载包括垂直压力 G_{w1}，侧翼压力 G_{w2}、土间摩阻力 P_w，考虑到侧翼压力和土间摩擦力计算的不确定性，在抗浮验算中，可以仅考虑延伸范围的垂直压力，对于侧翼压力和土间摩阻力计算可以作为安全系数，由此确定基板延伸的长度。

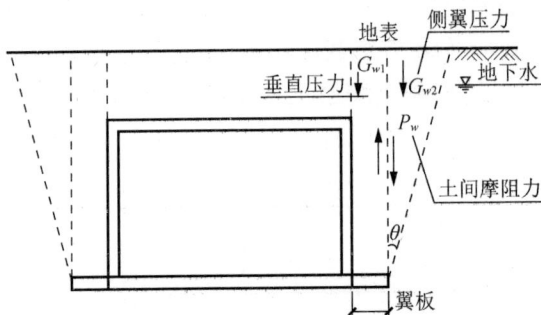

图 9-8 基板延伸方法抗浮计算示意图

另外，对于基板延伸的底板需根据悬挑板的受力模式，考虑最不利水位，用水浮力扣除结构自重力后的附加荷载，进行延伸底板和外墙连接位置的内力计算，包括抗剪和抗弯计算，以及确定延伸结构底板的厚度和配筋。

9.2　自压重力抗浮技术

受增加自重力和利用土层与地下结构之间的摩阻力进行抗浮的两种方法的启示，构思一种利用土体本身进行自压重力的抗浮技术。该技术主要是通过隔水处理后，利用基础底部土体自重力进行抗浮的"自压重力式"抗浮，具体工作原理如图 9-9 所示（其中 1 为建筑物墙、柱；2 为基础底板；3 为支护结构；4 为肥槽回填土；5 为地面；6 为地下水位线；7 为场地土层；8 为隔水体；9 为"压重力"土体），对于建筑面积为 A 的建筑物，根据建筑物上部荷载大小 F_1 以及基础所受到的浮力大小 $\gamma_w A(h_1 - h_0)$，计算出保证建筑物安全所需提供的抗浮力大小；在此基础上再根据基底土层的物理力学参数确定所需的土层厚度 $H = h_2 - h_1$；然后，沿基础外围进行注浆（可以在做基坑支护设计时加以考虑）或直接利用支护体系的止水帷幕，并在 h_2 深度处注浆，以形成全封闭的隔水箱体。对于隔水处理的措施可以根据具体情况而定，如果土层下部某深度处（该深度达到上述抗浮要求深度）存在不透水的相对隔水层，则可以利用该隔水层，且只需要将四周的隔水帷幕嵌入该层 2～3m 即可，不用再进行注浆处理；如果是采取换填方法处理的地基，则可在挖到某深度后，直接铺设塑料膜进行隔水，然后再填土。总之，无论何种情况，只要能够形成一个隔水箱体就可以利用基底土体的自重力进行抗浮。

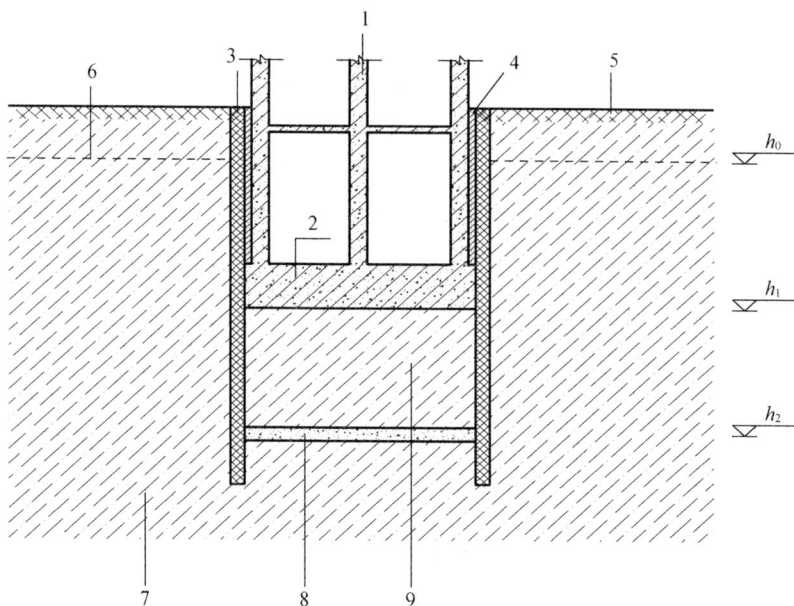

图 9-9　自压重力抗浮技术示意图

　　与现有技术相比，该技术具有的优点是：通过隔断水力传递，完全利用基底土层自重力进行抗浮。而目前实际工程中常用的抗浮桩和抗浮锚杆，均是通过和基础底板固定，当基础底板受到水浮力时，提供抗拔力阻止建筑物上浮，但同时对基础底板施加了一个作用力，造成底板结构截面加大或配筋量增加。综上所述，该技术不仅能够起到很好的抗浮效果，还能缩短施工工期、降低工程的造价。

　　根据上述思路，可得到自压重力抗浮技术的计算步骤，假设建筑面积为 A 的建筑物，结构荷载与自重力之和为 F_1，地下水水位为 h_0，基础埋深为 h_1，基底土层的重度为 γ，土层的浮重度为 γ'，水的重度为 γ_w，且 $\gamma = \gamma_w + \gamma'$，抗浮安全系数取 1.2，由于水压力是随着压重力土体的深度增加而增加的，抗浮力利用的仅是压重力土体的浮重度，具体的提供压重力的土层厚度 H 计算如下。

　　基底处的水浮力为

$$F_{浮} = \gamma_w A(h_1 - h_0) \tag{9-3}$$

　　基础的抗浮力为

$$F_{抗} = F_1 + \gamma' \cdot A(h_2 - h_1) \tag{9-4}$$

则根据力学平衡关系可得

$$F_{抗} = 1.2 F_{浮} \tag{9-5}$$

由此可得到压重土层的底标高为

$$h_2 = \frac{1.2 \gamma_w A(h_1 - h_0) - F_1}{\gamma' \cdot A} + h_1 \tag{9-6}$$

则压重土层的厚度 H 为

$$H = \frac{1.2 \gamma_w A(h_1 - h_0) - F_1}{\gamma' \cdot A} \tag{9-7}$$

式中：当 $H > 0$，则需要抗浮；若 $H < 0$，则不需要抗浮。

　　取建筑面积 $A = 300\text{m}^2$，结构荷载为 6 000kN，地下水水位为 1.0m，基础埋深为 6.0m，基底土层重度为 8.5kN/m³，水的重度为 10.0kN/m³，则基底下提供压重的土层厚度为

$$H = \frac{1.2 \times 10.0 \times (6.0 - 1.0) \times 300 - 6\,000}{8.5 \times 300} = 4.7\,(\text{m})$$

隔水体设置的深度为 4.7+6.0=10.7(m)（从自然地面算起）。

　　由此可见，采用自压重力抗浮技术，所处理的土层深度并不大，将式（9-7）进行变换可得

$$H = \frac{\gamma_s \gamma_w (h_1 - h_0) - p}{\gamma'} \tag{9-8}$$

式中：γ_s —— 抗浮安全系数；

　　　　p —— 基底的均布荷载；

γ_w —— 水的重度；

γ' —— 土层的浮重度；

h_0 —— 地下水位的深度，可假设为零，且仅对于超补偿基础才需要进行抗浮，即基底的均布荷载满足 $p \leqslant \gamma_w(h_1 - h_0)$ 的建筑物，且最不利的条件是基底的均布荷载等于零，即 $p = 0$，根据这两个极值条件，可得到压重力土层厚度的范围为

$$\frac{\gamma_s \gamma_w}{\gamma'} \geqslant \frac{H}{h_1} \geqslant \frac{\gamma_w}{\gamma'}(\gamma_s - 1) \tag{9-9}$$

取抗浮安全系数 $\gamma_s = 1.20$，且水的重度 $\gamma_w = 10$，可将压重力土层厚度与开挖深度的比值随土体浮重度的变化范围绘制于图 9-10。

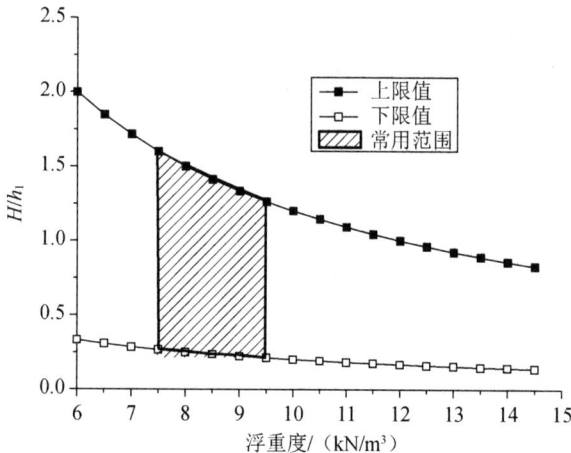

图 9-10　压重土层厚度与开挖深度的比值随土体浮重度的变化范围

由图 9-10 可见，对需要抗浮的超补偿基础而言，最不利情况下的压重力土层厚度是开挖深度的 2 倍，对常见土体，其比值为图中的阴影区域，变化幅度为 0.3～1.5，取平均值即为 0.9，而支护桩的嵌固深度一般为 $1.2h$，表明自压重力抗浮技术能够充分利用已有的支护止水帷幕。

此外，若基础位于软弱土层上，则可采取注浆或深搅桩形式进行处理，既可加固土体，提高地基强度，保证开挖期间坑底隆起的稳定性和满足后期地基承载力要求，又可作为上述的抗浮压重力土体，加固的深度取满足地基强度所需深度和抗浮所需压重力土层厚度中的较大者。

综上所述，自压重力抗浮技术的关键是隔断压重力土体与外界土体的水力联系，在具体施工中可根据各自特点采用土工织物、注浆等方法得到隔水箱体，也可直接采取满堂加固得到隔水实体。

9.3　本 章 小 结

　　配重法是一种简单易行的地下结构抗浮措施，通过资料调研和文献汇总，本章系统地总结了配重法的常见类型和适用范围，提出了增加配重法和自压重力法的设计计算方法。增加配重法包括增加结构自重力、增加地下室内部附加荷载、增加地下室外部附加荷载三种类型。

　　配重法的设计计算简单，基本原理是结构自重力和附加荷载的质量之和满足地下水的浮力，其中地下结构抗浮安全系数 K 取 $1.05 \sim 1.10$。根据计算需要的配重选择压载材料的厚度和压载材料的质量。对于增加地下室及外部附加荷载的基板延伸方法，需要根据受力机理进行基板延伸的长度和基板的受力和配筋计算，可以仅考虑延伸范围的垂直压力确定基板延伸的长度。设计计算需要对水浮力作用下基板延伸的弯矩和剪力进行验算。

技术篇（二）

——主动抗浮技术

第10章 排水减压法抗浮技术

常规的地下结构抗浮措施，如抗浮锚杆、增加结构配重和抗拔桩等通常采用"抗"的思路解决地下结构的抗浮问题。释放浮力法是在地下室底板下设置水浮力释放系统，通过降水和排水等多个措施降低和释放基础底板下的水浮力，即采用"放"的思路解决地下结构的抗浮问题。本章结合游泳池的排水减压技术进行试验分析。

游泳池排水减压抗浮法着眼于"主动"，即通过降水、泄压等主要手段达到抗浮目的，是对传统抗浮方法的发展和完善。该抗浮技术主要由排水减压系统及池水收集系统构成。如图10-1所示，其主要构造方法为在水池底板四周及侧壁适当位置布置贯穿混凝土结构层的排水管，同时在池底铺设一定厚度的高透水性材料（如砂性土）。排水管及池底垫层构成完整的排水减压系统。当水池需要放空停用时开启排水管的阀门，这时池底的地下水在水头差的驱动下通过排水管进入池内。地下水发生渗流以后，作用于池底部的竖向水压力将大幅度减小，即达到排水减压抗浮目的。当池内的水积聚到一定量时，开启原有的排水系统，将积水收集到专门的集水井内用于日常的绿化浇灌等。

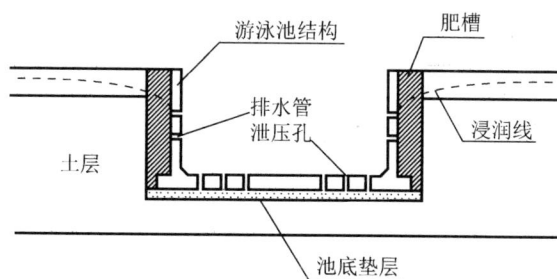

图10-1 排水减压抗浮法构造示意图

由于"主动"抗浮方法是以排水、减压等为主要手段，这就有可能改变地下水分布现状，引起降水半径范围内土体的固结、地面沉降和裂缝等后果，严重时将对周边建筑、地下管线和生态环境产生诸多不利影响[1]。因此，当采用"主动"方法进行抗浮时，对周围环境影响的评价是必不可少的。

10.1　排水减压抗浮法的模型试验论证

由于"主动"抗浮的思想及相应的技术至今没有在游泳池及浅埋地下构筑物的抗浮中得到应用,该抗浮思路的可行性无法得到验证。根据排水减压抗浮法的构造措施自制试验装置,本节运用模型试验的方法对主动抗浮在游泳池抗浮中的可行性进行探讨,并在此基础上模拟池侧填土透水性及池底透水层对抗浮效果的影响。

10.1.1　试验方案

参考宋林辉等[2]、张第轩[3]设计的用于测量水浮力的模型试验装置,并结合本试验的特点及所要达到的目的,将本次试验的装置设计成如图10-2所示。运用图10-2所示的试验装置来模拟排水减压抗浮法在游泳池抗浮设计中的应用,进而验证该抗浮措施的可行性。如图10-2所示,图(a)为试验装置的正面,图(b)为侧面。通过在塑料篮子内填筑一定厚度的土体来模拟游泳池周围一定范围内的地基土层,而易拉罐用以模拟游泳池结构。通过在易拉罐底部钻孔(图10-3)来模拟运用排水减压抗浮法以后的游泳池结构。

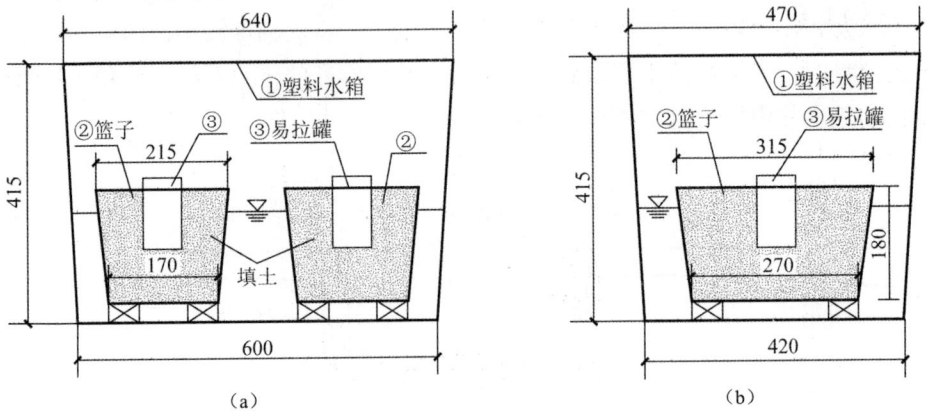

图10-2　试验装置设计图

整个试验装置组装完成后的实际效果如图10-4所示。为便于下面的描述,将甲篮子内的易拉罐标记为1号,乙篮子内的易拉罐标记为2号。虽然两个篮子填入的土体物理性质相近,但饱和度上有可能存在差异,而土体的饱和程度与作用于易拉罐上的浮力大小有关。因此,在试验开始后,应当向塑料箱内注入一定高度的水并静置一段时间,使箱子内的水能够通过自然渗流作用将两个篮子内的土体达到相对同等的饱和度。通过间歇性地向塑料箱内注水来缓慢提升土体内的水位,直至易拉罐发生上浮,由此来模拟实际生活中由于地下水位的上升(通常由于地表水入渗引起的）带来的水浮力的增加。

图 10-3 底部开孔示意图

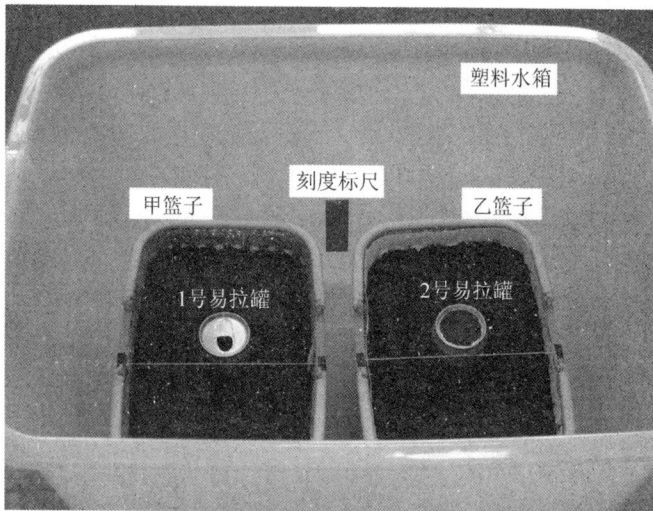

图 10-4 试验装置实际效果

由于这是一个定性的模型试验，在保证两个易拉罐所处的外部条件相同的情况下，仅需要观察水箱内的水位达到一定高度时易拉罐是否发生了上浮，本试验忽略易拉罐侧壁所受摩擦力对整个试验的影响。同时，通过易拉罐上的刻度标尺与塑料篮子上的白线的相对位置（图 10-5）可判断易拉罐是否发生上浮及其上浮量。

该试验装置具有以下两个优点：①由于两个篮子之间通过自由水阻隔，两个篮子所处的外部环境大致相同且相对独立、互不干扰，能够有效减少地基土的用量；②由于篮内土中的水来自塑料水箱，通过控制塑料水箱内的水位就能够较为准确地控制和预测地基土中的水位。

在甲、乙两个篮子内填入相同的、透水性较好的黏性土，其中1号易拉罐底部未开孔 [图 10-5 (a)]，2号易拉罐底部开孔 [图 10-5 (b)]。待篮子在水箱内放置完毕后，向水箱内注水。刚开始时一次性注水至 5cm 高度，并静置 1h 使水面以下土体能够达到相对饱和状态。静置结束后继续向水箱内注水。两次注水间隔时间为 30min，每次注水 0.5cm，直至其中某一个易拉罐出现上浮迹象为止。同时，把最后一次注水后的水位高度记为"上浮水位"。本次试验用以证明排水减压抗浮法构造措施的可行性；上述试验步骤用以模拟地下水位上升造成的游泳池结构上浮。

(a) 1号易拉罐　　　　　　　　　　　(b) 2号易拉罐

图 10-5　易拉罐上浮监测装置

10.1.2　试验结果及分析

通过对模型试验进行观察可以发现，当箱内注水高度为 11.5cm 时，未开孔的易拉罐（1号）出现上浮迹象（图 10-6）。当箱内注水高度为 12cm 时，1号易拉罐已发生明显上浮，上浮量达 12mm。然而，底部开孔的易拉罐（2号）始终未见其有上浮迹象。静置一段时间后发现，2号易拉罐内的积水水位几乎与箱内水位相当（约为 4cm）。然后，通过抽水装置将积聚在开孔的易拉罐（2号）内的水抽净。在保持2号易拉罐内存有少量积水的情况下，仍未见有任何上浮迹象。

分析上述现象，主要原因是易拉罐底部开孔以后地下水发生了渗流，而地下水渗流时水头产生损失，使得作用在易拉罐底部的孔隙水压力减小。易拉罐受到的水浮力与其底部地基土的孔隙水压力有关。因此，通过在易拉罐底部开孔，将作用在其上的水浮力减小。易拉罐底部的小孔起到了排水、泄压的作用。由于地下水渗入易拉罐以后将形成积水进而抵消掉一部分上浮力，必须尽可能地将积水排净，以确保排水减压抗浮法发挥作用。至此，本次试验证明了本章提出的排水减压抗浮法能够应用于游泳池的抗浮设计中。

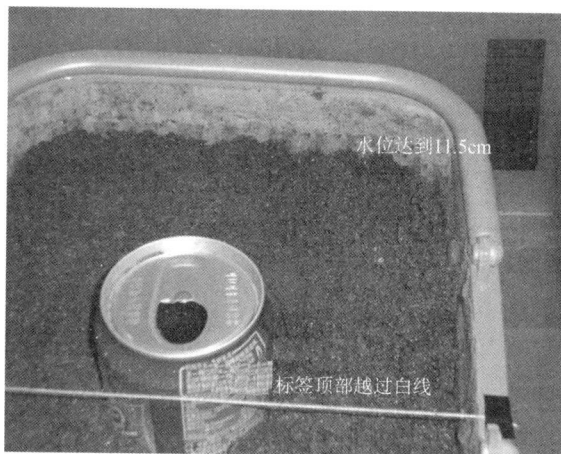

图 10-6　1 号易拉罐水位达到 11.5cm 时易拉罐的上浮状态

10.2　池侧填土影响的模型试验

在建造游泳池时为方便结构施工往往会在基坑水平方向进行一定程度的超挖，这使得游泳池结构施工完毕后在结构和基坑之间留有一定宽度的沟壑，俗称肥槽，实际工程中通常往肥槽内填埋高透水性的建筑垃圾。为考察肥槽填充土体的透水性对排水减压抗浮法的效果及地下水分布的影响，现利用上述试验装置进行模型试验。试验方法如下。

保持乙篮子中的填土及易拉罐状态与前一试验相同（即使用单一土体，易拉罐底部开孔）。在甲篮子中分层填土，底部为与乙篮子中相同的黏性土（土颗粒较为松散，渗透性较好），上部为密实的、透水性较差的黏性土。底部土体的渗透性大于上层土体的渗透性（对应于图 10-7 中 $k_2 > k_1$）。在甲篮子内放入底部开孔的易拉罐，开孔方式与 2 号易拉罐相同。填土厚度及易拉罐埋置深度如图 10-7 所示。试验开始后，一次性向箱子内注水至"上浮水位"并静置 1h。1h 后观察 1 号、2 号两个易拉罐是否发生上浮，并观察罐内积聚的水量。若两个易拉罐均未发生上浮，则在抽净罐内的积水后再次观察易拉罐的上浮情况。

从本次模型试验可以观察到，塑料箱内注水至 12cm 后，两个易拉罐均未见有任何上浮迹象。可以判断，易拉罐底部开孔起到了抗浮的作用。观察两个易拉罐内的积水量时发现，1 号易拉罐内的积水明显少于 2 号易拉罐内的积水。两个易拉罐内的积水被抽净后也并未出现上浮现象。由于乙篮子内的土体透水性良好，2 号易拉罐内的积水被抽净后能够很快回升。在多次抽水以后，塑料箱子内的水位发生了明显下降。从本次模型试验的结果可以发现，当游泳池周围填土的透水性较好时，使用排水减压抗浮法以后容易对周围地下水的分布状态产生较大的影响。

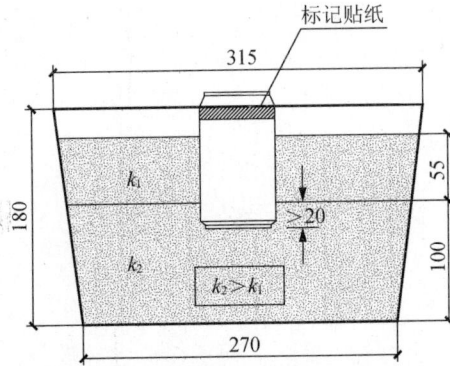

图 10-7　乙篮子填土示意图

10.3　排水减压抗浮法的数值模拟研究

GeoStudio 是一套专业、高效而且功能强大的适用于岩土工程和岩土环境模拟计算的仿真分析、设计软件。运用 GeoStudio 进行有限元模拟时一般遵循以下流程：分析类型定义—模型几何尺寸定义—网格划分—模型材料定义—边界条件定义—计算分析—结果可视化查看。本节应用 SEEP/W 程序对游泳池排水减压抗浮法进行了数值模拟，主要做了两个方面的工作：①对排水减压抗浮法的适用条件进行了讨论，从地基土层分布及池侧肥槽这两个角度进行分析，对不适用的情况提出了相应的改进措施；②对影响排水减压抗浮法的主要因素进行了分析，确定了这些因素对抗浮效果的影响规律。

10.3.1　有限元模型的建立

以游泳池工程为例，通过数值模拟的方法研究排水减压抗浮法的一般性规律。在进行数值模拟时，假定某钢筋混凝土游泳池沿宽度方向为 20m、深 3m，将模型近似地当作平面问题来分析。由于数值模型为对称结构，取半结构进行模拟。取半结构的模型平面尺寸为长 10m、高 3m，且分别取水平方向（x 轴方向）为 2 倍于游泳池长度，垂直方向（y 轴方向）为 10m 范围内的土体进行模拟。

本章运用数值模拟的手段对游泳池排水减压抗浮法在弱透水性土层上的使用进行规律性研究，因此采用如图 10-8 所示的土层分布：地表以下 1m 范围内为高透水性的杂填土；杂填土底部以下 5m 范围内为弱透水性土层（黏土层）；弱透水层底部以下 4m 范围内为中透水性土层（砂土层）。

本数值模型中，与游泳池底板接触的土层边缘需要细分网格以模拟小直径的排水孔和计算作用于池底的水压力，而在其余土层区域则采用粗糙的有限元网格以提高运算效率，因此对于本工程模型，全局采用非结构化网格类型中的"四边形和三角形网格"进行划分。近似的全局单元尺寸（approx. global element size）设为 1m。对与游泳池结构底部及侧壁接触的土体边缘进行局部网格加密，底部边缘线段网格长度为 0.2m。

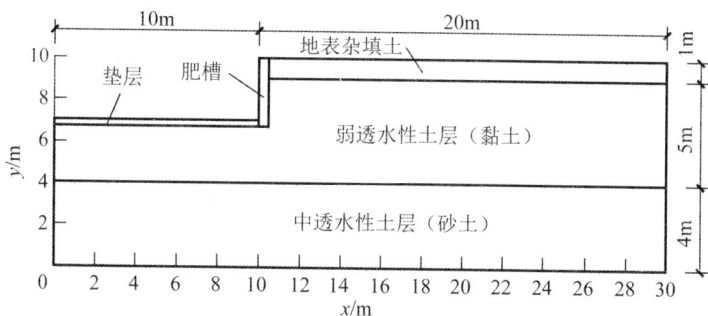

图 10-8　模型几何尺寸及土层分布

　　游泳池底部位于初始地下水位以下，在底部或侧壁设置排水孔以后土中的孔隙水将发生渗流。为模拟此种情况下地基土中渗流场的变化情况，需要在离游泳池一定距离的垂直边界上给定条件，即所谓的远场条件。实际上远场的边界条件未知，在 SEEP/W 程序中通常给定一个总水头（total head）边界条件，并且总水头等于地下水位的高程。指定一个恒定的总水头作为远场边界条件意味着足够的水将以某种方式流向这个位置，就像在模型的远场末端上面存在一个虚拟的水池，并且这个虚拟水池的水位保持恒定。

　　基于上述分析，在本工程模型右侧竖向边界上使用"总水头边界条件"。考虑初始地下水位位于地表以下 1.0m 处，假定模型底部边缘处高程为 0，则初始地下水位高程为 9m，因而边界上总水头值大小为 9m。在排水孔位置，假定池内没有积水，且在池底及侧壁部位无潜在的渗流面，因此排水孔所在位置水压力为零。这里对排水孔所在单元节点的边界条件设置为"压力水头"（press head）值等于 0。

　　本数值模拟中使用了两种土的渗流模型，即饱和/非饱和（saturated/unsaturated）材料模型及饱和（saturated only）材料模型。对于地表杂填土、弱透水性土层（黏土层）及中透水性土层（砂土层）采用"饱和/非饱和"渗流模型。在不影响模拟结果的前提下，为方便起见本节参考了文献[4]中给出的几类典型土的渗透系数函数（图 10-9～图 10-11）。对于池底垫层和肥槽填筑材料采用"饱和"渗流模型。各土层材料的计算模型材料参数如表 10-1 所示。模型中所有土层材料均为各向同性，即 $k_x=k_y$。

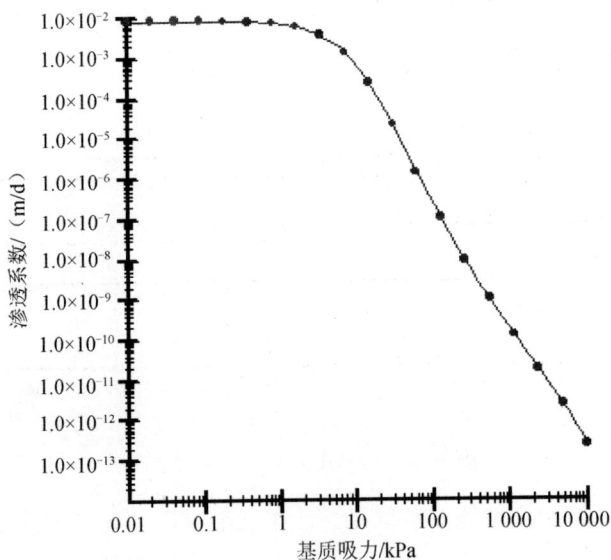

图 10-9 弱透水性土层渗透系数函数（$K_{sat} = 0.008\ 64\text{m/d}$）

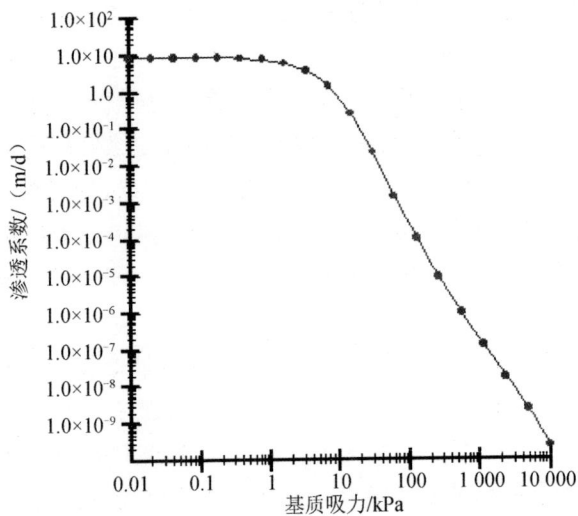

图 10-10 肥槽填筑材料的渗透系数函数（$K_{sat} = 8.64\text{m/d}$）

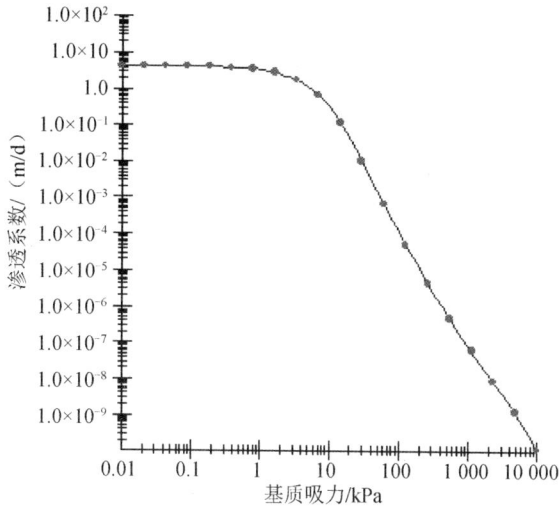

图 10-11　地表杂填土的渗透系数函数（K_{sat} = 4.32m/d）

表 10-1　计算模型材料参数

土层名称	弱透水性土层	中透水性土层	地表杂填土	肥槽填土	池底垫层
饱和渗透系数/（cm/s）	10^{-5}	10^{-3}	5×10^{-3}	10^{-2}	10^{-2}
渗流模型	饱和/非饱和	饱和/非饱和	饱和/非饱和	饱和	饱和
厚度/m	5	4	1	0.5	0.3

　　游泳池底部或侧壁设置排水孔以后，地下水具备了发生流动的条件。本工程中主要考察地下水达到稳定渗流以后，池底受到的孔隙水压力值及池侧水位线最大下降幅度。此外，在远场给定总水头边界条件后，地下水将通过渗流作用缓慢到达游泳池，在此期间渗流场是一个不断变化的过程。这与实际情况中地下水在初始条件下的流动是有区别的，如选用瞬态渗流分析，则无法给出一个确切的考察时间点。基于上述理由，本节对工程模型采用"稳态渗流分析"的方式。

10.3.2　游泳池在初始条件下受到的水浮力模拟

　　首先对游泳池结构在初始状况下受到的地下水浮力进行模拟，以便与运用排水减压抗浮法之后受到的水浮力进行比较，从而验证该抗浮法的有效性。前述已经对数值模型的建立进行了详细介绍，最终数值计算模型如图 10-12 所示。各土层厚度及材料参数如表 10-1 所示。

　　应用 SEEP/W 程序的稳态渗流分析功能，计算得到游泳池结构在初始状态下，即不使用排水减压抗浮法时，池底面的压力水头分布及地基土中的压力水头场分布。

　　从图 10-13 的压力水头分布图可知，游泳池在使用排水减压抗浮法前池底面各点压力水头值均相同，大小等于池底面到浸润线的高程差，即 2m（初始地下水位位于地表下 1m），且浸润线的位置与初始状态相比没有发生变化。在任意土层垂直断面上，压力水头的分布与静水中类似，压力水头随着深度的增加而增大。地基土中的总水头大小处处相等，均为 9m（与边界的总水头值相同）。可见，达到稳定状态时地基土中没有渗流发生。

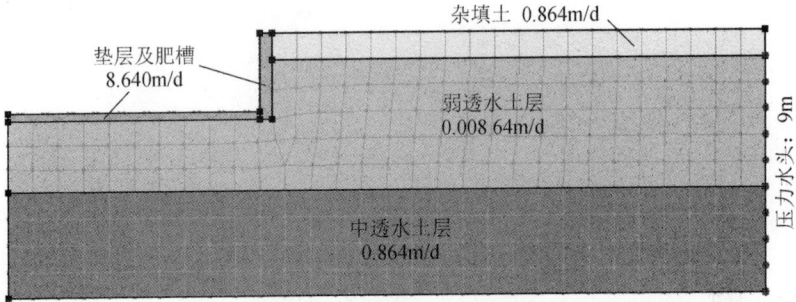

图 10-12　有限元计算模型

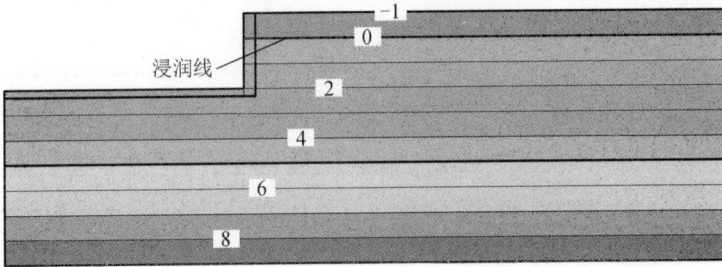

图 10-13　初始状态下压力水头分布图（单位：m）

10.3.3　排水减压抗浮法适用情况讨论

游泳池排水减压抗浮法的使用对地基土层的分布有一定要求。由地下水渗流原理可知，透水性良好的土层使得单位时间内通过排水孔的水量增加，导致池侧一定范围内的地下水位下降幅度过大，从而引起地基土的再次沉降。因此，有必要对图 10-14（b）所示的土层情况（池底部位于透水性良好的土层之上，且存在一定厚度的弱透水性土层）进行模拟，而当游泳池底部位于弱透水性土层之上，且弱透水层有一定厚度时 [图 10-14（a）]，排水减压抗浮法能够很好地发挥作用。

对图 10-14（b）所示土层分布情况进行数值模拟时，采用与图 10-8 相似的计算模型。不考虑池侧肥槽的影响，仅对图 10-8 中的弱透水层所在位置赋予中透水性材料模型，而中透水性土层改为弱透水性土层。同时在游泳池底部等距布置 5 个长度为 20cm 的排水孔，采用稳态渗流分析。各土层计算模型材料参数如表 10-1 所示。

从图 10-15 的模拟结果可以看出，当游泳池在中透水性土层中运用排水减压抗浮法时，池侧地基土中的水位线发生剧烈下降，最低处到达池底边缘，说明游泳池位于透水性良好的土层上时，通过该土层到达池底垫层的水量大幅增加。这是导致池侧周围的水位线发生明显下降的主要原因。

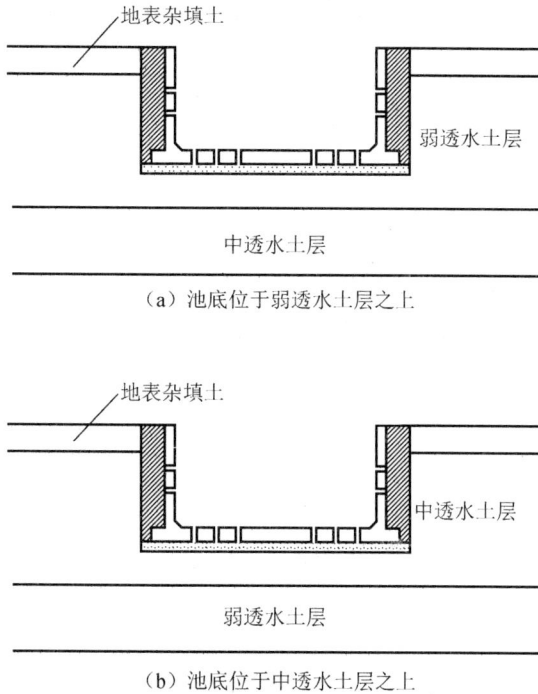

（a）池底位于弱透水土层之上

（b）池底位于中透水土层之上

图 10-14　两种典型土层分布概况

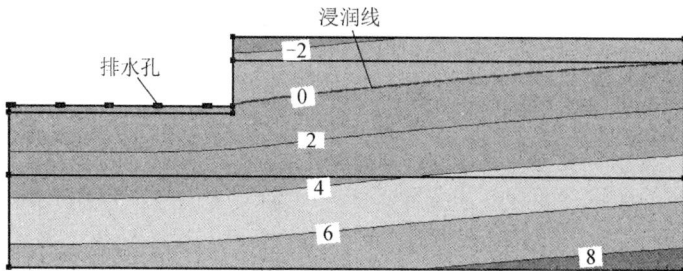

图 10-15　无防渗墙情况下的压力水头分布图（单位：m）

当游泳池底部位于透水性较好的土层之上时，若该透水层较薄且底部有弱透水性（或不透水）土层存在时，可以通过在池侧四周布置防渗墙的方法来满足使用排水减压抗浮法的要求。布置防渗墙时，其下端应进入弱透水层（不透水层）一定深度。为模拟防渗墙的作用，建立如图 10-16 所示的计算模型，即假定防渗墙厚度为 30cm，同时在游泳池底部等距布置 5 个长度为 20cm 的排水孔。

从图 10-17 的模拟结果可以看出，在池侧四周布置防渗墙以后，地下水位没有出现明显下降。防渗墙的存在改变了地下水的渗流路径，迫使地下水经过弱透水层后到达游泳池底部。地下水渗流经过弱透水层时渗流路径增加，从而水力梯度（i）减小。同时，弱透水层中的渗透系数（k）较小。这两方面原因使得地下水的渗流速率减缓，单位时间内通过排水孔的水量大幅度减小，故池侧附近的地下水位仅发生了微小的变化。由此可见，在透水性良好的土层上使用排水减压抗浮法时需要采取一定的构造措施以满足该抗浮法的使用要求。

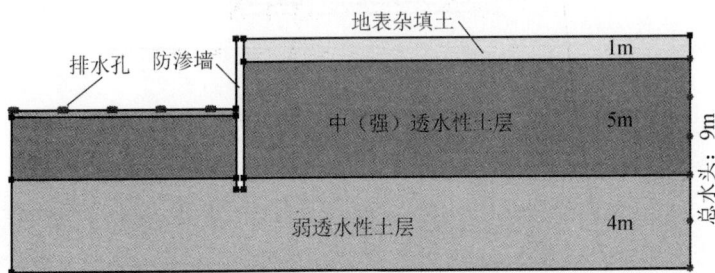

图 10-16　布置防渗墙以后的计算模型

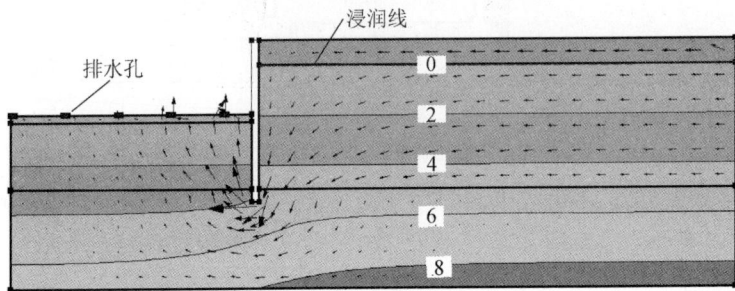

图 10-17　布置防渗墙以后的压力水头（单位：m）

在游泳池施工时，池侧四周会留有一定宽度的沟槽，称为肥槽。在主体结构施工完毕后，施工人员为了方便往往向肥槽内填筑高透水性的建筑垃圾。为模拟池侧肥槽的不利影响，以图 10-12 所示计算模型为基础，在池底等距布置 5 个长度为 20cm 的排水孔。从图 10-18 的模拟结果可以看出，池侧附近浸润线的位置发生大幅度下降，这显然对周边环境是不利的。

对于上述情况，可以考虑在侧壁适当高度设置排水孔。以图 10-18 的计算模型为基础，在离池底 2m 处的侧壁上设置排水孔并进行模拟。从图 10-19 的计算结果可以看出，浸润线的位置没有发生明显下降。可见侧壁上的排水孔对地下水位起到一定"约束"作用。

通过对池底单元节点（单元节点间距 0.2m，共 51 个单元节点）的压力水头值求和发现，侧壁开孔前后池底受到的水压力有了明显的差异。侧壁未开孔前，池底的压力水头值总和为 0.0519m，而开孔以后上升到了 2.7176m。由此可见，作用在池底的水压力与池侧浸润线的位置密切相关。在侧壁上设置排水孔时既要考虑到浸润线的下降幅度，又要兼顾抗浮效果。

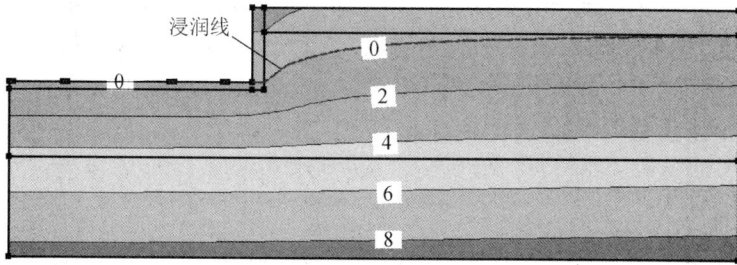

图 10-18　池侧壁不设排水孔时的压力水头及浸润线分布图（单位：m）

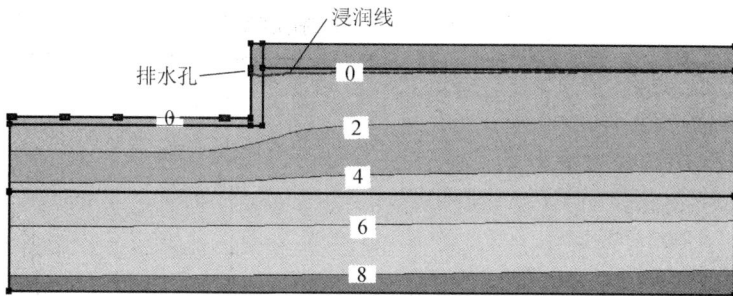

图 10-19　池侧壁设排水孔以后的压力水头及浸润线分布图（单位：m）

10.4　影响因素分析

根据模型试验及工程经验，初步确定影响抗浮法效果的因素主要有池底/侧壁排水孔位置及大小、池侧肥槽的厚度及填筑材料的透水性、池底垫层的透水性及厚度。本节将上述影响因素逐个进行分析，分别观察单个因素的变化对排水减压抗浮法效果的影响。数值模拟采用的土层分布概况如图 10-8 所示。模型材料的渗透系数、肥槽及垫层的厚度、排水孔布置方式依据各工况要求而定。各工况均采用稳态渗流分析。

评判抗浮效果的指标主要有两个：①游泳池底面压力水头值总和（近似代表游泳池受到的水浮力大小）；②池侧浸润线形态及与肥槽侧面相交位置。为实现①中所述要求，需对游泳池底部网格单元进行细分（边缘 10m 长分为 50 等份，每个单元边长 20cm），并运用程序的单元节点水头查询功能。当所有排水孔处于关闭状态（未使用排水减压抗浮法）时，池底压力水头值总和为 102m，浸润线与肥槽侧面相交于 9m 处（假设模型底面高程为 0）。

10.4.1　排水孔数量及位置的影响

工况 1～工况 6 的模拟用以考察排水孔的位置、大小及数量对排水减压抗浮法效果的影响，为此进行三组模拟试验：①工况 1～工况 3 中模拟单个排水孔在池底上位置的变化对抗浮效果的影响，选择池底上三个具有代表性的位置，即游泳池的中部、全长的 1/4 处、池底边缘处；②工况 4 和工况 5 中模拟两种排水孔布置方案对抗浮法效果的影响，即小孔径分散布置和大孔径集中布置，保持两种工况下排水孔的总长度不变，均为 60cm；③工况 4 和工况 6 的模拟主要考察排水孔在侧壁上的高度对抗浮效果的影响，为此保持工况 6 中池底排水孔布置方法与工况 4 相同。

数值计算模型中肥槽厚 50cm，池底垫层厚 30cm。各工况参数取值及模拟结果汇总于表 10-2。表 10-2 中未说明的模型材料参数如表 10-1 所示。

表 10-2　各工况参数取值及模拟结果

工况编号	池底排水孔位置及数量	侧壁排水孔位置及数量	排水孔长度 /cm	分析类型	压力水头总和/m	浸润线位置/m
1	中部，1 个				41.288	8.89
2	1/4 处，1 个	离池底 2.0m 处，1 个	20	稳态分析	20.444	8.87
3	边缘，1 个				4.869	8.76
4	均布，3 个	离池底 2.0m 处，1 个	20	稳态分析	2.808	8.76
5	均布，6 个		10（侧壁 20）		0.580	8.57
6	均布，3 个	离池底 1.5m 处，1 个	20	稳态分析	2.384	8.25

从表 10-2 的模拟结果可以看出，在游泳池底部及侧壁设置排水孔以后，地下水由于渗流而产生水头损失。与初始状态下的压力水头分布（图 10-13）相比较，设置排水孔以后地基土中的压力水头分布发生了明显变化。进一步从池底压力水头分布曲线图可以看出，作用于池底的水压力明显减小了，故游泳池受到的水浮力也将减小。由此可以证明，本章提出的游泳池排水减压抗浮法及其构造措施对于游泳池的抗浮在理论上是可行的。对各组模拟试验结果的分析如下。

（1）从工况 1～工况 3 的模拟结果发现，三个工况中浸润线的位置相差不大，但是游泳池承受的水浮力相差很大（如图 10-20 所示池底压力水头分布曲线）。在打开排水孔之前，地下水未发生渗流。打开排水孔后作用于池底的水压力并非处处相等，而是由池底四周边缘向池中央呈非线性递减。当排水孔被布置在池底中央时，排水孔对附近的减压效果比较明显，而在较远处（边缘部位）池底水压力仍处于较高水平。因此，排水孔布置在池底边缘时抗浮效果最佳，池底 1/4 处次之。

（2）从工况 4 和工况 5 的模拟结果可以看出，在两种排水孔的布置方法中，小孔径分散布置的方案优于大孔径集中布置。由工况 1～工况 3 的模拟结果可知，排水孔的位置是影响抗浮效果的主要因素，并且排水孔越靠近池底边缘对抗浮效果越有利。当采用小直径排水孔分散布置时，池底边缘部位单位长度内排水孔的数量要多一些。因此，小孔径分散布置时抗浮效果更突出。

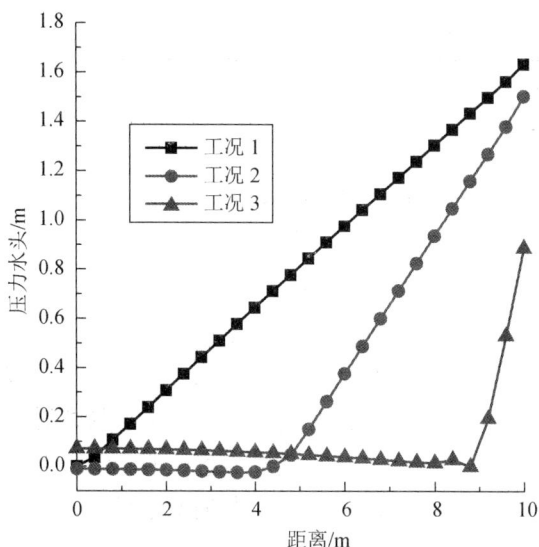

图 10-20　工况 1～3 中池底的压力水头分布曲线

（3）对工况 4 和工况 6 模拟结果的对比可知，在保持游泳池底部开孔方式相同的情况下，降低侧壁上排水孔的高度后浸润线与肥槽相交的位置从 8.70m 下降到 8.25m，同时作用于池底的水压力减小了 17.2%。根据水压力产生原理可知，作用于池底的水压力与池底到浸润线之间的高程差成正比例。由此可见，浸润线与肥槽相交的位置将影响作用于游泳池上的水浮力大小。

10.4.2　池底垫层厚度及渗透性的影响

在上述工况 4 的基础上，为考察池底垫层厚度及渗透性对排水减压抗浮法效果的影响，继续开展两组模拟试验：①工况 7、工况 8 及上述工况 4，模拟垫层厚度的变化对抗浮效果的影响；②工况 9、工况 10 及上述工况 4，模拟垫层渗透系数的变化对抗浮效果的影响。池底及侧壁的排水孔布置方式与工况 4 相同。模型中各土层/肥槽的厚度、渗透系数及渗流模型如表 10-1 所示。各工况中垫层参数取值及模拟结果如表 10-3 所示。

对工况 4、工况 7 和工况 8 的模拟结果进行比较可以看出，游泳池受到的水浮力及浸润线的位置均随着池底垫层厚度的增加而减小，两者成反比例关系。池底压力水头总和分别减小了 10.7%（工况 4 与工况 7）和 6.1%（工况 4 与工况 8）。从工况 4、工况 9 和工况 10 的模拟结果可以看出，游泳池受到的水浮力及浸润线位置均随着垫层渗透系数的增加而减小，两者成反比例关系。池底压力水头总和分别减小了 27.6%（工况 4 与工况 9）和 21.1%（工况 4 与工况 10）。

表 10-3 各工况参数取值及模拟结果

工况编号	垫层厚度/cm	垫层渗透系数/（cm/s）	池底、侧壁排水孔位置及数量	排水孔长度/cm	分析类型	压力水头总和/m	浸润线位置/m
7	20	10^{-2}	池底均布 3 个，侧壁离池底 2.0m 处 1 个	20	稳态分析	3.143	8.80
8	40					2.636	8.72
9	30	5×10^{-3}				3.876	8.83
10	30	1.5×10^{-2}				2.216	8.70

从图 10-21 和图 10-22 所示各工况下池底压力水头分布曲线可见，垫层厚度及渗透系数的增大导致池底边缘附近的压力水头明显减小。根据地下水的渗流规律，由于弱透水层的渗透性低，池侧附近的地下水容易通过肥槽到达池底垫层。垫层厚度（或渗透系数）的增大使得边缘排水孔的流量增加，而池底边缘处的水压力明显减小。可见，增大垫层厚度及透水性有利于排水减压抗浮法发挥作用。

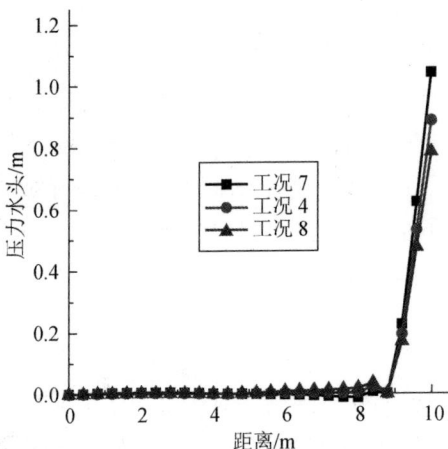

图 10-21 工况 4、工况 7 及工况 8 的池底压力水头分布曲线

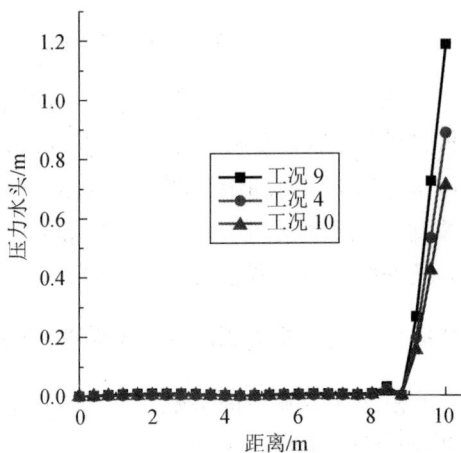

图 10-22 工况 4、工况 9 及工况 10 的池底压力水头分布曲线

10.4.3 肥槽材料渗透性及厚度的影响

在工况 4 的基础上，为考察池侧肥槽厚度及渗透性对排水减压抗浮法效果的影响，进一步开展两组模拟试验：①工况 11、工况 12 及上述工况 4，模拟肥槽厚度的变化对抗浮效果的影响；②工况 13、工况 14 及上述工况 4，模拟肥槽渗透系数的变化对抗浮效果的影响。池底及侧壁的排水孔布置方式与工况 4 相同。模型中各土层/垫层的厚度、渗透系数及渗流模型如表 10-1 所示。各工况中肥槽参数的取值及模拟结果如表 10-4 所示。

表 10-4　各工况参数取值及模拟结果

工况编号	肥槽厚度/cm	肥槽渗透系数/（cm/s）	池底、侧壁排水孔位置及数量	排水孔长度/cm	分析类型	压力水头总量/m	浸润线位置/m
11	40	10^{-2}	池底均布 3 个，侧壁离池底 2.0m 处布 1 个	20	稳态分析	2.547	8.78
12	60					3.010	8.75
13	50	5×10^{-3}				1.895	8.65
14		1.5×10^{-2}				3.373	8.80

　　通过对工况 4、工况 11 及工况 12 的模拟可知，游泳池受到的水浮力随着肥槽厚度的增大而增大，两者成正比例关系。各工况中，浸润线的位置相差不大，而池底水浮力则分别增加了 10.2%（工况 11 和工况 4）和 7.2%（工况 4 和工况 12）。从工况 4、工况 13 和工况 14 的模拟结果可知，游泳池受到的水浮力随着肥槽渗透系数的增大而增加，两者成正比例关系。池底水浮力分别增加了 48.2%（工况 13 和工况 4）和 20.1%（工况 4 和工况 14）。

　　从图 10-23 和图 10-24 所示各工况下池底压力水头分布曲线可见，肥槽厚度及渗透系数的增加导致池底边缘附近的压力水头增加明显。相比弱透水层的低渗透性，水浮力容易通过肥槽传递到池底，且通过肥槽传递时压力水头的损失更小。由于池底边缘存在排水孔，水压力没有传递到更远处的池底位置。

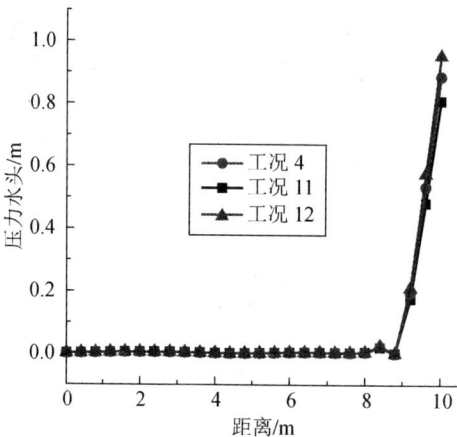

图 10-23　工况 4、工况 11 及工况 12 的池底压力水头分布曲线

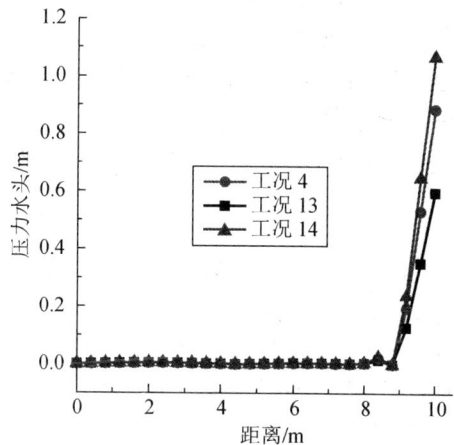

图 10-24　工况 4、工况 13 及工况 14 的池底压力水头分布曲线

　　可见，肥槽尺寸过大以及肥槽高透水性的填筑材料是不利于排水减压抗浮法发挥作用的。

10.5　本　章　小　结

　　本章利用主动抗浮的思路，提出了游泳池排水减压抗浮法及相应的构造方法。以此为立足点，运用模型试验和数值模拟两种方法对该抗浮法进行了规律性的研究，具体研究成果如下。

　　（1）运用自制的试验装置对所提出的排水减压抗浮法的可行性进行了论证。试验结果表明，排水减压抗浮法对于游泳池的抗浮是有效的。此外，通过试验可知，在池侧肥槽内填埋低透水性的材料有利于减小该抗浮法使用时对周围地下水分布的影响。

　　（2）池底及池侧排水孔的位置、排水孔的长度及数量、池底垫层的厚度及透水性、肥槽厚度及填筑材料透水性等几个因素对排水减压抗浮法的效果会产生重要影响，因此在运用该抗浮法进行游泳池结构设计时需要重点考虑。通过数值模拟的方法可以得到以下规律：①池底排水孔能够有效减小作用于游泳池底部的水压力，布置时应尽量靠近游泳池的四周边缘；②在保证池底开孔面积不变的前提下，应当减小排水孔的直径而适当增加排水孔的数量，同时排水孔应当在池底四周边缘附近布置密集些，而池中心则尽量少布置或不布置；③降低池侧壁排水孔高度能够减小游泳池的浮力，然而对周围地下水分布状态的影响将加大，因此在设计时，应当慎重选用这种方法来改善抗浮效果；④适当增加垫层的厚度和透水性能够改善抗浮效果，由于增加垫层的厚度会加大基坑土方的开挖量，一定程度上增加了费用，在设计中应首先考虑提高垫层的透水性；⑤肥槽厚度和填筑材料渗透系数的增加都会作用于池底的水浮力增大，因此在施工时应严格控制四周肥槽的厚度，并在施工完毕后尽量避免向肥槽内填筑建筑垃圾等高透水性材料。

参 考 文 献

[1] 建筑施工手册编写组. 建筑施工手册[M]. 4 版. 北京：中国建筑工业出版社，2003.

[2] 宋林辉，刘溢，梅国雄，等. 黏土地基中的水浮力试验研究[J]. 水文地质工程地质，2008，6:80-84.

[3] 张第轩. 地下结构抗浮模型试验研究[D]. 上海：上海交通大学，2007.

[4] GEO-SLOPE INTERNATIONAL LTD. 非饱和土体渗流分析软件 SEEP/W 用户指南（中仿科技）[M]. 中仿科技（CnTech）公司，译. 北京：冶金工业出版社，2011.

第 11 章　静水压力释放抗浮技术

静水压力释放抗浮技术是一种比较直接的地下结构抗浮方法，其原理是在地下室底板下设置静水压力释放系统，通过降水和排水等多个措施，使基底下的压力水通过释放层中的透水系统（如过滤层和导水层）汇聚到集水系统（如滤水管网络），并导流至出水系统后进入专用水箱或集水井中排出，从而降低和释放基础底板下的水浮力，起到释放水浮力的效果。

目前常用的静水压力释放类型包括 CMC 静水压力释放和 THPRS 静水压力释放两种，可有效解决地下结构抗浮所面临的安全、可持续发展和环境保护问题，为地下空间开发提供有力的技术支撑。

11.1　工　艺　原　理

建筑基础完成并结束基坑内外降水后，基坑内地下水位逐渐恢复，在不透水的基础底板阻隔下，会在基板下方形成水压力（地下水浮力），在没有适当可靠的抗浮措施情况下将导致结构物上浮、结构体破坏、基础板渗水不断，造成潮湿、渗漏情况及生活质量较差的地下空间。

本技术利用地基内低透水地层（土层或岩层）的弱透水特性，在基础下方建造一层在结构物使用年限内具有永久性功能的人工排水层，将渗流到基底的高压力、低流量地下水，利用透水系统在不扰动基底细粒料情况下过滤、疏导地下水，再借由多方串联、并联的集水系统迅速汇集渗出水，并将水导入永不形成碳酸钙结晶阻塞的智能型气密式出水系统，再以自然溢流方式排至箱形基础水箱、筏形基础集水井或中水回收系统，利用结构物自带的排放系统予以排除，或结合中水回收系统将其储存作为绿化植物及景观用水再利用，从而达到控制基底水浮力，降低地下室渗漏、潮湿的目的。入渗到基底的地下水经自然溢流排出后，基底水压力借由本技术整体性系统设计达到稳定值，一般情况下，箱形基础控制基底水压力 15~20kPa，可配合结构设计要求进行调整。本技术规划时，经由严格的选材与系统设计，依据国际渗透准则在使用期长且服务性高的原则下，确保系统排除水量能力大于基底地下水入渗量 10 倍以上，可确保本技术正常功能运作 60 年以上。

以常用的 CMC 静水压力释放抗浮技术为例，可分为运用于新建结构物抗浮的静水压力释放层法、静水压力释放带法及运用于既有结构物抗浮治理的静水压力释放管法。图 11-1 所示为 CMC 静水压力释放层、释放带构造图［其中 1 为固定渗流压力监测系统；2 为筏形基础；3 为静水压力释放层（带）法出水系统安装集水井或中水回收水箱；4 为主出水系统；5 为备用出水系统；6 为素混凝土垫层；7 为超导水格网；8 为集水管网（外面包覆二级热熔型工程用土工布）；9 为一级高渗透阻流滤层；10 为开挖面］。静水压力释放管法是将材料经加工后，成为圆柱形透水管并以点状方式配置，如图 11-2 所示（其中 1 为反冲洗孔固定渗流压力监测系统；2 为基础底板；3 为集水系统；4 为出水系统；5 为根据静水压力释放管法出水系统安装的集水井或中水回收水箱；6 为静水压力释放管；7 为筏形基础；8 为素混凝土层；9 为开挖面），静水压力释放管垂直安装于基板下垫层到土壤之中，使压力水顺利导流入集水系统，实现了对既有结构抗浮功能改造升级或抗浮事故的处理，且对结构基础底板破坏性最小，造价最低。

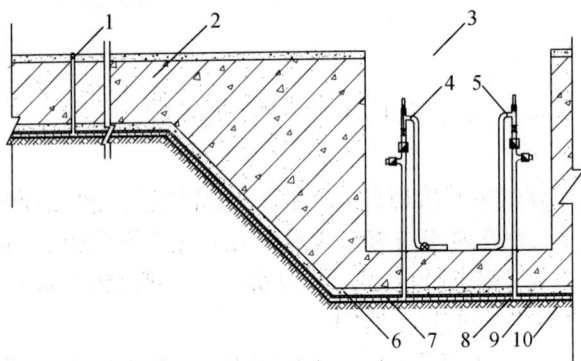

图 11-1 CMC 静水压力释放层、释放带构造图

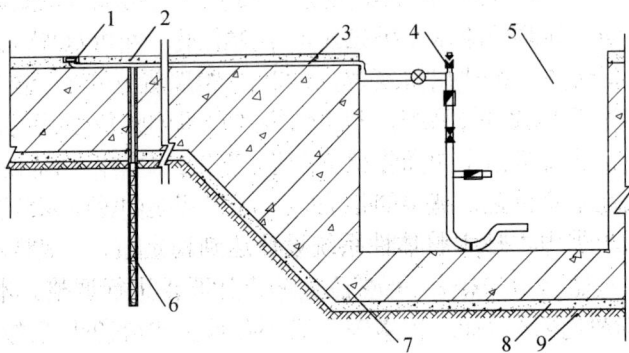

图 11-2 CMC 静水压力释放管构造图

11.2　设　计　计　算

　　静水压力释放的设计首先要进行地下结构静水压力抗浮条件的调查，根据场地土层透水性条件、基坑周边的止水帷幕情况，并结合静水压力释放抗浮技术的适用范围及条件进行可行性分析，然后进行设计和计算，设计计算包括基础底部土层的最大渗水量、基础底板静水压力释放系统的最大排水量，确保静水压力释放系统最大排水量大于 10 倍的最大底部土体渗水量，并依据计算结果进行释放出水系统的类型和材料选择。

11.2.1　最大渗水量

　　根据土层条件以及有无止水帷幕，土层渗水量的计算可分下列两种情况。

　　（1）无止水帷幕，即若基底无围护结构或围护结构为非止水帷幕设计时，可采用简化流线分析入渗水流量的方法。无止水帷幕简化渗流网示意图如图 11-3 所示。

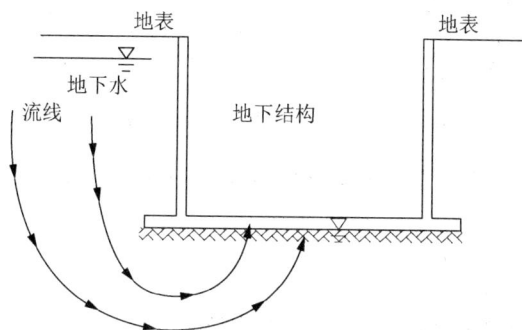

图 11-3　无止水帷幕简化渗流网示意图

　　渗水流量的计算：首先通过手工绘制流网，流网是由流线和等势线所组成的曲线正交网格。在稳定渗流场中，流线表示水质点的流动路线，流线上任一点的切线方向就是流速矢量的方向。图 11-3 中实线为流线。渗流量的计算由于任意两相邻流线间的单位渗流量相等，设整个流网的流线数量为 m（包括边界流线），则单位宽度内总的渗流水量 Q 为

$$Q = m \cdot \Delta q \tag{11-1}$$

式中：Δq —— 任意两相邻流线间的单位渗流量，其值可根据某一网格的渗透速度及网格的过水断面宽度求得。

　　（2）有止水帷幕，即基底的围护结构为止水帷幕设计时，计算此形态的最大入渗流水量（图 11-4），止水帷幕底可采用最大的水头高差值根据下式计算：

$$Q = K \cdot i \cdot A \qquad\qquad (11\text{-}2)$$

式中：Q—— 总渗流水量；

　　　K—— 土层渗透系数；

　　　i—— 水力坡降，$i = \dfrac{\Delta H}{L}$（ΔH 为水头差，考虑最大的抗浮水位情况下的水

　　　　　头高差，L 为渗流长度，计算水浮力释放层至围护结构底部渗透系数

　　　　　$k \leqslant 10^{-5}\,\mathrm{cm/s}$ 的土层）；

　　　A—— 基础的渗流面积。

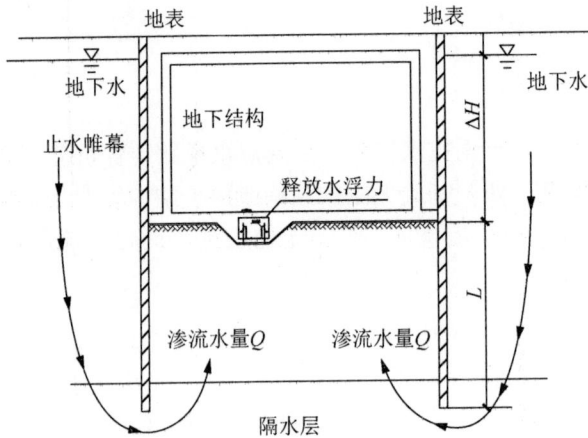

图 11-4　有止水帷幕时渗流水量计算示意图

11.2.2　最大排水量

　　根据有无止水帷幕和不同土层条件下计算得到的土层渗水量，进行静水压力释放出水系统的最大排水量的确定。为满足各种工法的系统排水量最大渗水量的要求，应进行相关计算，以确保静水压力释放系统有较大的排水能力，可按下式进行计算：

$$D \geqslant 10Q \qquad\qquad (11\text{-}3)$$

式中：D—— 出水系统排水量；

　　　Q—— 总渗流水量。

　　对于最大排水量安全要求，需分别从透水系统、集水系统和出水系统等方面考虑，规定如下。

　　（1）透水系统过滤层渗透系数 ≥10×基底土层的渗透系数。

　　（2）透水系统导水层最大流量 ≥10×透水系统过滤层入渗水量。

　　（3）集水系统的流量 ≥10×总渗流水量。

（4）出水系统最大流量≥10×设计时预估的总入渗水量。

根据静水压力释放系统的最大排水量，进行出水系统材料和规格的选择，根据 Cedegren 研究，对管道的排水量和不同滤料排水量进行了计算对比。管道的流量可以用下式计算：

$$Q_p = (A_p / n)r^{2/3}i^{1/2} \tag{11-4}$$

式中：A_p—— 管道的截面积；

　　　 r —— 管道的水力半径；

　　　 i —— 水力坡度；

　　　 n—— 曼宁系数。

滤料的排水量计算如下：

$$Q_b = Aki \tag{11-5}$$

式中：A—— 滤料排水截面积；

　　　 k—— 滤料的渗透系数；

　　　 i—— 水力坡度。

表 11-1 为 Cedegren 研究得到的相当于 152mm 直径混凝土排水管的不同粒径滤料排水量的对比表，其标准是它们都具有与 152mm 直径的混凝土排水管道相同的排放能力，供排水量设计计算时参考。

表 11-1　排水管与滤料排水量对比

排水类型	滤料尺寸/mm	滤料排水量 /（m/d）	水力坡度/（°）
152mm 直径混凝土排水管	—	—	0.01
2.8 m² 滤料排水	19～25	36 500	0.01
12 m² 滤料排水	6～19	9 100	0.01
370 m² 滤料排水	清洁豆砾石	300	0.01

11.2.3　透水系统的设计

静水压力释放的另一个设计关键是透水系统的设计。在确保静水压力释放的同时，防止管涌和细颗粒土体的流失，通常在静水压力释放的排水垫层和地基土层之间设置滤层，滤层可以采用颗粒或土工织物。

颗粒滤层的设计原则是选择合适的颗粒粒径，参考有关释放水浮力系统的设计，根据太沙基提出的标准进行滤层颗粒粒径的设计为

$$D_{15}（滤料）/D_{85}（土体）<4～5 \tag{11-6}$$

$$D_{85}（滤料）/D_{15}（土体）>4～5 \tag{11-7}$$

式中：D_{15}（滤料）——滤料颗粒为总重力的 15%时的粒径；

$\quad\quad\quad$ D_{85}（滤料）——滤料颗粒为总重力的 85%时的粒径；

$\quad\quad\quad$ D_{15}（土体）——土体颗粒为总重力的 15%时的粒径；

$\quad\quad\quad$ D_{85}（土体）——土体颗粒为总重力的 85%时的粒径。

式（11-6）为阻止管涌的基本条件，以防止细颗粒土体发生流失的可能性；式（11-7）为保证滤料有足够的渗透性，确保地基土中的地下水的渗透性。其常规采用砂滤层，长时间使用后会发生细颗粒土体堵塞，影响滤层的正常使用，近年来发展比较多的是土工织物滤层。

土工织物滤层透水系统位于基底处的静水压力释放层中，由水平铺设的过滤层（土工布）、导水层（聚乙烯格网）及保护层（聚乙烯护膜）组成，其功能为在基底压力水均匀渗流入静水压力释放层时，过滤土层中的土壤颗粒使压力水顺利导流入集水系统，并在浇灌基础底板素混凝土时，防止素混凝土颗粒流入静水压力释放层中。释放水压力法中所用的土工织物要符合挡土准则、渗透准则及淤堵准则。

1）挡土准则

土工织物的挡土能力与土中水流上部的荷载的特性密切相关，即应确保土工织物的开孔径大小，使土颗粒不会过度流失或阻塞土工织物，以满足不堵塞准则。表 11-2 为热熔型土工布不堵塞准则参考表。

表 11-2　热熔型土工布不堵塞准则参考

不堵塞准则	备注
$O_{50} \leqslant 0.074\text{mm}$，$O_{95} < 0.59\text{mm}$ $O_{50} > 0.074\text{mm}$，$O_{95} < 0.30\text{mm}$	热熔型土工布与土壤种类不限
$O_{95} / D_{85} \leqslant 1$	土壤过 200 号筛小于等于 50%
$O_{95} / D_{85} \leqslant 0.2\text{mm}$	凝聚性土壤
$O_{50} / D_{50} \leqslant 1.7 \sim 2.7$	$C_u \leqslant 2$，$D_{50} = (0.1 \sim 0.2)\text{mm}$ 土壤
$O_{90} / D_{90} \leqslant 1$	—
$O_{90} / D_{50} \leqslant 2.5 \sim 4.5$	—
$O_{90} / D_{90} \leqslant (9 \sim 18) / C_u$	与土壤 C_u 及密度相关，假设 C_u 值较大时，细粒土壤移动
$O_{90} / D_{85} \leqslant 2 \sim 3$	—
$O_{95} / D_{85} \leqslant 1 \sim 2$	与土壤种类及 C_u 值有关
$O_{95} / D_{15} \leqslant 1$ 或 $O_{50} / D_{85} \leqslant 0.5$	热熔型土工布周围土壤颗粒可移动，动态或往复流动的渗流
$O_f / D_{85} \leqslant 0.38 \sim 1.25$	与土壤种类、夯实程度及水利应用条件相关

续表

不堵塞准则	备注
$O_{50}/D_{85} \leqslant 0.82$ $O_{50}/D_{15} \leqslant 1.8 \sim 7.0$ $O_{50}/D_{50} \leqslant 0.8 \sim 2.0$	考虑热熔型土工布孔隙分布及土壤 C_u 值

注：O_n 为土工布等效孔径；C_u 为不均匀系数。

2）渗透准则

渗透准则要求土工织物的渗透系数大于地基土体的渗透系数，一般用以下公式：

$$k_g > 10 k_s \tag{11-8}$$

式中：k_g——土工织物的渗透系数，cm/s；

k_s——土的渗透系数，cm/s。

3）淤堵准则

国际上的流行做法是测算土工织物的孔隙率 N，如果孔隙率 $N>30\%$ 即为满足，证明土工织物淤堵的可能性非常小，可采用下式：

$$N = [1 - m/(p\delta)] \times 100\% \tag{11-9}$$

式中：m——单位面积质量，g/m^2；

p——原材料密度，g/m^3；

δ——材料厚度，m。

滤层中使用的土工布性能应符合表 11-3 的要求。

表 11-3 过滤层土工布性能

项目	性能指标	试验标准
纬向断裂强度/（kN/m）	≥20	GB/T 15788
纬向断裂伸长率/%	≥30	GB/T 15788
CBR 顶破强度/kN	≥4.0	GB/T 14800
纬向梯形撕破强力	≥0.9	GB/T 13763
等效孔径/mm	≤0.09	GB/T 14799
透水率/（1/s）	≥0.25	GB/T 15789
单位面积质量/（1/m^2）	≥330	GB/T 13762

11.3 构 造 设 计

静水压力释放抗浮技术的构造设计主要包括透水系统、集水系统和出水系统三个方面。本节主要介绍工程中使用较多的 THPRS 静水压力释放层法和 CMC 静水压力释放层法的构造设计。

11.3.1　THPRS 静水压力释放层法

THPRS 静水压力释放层法的工作原理是：通过在地下室底板设置地下排水系统和抽水系统，在排水系统里埋设土工织物、碎石层及高质量的滤水管，然后地下水通过大面积滤水层，由滤水管集中排到集水井，再通过泵抽至地面来释放和消减地下水对底板的浮力，使底板的浮力与上部结构的自重力始终处于动态平衡状态，其平面布置图如图 11-5 所示。

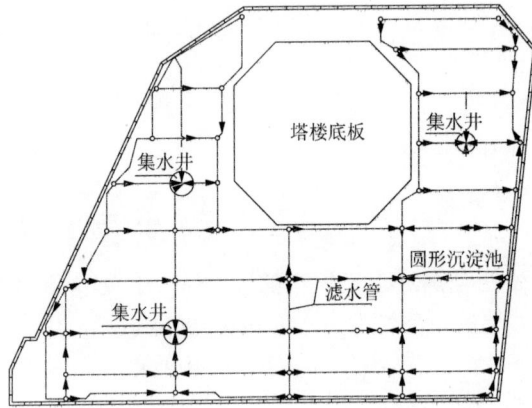

图 11-5　THPRS 静水压力释放层滤水管和集水井平面布置图

1）透水系统

THPRS 静水压力释放层系统透水的功能是：过滤向上渗入的地下水中所带的泥砂。透水系统材料一般选用高质量的土工布和碎石，水平地铺设在地基土上，土工布的渗透系数、孔隙率和耐久性应符合相应的标准，且满足向上渗入的水流量的需要。碎石的级配比要优化，以减少对土工布的刺破和摩擦。图 11-6 为 THPRS 静水压力释放层透水系统示意图。

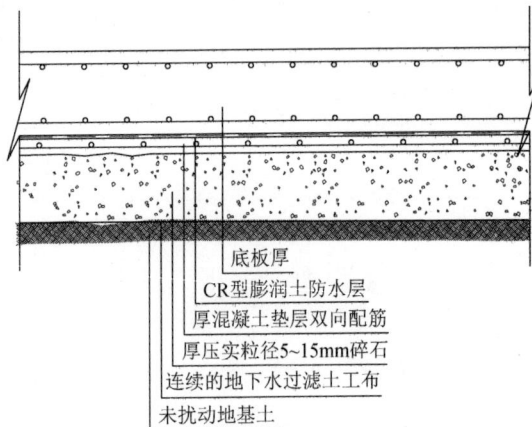

图 11-6　THPRS 静水压力释放层透水系统示意图

土工织物铺设时必须连续、顺直、表面平整且尽量减少搭接接头，接头处不小于 100mm；端部收头处必须上翻不小于 100mm。碎石必须分层铺设，每层厚度控制在 20cm，铺设时需应用手推振动器来回振平、振实。

2）集水系统

水管一般选用性能较好的多孔聚乙烯（PVC）滤水管。如图 11-7 所示，滤水管的开孔应符合相应规定；为了增加排水系统的排放能力和减少管涌和细粉土堵塞的可能性，通常会在滤水管周围裹土工布。在盲沟区域铺设时，应特别注意采取保护措施，不得随意改变盲沟内滤水管的走向和坡度。

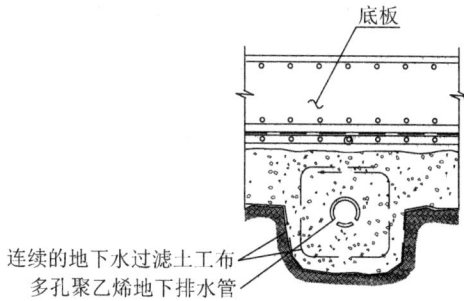

图 11-7　THPRS 静水压力释放系统滤水管示意图

3）出水系统

出水系统一般由集水井和沉淀井组成。将渗入到 PVC 滤水管的水引流到专门的集水井中，并沿滤水排水管安置一系列的清洁箱用以清洁沉积的少量泥砂，保证管道通畅；滤水管与沉淀井或集水井的连接，应设在滤水管转变或高程变化等容易淤积、阻塞的地方；渗入到滤水管的水被引流到专门的集水井、沉淀井中。集水井设置在滤水管的交汇点处。滤水管与沉淀井和集水井的连接示意图分别如图 11-8 和图 11-9 所示。

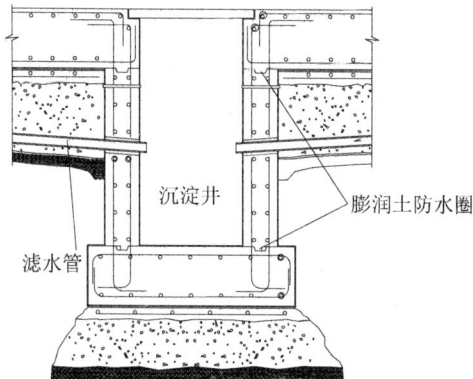

图 11-8　滤水管与沉淀井的连接示意图

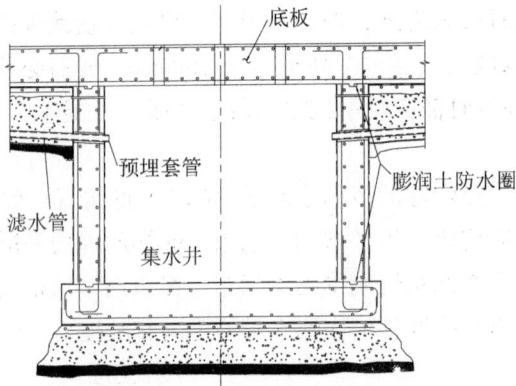

图 11-9　滤水管与集水井的连接示意图

　　滤水管与集水井的接口必须封实，以防止集水井中的水倒流到井外。在套管与滤水管之间采用砂浆封实，中间嵌以遇水微膨胀的膨润土防水腻子。膨润土防水腻子嵌实膨润土防水层与桩的相交处。此外，应长期用低容量水泵将集水井内的少量水抽出。

11.3.2　CMC 静水压力释放层法

　　CMC 静水压力释放层法适用于箱形基础、板基或箱形基础与板基混合设计的建（构）筑物。参考《CMC 静水压力释放层技术规程》（DBJ/CT 077—2010），根据基础底板位于黏土和砂土的不同土层中，对于 CMC 静水压力释放层法的适用范围及条件的规定也不同，如下所述。

　　首先，基础位于全部为黏土或粉土的沉积层时，围护结构为止水帷幕设计时，止水帷幕设计应符合基坑工程技术规范及相关规定，基础下方必须有厚度大于 2m 且渗透系数 $k \leqslant 10^{-5}$cm/s 的土层。围护结构为非止水帷幕设计时，地表基础下方 2m 必须全部为渗透系数 $k \leqslant 10^{-5}$cm/s 的土层。渗流量 Q 必须小于等于 0.33m³/(m²/d)。非止水帷幕严禁采用拔除式围护结构。

　　其次，基础位于砂土或黏土或粉土互层的沉积土层时，基础的四周围护结构必须设置止水帷幕。基础底部至围护结构底部必须有厚度大于 2m 且渗透系数 $k \leqslant 10^{-5}$cm/s 的土层。渗流量 Q 必须小于等于 0.33m³/(m²/d)。

　　1）透水系统

　　CMC 静水压力释放层透水系统位于基底处的静水压力释放层中，由水平铺设的过滤层（土工布）、导水层（聚乙烯格网）及保护层（聚乙烯护膜）组成，其功能为在基底压力水均匀渗流入静水压力释放层时，过滤土层中的土壤颗粒使压力水顺利导流入集水系统，并在浇灌基础底板素混凝土时，防止素混凝土颗粒流入静水压力释放层中。图 11-10～图 11-13 为 CMC 静水压力释放层透水系统的搭接构造图。

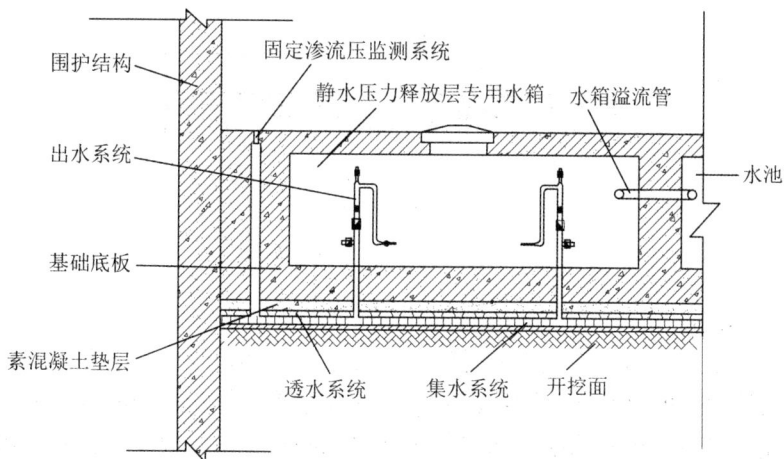

图 11-10　箱形基础 CMC 静水压力释放层图

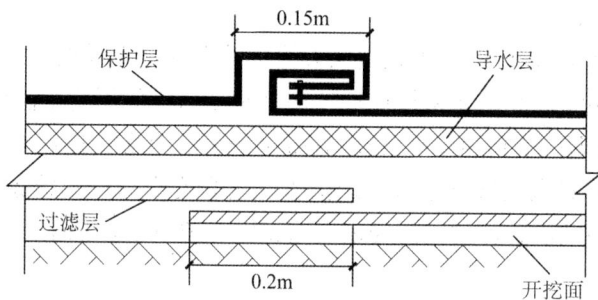

图 11-11　透水系统搭接

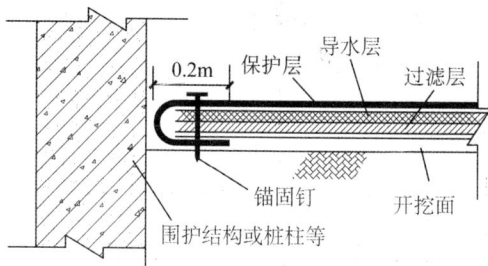

图 11-12　透水系统收边

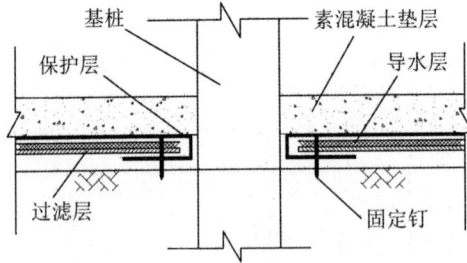

图 11-13 透水系统基桩收边

2）集水系统

集水系统位于透水系统中的过滤层与导水层之间，是由开孔后包扎土工布的聚氯乙烯管组成的水平集水网络，其功能为收集渗入静水压力释放层的渗流水，并将渗流水导流至出水系统。水平集水网络应根据导水量设置为多孔导水结构，其表面开孔孔径为 15～20mm，且开孔率不得小于 2%，开孔间距应按孔径大小及开孔率经计算后确定，开孔位置应均布于水平集水管。水平集水管外部应设置过滤材料保护层，水平集水管连接处应确保胶合。

3）出水系统

CMC 静水压力释放层出水系统应设置于箱形基础中或板基下部的水箱内，下方必须与集水系统水平集水网络连接，在静水压力释放层施工前应先根据设计位置准确放样，如图 11-14 所示。集水系统水平集水网络安装时，应根据设计图标示位置安装直立出水系统连接管。连接管预留高度应高出基础底板面 0.3～0.5m 或根据设计图规定安装，安装后应做严密保护并要有明显标示。

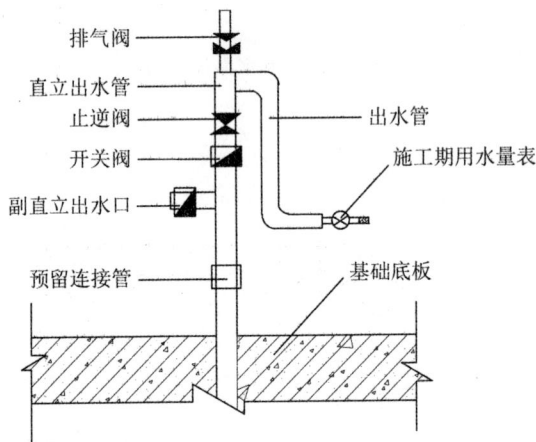

图 11-14 出水系统示意图

最下层地下室地面混凝土完成或安装出水系统上部构造，安装时应根据各式配件组合设计图进行，各部分构造应紧密胶合固定，设置高程应配合建（构）筑物整体废水排放系统或 CMC 静水压力释放层专用排水系统安装。备用出水系统的构造与安装应与主出水系统完全相同。备用出水系统与主出水系统可安装于同一水箱中，或另行设置于其他独立水箱中。

　　4）固定渗流压监测系统

　　CMC 静水压力释放层应根据箱形基础或板基设计、出水系统气密设计和系统监测的需要，进行固定渗流压 P_w 的选用。箱形基础的出水系统应位于基础水箱中，基础底板的固定渗流压 P_w 的设计高度应为出水系统顶部高程减去基础底板高程；非箱形的板式基础，出水系统应位于下凹的独立窨井中，并低于板的底部，此时基础板底应无固定渗流压 P_w。

11.4　施工工艺流程及操作要点

　　CMC 静水压力释放抗浮技术的标准作业流程如图 11-15 所示。

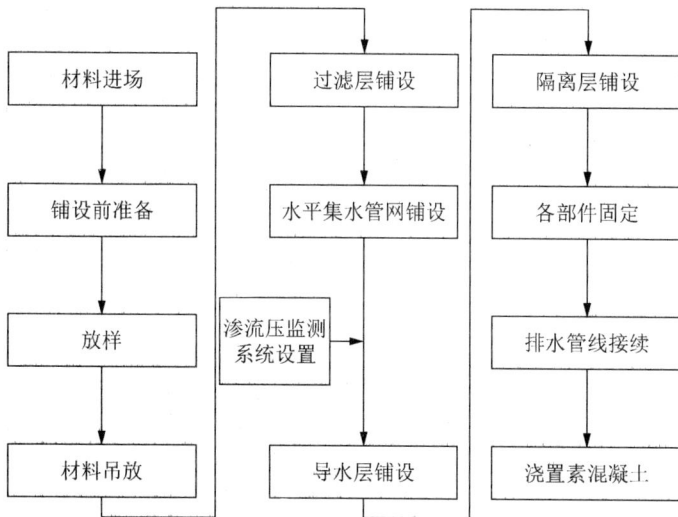

图 11-15　CMC 静水压力释放抗浮技术的标准作业流程

11.4.1　地坪整理及铺设

　　施工场区应开挖至设计标高，避免超挖。采用机械挖土时，距坑底高程200～300mm 时应小心开挖并整平。应根据开挖面地层条件，使集水管网及导水管铺设时与地层紧贴接触并维持一级高渗透阻流滤层表面平整，如图 11-16 所示。

图 11-16　铺设一级高渗透阻流滤层

施工前确认底板面影响机具、材料进场、现地放样、人员施工及进出所有障碍物。依据施工图于工地现场进行水平集水管、反冲洗孔、出水系统、固定渗流压监测系统位置等放样，并以明显且不易遭受破坏的标示物标明其位置。一级高渗透阻流滤层应紧贴原地层，其搭接处宽度不得小于 200mm。

11.4.2　铺设水平集水管网

在透水系统中一级高渗透阻流滤层与超导水格网层之间安装水平集水管网。水平集水管应根据设计导水量设置为多孔导水结构，其表面开孔孔径为 10～20mm，且开孔率不得少于 2%，开孔间距应不大于 200mm，呈 90° 交错开孔，开孔位置应均布于水平集水管。水平集水管外部宜包覆二级高渗透阻流滤层进行保护，水平集水管连接处应黏结严密，铺设水平集水管网如图 11-17 所示。

图 11-17　铺设水平集水管网

水平集水网安装时，应根据设计图标示位置安装出水系统及观测管连接管。

垂直安装时连接管预留高度应高出出水系统安装水箱、集水井或中水回收水箱底面 300～500mm，或根据设计图规定安装，安装后应做严密保护并明显标示。

11.4.3　铺设超导水格网层

铺设超导水格网层（图 11-18）在一级高渗透阻流滤层与水平集水管网上方。超导水格网层宜采用对接方式结合。导水层平整面接触下方过滤层，对接连接处应用耐腐蚀材料绑扎，绑扎间距不得大于 2.0m，如图 11-18 所示。

图 11-18　铺设超导水格网层

11.4.4　铺设保护层

保护层搭接宽度不得小于 150mm，搭接完成后应反折以固定钉固定，搭接处每隔 2～3m 应使用"冂"形钢钉固定，铺设保护层如图 11-19 所示。

图 11-19　铺设保护层

透水系统铺设区域边缘、桩基、立柱桩等收边处，应采用保护层将静水压力释放层翻包 200mm。

11.4.5　素混凝土垫层施工

现场作业全部完成后，清除施工现场废弃物及剩余物料，人员、机具撤离，并将工地移交给建设单位或建设单位指定单位依常规程序进行素混凝土垫层施工，如图 11-20 所示。

图 11-20　依常规程序进行素混凝土垫层施工

素混凝土垫层施工时，静水压力释放层抗浮执行方应指派专业人员携带备用材料到场，配合进行紧急修补处理。

11.4.6　安装出水系统及试水（集水井完成后执行）

出水系统应设置在箱形基础中或筏形基础下部的集水井内，必须与集水系统水平集水管连接，施工前应先根据设计位置准确放样。依据出水系统详图将水平集水管汇集至出水系统，并应依据设计及抽水泵起/停泵水位配置各项组件及出水口位置，如图 11-21 所示。箱形基础水箱板或筏形基础集水井安装完成后再安装出水系统，安装时应根据各式配件组合设计图进行，各部分构造应用黏合剂密封固定。

图 11-21　安装出水系统及试水

11.4.7　观测口安装及长期观测

系统启用后即开始观测工作（图 11-22）。建筑物完工开始运营后，移交给相关部门进行运营期观测。固定渗流压监测系统应设置于底板面同一水平高程，并与集水系统水平集水网连接，以量测正确的基底渗流压。

图 11-22　观测工作

采用电子设备进行固定渗流压监测时，电子设备传感器应做妥当防护，不得压迫传感器造成量测误差。

功能稳定性监测应包括出水系统功能运作情况及固定渗流压观测值。

功能稳定性监测频率应符合下列规定：监测频率不应少于六个月一次，监测持续时间不得少于两年或至执行项目工程竣工。

监测期间若遭遇固定渗流压观测值异常，或压力水从固定渗流压观测井管口流出，则应采取处理措施，并于处理完成后每周应监测一次，不得少于一个月，之后恢复六个月监测一次。

使用年限内遇有主体结构周边环境有较大变化，造成地下水水位急剧变化时，必须及时测定一次。

遇有暴雨及持续降雨及发生突变等情况时应增加监测频率。

工程竣工后有关工程责任方应针对项目特性编写维护手册交付委托单位进行运营期观测。

11.5　效 益 分 析

地下水浮力（水压力）长期持续性作用于基底，将导致上部荷重较小的结构物抗浮力不足，并可能产生结构体破坏及长期渗漏水等问题。目前国内常用的处理方式有两大类，分别为结构性抗浮技术（搭配化学药液防漏注浆）和排水抗浮技术。

CMC 静水压力释放抗浮技术属于先进的智能型排水抗浮技术，主要适合在解除新建结构物基底因水浮力及水压力造成的上浮、破裂、渗水等情形下使用，其与传统抗浮技术的比较分析如下。

11.5.1　与结构性抗浮技术的比较

结构性抗浮技术以应力相抗衡方式对基础板进行锚固处理，并搭配多次化学药液注浆阶段性解决结构裂缝、二次施工缝及后浇带等渗水潮湿问题。传统结构性抗浮技术主要有抗拔桩、抗浮锚杆、配重法等三类，就其特性与 CMC 静水压力释放抗浮技术比较如表 11-4 所示。

表 11-4　传统结构性抗浮技术与 CMC 静水压力释放抗浮技术比较

内容	工法			
	抗拔桩	抗浮锚杆	配重法	CMC 静水压力释放抗浮技术
施工时间	长	长	中等	短
施工费用	高	中等	高	低
环境影响	高	高	中等	低
长期使用性	佳	差	佳	佳
抵抗异常气候能力	差	差	差	佳
节能减废效益	无	无	无	高
其他	具锈蚀、潜变可能	具锈蚀、潜变、浮力消失可能	仅能提供 4.0～6.0t/m² 的抗浮力	对于地层条件有一定要求
附加价值	无	无	无	排放水可作为绿化植物及景观用水

11.5.2　与排水抗浮技术的比较

排水抗浮技术基本原理为利用疏导基底水压力方式，达到控制地下水浮力，降低基板裂缝、施工缝及后浇带渗水的目的。采用此类技术必须注意以下要点。

（1）能够配合结构物使用年限，长时间使用。

（2）不影响原有建筑设计及功能。

（3）不影响地层承载力。

（4）系统不容易发生物理性或化学性堵塞。

（5）不影响外围水文条件。

传统排水抗浮技术多采用倒滤层（级配料及其附属设施）及盲排搭配集水井或箱涵设计，此技术属于地下排水方式之一，适用于地下水位低于基础底面、遭逢雨季时地下水位可能上升的环境中，可供短期使用。但如长时间使用，就会出现过滤层阻塞、排水管路产生碳酸钙结晶阻塞、级配层发生蠕变差异沉降、局部导水功能失效等现象，就其特性与 CMC 静水压力释放抗浮技术比较如表 11-5 所示。

表 11-5　传统排水抗浮技术与 CMC 静水压力释放抗浮技术比较

设计	工法		
	传统排水抗浮技术（倒滤层工法）	传统排水抗浮技术（盲沟排水法）	CMC 静水压力释放抗浮技术
基本设计模式	倒滤层开口式设计	砂石过滤开口式设计	超导水气密式设计
透水系统	针扎土工布	粒径 2～5mm 中砂	一级高渗透阻流滤层
导水系统	400mm 碎石级配	粒径 5～10mm 卵石级配	7mm 超导水格网层
集水系统	5mm 开孔 PVC 管外部包覆级配料及针扎型土工布	外径 600mm 或 3 根外径 300mm 塑料盲管	开孔率＞2%PVC 管外部包覆二级高渗透阻流滤层
出水系统	开口式出水管	开口式出水管	专利气密式出水稳压系统（含地下气体自然排气阀）
隔离系统	膨润土	水泥/砂/碎石层	高延展塑料层
反冲洗系统	无	无	约 2 000m² 反冲洗兼基底水压观测系统
适用条件	地下水位低于基础底面，遭逢雨季时地下水位可能上升的环境，供短期使用	地下水位低于基础底面，遭逢雨季时地下水位可能上升的环境，供短期使用	可长时间使用于地下水位较高、基底承受较大水浮力的环境
设计变更	需增加基坑开挖深度增加箱涵设计	需增加基坑开挖深度增加箱涵设计	不需变更
地层承载力影响	需独立评估碎级配层承载力的影响	需评估大口径塑料盲管对基础承载力的影响	无影响
长期使用性	容易产生堵塞及土工布穿刺破裂	容易产生堵塞及塑料盲管长期受压劣化	可长时间使用

11.6　本章小结

本章系统总结了静水压力释放抗浮技术的工作原理和适用范围，并梳理了其具体的设计计算方法；介绍了两种常用静水压力释放法的构造设计、施工工艺，并进行了经济性比较。

应 用 篇

第 12 章　常规抗浮桩的工程案例

12.1　工　程　概　况

　　浙江省湖州市某住宅小区中有9幢高层建筑，均为15～18层剪力墙住宅楼，沿小区周边建造。住宅楼下的地下室均为自行车停车库，其下采用桩基础，桩型选用钻孔灌注桩，桩径800mm；中央是绿化休闲区，休闲区下是一座全埋式地下停车库（以下称地下车库），地下车库与周边高层住宅地下室（自行车库）用钢筋混凝土剪力墙分隔，地下车库局部外景如图12-1（a）所示。地下车库采用框架结构，其下采用PHC预应力管桩，桩径大多数为600mm，部分为500mm。除此之外，按设计要求，要在地下车库的顶板上增添100mm厚的覆土，底板上还应再浇筑150mm厚的素混凝土。中央地下车库与周边地下自行车库间由钢筋混凝土剪力墙分隔。地下车库平面图如图12-1（b）所示。

（a）地下车库局部外景

图 12-1　地下车库局部外景及平面图

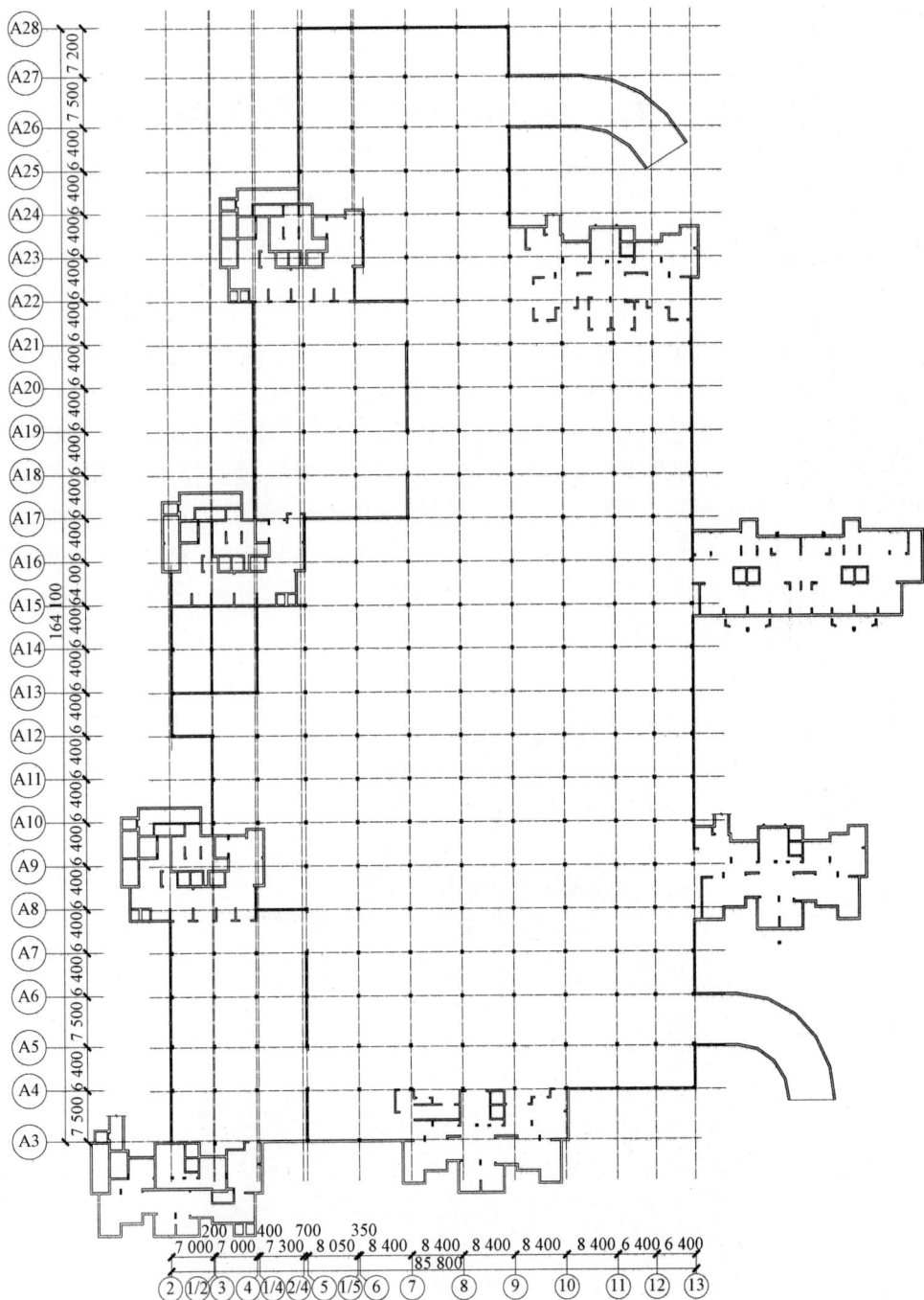

（b）地下车库平面图

图 12-1　（续）

2007 年 4 月，该工程在施工过程中，发现地下车库底板有隆起迹象；5 月 8 日地下车库局部最大上浮量达 180mm，其上浮位置周边大部分柱子的顶部及根部出现裂缝，主要是在 6 轴～13 轴、A5 轴～A15 轴所围成的区域，此时地下水位距顶板 0.3～0.4m，地下室顶板覆土约 0.2m（原设计计划覆土 1.0m）；至 5 月 9 日时，情况发展得更为严重。

（1）测量发现地下车库底板已有较大面积隆起，最大隆起量达 393mm。

（2）柱顶与柱根的裂缝有新的延展（图 12-2 和图 12-3）。

图 12-2　柱顶水平裂缝

图 12-3　柱底水平裂缝

（3）在 A7 轴附近及 13 轴梁的两边位于 A8 轴～A10 轴的地下车库局部顶板开裂渗水（图 12-4）。

（4）部分底板出现裂缝（图 12-5）。

（5）地下车库的部分墙上有不同程度的开裂。

根据现场检测的情况来看，在事发当时，地下车库顶板上的覆土厚度远未达到设计值，底板按设计要求所要浇筑的 150mm 厚的素混凝土也未浇捣，这时施工方已停止了排水工作。在湖州连日大雨后，工程场地的地下水位逐渐上升，最终造成地下车库底板在短时间内出现了大面积上浮的情况，且上浮位移量较大。随后虽经紧急排水，车库底板上浮逐渐回落，但地下车库已出现不同程度的结构损坏情况。

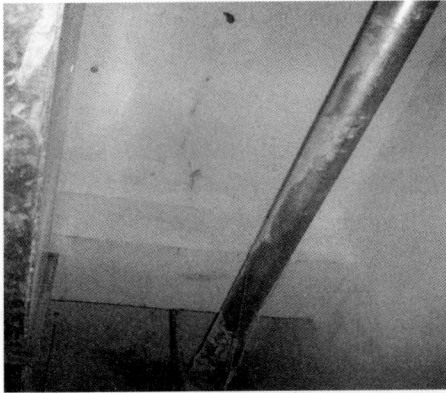

图 12-4　顶板开裂渗水

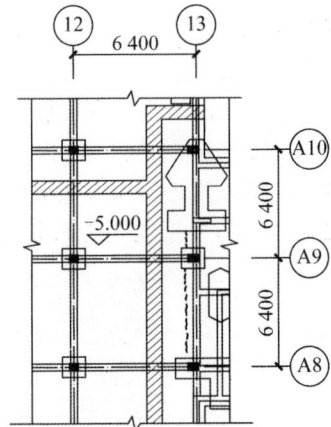

图例：—— 裂缝

图 12-5　局部底板裂缝渗水示意图

通常，地下车库在施工期间如稍有疏忽，会存在上浮的隐患，因此在设计和施工时均应重视，施工图上应说明地下车库施工阶段停止抽水的具体时间，但在本工程地下车库施工图中，却没有这方面的说明。

发生上述情况后，要具体了解地下车库上浮所造成的结构破坏情况，还需要建立计算模型来进一步模拟上浮发生时的实际工程情况，确定结构的损坏程度，以便实施合理的加固措施。

12.2　有限元模拟

由于该工程的广场地下车库与周边 9 幢高层住宅相连，结构受力形式比较复杂。为了更好地计算在上浮发生时地下车库构件的内力，本节采用大型有限元分析软件 ANSYS 进行建模计算。

12.2.1　计算模型基本条件

地下车库平面基本呈矩形，南北长约 164m，东西最宽处约 85.8m，设计顶板上覆土厚 1000mm；底板结构层厚 400mm，其上浇筑 150mm 厚素混凝土，顶板结构层厚 200mm。主梁截面尺寸 500mm×600mm，次梁截面尺寸 400mm×600mm，混凝土强度等级为 C35。抗浮设防水位取当地防洪水位：车库底板面的水头高度为 4.41m，地下车库最低净高为 2.9m，柱截面尺寸为 500mm× 500mm，柱距为 6.4m×8.4m。地下车库的基础形式为桩筏基础，采用 PHC 预应力管桩，桩径大多数为 600mm，桩长为 43m。

上浮发生时（2007 年 5 月 9 日），顶板覆土厚度为 0.2m，地下水位距离车库顶板为 0.3～0.4m，底板上 150mm 厚素混凝土未浇筑。

12.2.2　实体模型建立

对于地下车库的主次梁、地梁及框架梁柱，在程序中采用 beam4 单元模拟，beam4 是一种可用于承受拉、压、弯、扭的单轴受力单元。对于地下车库的剪力墙、顶板、底板，在程序中用 shell63 单元进行模拟，应力刚化和大变形能力已经考虑在其中。在大变形分析（有限转动）中可以采用不变的切向刚度矩阵，其比较适合模拟本工程中剪力墙、顶板和底板的受力状态。抗拔桩在程序中用 link8 模拟，link8 是具有多种工程应用的三维杆单元。link8 能够承受单轴拉力-压力，每个节点具有 X、Y、Z 位移方向的自由度。土体采用六面体 8 节点实体单元 solid45，该实体单元的每个节点都具有 X、Y、Z 位移方向的三个自由度。

结构分析时，当刚度矩阵形成后，没有加入边界条件前，刚度矩阵是奇异矩阵；加入边界条件后，刚度矩阵变为正定对称矩阵，即可以进行求解。

对于地下车库的顶板覆土，把其当作荷载施加在顶板上。地下水浮力作用在地下车库的底板上。本工程中地下车库埋深为 4.90m，基坑开挖深度为 5.3m 左右，在此范围内的地基土涉及素填土、粉质黏土、淤泥质粉质黏土，而基底落在三层淤泥质粉质黏土之上，其中赋存有潜水，因此在计算时对水浮力不进行折减。

建模应真实反映实际工作情况，同时应合理处理好边界条件，充分考虑各种因素的影响，以保证模型的正确建立。在计算中，分析范围的选取是较为重要的环节。对于地下车库下面的土体，如果范围取得太大，那么计算机的容量、迭代计算时间及后处理等工作量就相应大许多，从而会给计算带来很大的困难。本章在不影响计算精度的前提下，根据圣维南原理，将土体计算范围作如下处理：以结构外边界为基准，X、Y 方向取结构长、宽的 3 倍范围的土体，Z 方向取桩长的 2 倍范围的土体。该范围边界处的土体约束，对地下车库的影响基本可以忽略不计。地下车库有限元模型如图 12-6 所示。

由于地下车库与周边的高层建筑相连，高层建筑对地下车库有约束的作用，即有利于地下车库抗浮。在建模时为了简化计算，将高层建筑与地下车库连接处进行约束连接处理。

土体的初始应力场的实现是一个关键问题。在计算时首先要确定加荷前初始的应力状态。在有限元计算中，土体初始应力的实现比较困难。因为如果在加载时对土体施加一个应力场，会相应产生位移场，从而影响到荷载作用下地下车库上浮量的计算。要消除初始自重应力引起的位移且保持模型中应力不变，可在

ANSYS中将初应力荷载和原荷载一并施加,此时模型中应力与原荷载产生的应力相同,但位移场为零,主要步骤如下:首先在 ANSYS 中建立计算模型,然后给土体施加一个重力加速度,作为它的重力场,进入求解层求解,并应用 ANSYS 初始应力场 ISWRITE 命令进行保存。最后,重新开始工作并恢复原模型,进入求解层应用 ISFILE 命令重新读入。该自重应力场作为初始应力,把该初始应力的施加作为第一荷载步并进行求解。

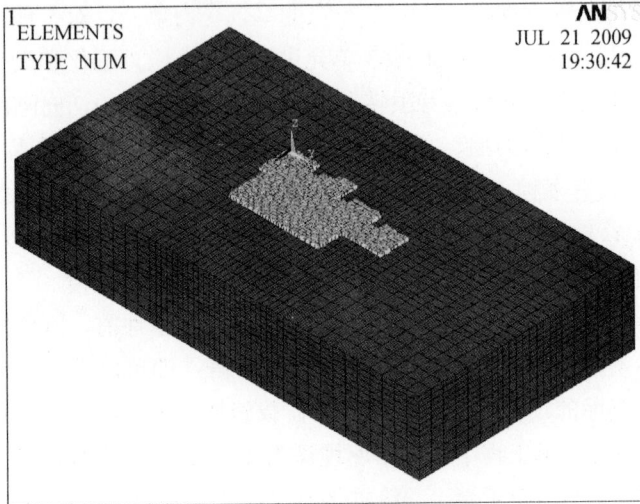

图 12-6 地下车库有限元模型

12.3 计 算 结 果

本节结合事故发生时的地下车库上浮情况及现场检测情况,进行两种工况的计算。

12.3.1 计算工况 1

计算工况 1:根据上浮发生时的现状,即顶板覆土厚度 200mm、地下水位距离车库顶板 400mm、底板上 150mm 厚素混凝土未浇筑进行有限元计算。图 12-7 为地下车库底板的位移云图。从图 12-7 可以看出,底板上浮较大的范围和现场观测到的情况类似,但是上浮位移和实测位移相比普遍偏小,最大处上浮位移为 310mm,比现场观测到的最大上浮量 393mm 要降低 21%。这主要是因为在整个计算过程,考虑到抗拔桩参与受力,即使受较大水浮力作用,仍未考虑其发生失效破坏的情况,但根据现场调查情况可以判定一些上浮量较大的部位,其底板下的抗拔桩已经失效。

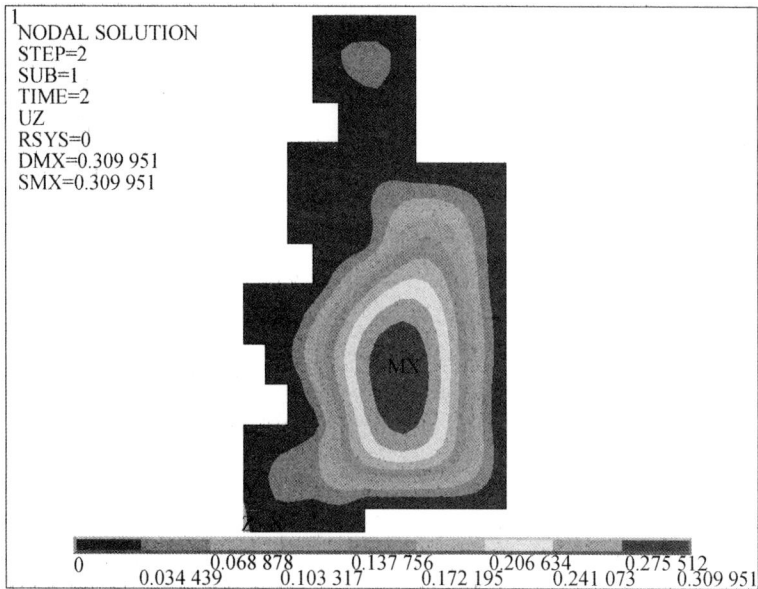

图 12-7　工况 1 下地下车库底板的位移云图（单位：m）

图 12-8 是通过 ANSYS 计算得到的地下车库上浮时 PHC 管桩所承受的上拔力。从图 12-8 中可以看到，由于地下水位较高，造成管桩的上拔力较大，特别是 6 轴～11 轴内的 PHC 管桩，大部分管桩的上拔力都超过了单桩抗拔承载力特征值。地下车库大部分 PHC 管桩的直径为 600mm，根据施工前进行的单桩抗拔静载试验，直径 600mm 的 PHC 管桩，其抗拔极限承载力为 1 240kN。由于地下车库底板发生了大面积隆起，说明一部分抗拔桩已经失效。从图 12-8 中可知，大部分管桩的上拔力均未超过由桩侧摩阻力控制的单桩抗拔极限承载力，这说明管桩的失效应该发生在桩身的连接上。

12.3.2　计算工况 2

根据工况 1 的计算结果来看，地下车库底板的位移与实际观测情况相比计算误差较大。因此，工况 2 在工况 1 计算结果的基础上，结合现场监测来分析地下车库上浮时的结构受力情况。

计算工况 2：根据上浮发生时的现状，顶板覆土厚度 200mm、地下水位距离车库顶板 400mm、底板上 150mm 厚素混凝土未浇筑。考虑现场上浮量较大的部位抗拔桩失效，将有限元模型中上拔力较大的抗拔桩删除，以此来模拟抗拔桩的失效（抗拔桩失效范围见图 12-9）。在上述工况下再进行有限元计算，同时结合现场地下车库底板局部上浮量较大的部位，共设置了 40 个测点监测地下车库上浮的情况（图 12-10）。

说明：
"□"表示此处为一根桩，
"□□"表示此处为两根桩

A28	0	0	0	0	0					
A27	609.6	1010.7	975.0	1015.7	610.7					
A26	579.5	1102.1	1059.4	1121.5	595.7					
A25	397.4	938.3	972.4	1017.6	472.1					
A24			978.4	989.5	0					
A23			923.5	983.6	0					
A22			837.5	994.5	0					
A21	385.5	969.0	897.0	643.2	982.1	0	0	0	0	0
A20	433.0	1022.7	939.3	796.1	975.4	877.8	899.9	802.6	718.4	308.1
A19	427.2	1019.6	958.3	707.5	997.0	974.1	988.1	875.3	761.6	392.7
A18	376.9	952.2	904.4	1002.4	996.8	998.0	1003.1	894.5	740.1	426.9
A17		1257.6	1313.5	1001.8	996.9	1013.9	916.4	706.6	642.5	
A16		935.3	836.9	993.9	1025.5	1019.7	931.9	666.4	611.3	
A15		978.2	905.1	997.3	1031.7	1022.9	937.1	662.4	647.0	
A14	313.0	529.1	817.5	829.8	939.7	985.4	1007.3	1029.4	1023.4	929.8	714.8	816.1
A13	217.7	585.9	820.8	923.3	958.0	1006.4	1020.4	1028.2	1025.9	913.0	722.3	519.0
A12	0	0	811.5	938.3	989.0	1012.5	1031.8	1027.2	1026.4	903.6	745.8	526.5
A11		0	761.3	921.9	991.5	1015.3	1036.5	1026.0	1023.8	911.4	714.6	523.1
A10		0	900.2	972.6	1021.6	753.0	753.0	753.0	753.0	753.0	753.0
A9		753.0	968.4	1015.2	1022.0	1020.5	1014.0	941.5	653.6	720.4
A8		608.4	1007.9	1018.8	1050.3	1050.2	1043.0	949.7	718.4	852.4
A7	434.0	798.4	889.0	1204.4	998.1	992.2	969.4	970.3	987.0	915.9	747.5	585.2
A6	713.6	807.3	891.6	1317.3	992.9	1011.9	1005.8	1007.3	1016.6	932.5	789.2	717.8
A5	739.5	815.7	950.8	484.0	999.6	925.9	870.6	876.0	950.0	982.5	846.1	531.7
A4	598.0	746.9	826.8	401.9	860.9	0		0	0	783.6	516.2	218.4
A3	0	0	199.7	683.7						

164 100

底部轴线：② ①/2 ③ ④ 1/4 2/4 ⑤ 1/5 ⑥ ⑦ ⑧ ⑨ ⑩ ⑪ ⑫ ⑬
7 000 7 000 7 300 8 050 8 400 8 400 8 400 8 400 6 400 6 400
200 400 700 350
85 800

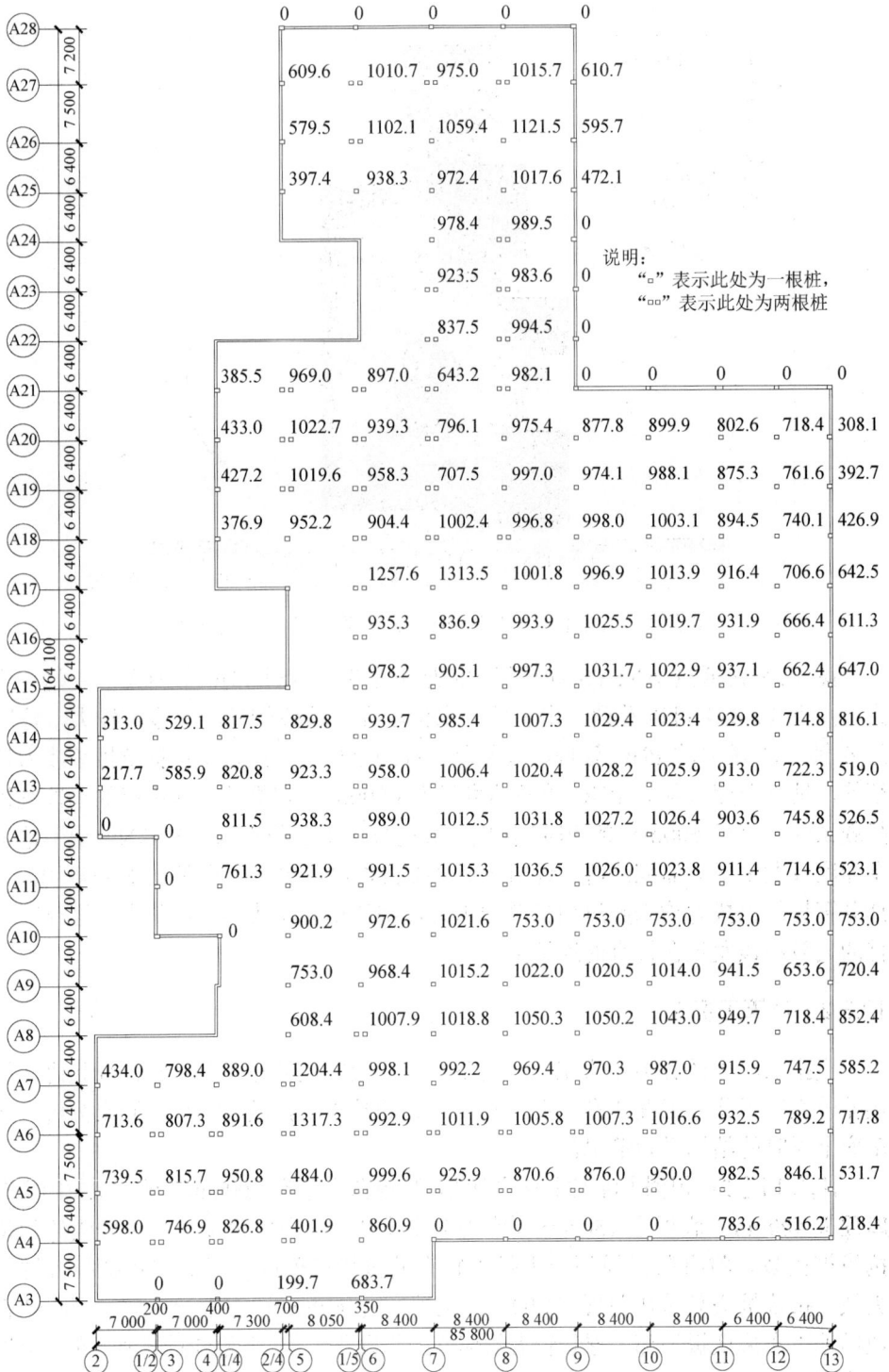

图12-8 工况1计算得到的管桩上拔力（单位：kN）

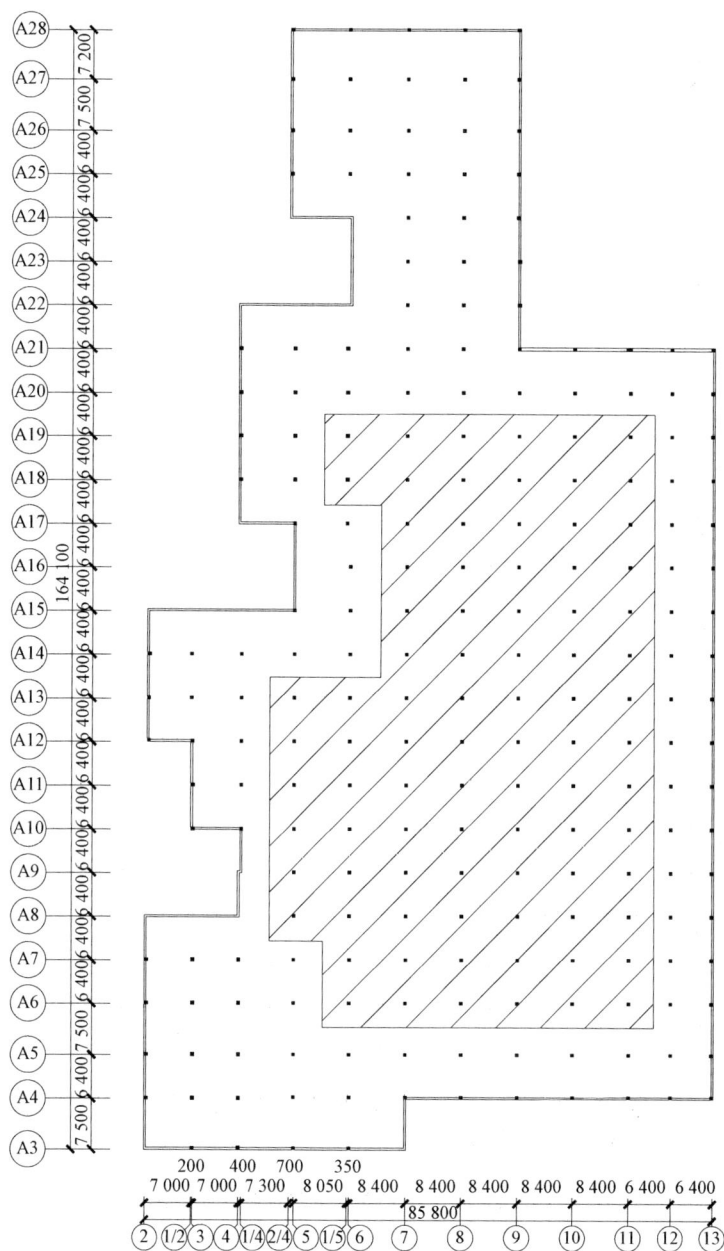

图 12-9　抗拔桩失效范围

（阴影范围内抗拔桩失效）

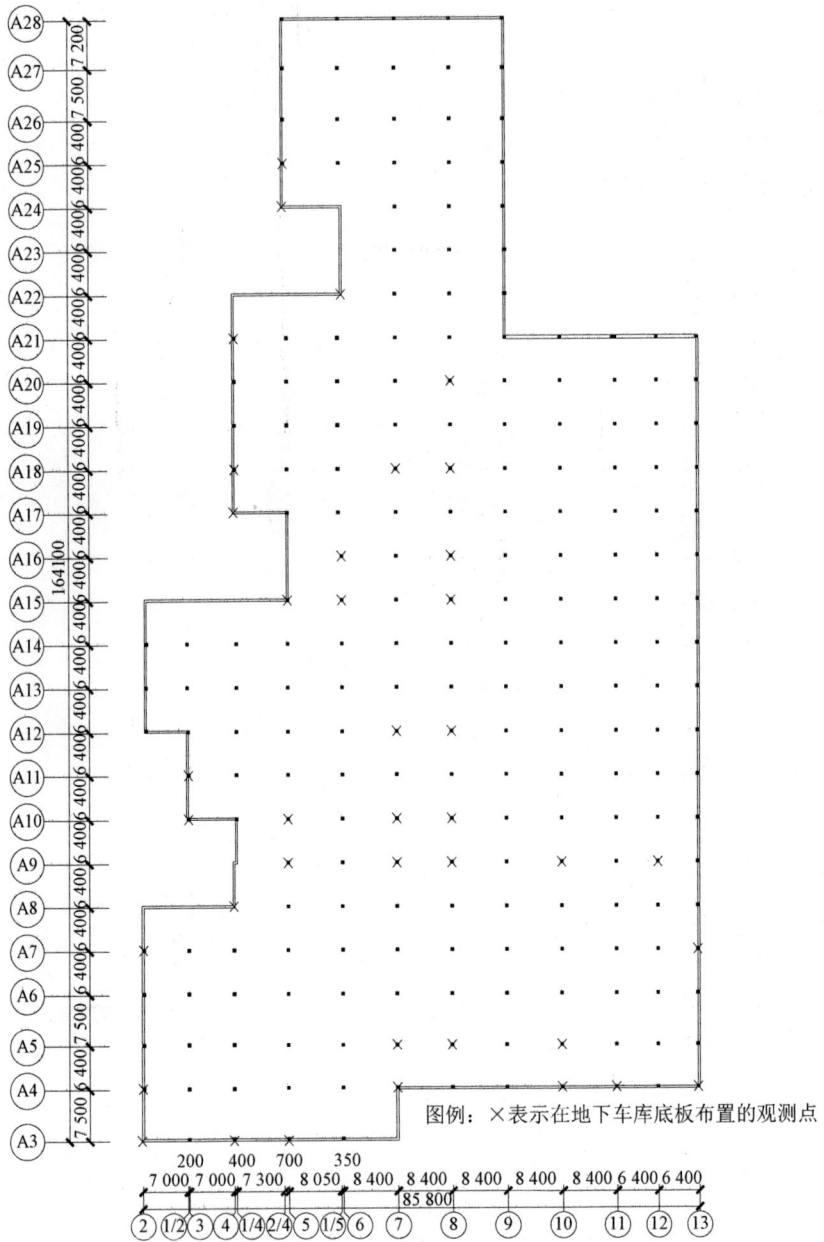

图例：×表示在地下车库底板布置的观测点

图 12-10　地下车库底板沉降观测点布置图

图 12-11 是通过 ANSYS 计算得到的地下车库上浮时底板的位移云图。从位移云图可以看到，地下车库底板上浮量较大的部位主要集中在 6 轴～11 轴、A5 轴～A15 轴所围成的区域。这一点和现场观测到的底板上浮情况是吻合的。当时现场测得地下车库局部最大上浮量已达到 393mm（A12×8 轴，A10×8 轴），上浮主要出现在地下车库的中部。

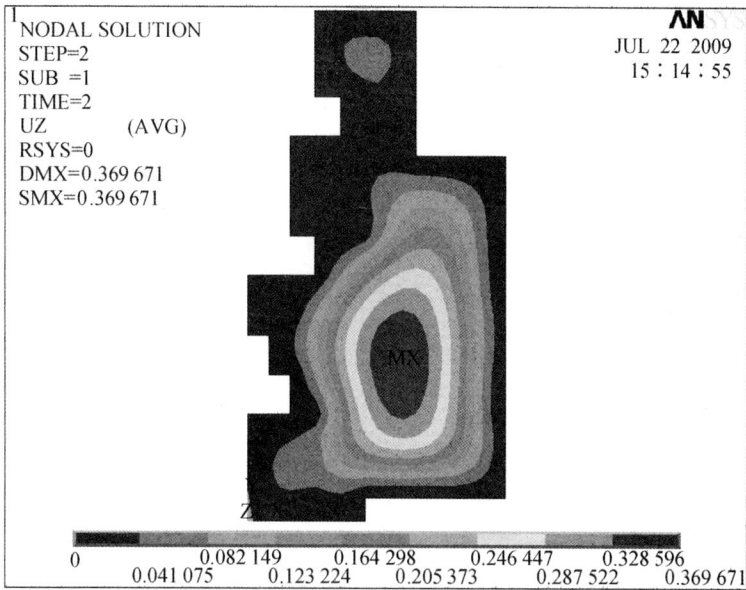

图 12-11　地下车库上浮时底板的位移云图（单位：m）

综合图 12-10 所示的地下车库底板沉降观测点布置和表 12-1 中的位移值可以看出，地下车库底板的位移量与现场实测的上浮位移量比较接近，地下车库底板测点 A12×8 轴对应的节点 15 581，计算得到的上浮位移为 354.8mm，比实测位移偏小 9.7%；A10×8 轴对应的节点 15 559，计算得到的上浮位移为 362.8mm，比实测位移偏小 7.7%。比较表 12-1 列出的地下车库底板各测点位移实测值与计算值，可以看出，大部分测点的实测值与计算值是比较吻合的，特别是 A9 轴、A10 轴和 A12 轴上的测点，其实测值更为接近计算值。

表 12-1　地下车库底板各测点位移实测值与计算值的比较

测点	对应节点	实测值/mm	计算值/mm
A3×2	15 034	20	0.0
A3×1/4	15 485	13	0.0
A3×5	15 486	0	−3.2
A4×2	15 004	10	0.0

测点	对应节点	实测值/mm	计算值/mm
A4×7	15 493	0	0.0
A4×10	15 496	−7	0.0
A4×11	15 497	−17	−1.8
A4×13	15 499	−10	−1.6
A5×7	15 504	−48	−82
A5×8	15 505	−126	−84
A5×10	15 507	−150	−77
A7×2	15 038	−5	0.0
A7×13	15 532	−17	−2.3
A8×4	15 534	0	0.0
A9×5	15 545	−55	−50.7
A9×7	15 547	−285	−293.8
A9×8	15 548	−365	−350.7
A9×10	15 550	−335	−279.3
A9×12	15 552	−98	−61.0
A10×3	15 554	−53	0.0
A10×5	15 556	−80	−87.2
A10×7	15 558	−312	−311.5
A10×8	15 559	−393	−362.8
A11×3	15 565	−8	0.0
A12×7	15 580	−318	−308.4
A12×8	15 581	−393	−354.8
A15×5	15 611	−13	0.0
A15×6	15 612	−90	−82.0
A15×8	15 614	−235	−237.5
A16×6	15 621	−29	−37.2
A16×8	15 623	−135	−174.2
A17×1/4	15 629	0	0.0
A18×1/4	15 639	−10	−0.7
A18×7	15 642	−25	−21.7
A18×8	15 643	−27	−89.1
A20×8	15 663	−15	−45.8
A21×1/4	15 669	−8	−0.5
A22×6	15 681	−11	0.0
A24×2/4	15 689	0	0.0
A25×2/4	15 694	0	−0.6

注：+为下沉，−为上浮。

图 12-12～图 12-15 给出了上浮时地下车库顶板和底板的弯矩图,图中的深灰色区域为承载力不足的区域。

由以上的图表可以看出,通过 ANSYS 有限元软件计算的结果基本符合当时在地下车库现场调查得出的上浮破坏的结论。

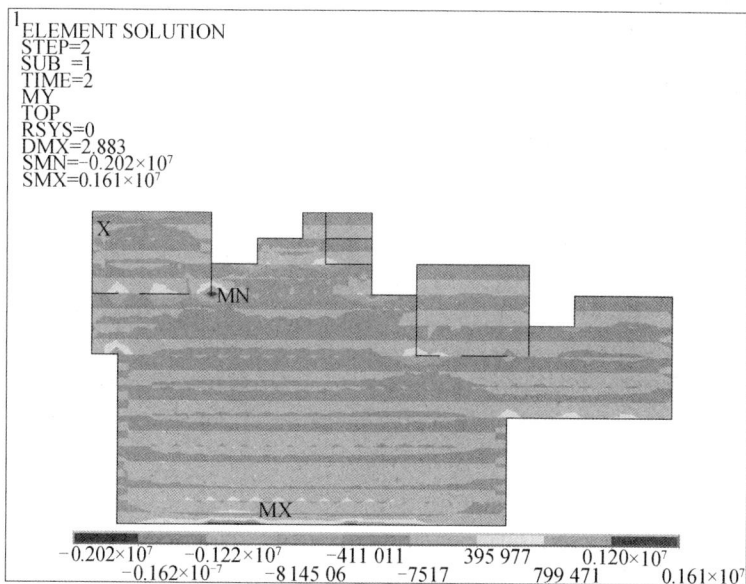

图 12-12 底板 x 方向弯矩图(单位:N·m)

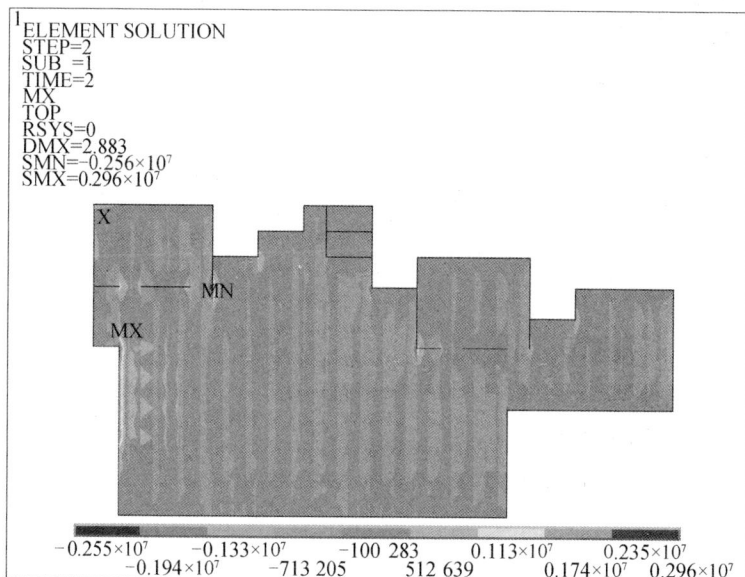

图 12-13 底板 y 方向弯矩图(单位:N·m)

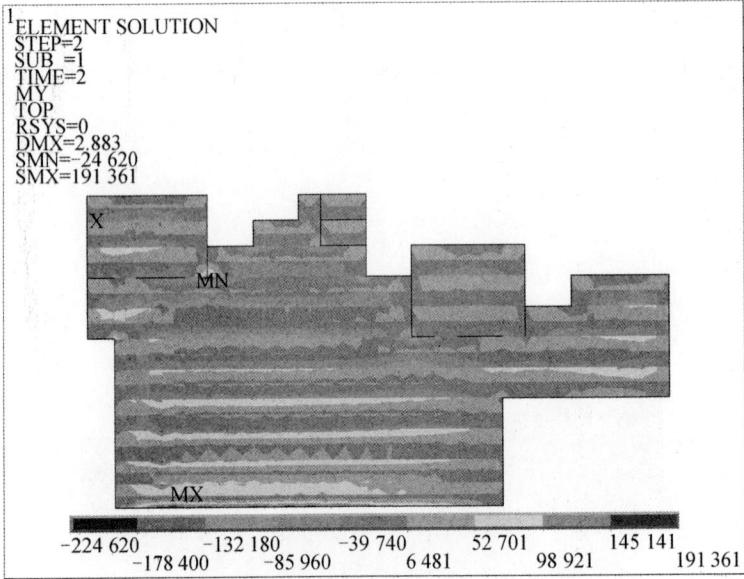

图 12-14　顶板 x 方向弯矩图（单位：N·m）

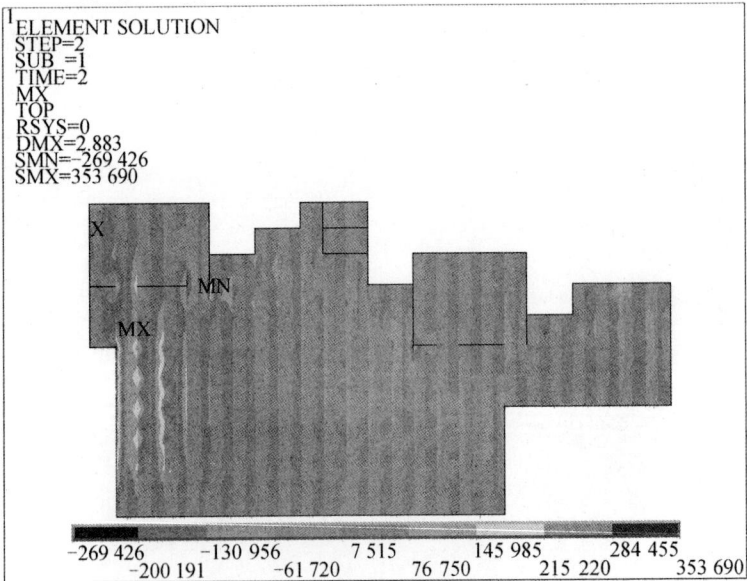

图 12-15　顶板 y 方向弯矩图（单位：N·m）

12.4　实测地下车库的变形

在用有限元计算的基础上,进一步计算地下车库在不同时期、不同地下水位作用下的沉降和受力,并与现场的实测数据进行对比分析。

表 12-2 和表 12-3 分别列出了地下车库底板观测点从 2007 年 5 月 9 日(上浮事件发生时)～5 月 31 日的沉降观测数据。从表中可以看出,5 月 9 日地下车库底板上浮的范围主要集中在 6 轴～13 轴、A5 轴～A15 轴围成的区域,最大上浮位移出现在观测点 A10×8、A12×8,其上浮位移达到了 393mm。由于现场设置降水点,不断进行降水,至 5 月 13 日,底板大面积回落,局部最大下沉量 201mm(观测点 A12×8)。至 5 月 31 日,底板的沉降基本趋于稳定,局部最大下沉量 356mm(观测点 A12×8)。

表 12-2　5 月 9 日～5 月 20 日车库底板沉降观测数据(单位:mm)

观测点	沉降观测数据											
	5 月 9 日	5 月 10 日	5 月 11 日	5 月 12 日	5 月 13 日	5 月 14 日	5 月 15 日	5 月 16 日	5 月 17 日	5 月 18 日	5 月 19 日	5 月 20 日
A3×2	20	25	23	25	25	22	23	23	23	22	22	22
A3×1/4	13	19	16	19	18	16	17	16	17	16	16	16
A3×5	0	3	0	3	2	0	2	0	2	2	2	1
A4×2	10	15	14	16	15	12	13	13	13	13	13	13
A4×7	0	3	−1	3	1	−1	2	0	1	1	1	1
A4×10	−7	−8	−8	−5	−6	−7	−5	−6	−6	−6	−4	−5
A4×11	−17	−15	−16	−10	−11	−12	−11	−12	−12	−12	−9	−10
A4×13	−10	−10	−10	−10	−10	−10	−12	−8	−8	−10	−10	−10
A5×7	−48	−45	−48	−44	−36	−29	−22	−22	−20	−20	−20	−20
A5×8	−126	−125	−121	−118	−109	−94	−87	−83	−82	−82	−80	−79
A5×10	−150	−146	−141	−136	−100	−83	−74	−70	−67	−67	−63	−63
A7×2	−5	0	1	3	4	−1	0	0	0	0	0	0
A7×13	−17	−20	−18	−14	−15	−17	−15	−17	−17	−17	−15	−15
A8×4	0	4	2	4	5	2	3	3	3	3	3	3
A9×5	−55	−51	−55	−49	−41	−37	−32	−34	−33	−33	−32	−31
A9×7	−285	−279	−265	−250	−155	−103	−85	−74	−69	−69	−62	−60
A9×8	−365	−361	−340	−320	−205	−135	−110	−89	−84	−82	−70	−68
A9×10	−335	−331	−307	−290	−183	−122	−100	−81	−77	−73	−59	−57
A9×12	−98	−100	−94	−86	−57	−43	−36	−34	−32	32	37	37
A10×3	−53	−47	−51	−44	−46	−49	−46	−47	−45	−47	−45	−46
A10×5	−80	−76	−77	−71	−56	−50	−42	−42	−39	−42	−39	−38
A10×7	−312	−303	−285	−268	−163	−105	−84	−72	−66	−66	−60	−58
A10×8	−393	−383	−358	−338	−208	−131	−103	−95	−87	−88	−79	−76
A11×3	−8	−2	−6	1	−1	−4	−1	−2	0	−2	0	−1
A12×7	−318	−311	−289	−273	−161	−98	−77	−64	−59	−59	−53	−51

观测点	沉降观测数据											
	5月 9日	5月 10日	5月 11日	5月 12日	5月 13日	5月 14日	5月 15日	5月 16日	5月 17日	5月 18日	5月 19日	5月 20日
A12×8	-393	-382	-351	-332	-192	-106	-80	-64	-57	-56	-50	-47
A15×5	-13	-18	-20	-15	-20	-23	-16	-18	-15	-18	-17	-16
A15×6	-90	-82	-85	-78	-59	-47	-36	-34	-32	-34	-31	-31
A15×8	-235	-225	-214	-199	-118	-70	-49	-41	-36	-37	-32	-28
A16×6	-29	-24	-27	-22	-23	-24	-17	-18	-16	-19	-17	-17
A16×8	-135	-124	-120	-110	-64	-35	-20	-15	-11	-13	-8	-5
A17×1/4	0	6	2	8	-17	-17	-13	-14	-12	-15	-14	-14
A18×1/4	-10	-4	-8	-3	-11	-13	-7	-8	-6	-9	-8	-8
A18×7	-25	-18	-22	-16	-20	-22	-15	-18	-14	-18	-17	-17
A18×8	-27	-20	-25	-19	-22	-21	-13	-14	-11	-15	-13	-13
A20×8	-15	-9	-13	-7	-13	-15	-8	-10	-8	-11	-10	-10
A21×1/4	-8	-3	-7	-1	-9	-11	-6	-6	-5	-7	-6	-6
A22×6	-11	-5	-9	-3	-10	-12	-6	-7	-5	-8	-7	-7
A24×2/4	0	9	4	11	6	5	10	9	10	8	10	9
A25×2/4	0	8	1	8	2	0	6	5	6	4	6	5

注：+为沉降，-为上浮。

表12-3　5月21日~5月31日车库底板沉降观测数据（单位：mm）

观测点	沉降观测数据											
	5月 21日	5月 22日	5月 23日	5月 24日	5月 25日	5月 26日	5月 27日	5月 28日	5月 29日	5月 30日	5月 31日	5月10日~ 5月31日 累计沉降
A3×2	22	23	25	26	27	26	26	26	26	26	26	6
A3×1/4	16	18	19	19	20	19	19	19	19	19	19	6
A3×5	1	2	4	4	4	5	5	4	4	4	4	4
A4×2	13	14	15	16	17	16	17	16	16	16	16	6
A4×7	1	1	2	2	3	3	3	3	3	3	3	3
A4×10	-6	-5	-4	-4	-3	-3	-3	-4	-4	-4	-4	3
A4×11	-13	-9	-9	-8	-7	-7	-7	-7	-7	-7	-7	6
A4×13	-11	-9	-9	-9	-9	-9	-9	-10	-10	-10	-9	1
A5×7	-18	-15	-14	-14	-14	-14	-14	-14	-14	-13	-14	34
A5×8	-80	-77	-74	-74	-74	-74	-74	-75	-75	-75	-75	61
A5×10	-63	-61	-57	-56	-55	-55	-55	-56	-56	-56	-56	84
A7×2	0	1	3	3	4	3	3	2	2	2	2	5
A7×13	-16	-15	-14	-14	-13	-13	-13	-13	-13	-13	-14	3
A8×4	3	4	5	6	7	6	6	6	6	6	6	6
A9×5	-30	-29	-27	-27	-27	-26	-26	-27	-27	-27	-27	28
A9×7	-58	-55	-52	-51	-50	-50	-50	-49	-49	-48	-48	237
A9×8	-65	-62	-59	-58	-57	-57	-58	-57	-57	-57	-57	308
A9×10	-54	-51	-47	-46	-45	-45	-45	-44	-44	-44	-44	287

观测点	沉降观测数据											
	5月21日	5月22日	5月23日	5月24日	5月25日	5月26日	5月27日	5月28日	5月29日	5月30日	5月31日	5月10日~5月31日累计沉降
A9×12	37	39	40	41	42	42	42	41	41	41	41	75
A10×3	−46	−44	−43	−42	−42	−41	−41	−40	−41	−40	−41	12
A10×5	−36	−35	−33	−33	−33	−33	−33	−34	−33	−32	−32	48
A10×7	−55	−53	−50	−50	−49	−49	−49	−49	−48	−47	−47	265
A10×8	−74	−71	−68	−68	−68	−67	−66	−65	−64	−63	−63	340
A11×3	−1	1	2	2	1	1	1	1	1	1	1	9
A12×7	−49	−46	−43	−43	−43	−43	−43	−43	−41	−40	−40	218
A12×8	−46	−43	−40	−40	−39	−39	−38	−38	−38	−37	−37	356
A15×5	−16	−15	−15	−15	−15	−15	−15	−15	−15	−14	−14	9
A15×6	−31	−28	−27	−28	−28	−27	−27	−28	−27	−26	−26	64
A15×8	−26	−23	−22	−21	−21	−21	−21	−21	−21	−19	−19	216
A16×6	−17	−15	−14	−15	−15	−15	−15	−15	−15	−14	−14	15
A16×8	−4	0	1	1	1	1	1	1	2	3	0	138
A17×1/4	−14	−13	−10	−10	−11	−12	−12	−12	−12	−11	−11	6
A18×1/4	−8	−7	−5	−5	−6	−7	−7	−7	−7	−6	−5	6
A18×7	−17	−15	−13	−12	−13	−12	−12	−12	−12	−11	−11	10
A18×8	−12	−11	−10	−9	−9	−9	−9	−9	−9	−9	−9	19
A20×8	−10	−8	−8	−8	−9	−8	−8	−8	−8	−7	−7	8
A21×1/4	−6	−5	−5	−4	−5	−5	−5	−5	−5	−4	−3	6
A22×6	−7	−6	−5	−4	−5	−6	−6	−6	−7	−5	−4	7
A24×2/4	9	10	11	11	11	11	11	11	11	12	12	9
A25×2/4	5	6	7	7	7	7	7	7	7	8	8	8

注：+为沉降，−为上浮。

根据现场的沉降数据，绘制了底板上浮较大部位 7 轴、8 轴、A5 轴、A9 轴、A10 轴及 A15 轴上浮曲线，如图 12-16～图 12-21 所示。

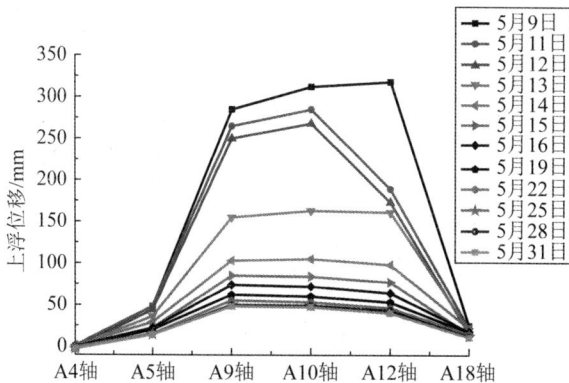

图 12-16　5 月 7 轴实测上浮曲线

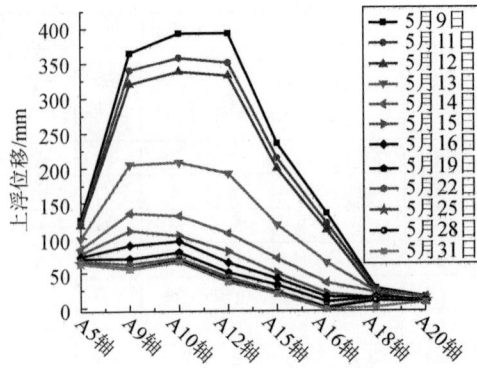

图 12-17 5月8轴实测上浮曲线

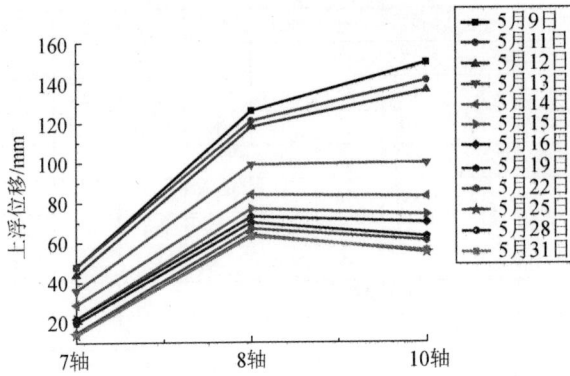

图 12-18 5月 A5 轴实测上浮曲线

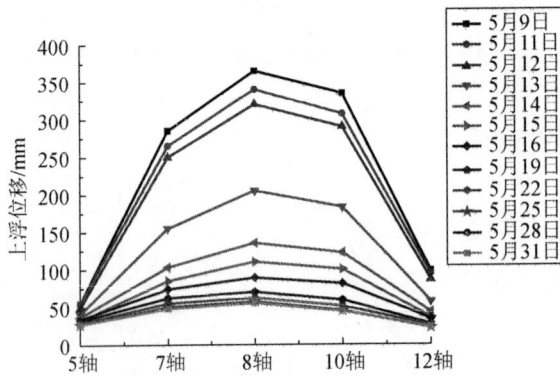

图 12-19 5月 A9 轴实测上浮曲线

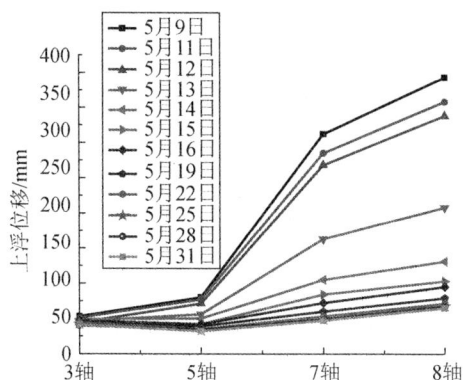

图 12-20　5 月 A10 轴实测上浮曲线

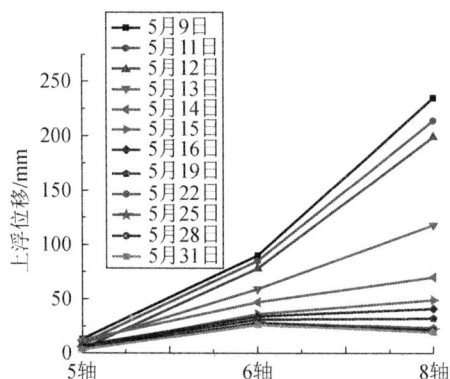

图 12-21　5 月 A15 轴实测上浮曲线

从图 12-16～图 12-21 可以看出，由于 7 轴、8 轴和 10 轴远离四周高层住宅，且高层住宅的约束影响范围有限，7 轴、8 轴和 10 轴上的测点上浮位移较大。随着现场排水，地下水位逐渐下降，底板上浮慢慢回落，这部分测点沉降变化较大。而靠近高层住宅的 3 轴、5 轴和 12 轴的测点，由于高层住宅约束的影响，其上浮位移较小。这说明周边的高层住宅对地下车库的抗浮是有利的，即由于高层住宅上部结构荷载较大，能够有效抑制地下车库的上浮。随着地下水位逐渐下降，这部分测点的沉降变化不大。

值得注意的是，对于此类结构，除地下水浮力对其差异沉降的影响外，还有以下几个因素，即上部结构刚度、上部结构荷载和地基的刚度。结构的刚度随结构层数的增加而增加，但增加的速度逐渐减缓，达到一定层数后趋于稳定。裙房结构和高层主体结构对结构总体刚度矩阵的贡献很接近，故上部结构刚度不是影响差异沉降的根本因素。上部结构荷载的差异是由上部结构层数不同引起的，基本上是定值。因此，目前主要是通过调节地基刚度来调整主楼和裙房的差异沉降。

表 12-4 列出了地下车库底板观测点从 6 月 1 日～12 日，以及 6 月 14 日、19 日和 29 日的沉降观测数据，同时也绘制了 7 轴、8 轴、A5 轴、A9 轴、A10 轴及 A15 轴上观测点的上浮曲线，如图 12-22～图 12-27 所示。由于前期 5 月的排水，地下水位逐渐趋于稳定，在 6 月观测到的底板沉降数据变化不大。从 6 月份的沉降观测曲线可以看出，大部分曲线趋向于吻合，与其他测点相比，远离高层住宅的 7 轴、8 轴和 10 轴上的测点残余上浮位移仍然较大。从表 12-4 中的观测数据可以看出，一些观测点的残留上浮位移较大，说明该处的抗拔桩已经被破坏。

表 12-4　6 月 1 日～6 月 29 日地下车库底板沉降观测数据（单位：mm）

观测点	沉降观测数据														
	6月1日	6月2日	6月3日	6月4日	6月5日	6月6日	6月7日	6月8日	6月9日	6月10日	6月11日	6月12日	6月14日	6月19日	6月29日
A3×2	26	27	28	26	27	26	27	27	27	26	26	26	26	26	24
A3×1/4	19	19	20	19	20	19	20	20	20	20	20	20	20	20	17
A3×5	−4	−4	−3	−5	−3	−4	−4	−3	−3	−4	−4	−4	−4	−3	0
A4×2	4	4	4	4	5	4	4	4	4	4	4	5	5	5	3
A4×7	−3	−3	−3	−3	−2	−2	−2	−2	−2	−2	−2	−2	−2	−2	−5
A4×10	−4	−4	−4	−4	−4	−4	−4	−4	−3	−3	−3	−3	−3	−4	−4
A4×11	−11	−11	−11	−11	−11	−11	−11	−10	−10	−11	−11	−11	−11	−12	−12
A4×13	−9	−9	−9	−10	−10	−10	−10	−10	−10	−9	−9	−10	−9	−10	−10
A5×7	−15	−13	−13	−13	−12	−13	−13	−12	−11	−14	−14	−14	−13	−13	−16
A5×8	−66	−65	−65	−65	−64	−64	−64	−63	−62	−64	−64	−64	−64	−64	−66
A5×10	−66	−66	−66	−66	−66	−66	−66	−65	−64	−65	−65	−65	−65	−65	−67
A7×2	0	1	1	1	2	1	1	1	1	2	2	3	2	1	−1
A7×13	−15	−14	−14	−14	−14	−15	−14	−14	−14	−14	−14	−14	−15	−16	−17
A8×4	6	6	6	6	7	7	8	8	8	7	7	7	7	7	5
A9×5	−28	−26	−26	−25	−23	−24	−22	−22	−22	−24	−24	−24	−24	−24	−26
A9×7	−49	−48	−48	−48	−46	−46	−46	−44	−43	−47	−46	−46	−47	−48	−53
A9×8	−58	−57	−57	−54	−54	−54	−54	−53	−51	−54	−53	−54	−55	−55	−59
A9×10	−48	−48	−48	−46	−46	−47	−46	−46	−45	−46	−46	−46	−46	−45	−49
A9×12	−23	−23	−23	−22	−21	−22	−22	−22	−22	−21	−21	−21	−21	−21	−23
A10×3	−41	−40	−39	−40	−39	−39	−39	−39	−39	−40	−40	−40	−42	−41	−43
A10×5	−32	−32	−31	−33	−32	−33	−33	−33	−33	−31	−31	−31	−32	−33	−35
A10×7	−47	−47	−46	−47	−46	−46	−46	−45	−44	−45	−45	−45	−46	−47	−51
A10×8	−53	−53	−53	−53	−50	−51	−51	−50	−48	−50	−49	−49	−50	−52	−56
A11×3	1	1	1	1	2	3	3	3	3	2	2	2	2	2	−1
A12×7	−40	−39	−39	−40	−38	−40	−39	−38	−37	−39	−39	−38	−40	−40	−45
A12×8	−34	−34	−34	−36	−32	−34	−34	−32	−31	−33	−32	−30	−33	−34	−35
A15×5	−4	−4	−4	−5	−3	−3	−3	−3	−3	−2	−2	−2	−4	−6	−7
A15×6	−26	−26	−26	−27	−24	−24	−24	−24	−24	−23	−23	−23	−25	−27	−27
A15×8	−19	−18	−18	−19	−18	−17	−17	−16	−15	−17	−17	−17	−18	−19	−21

续表

观测点	沉降观测数据														
	6月1日	6月2日	6月3日	6月4日	6月5日	6月6日	6月7日	6月8日	6月9日	6月10日	6月11日	6月12日	6月14日	6月19日	6月29日
A16×6	-14	-13	-13	-15	-12	-12	-12	-12	-12	-12	-12	-12	-13	-14	-14
A16×8	3	3	3	2	4	4	4	4	4	5	5	5	4	2	0
A17×1/4	6	6	6	6	9	7	7	7	7	8	8	8	7	6	4
A18×1/4	-4	-3	-3	-4	-2	-4	-4	-4	-4	-3	4	4	3	3	1
A18×7	-15	-15	-15	-16	-15	-15	-15	-15	-15	-14	-3	-2	-4	-6	-6
A18×8	-8	-7	-7	-8	-6	-6	-6	-6	-6	-5	-5	-5	-7	-8	-9
A20×8	-7	-7	-7	-9	-6	-6	-6	-6	-6	-5	-5	-5	-8	-8	-10
A21×1/4	-2	-2	-2	-2	-1	-2	-2	-2	-1	6	6	5	4	3
A22×6	-5	-5	-5	-5	-3	-4	-4	-4	-4	-4	3	3	2	1	0
A24×2/4	10	8	7	6	8	8	8	8	8	8	10	10	10	9	7
A25×2/4	7	7	6	5	7	7	7	7	7	9	9	9	8	6

注：+为沉降，-为上浮。

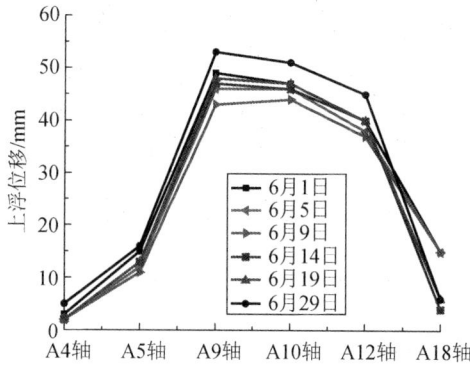

图 12-22　6 月 7 轴实测上浮曲线

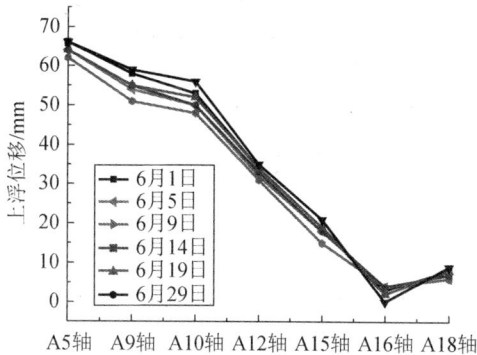

图 12-23　6 月 8 轴实测上浮曲线

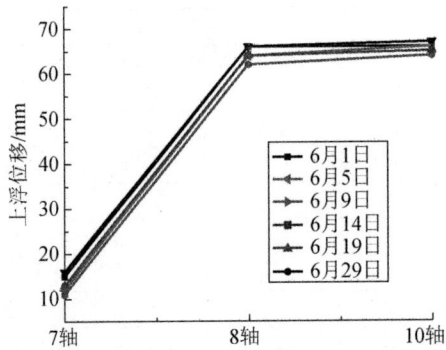

图 12-24　6 月 A5 轴实测上浮曲线（个别日期的上浮位移曲线重合，下同）

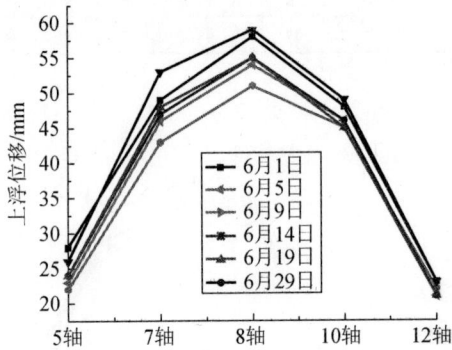

图 12-25　6 月 A9 轴实测上浮曲线

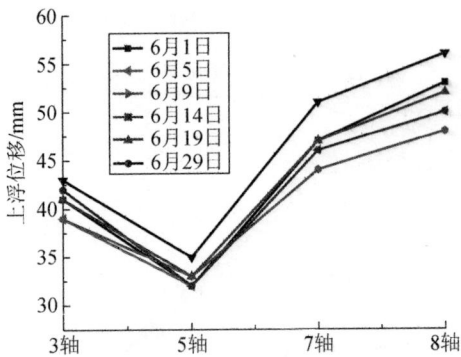

图 12-26　6 月 A10 轴实测上浮曲线

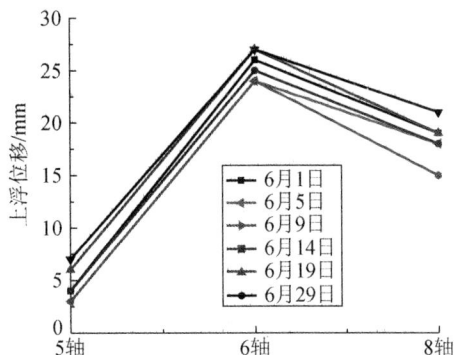

图 12-27　6 月 A15 轴实测上浮曲线

8 月对地下车库进行抗浮加固处理，对抗拔桩失效的部位进行增设抗拔桩的施工。为了考察地下车库底板从上浮到逐步沉降恢复及抗浮加固整个过程的位移变化，表 12-5 列出了 5～8 月部分时期的地下车库底板沉降观测数据，图 12-28～图 12-33 给出了 7 轴、8 轴、A5 轴、A9 轴、A10 轴及 A15 轴上观测点的上浮曲线。从表 12-5 可以看出，观测点 A9×7、A9×8、A9×10、A10×7、A10×8、A12×7、A12×8 和 A15×8 由于远离四周高层住宅，受高层住宅约束的影响较小，在上浮发生时（5 月 9 日）其上浮位移较大。随着底板上浮的逐步回落，这些观测点的沉降较大，至 8 月 31 日，底板的沉降已经稳定，最大残余上浮位移为 68mm（A5×8、A5×10）。从图 12-28～图 12-33 可以看出，整个地下车库底板的沉降变化较大的时期主要集中在 5 月，6～8 月的沉降变化相对较小。

表 12-5　5～8 月地下车库底板沉降观测数据（单位：mm）

观测点	沉降观测数据								累计沉降
	5 月 9 日	5 月 18 日	5 月 27 日	6 月 9 日	6 月 19 日	6 月 29 日	7 月 29 日	8 月 31 日	
A3×2	20	22	26	27	26	24	23	21	1
A3×1/4	13	16	19	20	20	17	16	14	1
A3×5	0	2	5	−3	−3	0	0	−2	−2
A4×2	10	13	17	4	5	3	12	11	1
A4×7	0	1	3	−2	−2	−5	−1	−4	−4
A4×10	−7	−6	−3	−4	−4	−4	−7	−9	−2
A4×11	−17	−12	−7	−10	−12	−12	−17	−16	1
A4×13	−10	−10	−9	−10	−10	−10	−13	−14	−4
A5×7	−48	−20	−14	−11	−13	−16	−15	−18	30
A5×8	−126	−82	−74	−62	−64	−66	−68	−68	58
A5×10	−150	−67	−55	−64	−65	−67	−66	−68	82
A7×2	−5	0	3	1	1	−1	−2	−3	2
A7×13	−17	−17	−13	−14	−16	−17	−17	−18	−1
A8×4	0	3	6	8	7	5	4	1	1

续表

观测点	沉降观测数据								累计沉降
	5月9日	5月18日	5月27日	6月9日	6月19日	6月29日	7月29日	8月31日	
A9×5	−55	−33	−26	−22	−24	−26	−28	−29	26
A9×7	−285	−69	−50	−43	−48	−53	−31	−31	254
A9×8	−365	−82	−58	−51	−55	−59	−38	−34	331
A9×10	−335	−73	−45	−45	−45	−49	−30	−28	307
A9×12	−98	32	42	−22	−21	−23	−18	−18	80
A10×3	−53	−47	−41	−39	−41	−43	−46	−49	4
A10×5	−80	−42	−33	−33	−33	−35	−31	−33	47
A10×7	−312	−66	−49	−44	−47	−51	−23	−24	288
A10×8	−393	−88	−66	−48	−52	−56	−31	−28	365
A11×3	−8	−2	1	3	2	−1	−5	−7	1
A12×7	−318	−59	−43	−37	−40	−45	−22	−22	296
A12×8	−393	−56	−38	−31	−34	−35	−18	−19	374
A15×5	−13	−18	−15	−3	−6	−7	−8	−10	3
A15×6	−90	−34	−27	−24	−27	−27	−25	−27	63
A15×8	−235	−37	−21	−15	−19	−21	−11	−11	224
A16×6	−29	−19	−15	−12	−14	−14	−17	−19	10
A16×8	−135	−13	1	4	2	0	5	4	139
A17×1/4	0	−15	−12	7	6	4	3	1	0
A18×1/4	−10	−9	−7	−4	3	1	−7	−8	2
A18×7	−25	−18	−12	−15	−6	−6	−19	−19	5
A18×8	−27	−15	−9	−6	−8	−9	−9	−11	16
A20×8	−15	−11	−8	−6	−8	−10	−10	−13	2
A21×1/4	−8	−7	−5	−2	4	3	−5	−7	1
A22×6	−11	−8	−6	−4	1	0	3	0	11
A24×2/4	0	8	11	9	8	7	5	2	2
A25×2/4	0	4	7	7	8	6	4	1	1

注：+为沉降，−为上浮。

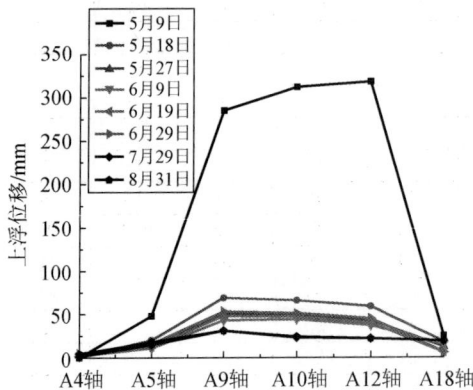

图 12-28　5～8 月 7 轴实测上浮曲线

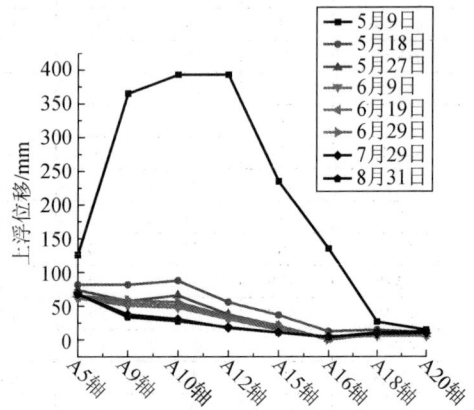

图 12-29　5～8 月 8 轴实测上浮曲线

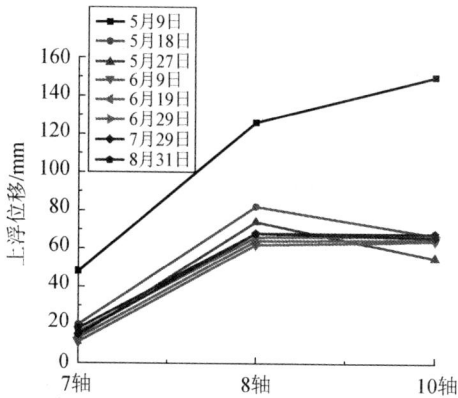

图 12-30　5～8 月 A5 轴实测上浮曲线

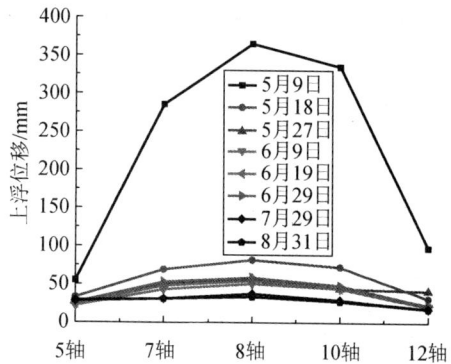

图 12-31　5～8 月 A9 轴实测上浮曲线

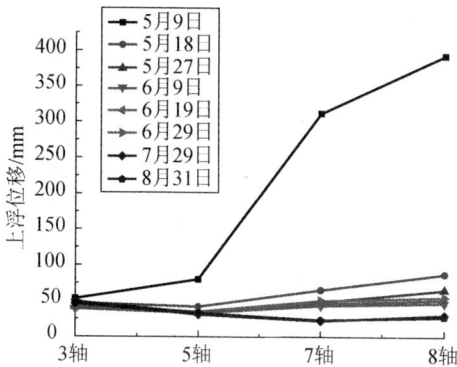

图 12-32　5～8 月 A10 轴实测上浮曲线

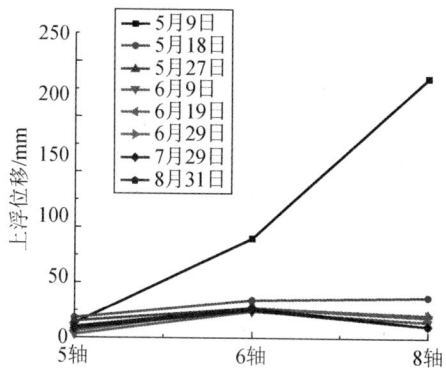

图 12-33　5～8 月 A15 轴实测上浮曲线

12.5　地下车库变形的计算结果

根据现场观测资料，地下车库 5 月进行降水措施，导致地下水位变化的幅度较大，而 6～8 月地下水位变化较小，沉降变形也不大。所以本节拟用 ANSYS 程序对地下车库 5 月的沉降变形进行计算。根据 ANSYS 计算结果，表 12-6 列出了 5 月地下车库底板节点沉降计算数据。图 12-34～图 12-39 为 7 轴、8 轴、A5 轴、A9 轴、A10 轴及 A15 轴上观测点对应节点的上浮曲线。图 12-40～图 12-51 为不同时期下计算得到的底板位移云图及应力云图。从上述图中可以看出，随着时间推移，地下水位缓慢下降，底板最大上浮位移不断减小，底板的应力也逐渐减小。最大位移由 5 月 9 日的 362.8mm 降至 5 月 31 日的 45.2mm，上浮较大的部位主要出现在 7 轴～10 轴部位。随着地下水位下降，最大上浮位移的范围逐渐减小，主要上浮部位逐渐向 A4 轴靠拢。

表 12-6　5 月地下车库底板沉降计算数据（单位：mm）

观测点	沉降计算数据					
	对应节点	5 月 9 日	5 月 11 日	5 月 13 日	5 月 15 日	5 月 31 日
A3×2	15 034	0.0	0.0	0.0	0.0	0.0
A3×1/4	15 485	0.0	0.0	0.0	0.0	0.0
A3×5	15 486	−3.2	−2.9	−1.9	−1.3	−1.0
A4×2	15 004	0.0	0.0	0.0	0.0	0.0
A4×7	15 493	0.0	0.0	0.0	0.0	0.0
A4×10	15 496	0.0	0.0	0.0	0.0	0.0
A4×11	15 497	−1.8	−1.6	−1.0	−0.5	−0.3
A4×13	15 499	−1.6	−1.3	−0.5	−0.06	0.2
A5×7	15 504	−82.0	−76.5	−53.5	−36.3	−27.7
A5×8	15 505	−84.0	−78.4	−54.3	−36.1	−26.9
A5×10	15 507	−77.0	−71.1	−49.4	−33.2	−25.1
A7×2	15 038	0.0	0.0	0.0	0.0	0.0
A7×13	15 532	−2.3	−2.9	−1.3	−0.7	−0.4
A8×4	15 534	0.0	0.0	0.0	0.0	0.0
A9×5	15 545	−50.7	−45.8	−26.4	−11.9	−4.7
A9×7	15 547	−293.8	−270.6	−165.8	−84.7	−43.7
A9×8	15 548	−350.7	−323.0	−198.9	−102.2	−53.3
A9×10	15 550	−279.3	−256.8	−157.1	−80.0	−41.2
A9×12	15 552	−61.0	−55.3	−32.9	−16.1	−7.7
A10×3	15 554	0.0	0.0	0.0	0.0	0.0
A10×5	15 556	−87.2	−78.9	−45.6	−20.7	−8.3
A10×7	15 558	−311.5	−285.8	−171.2	−82.5	−37.8
A10×8	15 559	−362.8	−333.0	−200.7	−97.4	−45.2
A11×3	15 565	0.0	0.0	0.0	0.0	0.0
A12×7	15 580	−308.4	−281.7	−164.4	−74.1	−28.7
A12×8	15 581	−354.8	−324.2	−189.9	−85.7	−33.2
A15×5	15 611	0.0	0.0	0.0	0.0	0.0
A15×6	15 612	−82.0	−74.0	−41.9	−17.9	−6.1
A15×8	15 614	−237.5	−216.0	−123.0	−52.4	−17.3
A16×6	15 621	−37.2	−33.3	−18.5	−7.6	−2.3
A16×8	15 623	−174.2	−157.8	−89.0	−37.3	−11.6
A17×1/4	15 629	0.0	0.0	0.0	0.0	0.0
A18×1/4	15 639	−0.7	−0.57	−0.14	0.1	0.3
A18×7	15 642	−21.7	−19.2	−9.98	−3.4	−0.3
A18×8	15 643	−89.1	−79.7	−43.7	−17.4	−4.5
A20×8	15 663	−45.8	−40.7	−21.6	−7.8	−1.2
A21×1/4	15 669	−0.5	−0.4	−0.07	0.2	0.3
A22×6	15 681	0.0	0.0	0.0	0.0	0.0
A24×2/4	15 689	0.0	0.0	0.0	0.0	0.0
A25×2/4	15 694	−0.6	−0.5	−0.3	−0.06	0.03

注：+为沉降，−为上浮。

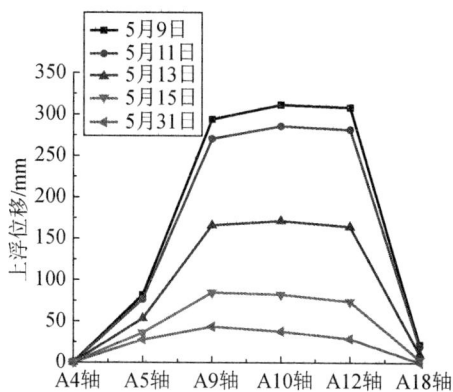

图 12-34　5 月 7 轴数值计算上浮曲线

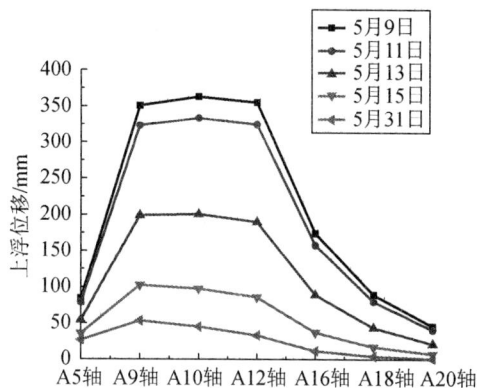

图 12-35　5 月 8 轴实测上浮曲线

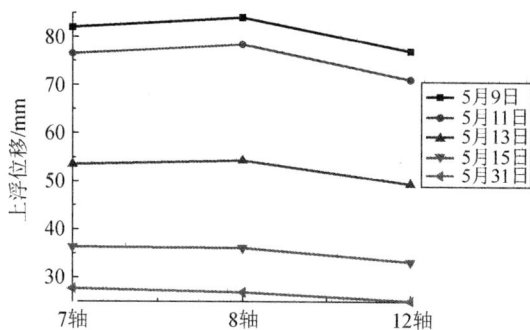

图 12-36　5 月 A5 轴数值计算上浮曲线

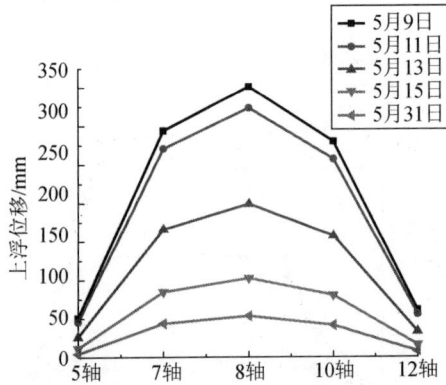

图 12-37　5 月 A9 轴实测上浮曲线

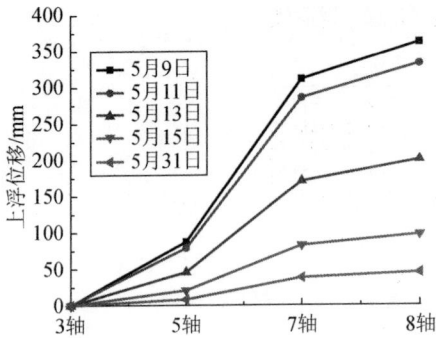

图 12-38　5 月 A10 轴数值计算上浮曲线

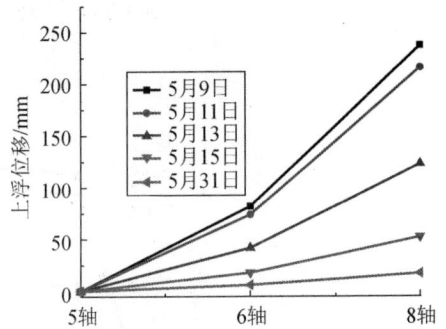

图 12-39　5 月 A15 轴实测上浮曲线

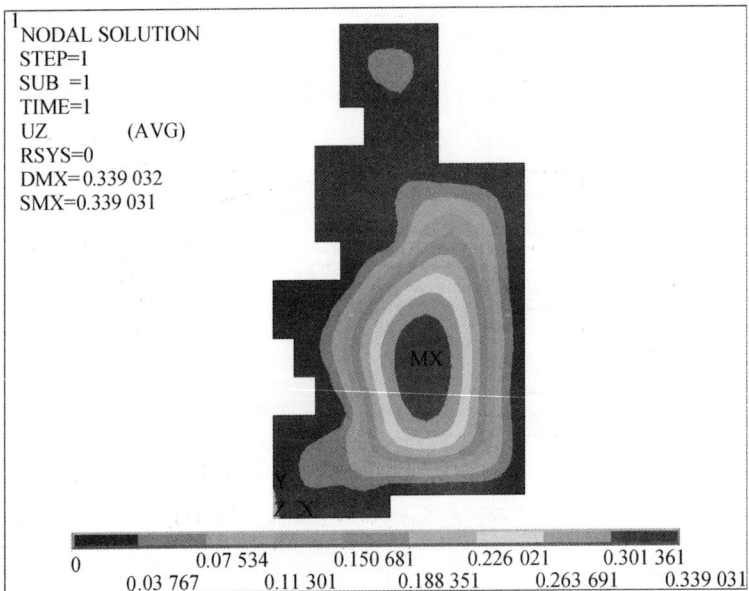

图 12-40　5 月 11 日底板位移云图

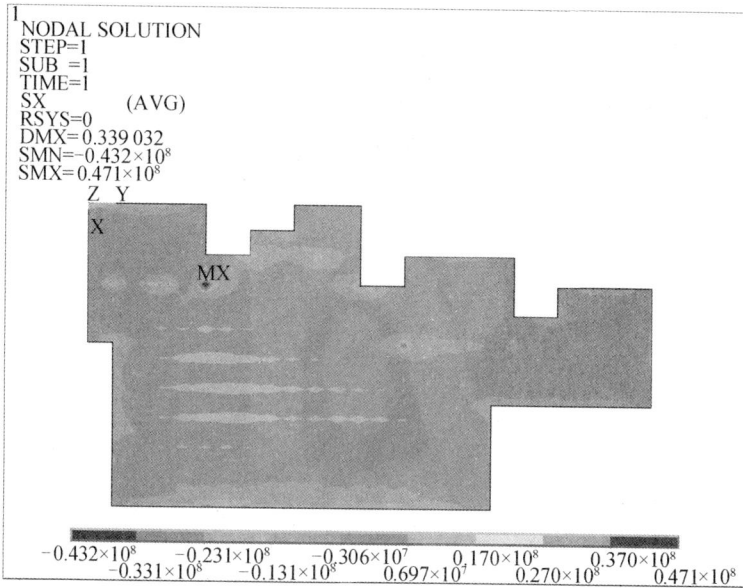

图 12-41　5 月 11 日底板应力

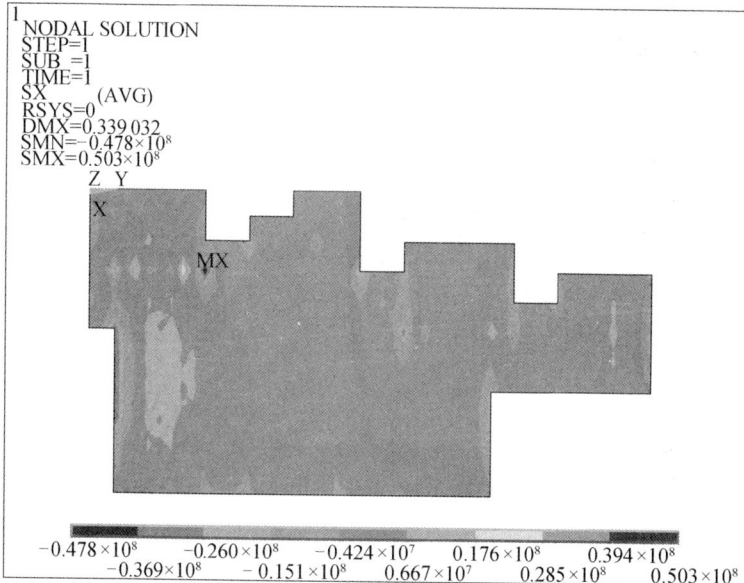

图 12-42　5 月 11 日底板应力

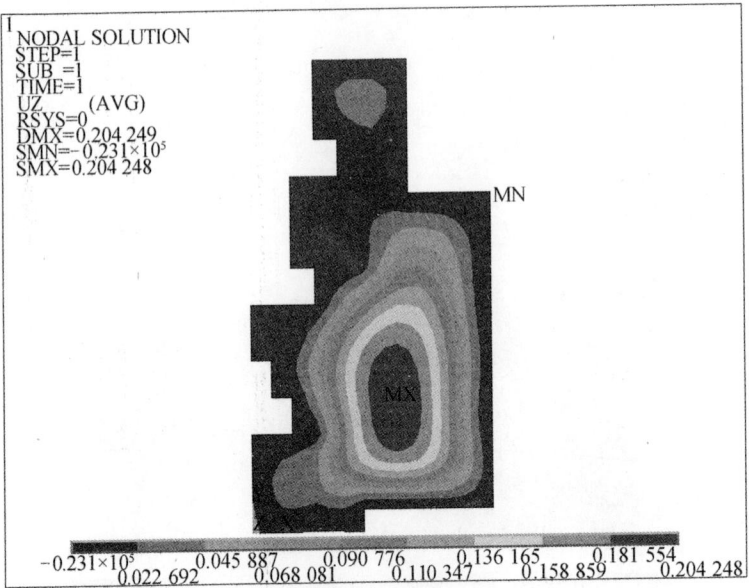

图 12-43　5 月 13 日底板位移云图

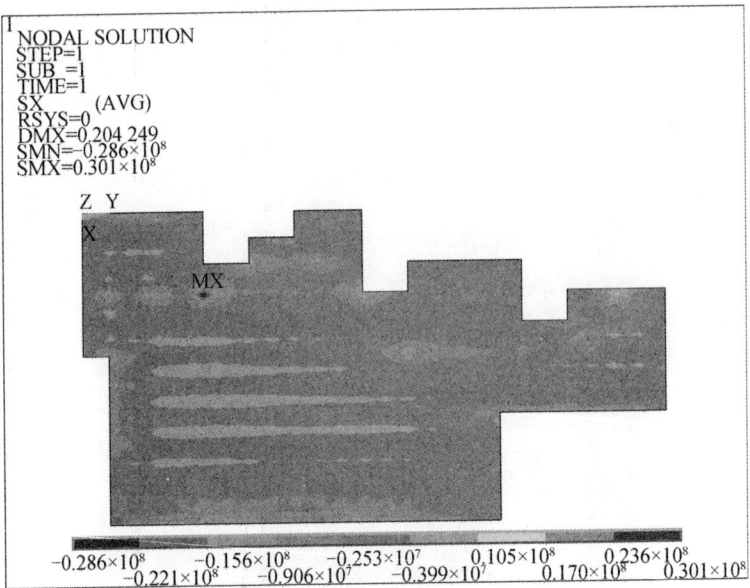

图 12-44　5 月 13 日底板应力

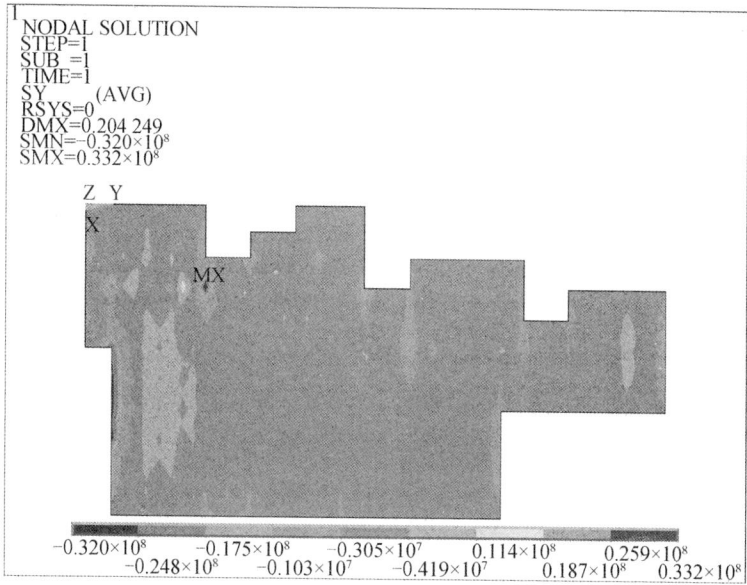

图 12-45　5 月 13 日底板应力

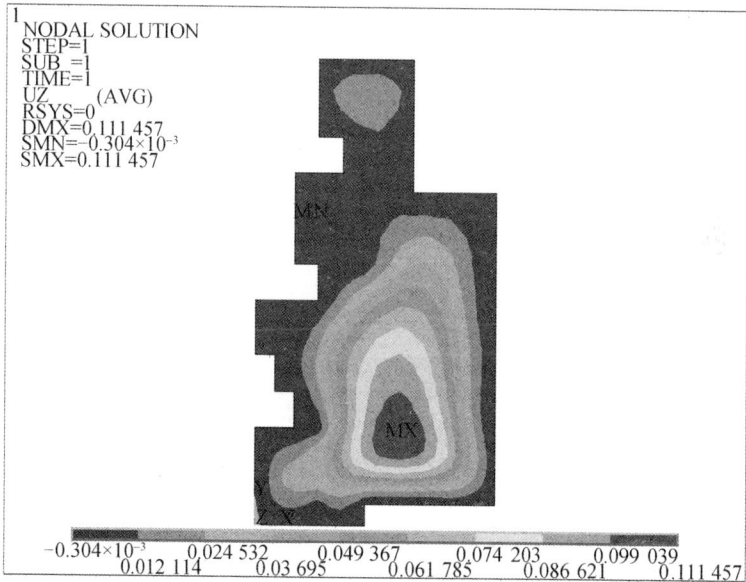

图 12-46　5 月 15 日底板位移云图

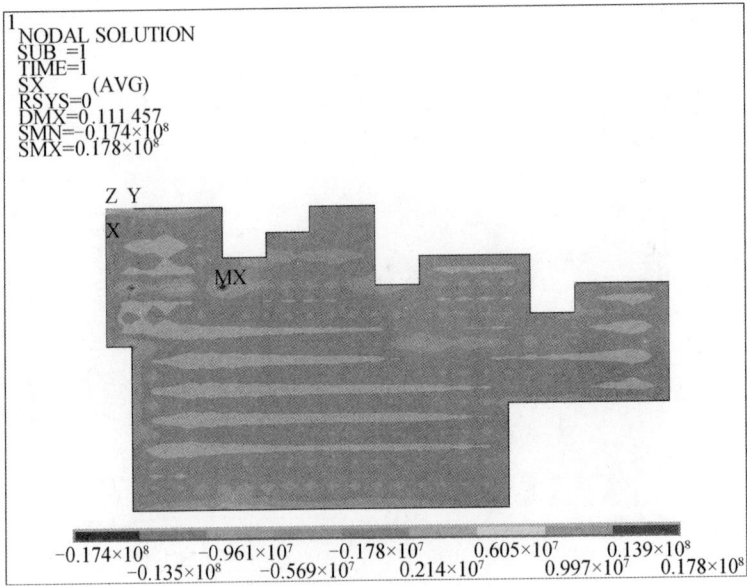

图 12-47　5 月 15 日底板应力

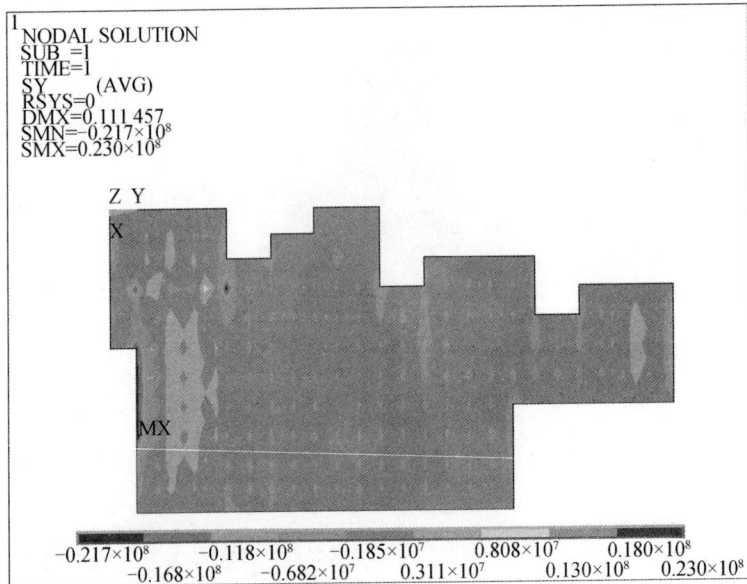

图 12-48　5 月 15 日底板应力

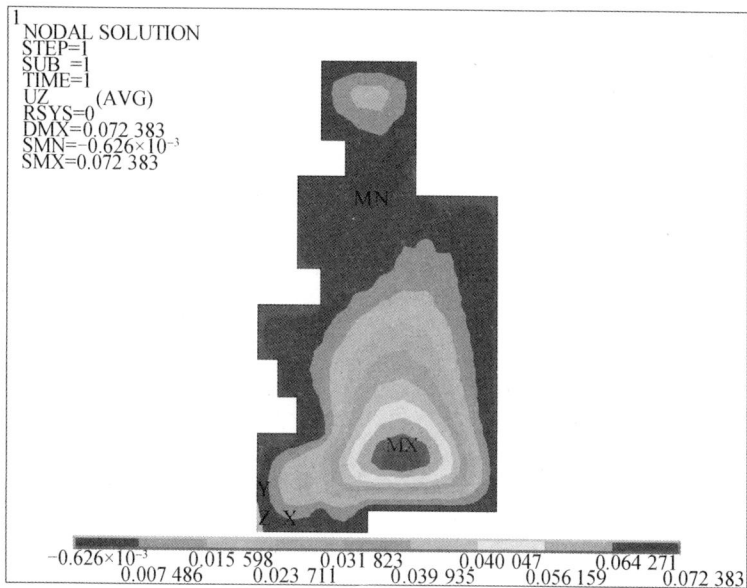

图 12-49 5 月 31 日底板位移云图

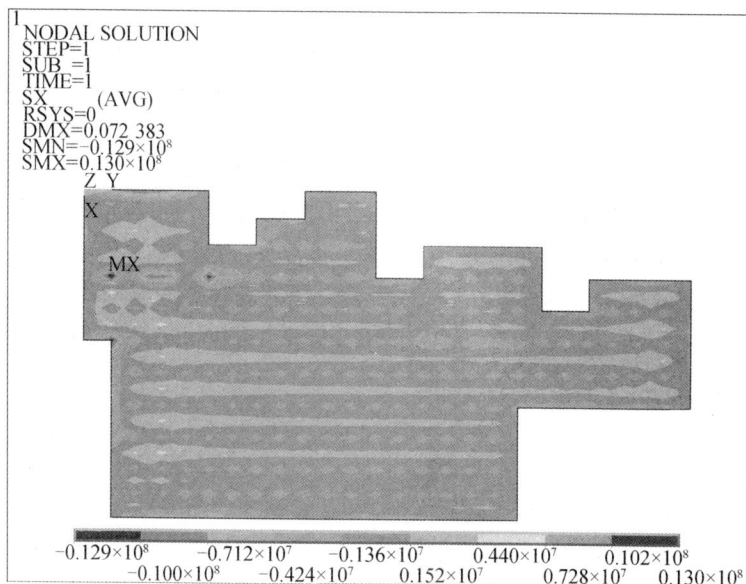

图 12-50 5 月 31 日底板应力

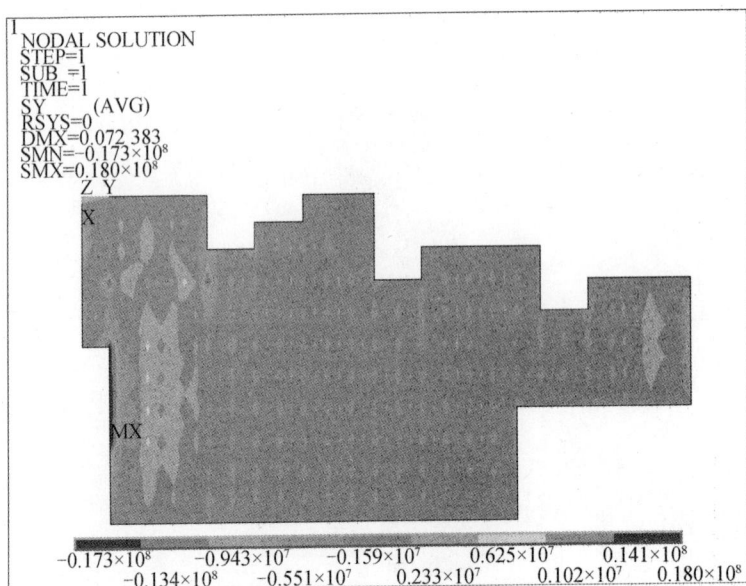

图 12-51　5 月 31 日底板应力

12.6　实测数据与数值计算值的对比

前面列出了地下车库底板沉降的实测和数值计算数据、图表。本节将对实测数据与数值计算值进行对比分析。图 12-52～图 12-57 是 7 轴、8 轴、A5 轴、A9 轴、A10 轴及 A15 轴上观测点的实测沉降和数值计算值的对比。从图中可以看出，分布在底板中部观测点 A9×7、A10×7、A12×7、A9×8、A10×8、A12×8 和 A15×8 的沉降观测数据与数值计算结果较为接近，其他观测点与现场实测的沉降位移相差较大。这是由于对地下车库有限元模型的边界进行了简化处理，即靠近高层住宅的节点进行约束处理。实际上在地下水位较高的情况下，地下车库底板在靠近高层住宅的部位仍然会有所上浮，但由于高层住宅约束的影响，上浮位移不大，而在远离高层住宅的中部区域，上浮位移较大。表 12-7 列出了这些观测点实测沉降值和计算值的对比。从表中可以看出，分布在地下车库中部区域的观测点，其沉降误差基本在 10% 以内，个别观测点的误差超过了 10%。从前面的观测数据可以发现，在观测地下车库底板的沉降过程中，部分观测点有时上升、有时下降，显得很不稳定。由于施工等因素，地下水位是不稳定的，可能有的地方偏高，有的地方偏低，而数值计算中是假定所有地方地下水位都是固定的，造成一些观测点的实测沉降和数值计算相差较大，但是数值计算得出的主要上浮部位及位移和现场观测的数据是基本吻合的。

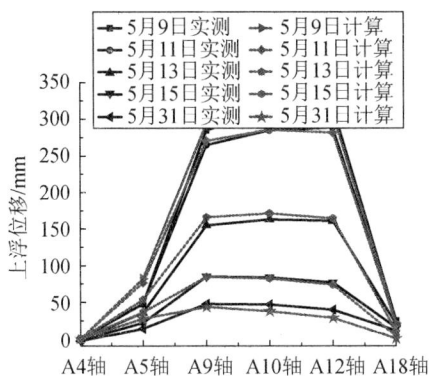

图 12-52　7 轴沉降数据对比

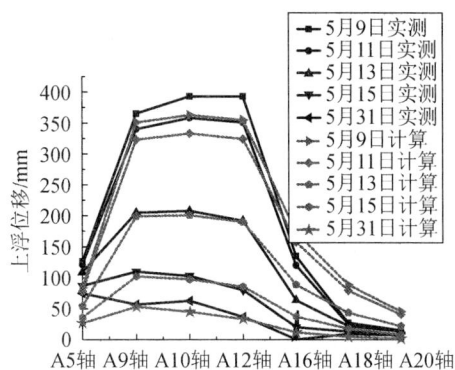

图 12-53　8 轴沉降数据对比

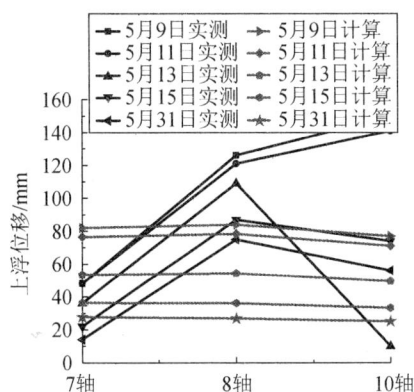

图 12-54　A5 轴沉降数据对比

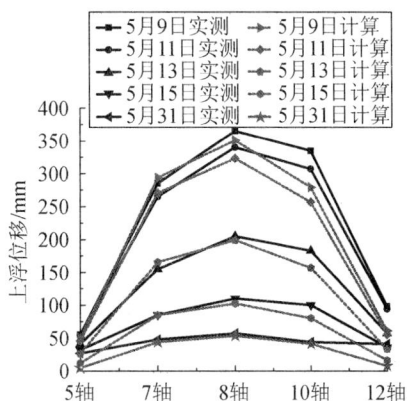

图 12-55　A9 轴沉降数据对比

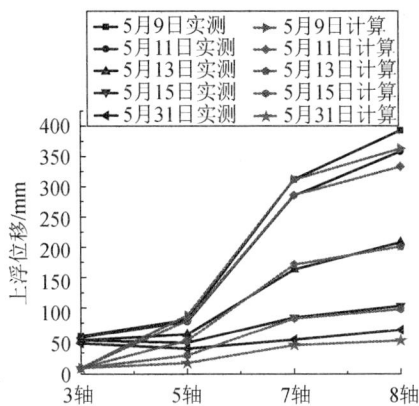

图 12-56　A10 轴沉降数据对比

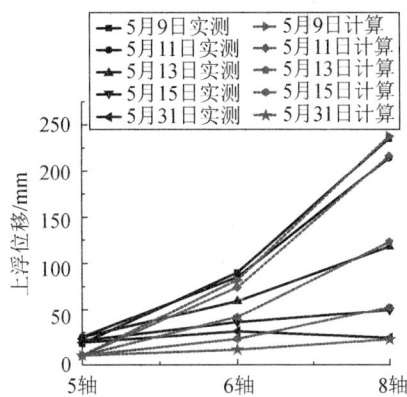

图 12-57　A15 轴沉降数据对比

表 12-7　观测点沉降实测值与计算值对比

观测点	实测值与计算值对比														
	5 月 9 日			5 月 11 日			5 月 13 日			5 月 15 日			5 月 31 日		
	实测值/mm	计算值/mm	误差/%	实测值/mm	计算值/mm	误差/%	实测值/mm	计算值/mm	误差/%	实测值/mm	计算值/mm	误差/%	实测值/mm	计算值/mm	误差/%
A9×7	285	293.8	3.1	265	270.6	2.1	155	165.8	7.0	85	84.7	0.4	48	43.7	8.9
A10×7	312	311.5	0.2	285	285.8	0.3	163	171.2	5.0	84	82.5	1.8	47	37.8	19.6
A12×7	318	308.4	3.0	289	281.7	2.5	161	164.4	2.1	77	74.1	3.8	40	28.7	28.2
A9×8	365	350.7	3.9	340	323	5	205	198.9	3.0	110	102.2	7.1	57	53.3	6.5
A10×8	393	362.8	7.7	358	333	7.0	208	200.7	3.5	103	97.4	8.1	63	45.2	28.3
A12×8	393	354.8	9.7	351	324.2	7.6	192	189.9	1.1	80	85.7	7.1	37	33.2	10.3
A15×8	235	237.5	1.1	214	216	0.9	118	123	4.2	49	52.4	6.9	19	17.3	8.9

12.7　本　章　小　结

　　本章根据浙江湖州某周边多塔楼的广场地下车库上浮事件，采用 ANSYS 对地下车库、地基土、抗拔桩等进行整体建模。采用两种工况分别进行计算，同时在现场底板上浮量较大的部位设置了 40 个测点，以便监测地下车库底板的上浮情况。根据上浮发生时的工况 2，考虑部分抗拔桩失效，计算得出了地下室底板位移云图、顶板和底板的弯矩图。通过工况 2 计算得到的上浮数据与现场观测的数据进行对比，发现底板大部分测点的位移计算值与实测值是比较吻合的，说明工况 2 建立的有限元整体模型是合理可行的。

　　值得注意的是，周边多塔楼的广场地下车库不同于单建式的地下室（要么整体上浮，要么满足抗浮要求），这类地下车库有周边塔楼约束，是部分上浮的，本章的工程实例即是部分上浮的情况。因此，建议在这类结构形式的地下车库中部抗浮不足的范围内，加密布置抗拔桩，防止结构上浮。

　　此外，当地下水位较高时，地下车库底板靠近高层住宅的部分仍然会出现少量的上浮位移，这将引起高层住宅的不均匀沉降，对高层住宅是不利的。为减少这种不均匀沉降，建议设计者在设计该类结构时可以考虑以下几种方法：①设置沉降缝，将主楼和裙房分开；②主楼和裙房同置于一个刚度很大的基础上；③主楼和裙房采用不同的基础形式，设法减少不均匀沉降，在结构上保持连续无缝。

第13章 微型抗拔桩基础工程案例

本章选取皖电东送淮南—上海输变电工程典型软土地基,基于典型荷载条件,对 1000kV 交流输电线路软土地区采用微型抗拔桩基础。

13.1 工 程 概 况

淮南—上海输变电工程起于位于安徽省淮南市平圩附近的淮南平圩站址,经过皖南变电站、浙北变电站,止于上海市的沪西站址,线路全长 641.61km,其中淮南—皖南段为 326.5km(包括跨越淮河 2.8km、跨越长江 3.15km);皖南—浙北为 149.5km;浙北—上海为 165.61km。全线按同杆双回路设计,采用 1000kV 交流输电线路,初期降压运行。

13.2 岩土工程地质条件与评价

(1)全线区域地质构造背景、断裂活动性、地震震级大小、地震频度及分布规律均说明拟选线路路径基本上是稳定的,建线是适宜的。

(2)根据《中国地震动参数区划图》(GB 18306—2001)所示,拟选线路段路径区域的地震动参数变化较小,地震基本烈度为Ⅵ~Ⅶ度。

(3)线路沿线的不良地质作用,或称地质灾害,主要表现为滑坡、溶蚀、崩塌、泥石流、塌陷、危岩、采空区等,线路所经的山地丘陵区,一般有上述地质灾害现象存在的可能性。

(4)拟选线路沿线山地、丘陵和岗地地带地下水的分布较为复杂,基本可以认为山顶或丘陵顶部无地下水。平原地区浅层地下水类型以潜水为主,地下水位埋藏浅、变化幅度较大,对混凝土结构基本无腐蚀性,对钢结构具有弱腐蚀性。

(5)线路沿线主要特殊性土为软土,软土为全新统湖沼相沉积的流塑状态淤泥及淤泥质土。塔基浅部地基土主要由新近沉积的软土组成,厚度较大,广泛分布于场地上部。

13.3　典型软土地基物理力学指标

本章选取了浙北站—上海站段线路的软土地基条件用于研究微型桩基础应用的可行性。线路途经浙江省湖州市、嘉兴市，江苏省吴江市，上海市青浦区、松江区。本段路径全长地形比例为山地 15.1%、平地 44.4%、河网 40.5%，其中青山镇至练市镇南、练市镇南至王江泾北东浜、王江泾北东浜至 1 000kV 沪西变电所线路均为河流冲积与湖沼淤积平原区，土层条件为典型的软土地基。

王江泾北东浜至 1 000kV 沪西变电所线路途经区地貌单元为河流冲积与湖沼淤积平原区，线路邻近大的漾塘边缘及上海境内淀山湖南岸。区域内地形平坦、河道密布、湖塘众多，局部地势相对较低，水系较发育，线路基本在湖域与农田间跨越。该段线路长度约 42km。选取该线路某拟建微型桩基础用地进行计算，其地基土主要分布为粉质黏土、淤泥、粉质黏土夹粉土、黏土，浅层土层物理力学性质指标如表 13-1 所示。地层分布如下。

① 粉质黏土：褐灰色，湿，软塑—可塑，无摇振反应，切面光滑，干强度中等偏高，韧性中等偏高；属近代淤泥氧化而成，具有中等压缩性，该层表面 0.3～0.5m 为耕植土；局部地段缺失，层厚 0～1.5m。

② 淤泥：灰色、深灰色，饱和，流塑。含少量有机质及云母片；该层物理力学性质差，具高压缩性；平均层厚约 4.1m，局部超过 8.0m，一般层底埋深 5.5m。

③ 粉质黏土夹粉土：褐黄色、灰色，可塑—硬塑；平均层厚为 4～6m，一般层底埋深为 15m 左右。

④ 黏土：灰色，软塑—可塑；平均层厚为 11.7m，一般层底埋深 26.7m。

表 13-1　浅层土层物理力学性质指标

层号	地层名称	厚度 h/m	含水量 w/%	重度 γ/（kN/m³）	压缩模量 E_{s1-2}/MPa	直剪固快		地基承载力特征值 f_{ak}/kPa
						黏结力 c/kPa	内摩擦角 φ/（°）	
①	粉质黏土	0.5～1.5	30～35	18.5	4～6	35	18	80～100
②	淤泥	4～8	45～55	16.0	1.5～2	10	5	50～55
③	粉质黏土夹粉土	2～8	32～38	19.0	5～6	35	18	100～120
④	黏土	>5.0	28～30	19.0	6～8	60	15	200～250

土层桩基承载力参数如表 13-2 所示。

表 13-2　土层桩基承载力参数

土层编号	土层名称	钻孔灌注桩			
		极限侧摩阻力标准值		极限端摩阻力标准值	
		$H{\leqslant}20$	$H{>}20$	$H{\leqslant}20$	$H{>}20$
		q_{sia}/kPa		q_{pa}/kPa	
①	粉质黏土	16	20	—	—
②	淤泥	10	12	—	—
③	粉质黏土夹粉土	45	50	—	—
④	黏土	60	85	1 500	—

13.4　软土地区杆塔微型桩基础设计

以 1000kV 交流输电线路直线塔基础荷载为微型桩基础荷载，采用典型软土地基进行微型桩基础的设计计算。

13.4.1　荷载条件

1 000kV 交流输电线路直线塔基础荷载条件如表 13-3 所示。

表 13-3　1 000kV 交流输电线路直线塔基础荷载

类型	下压、水平荷载/kN			上拔荷载/kN		
	N	Q_x	Q_y	T	Q_x	Q_y
直线塔	5 629	729	735	4 406	596	563

13.4.2　地质条件

相应的各土层物理力学性质指标如表 13-4 所示。

表 13-4　各土层物理力学性质指标

土层编号	土层名称	土层埋深 h/m	极限侧摩阻力 q_{si}/kPa	极限端摩阻力 q_{pa}/kPa
①	粉质黏土	1.5	16	—
②	淤泥	4	10	—
③	粉质黏土夹粉土	15	45	—
④	黏土	20	60	1 500

13.4.3 桩基设计

采用二次注浆工艺成桩，设计桩长 10m、桩径 0.35m、桩间距 1.2m，桩身混凝土强度取为 C15，桩身主筋采用 6ϕ14 配筋，5m 以下配筋减半。群桩总根数 25 根，如图 13-1 所示，承台尺寸 5.6m×5.6m，高 0.75m。

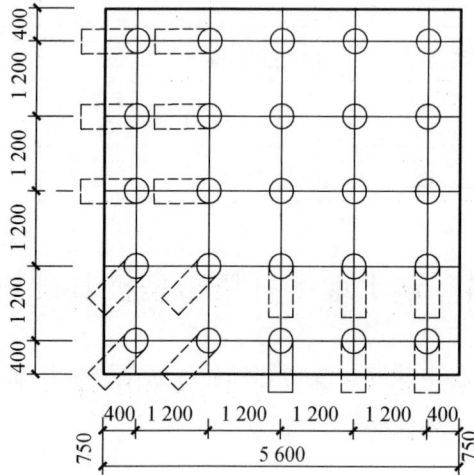

图 13-1　群桩基础布置图

13.4.4 抗拔验算

设计上拔荷载为

$$T=4406\text{kN}$$

群桩承受的上拔荷载为

$$T-G_{承台}=4406-5.6\times5.6\times0.75\times25=3818(\text{kN})$$

外力作用弯矩为

$$M_x=Q_yh=596\times0.75=447(\text{kN}\cdot\text{m})$$

$$M_y=Q_xh=563\times0.75=422.25(\text{kN}\cdot\text{m})$$

群桩中单桩承受的上拔荷载为

$$T_i=\frac{T-G_{承台}}{n}+\frac{M_xY_i}{\sum\limits_{i=1}^{n}Y_i^2}+\frac{M_yX_i}{\sum\limits_{i=1}^{n}X_i^2}$$

$$=\frac{3818}{25}+\frac{447\times2.4}{72}+\frac{422.25\times2.4}{72}$$

$$=152.72+14.9+14.08$$

$$=181.7(\text{kN})$$

单桩抗拔极限承载力为

$$P_{ut} = \sum_{i=1}^{n} \lambda_i \beta_i U_i L q_{si} + W$$

$$= 0.8 \times \pi \times 0.35 \times 1.38 \times (1.5 \times 16 + 4 \times 10 + 4.5 \times 45) + 25 \times 0.35 \times 0.35 \times \pi \times 2.5$$

$$= 347.38(kN)$$

群桩抗拔极限承载力取群桩效应系数 0.60 计算为

$$P_{nut} = \eta_t n P_{ut} = 0.60 \times 25 \times 347.38 = 5210.76(kN)$$

单桩抗拔承载力验算为

$$P_{ut} / \gamma_s = 347.38 / 1.1 = 315.8(kN) \geqslant T_i = 182.36(kN)$$

群桩抗拔承载力验算为

$$P_{nut} / \gamma_s = 5210.76 / 1.1 = 4737.05(kN) \geqslant T - G_{承台} = 3818(kN)$$

抗拔承载力满足设计要求。

13.5　本　章　小　结

通过工程实例分析，软土地基微型桩群桩基础能够满足输电线路工程抗压、抗拔及抗水平荷载的设计要求。

第14章 GFRP抗浮锚杆工程案例

与其他抗浮措施相比，抗浮锚杆孔径小、间距小，用于地下建筑物（如地下室）抗浮，其底板厚度比用抗浮桩、压重法的底板薄，同时锚杆的造价也较低，还有施工工期短、施工便捷、节省材料等优点，是目前解决地下建筑物、构筑物抗浮问题的最经济、有效的方法。目前抗浮锚杆的材料主要是钢筋，对于应用在永久支护项目的钢筋抗浮锚杆，钢筋腐蚀问题会给工程带来相当大的隐患，而用GFRP筋作为抗浮锚杆取代钢筋锚杆并应用到地下结构抗浮中，可消除钢筋锈蚀带来的安全隐患。

14.1 工程概况

14.1.1 场地地质概况

试验场地地基土层自上而下，如下所述。

②-1 粉质黏土：黄色，可塑，含铁锰结核，无摇振反应，切面稍有光泽，干强度中等，韧性中等，中等压缩性。土质较好，层厚 0.5～5.5m。

③-2 粉质黏土：黄色，可塑，局部夹薄层粉土，无摇振反应，切面稍有光泽，干强度中等，韧性中等，中等压缩性。土质一般，层厚 14.0m 左右。

④-3 粉质黏土：黄色，可塑，局部夹薄层粉土，无摇振反应，切面稍有光泽，干强度中等，韧性中等，中等压缩性。土质一般，层厚 3.0m 左右。

⑤ 黏土：黄色，硬塑，含铁锰结核和高岭土团块，无摇振反应，切面光滑，干强度高，韧性高，中等压缩性。土质好，层厚 22.0m 左右。

上述试验场地土层的物理力学参数如表 14-1 所示。

表 14-1 试验场地土层的物理力学参数

土层编号	土层名称	含水量 w /%	重度 γ /(kN/m³)	孔隙比 e	液性指数 I_L	塑性指数 I_P	压缩性		抗剪强度（固结快剪）标准值		标贯击数（标准值）/N(击)	静力触探（平均值）P_s/MPa
							a_{1-2} /MPa⁻¹	E_{s1-2} /MPa	C_K /kPa	φ_K /(°)		
②-1	粉质黏土	26.3	19.3	0.748	0.51	12.9	0.28	6.34	25.5	17.8	5.0	2.38

续表

土层编号	土层名称	含水量 w /%	重度 γ /(kN/m³)	孔隙比 e	液性指数 I_L	塑性指数 I_P	压缩性		抗剪强度（固结快剪）标准值		标贯击数（标准值）/N(击)	静力触探（平均值）P_s/MPa
							a_{1-2} /MPa⁻¹	E_{s1-2} /MPa	C_K /kPa	φ_K /(°)		
③-2	粉质黏土	26.1	19.4	0.732	0.37	14.6	0.24	7.30	32.4	16.0	7.5	2.08
④-3	粉质黏土	24.7	19.7	0.691	0.39	13.2	0.25	6.83	(26.8)	(14.4)	9.1	3.11
⑤	黏土	23.8	19.7	0.685	0.17	17.2	0.17	10.56	(57.9)	(16.0)	12.7	3.47

注：（）内数字为固结快剪指标。

14.1.2　试验材料与设备

1）试验材料

试验所用的 GFRP 锚杆直径为 25mm 螺纹锚杆，技术参数如表 14-2 所示。P32.5 级普通硅酸盐水泥，砂用粒径小于 2mm 的中细砂、膨胀剂等。

表 14-2　GFRP 锚杆技术参数

直径/mm	数量/根	长度/m	纤维含量/%	树脂含量/%	密度/（g/mm³）
25	2	10.8	78	22	1.95
25	2	8.1	78	22	1.95

2）试验设备

试验设备包括手持式液压千斤顶、ZT100 型钻机、M500 泥浆搅拌机、注浆泵、3818 应变仪、位移计、钢垫板、反力架、夹具等。

14.1.3　试验加载装置和方案

1）试验加载装置

GFRP 锚杆抗拔试验采用手持式液压千斤顶分级加荷，千斤顶作用力方向与锚杆中心轴线一致，用位移计显示锚头位移。试验系统的加载装置如图 14-1 所示。

2）试验加载方案

本次试验采用循环加、卸荷法，参考《岩土锚杆（索）技术规程》（CECS22：2005）和《岩土锚杆与喷射混凝土支护工程技术规范》（GB 50086—2015）中的规定，GFRP 锚杆基本试验循环加、卸荷载等级与加荷量、观测时间见表 14-3。荷载施加、卸除完毕后立即测读变形量并列表整理，在每级加荷等级观测时间内，测读锚头位移不应少于 3 次。在每级加荷等级观测时间内，锚头位移量不大于 0.1mm 时，施加下一级荷载，否则要延长观测时间，直至锚头位移增量 2h 小于 2.0mm 时，再施加下一级荷载。

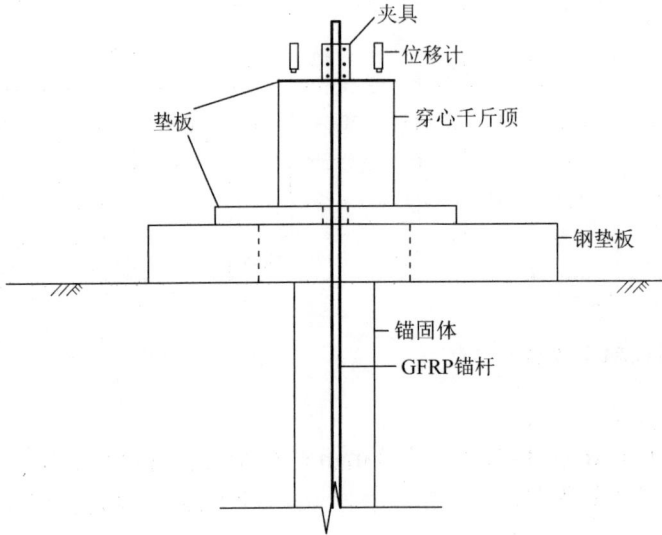

图 14-1　试验加载装置

表 14-3　GFRP 锚杆基本试验循环加、卸载等级与加荷量及观测时间

循环加、卸载等级循环数	加荷量/kN/(%)（计划最大实验荷载）								
第一循环	10	—	—	—	30	—	—	—	10
第二循环	10	30	—	—	50	—	—	30	10
第三循环	10	30	30	—	70	—	50	30	10
第四循环	10	30	30	50	80	70	50	30	10
第五循环	10	30	30	50	90	80	50	30	10
第六循环	10	30	30	50	100	90	50	30	10
观测时间	5	5	5	5	10	5	5	5	5

注：1）在每级加荷等级观测时间内测读锚头位移不应少于三次。
　　2）在每级加荷等级观测时间内锚头位移小于 0.1mm 时可施加下一级荷载，否则应延长观测时间，直至锚头位移增量在 2h 内小于 2.0mm 时，方可施加下一级荷载。

在本次试验中，在确保安全的前提下，为测得 GFRP 锚杆极限抗拔力，其破坏荷载 f_{max} 参考《土层锚杆设计与施工规范》（CECS22：90）有关规定及结合 GFRP 筋的力学特性，最大试验荷载不应超过 GFRP 筋抗拉强度的 0.8 倍。本次试验抗浮锚杆抗拔力设计值为 100kN，最大拉拔荷载为设计极限荷载。试验起始荷载取最大荷的 10%，即 10kN。

14.2　GFRP 抗浮锚杆破坏标准和形式

14.2.1　GFRP 抗浮锚杆破坏标准

参考《土层锚杆设计与施工规范》（CECS22：90）中的有关规定，对于土层抗浮锚杆破坏性试验，总结锚杆破坏标准有如下 3 点。

（1）后一级荷载产生的锚头位移增量达到或超过前一级荷载产生位移增量的两倍。

（2）锚头位移不收敛。

（3）锚杆杆体被拉断。

14.2.2　GFRP 抗浮锚杆破坏形式

GFRP 抗浮锚杆破坏形式主要有以下 4 种。

（1）锚杆杆体抗拉强度不足破坏。

（2）注浆体与岩土体间剪切破坏。

（3）锚杆埋入稳定地层能够使地层呈锥体拔出。

（4）锚杆杆体与注浆体界面被破坏。

14.3　试　验　步　骤

试验步骤如下所述。

（1）钻孔。在确定锚杆孔位后，用钻机钻孔（边加钻杆边加套管），钻头直径为 146mm，经连续钻孔后，开孔直径扩大为 150mm 以上。该成孔采用跟管钻进，并且利用空压机产生的高压空气进行排渣。达到设计深度后，不得立即停钻，稳钻 1～2min，防止底端头达不到设计的锚固直径及灌浆不充分。在起钻的同时孔底压水泥浆液对孔底膨润土浆液进行彻底置换，起钻具。

（2）下锚杆。将 GFRP 锚杆绑上注浆管，将 GFRP 锚杆垂直吊入锚杆孔中。

（3）注浆。本试验锚杆孔采用普通硅酸盐水泥 P32.5 级+细石混凝土灌注，水灰比为 0.38～0.45，搅拌时间 t<3min。注浆前用水引路、润湿，检查输浆管道；注浆后及时用水清洗搅浆、压浆设备及灌浆管等。注浆结束标准为排出的浆液浓度与灌入的浆液浓度相同，且不含气泡时为止。

（4）养护。注浆后自然养护不少于 15d，待强度达到设计强度等级的 70%以上时进行拉拔试验。在灌浆体硬化之前，不能承受外力或由外力引起的锚杆移动。同时在施工中应对锚杆位置，钻孔直径、深度及角度，锚杆插入长度，注浆配比、压力及注浆量，强度、锚杆应力等进行检查。

本次试验共打钻孔 4 个，编号分别为 KF1 号、KF2 号、KF3 号和 KF4 号，具体参数如表 14-4 所示。

表 14-4　GFRP 抗浮锚杆参数

锚杆编号	KF1 号	KF2 号	KF3 号	KF4 号
锚杆类型（土岩夹层）	土锚	土锚	土锚	土锚
孔径/mm	150	150	150	150
实际孔深/m	9.96	7.00	9.70	6.80
锚杆规格	φ25GFRP	φ25GFRP	φ25GFRP	φ25GFRP
GFRP 锚杆总长度/m	10.8	8.1	10.8	8.1
锚固段长度/m	9.76	6.8	9.5	6.6
膨胀剂用量/kg	340	230	340	230
水泥用量/kg	1 700	1 200	1 700	1 200
注浆压力/MPa　一次注浆	0.6	0.6	0.6	0.6
二次注浆	1.2	1.2	1.2	1.2
间隔时间/h	6	6	6	6

（5）拉拔。拉拔前对手持式液压千斤顶、压力表和位移计进行标定校核，检验锚具硬度。清擦孔内油污、泥砂。安装锚杆拉拔试验加载装置，如图 14-1 所示。安装完毕后加载并进行现场拉拔试验，所加的分级荷载按照表 14-3 要求，记下每级荷载下对应锚头位移计的读数。拉拔试验过程中，若锚杆发生破坏，应立即停止试验。

（6）拆除试验装置，整理试验数据，绘制抗浮锚杆试验图。

14.4　试验结果分析

试验前，为确保所设计的试验方案顺利进行，对锚杆 KF2 号进行预拉拔试验，检验其抗拔力，其中设计荷载为 100kN。锚杆 KF2 号的具体参数见表 14-4。试验时，加载方式按照表 14-3 进行，记录拉拔位移数据，整理得到的 KF2 号拉拔试验数据分别如表 14-5 和表 14-6 所示。KF2 号抗浮锚杆的荷载-位移曲线如图 14-2 所示。

表 14-5　KF2 号拉拔试验数据（一）

荷载级别/kN	10	20	30	40	50	60	70	80	90	100
位移/mm	3.47	6.70	9.70	11.95	15.31	19.31	23.48	26.90	30.65	32.30

表 14-6　KF2 号拉拔试验数据（二）

最大抗拉荷载 Q/kN	锚头总位移 s/mm	设计荷载下位移/mm	弹性变形 s_e/mm	塑性变形 s_p/mm	破坏形式
100	32.30	26.90	3.18	23.72	未破坏

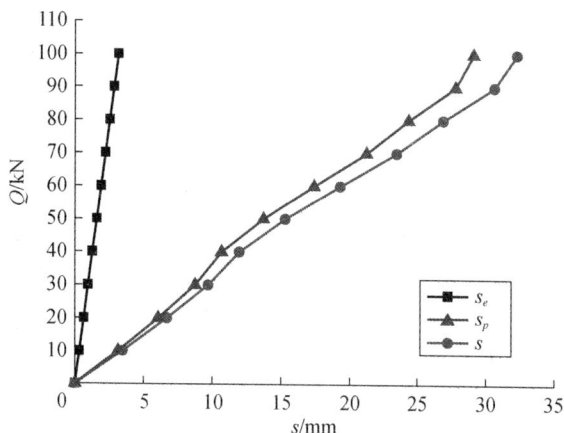

图 14-2　KF2 号抗浮锚杆的荷载-位移曲线

GFRP 筋在极限荷载的 75%内的拉伸变化属于弹性变化，故其弹性位移 s_e 为

$$s_e = \frac{FL}{AE} \qquad (14-1)$$

式中：F——拉拔荷载，kN；

　　　L——夹持段长度，m，本次试验为 0.64m；

　　　E——弹性模量，GPa；

　　　A——筋材截面积，mm^2。

因 φ25GFRP 筋材的弹性模量约为 59.6GPa，则塑性位移为

$$s_p = s - s_e \qquad (14-2)$$

式中：s_p——塑性位移，mm；

　　　s——锚头总位移，mm；

　　　s_e——弹性位移，mm。

锚杆受力拉拔时，产生弹塑性位移。弹性位移主要是由杆体本身产生的应变引起的，是可以恢复的，而塑性位移主要是由岩土体与锚固体之间产生的位移组成，是不可以恢复的。当加载到最大拉拔荷载 100kN 时，未出现锚杆松动、位移计读数变小的现象，说明试验锚杆满足设计要求，此时位移最大值为 32.30mm。由图 14-2 可见，拉拔时，锚杆的位移随着等级荷载的加大而逐渐增大，原因是在锚杆拉拔时，发生弹性形变和塑性位移。弹性形变和塑性位移都随着拉力的增大而变大，且塑性位移增量大于弹性位移的增量。

确定 GFRP 锚杆的拉拔荷载后，参照表 14-3 进行等级循环拉拔及循环加、卸荷载拉拔试验，测得 KF1 号～KF4 号每一级荷载加载和卸载时的锚头总位移，本次现场 GFRP 抗浮锚杆分级加载拉拔试验结果如表 14-7 所示。

表 14-7　GFRP 抗浮锚杆分级加载拉拔试验结果

荷载级别/kN	编号											
	KF1 号			KF2 号			KF3 号			KF4 号		
	弹性位移/mm	塑性位移/mm	总位移/mm	弹性位移/mm	塑性位移/mm	总位移/mm	弹性位移/mm	塑性位移/mm	总位移/mm	弹性位移/mm	塑性位移/mm	总位移/mm
0	0	0	0	0	0	0	0	0	0	0	0	0
10	0.32	3.58	3.90	0.32	3.15	3.47	0.32	3.88	4.20	0.32	5.60	5.92
20	0.64	5.00	5.64	0.64	6.06	6.70	0.64	6.53	7.17	0.64	9.04	10.68
30	0.95	7.85	8.80	0.95	8.75	9.70	0.95	8.43	9.38	0.95	11.31	12.26
40	1.27	9.13	10.40	1.27	10.68	11.95	1.27	9.10	10.37	1.27	12.46	13.73
50	1.59	9.90	11.49	1.59	13.72	15.31	1.59	9.65	11.24	1.59	13.83	15.42
60	1.91	11.68	13.59	1.91	17.40	19.31	1.91	11.70	13.61	1.91	17.15	19.06
70	2.23	13.38	15.61	2.23	21.25	23.48	2.23	13.55	15.78	2.23	18.59	20.82
80	2.54	17.68	20.22	2.54	24.36	26.90	2.54	16.85	19.39	2.54	23.38	25.92
90	2.86	20.05	22.91	2.86	27.79	30.65	2.86	19.55	22.41	2.86	24.96	27.82
100	3.18	21.23	24.41	3.18	29.12	32.30	3.18	21.40	24.58	3.18	28.25	31.43

本次现场 GFRP 抗浮锚杆循环加、卸荷载拉拔试验结果如表 14-8 所示。

表 14-8　GFRP 抗浮锚杆循环加、卸荷载拉拔试验结果

荷载级别/kN	编号			
	KF1 号	KF2 号	KF3 号	KF4 号
	锚头位移/mm	锚头位移/mm	锚头位移/mm	锚头位移/mm
0	0.00	0.00	0.00	0.00
10	4.48	6.44	4.80	6.62
30	9.88	14.04	9.60	14.18
10	5.78	7.98	6.23	7.74
20	9.03	11.62	8.88	12.22
30	10.28	15.23	10.13	14.77
40	12.03	15.68	11.75	16.52
30	10.88	15.12	10.50	15.23
20	10.03	13.93	9.68	13.55
10	6.03	8.68	6.30	8.89
30	10.78	15.54	11.30	15.79
40	12.78	17.99	13.00	17.64
50	13.70	18.9	13.33	19.01
40	14.05	19.22	13.75	18.87
30	11.55	16.63	12.00	16.28
10	7.35	10.08	7.78	9.91
30	11.80	16.38	11.55	16.84
50	14.53	19.53	14.43	20.09
60	16.53	24.15	16.98	23.63
50	15.35	22.09	15.65	21.56
30	12.63	18.2	12.78	17.57
10	8.08	11.24	7.93	10.89

续表

荷载级别/kN	KF1 号 锚头位移/mm	KF2 号 锚头位移/mm	KF3 号 锚头位移/mm	KF4 号 锚头位移/mm
30	12.60	18.59	13.13	18.03
50	16.28	23.24	16.55	23.00
70	18.80	26.88	18.78	26.04
50	17.63	24.78	17.25	24.33
30	13.28	18.38	13.45	18.48
10	8.80	12.74	8.70	11.83
30	14.10	19.64	14.38	19.32
60	18.28	25.38	18.38	26.50
80	23.55	31.08	23.88	32.27
60	20.60	27.93	19.80	28.70
30	13.58	20.37	14.80	20.02
10	9.10	15.93	9.63	13.13

　　试验中对每级荷载下的 GFRP 锚杆锚头位移进行了测量，得到了试验锚杆的荷载（Q）-位移（s）曲线图以反映其受力变形特性。图 14-3 所示的是 GFRP 抗浮锚杆 KF1 号～KF4 号循环拉拔试验 Q-s 曲线。

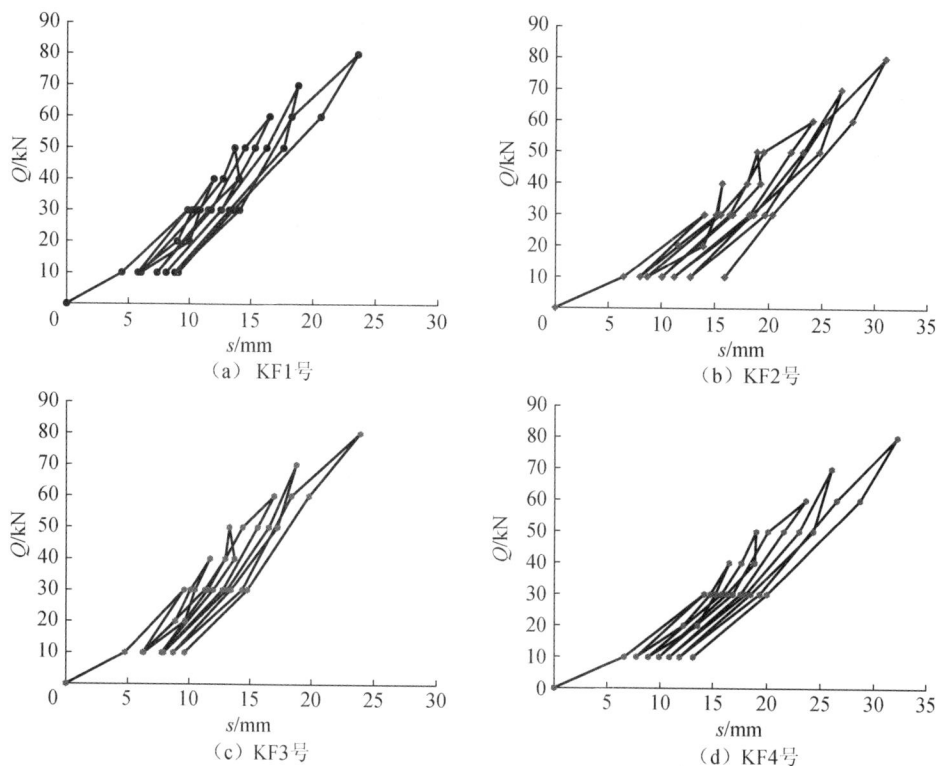

（a）KF1 号

（b）KF2 号

（c）KF3 号

（d）KF4 号

图 14-3　循环拉拔试验 Q-s 曲线

由 GFRP 抗浮锚杆 KF1 号~KF4 号循环拉拔试验 Q-s 曲线图可知，在加、卸载的过程中，锚头位移变化趋于均匀，后一级荷载产生的位移量都未达到或超过前一级荷载产生的位移量的两倍。当荷载达到最大设计拉拔荷载时，所试验的锚杆都没有发生破坏现象，说明所设计的锚杆都满足设计的要求。抗浮锚杆 KF1 号和 KF3 号加载时，每级位移的变化量和最大位移都比抗浮锚杆 KF2 号和 KF4 号要小。

图 14-4 所示的是抗浮锚杆 KF1 号、KF3 号和 KF4 号的拉拔试验 Q-s 曲线图。

由图 14-4 可见，在设计最大荷载内，GFRP 抗浮锚杆的弹塑性位移变化趋于线性，没有急剧变化，锚杆也没有发生破坏现象。在加载至最大荷载的过程中，锚杆的塑性位移较大，原因是现场土层土质较差，土体摩阻力较小，锚固体与岩土体之间位移变化较大。随着荷载的加大，锚杆杆体与周围的岩土体都发生了相对位移。在加载至最大荷载的过程中，与塑性位移相比，弹性位移较小，原因是锚杆杆体与混凝土之间的黏结效果较好，弹性位移的变化受杆体材料的影响，产生的弹性位移主要是由杆体自身的变化来提供。同时从图 14-4 中还可看出，随着荷载变大，总位移呈现缓缓增大的趋势，未出现突然上升或下降的情况。当荷载加载到 100kN 时，没有发生破坏现象，GFRP 抗浮锚杆都达到了设计要求。

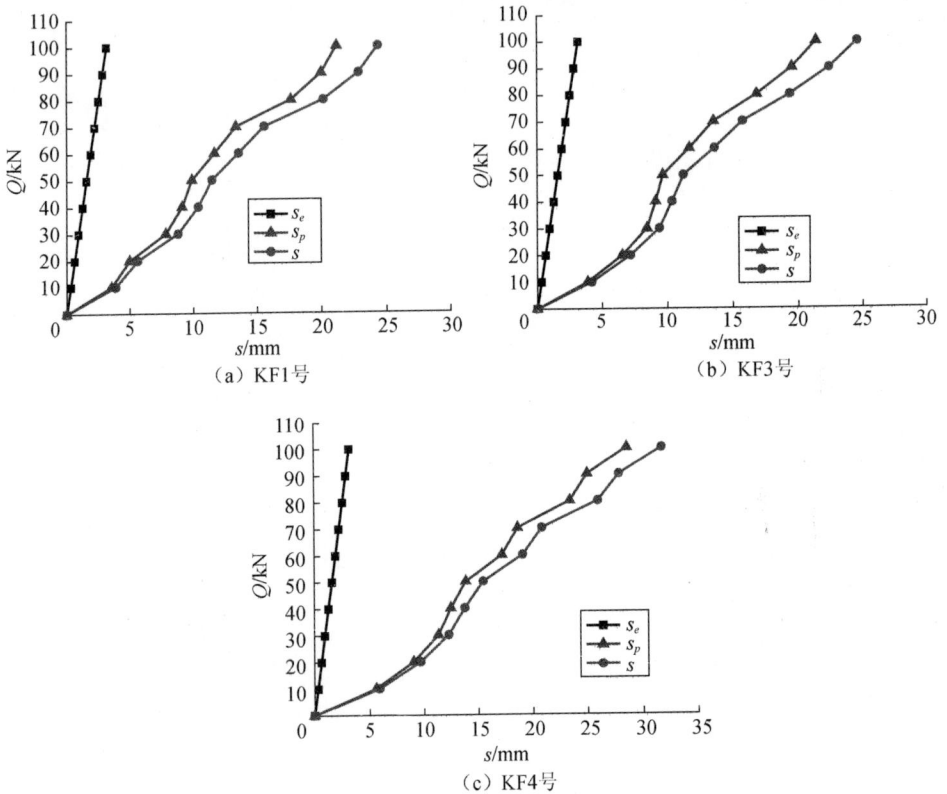

（a）KF1号

（b）KF3号

（c）KF4号

图 14-4　拉拔试验 Q-s 曲线

14.5　本 章 小 结

通过现场对 GFRP 抗浮锚杆进行拉拔试验，绘制了 GFRP 抗浮锚杆的 Q-s、Q-s_e-s_p 曲线，研究分析抗浮锚杆在不同等级加荷拉拔时位移变化情况，得出以下结论。

（1）加载时，锚头位移变化趋于均匀，后一级荷载产生的位移量都未达到或超过前一级荷载产生的位移量的两倍。当荷载达到最大设计拉拔荷载时，所试验的锚杆都没有发生破坏现象，所设计的锚杆都满足设计要求。

（2）在设计最大荷载内，GFRP 抗浮锚杆的弹塑性位移变化趋于线性。由于试验现场地层较差，土体摩阻力小，锚固体与岩土体之间位移变化越大，塑性位移就越大，而弹性位移的变化受杆体材料的影响较小，原因是锚杆杆体与混凝土之间的黏结效果较好，而弹性位移的变化受杆体材料的影响，产生的弹性位移主要由杆体自身的变化来提供。

第 15 章 伞状锚抗浮的工程案例

锚杆是指在底板和其下土层之间的拉杆，当底板下有坚硬土层且深度不大时，设锚杆不失为一种既简便又经济的方法。锚杆抗浮需要关注三个问题：一是受力，当构筑物的重力小于浮力时，锚杆处于受拉状态，当构筑物的重力大于浮力时，锚杆处于受压状态，锚杆的底端类似于桩端，在反复拉压状态下的工作性能值得研究；二是施工，锚杆的施工需有专门的机械，施工前要进行试验，同时，较细的锚杆在施工时有一定的难度，如何控制钢筋偏移及使灌浆饱满，以及如何避免断杆等都是施工难题；三是适用性，当地下水对钢筋有侵蚀性时，锚杆的耐久性问题不易解决。

在抗浮设计中需要强调的是，浮力是均匀作用在底板上的，而结构抗浮力作用（除底板自重力外）都具有不均匀性，且不是在整个地下室底板区域均匀分布的，即可能是集中在一个点（即柱、桩和锚杆）或一条线（即墙、梁）上，因此，浮力与抗力的平衡问题在设计时是需要重点关注的。由于与柱、墙相连的梁板在一定范围内具有一定的刚度，水浮力可直接与上部结构自重力平衡，而上部结构自重力很难传递至远离梁、柱、桩、墙的区域，要使自重力均匀分布到底板上，就需要底板刚度无穷大，但实际结构的刚度有限，一旦地下水达到抗浮设计水位，无柱纯底板区域的锚杆将先出现破坏和失效，然后延伸至柱、墙、梁影响区域的锚杆，最后导致底板隆起，梁板开裂破坏。

本章结合上述锚杆的特点，重点介绍一种结构简单、操作方便的新型伞状抗拔锚杆（简称伞状锚），使其在材料利用和承载力方面具有比现有锚杆更好的抗浮效果。

15.1 威尼斯水城五街区 2 号车库抗浮

15.1.1 工程概况

威尼斯水城五街区 2 号车库（图 15-1），建筑面积 3 087.98m²，长 95.5m（含坡道），宽 36.5m，底板及顶板厚约为 300mm，柱为 500mm×500mm，均为 C35 自防水混凝土，层高为 3.3m，顶板覆土最小厚度为 910mm（目前还未覆土）。

因台风影响，车库出现上浮，目前车库四角分别上浮 55.0cm、21.8cm、8.3cm、33.3cm，经开孔（已开 32 个孔）勘查，车库底板下脱空 20～55cm。地下水位超出车库底板面约 50cm，如图 15-2 所示。

由于车库上浮，引起车库框架柱、侧墙和顶底板出现不同程度的开裂，如图 15-3 所示。据现场统计，3 根柱子柱顶和 1 根柱子柱脚部位保护层脱落，钢筋扭曲，核心混凝土不同程度破碎。另有 20 根左右柱子柱顶和柱脚部位出现 1～3mm 裂缝，顶板开裂 30 处左右，局部侧墙出现开裂。

图 15-1　威尼斯水城五街区 2 号车库

图 15-2　车库上浮

图 15-3　车库上浮引起结构损坏

15.1.2　处理方案

此项目的加固包括地基加固和车库结构加固。车库结构加固采用的是包钢处理，在损坏的柱子和梁上绑扎型钢，并浇筑较原结构混凝土高一级的水泥砂浆；地基加固，考虑到节省加固造价和工期，最终采用如下处理方式：对车库底板下脱空部位充填 1∶3 水泥砂浆加固处理，对柱承台底部和承台周围采取压密注浆处理，在基础底板上钻孔设置伞状锚，以提供抗浮力。

15.2　输电线铁塔基础抗拔工程

15.2.1　工程概况

试验在浙江宁波北仑电厂——苍岩双回输电线路 Z2 直线塔处进行，场地地质条件为典型软土地基，浅部地层以全新统海积软土为主，下部为上更新统湖相、滨海相黏性土。地基土由上而下分布如下。

① 层素填土：灰色、灰黄色，结构松散，性质不均一，主要由碎石及少量的黏性土组成，局部混碎砖块；碎石成分主要为中等风化凝灰岩，一般粒径为 5～15cm。该层厚为 1.5～3.5m。

② 层淤泥质粉质黏土：灰色、浅灰黄色，饱和，流塑，干强度中等，含少量粉粒及有机质，下部一般具有鳞片状。各塔位均有分布。该层厚度变化较大，一般为 22m 左右。

③ 层淤泥质黏土：灰色，饱和，流塑，干强度高，含少量有机质，具鳞片状。该层在围堤部位均有分布。该层厚变化较大，一般为 17～22m。

④ 层粉质黏土：灰色、褐灰色，很湿，软塑为主，轻塑性，干强度中等偏低，韧性中等偏低，含较多粉粒。该层厚度较大，层厚大于 20m。

⑤ 层粉质黏土：灰色、褐灰色，很湿，软塑，呈现夹层状。该层厚大约为 9m。

15.2.2　施工方案与工艺

为获取伞状锚的施工工艺和张开效果，以及在伞状锚施工结束后，利用原位静力载荷试验获得其抗拔承载性能方面的资料，可将伞状锚现场试验分为如下两个阶段进行，如表 15-1 所示。

表 15-1　伞状锚试验的两个阶段

阶段	入土深度/m	目的
I	1.0	研究伞状锚的施工工艺及张开效果
II	6.0	完善施工工艺并研究其抗拔承载力

首先使用钻机成孔，成孔完毕后，插入注浆管作初次注浆使用，利用钻机安放已绑好的锚杆，同时利用初次注浆管进行清孔，要求出来的水没有泥砂，然后倒入骨料粒径 15～25mm 的粗集料，使用初次注浆管进行注浆，浆液的水灰比为0.5，至孔口溢出浆液为止。间隔 30min 后再进行二次注浆，二次注浆完毕后，往剩余的孔洞里填土并夯实，一切就绪后，对施工结束的伞状锚养护 14 天。

伞状锚的施工主要分为以下几个环节。

1）施工准备

施工准备包括：检查钻机与注浆的施工机械及其配套设备，重点检查钻杆是否齐全、钻头尺寸是否符合设计要求、注浆泵是否正常工作，以及流量计与压力表是否显示正常。备齐水泥、砂、石料以及钢筋等材料，做好施工前的准备工作。钻孔准备工作主要有测量放样、整理场地、布设便道、制作埋设护筒、设置泥浆池和供水池等。本次试验采用 GY-150 型工程钻机成孔，钻头选用合金肋骨式钻头，压力注浆设备采用双缸柱塞式灰浆泵。

2）施工过程

（1）钻机就位。钻机在工作平台上就位后，移动钻机使转盘中心大致对准待钻孔中心，然后起吊钻头及微移钻头，使钻头中心正对桩位，并保持钻机底盘水平后，即可开始钻孔。

（2）成孔。用 PVC 套管护孔，以防钻具碰压孔口而坍塌。钻进过程中用水作为循环冷却钻头和除渣方法，配套的供水压力为 0.1～0.3MPa，在钻进过程中水和泥土搅拌混合在一起变成泥浆状，从而起到护壁的作用。

钻入过程中应严格控制钻速，首先慢速，进入 4～5m 中挡进尺；在砂黏土钻进时，可用 2 挡、3 挡转速，自由进尺；在砂土中钻进时，宜用 1 挡、2 挡转速，并控制进尺，以免陷没钻头或速度跟不上；当进入粉砂层时，宜用低挡速钻进；钻进达到设计深度后，再钻进 20～50cm，利用钻杆进行一次清孔，一次清孔后的泥浆密度控制在 1.1，清孔完成后，应迅速上提钻杆，以尽快进行下一步工序，避免钻孔坍塌。

（3）锚杆、注浆管制作及安装。

① 伞状锚的结构和尺寸设计：将设计好的伞状锚图纸送到加工厂制作符合要求的伞状锚骨架，其中伞状锚要根据所钻孔的直径以及设计的承载力进行设计。伞状锚的制作过程中要严格控制制作质量，尤其是接头的位置，以防在拉拔过程中焊接处会发生断裂。伞状锚的材料制作要保证拉拔力和防腐性能。

② 伞状锚的埋设：用传力装置（钢筋或钢绞线）穿过伞状锚的下部套筒内，其一端用螺帽或卡口固定在伞状锚的底部扩大端，另一端先穿过一个与孔深同长度的钢管（钢管作用：a. 作为伞状锚张开时的反力装置；b. 钢管将伞状锚与周围的水泥注浆体和土体隔离，上部荷载可直接将力传递至锚固端的承载体上，承载力以压力的形式传递给上方的混凝土和土体），然后将另一端固定在钻机的卷扬机上。等一切就绪后，将伞状锚和钢管利用卷扬机一起垂直埋设到预定的深度，埋设伞状锚时，要对准孔位吊直扶稳，顺其缓缓下沉，避免碰孔壁，埋设到指定的位置后，利用卷扬机张拉传力装置，钢管作为反力装置卡在钻机的液压机上进行拉拔，拉拔的过程中，通过观察传力装置的位移来辨别伞状锚的张开程度。张拉完毕后用卡口将钢丝绳卡在钢管上，以防钢丝绳松动引起扩大端闭合。结束后，整个伞状锚的埋设过程就完全结束。

③ 安置注浆管：伞状锚埋设完毕后，向孔内放下初次注浆管和二次注浆管，注浆管上部用细铁丝和伞状锚上的钢管绑在一起。初次注浆管采用镀锌钢管，每节长度为 2m，二次注浆管选用 PVC 高抗压劈裂注浆管。二次注浆管每隔 300～500mm 开一个注浆孔，以橡皮套封闭，管底密封。

（4）填筑碎石集料。伞状锚和注浆管安放符合要求后，向孔内填筑碎石集料至钻孔顶部，集料采用粒径 15～25mm 的碎石料，碎石应坚硬、洁净，含泥量应小于 2%，填筑量为孔深的 30%。碎石填入的同时，通过初次注浆管继续进行清孔，防止泥土随着碎石混入钻孔内。

（5）水泥浆制备。注浆水泥采用 425 号普通硅酸盐水泥。使用前先对其进行质量检查，其细度和体积安定性必须符合要求。水泥浆用水必须清洁、无污染。在注浆前 30min 左右开始制备水泥浆。在搅拌器中充分搅拌，搅拌均匀后从出浆口流出，经过滤网过滤，除去浆液中没有水化的颗粒和杂质。过滤的浆液进入泥浆泵，再由泥浆泵送入注浆管。水泥浆的水灰比控制在 0.4～0.5。水灰比过小则水泥浆流动性小，注浆困难；水灰比过大则水泥浆黏聚性和保水性不良，会产生流浆和离析现象，从而使水泥浆固结体强度降低，无法满足设计要求。

（6）初次注浆。清孔至孔口冒出的水中不含泥砂时，方可开始注浆。初次注浆时注浆泵工作压力控制在 0.3～0.5MPa。注浆量为 100kg/m，注浆深度为孔深的30%。注浆前，注浆管需插入至钻孔的底部，保证水泥浆液充满锚固端处扩出的孔洞。注浆过程中要保证注浆管的畅通，合理地调配注浆压力。

（7）填土。初次注浆结束后，应及时地用土填筑剩余的孔洞并夯实，保证填土的效果。

（8）二次注浆。待初次注浆液达到初凝后开始二次注浆，间隔一般为 2～4h。二次注浆的挤压效果受注浆压力、初凝时间、水灰比与土层特征等因素影响。二次注浆的注浆压力取 0.8～1.0MPa，初期为顶开橡皮套，注浆压力控制在 1.5MPa以上。二次注浆量一般为一次注浆量的 15%左右，总注浆量不超过 3 倍的计算注浆量。

整个伞状抗拔锚的施工过程如图 15-4～图 15-13 所示，可概括为 10 个步骤，如图 15-14 所示。

图 15-4　钻孔

图 15-5　埋设伞状锚

图 15-6　张拉伞状锚

图 15-7　安置注浆管

图 15-8　填筑碎石集料

图 15-9　二次清孔

图 15-10　初次注浆

图 15-11　填土

图 15-12 二次注浆

图 15-13 完毕后静置

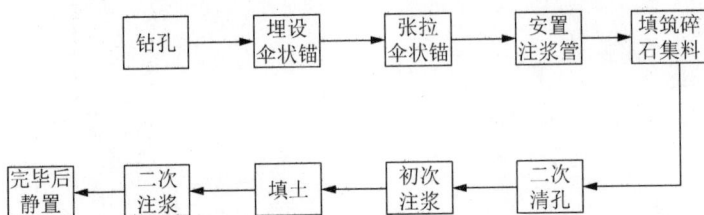

图 15-14 伞状锚施工流程

在整个施工过程中，需对时间、投石量、注浆量及注浆压力等进行全方位的动态记录。

15.2.3 加载试验及结果

阶段Ⅰ：根据上述伞状锚的施工工艺，进行表 15-1 阶段Ⅰ的伞状锚试验，伞状锚的深度为 1.0m。施工结束后，对伞状锚进行开挖，开挖时不触及伞状锚的部件，使其保持原有的性状。如图 15-15（a）所示，当开挖到扩大端时，剥去扩大端附近的土体，其扩大的性状如图 15-15（b）所示。

伞状锚设计的扩大端完全扩开的直径为 680mm，现场挖开后，测得伞状锚张开半径为 335mm，可以认为伞状锚完全张开，由此就达到了伞状锚施工的目的，说明利用此施工工艺，伞状锚可以完全扩开。

阶段Ⅱ：为确定伞状锚的抗拔承载力，同时验证理论公式的正确性，将伞状锚埋入 6m 深的土体中进行静力载荷试验。现场静载试验采用慢速载荷维持法，主要试验设备和仪器如图 15-16～图 15-20 所示。

|（a）|（b）|

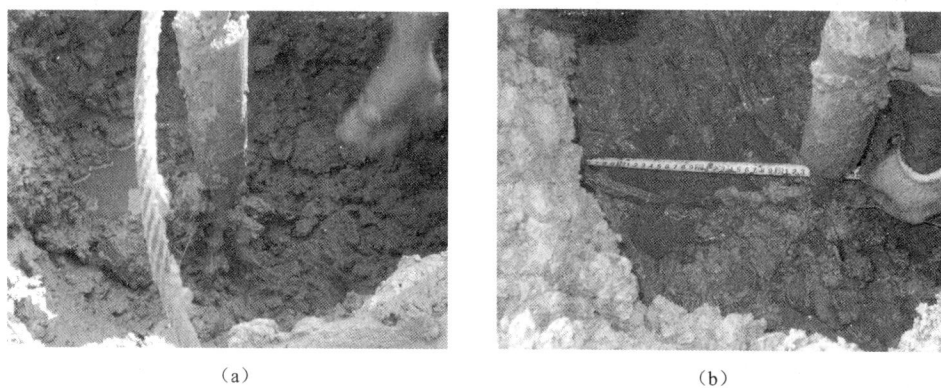

图 15-15　完全扩开的伞状锚

图 15-16　加载装置

图 15-17　RS-JYC 中继器

图 15-18　超高压油压泵

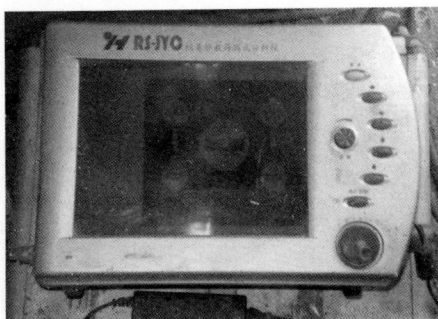

图 15-19　桩基静载测试分析仪

图 15-20　位移传感器

伞状锚现场试验装置如图 15-21 所示。

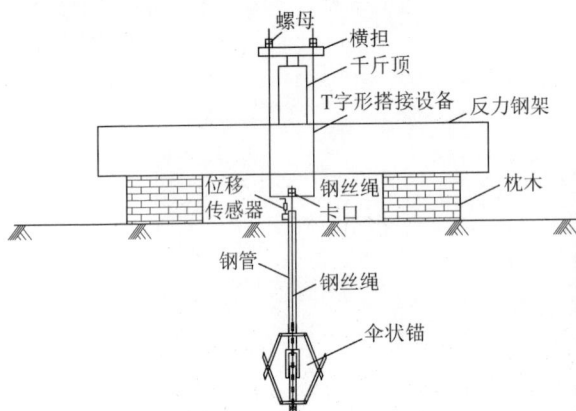

图 15-21　伞状锚现场试验装置

试验采用分级加载，每次加载量为预估承载力的 1/10。根据理论计算的抗拔承载力，取预估承载力为 100kN，则对伞状锚进行每级 10kN 分级加载。为了能够更准确地测试伞状锚在加载过程中产生的位移，通过位移传感器监测套在伞状锚传力装置上的钢管的位移量来获得伞状锚的最终位移量。在试验过程中，出现下列情况即可终止加载。

（1）某级荷载维持不住或变形不止时。

（2）某级荷载下变形急骤增大，荷载-位移曲线上有可判定极限承载力的陡降段。

（3）当荷载-位移曲线呈缓变形时，位移量应超过设计要求。

（4）加载设备达到极限加载能力时。

通过不断的分级加载，最终得到了伞状锚的荷载-位移曲线，并与同场地相似的加载方法得到的抗拔桩的试验数据进行对比，其结果如表 15-2 所示。

表 15-2　伞状锚与抗拔桩试验数据对比

类型	孔径/mm	深度/m	实测承载力/kN	位移/mm
伞状锚	300	6	100	4.5
抗拔桩	300	9	140	5.7

　　试验得到的 $Q\text{-}s$ 曲线，如图 15-22 所示。通过本次试验获得了伞状锚（6m）和抗拔桩（9m）的结果，由于试验条件有限，未能对同深度（6m）的抗拔桩与伞状锚进行试验对比，为了能更形象地将伞状锚与抗拔桩进行比较，本节通过对 9m 的抗拔桩采用等比例换算得到了 6m 深度抗拔桩的荷载位移曲线（图 15-22 中虚线所示）。由试验结果（图 15-22）可以看出，伞状锚与抗拔桩相比，伞状锚的 $Q\text{-}s$ 曲线表现为缓变形趋势（伞状锚的位移量是通过量测连接在伞状锚上的钢管的位移获得）。在试验过程中，由于伞状锚的传力装置（钢丝绳）的位移量超过了试验设备（千斤顶）的最大行程，其抗拔承载力未能达到其极限抗拔承载力，但从该趋势线可以获知其承载力远未达到极限抗拔力；抗拔桩在其极限承载力时出现明显的拐点。

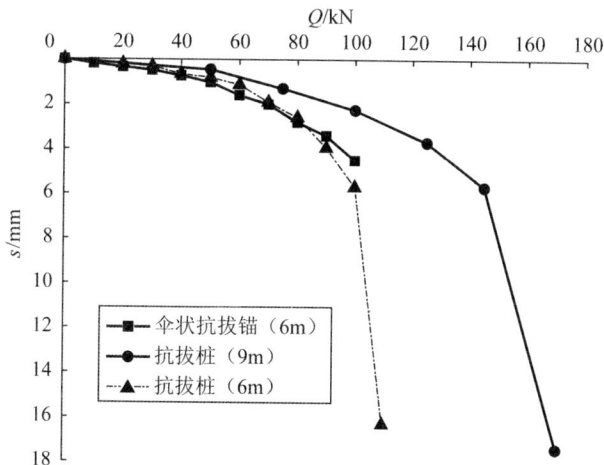

图 15-22　伞状锚与抗拔桩 $Q\text{-}s$ 曲线

　　由图 15-22 可知，在加载初期，伞状锚的位移比抗拔桩稍大，这是由于伞状锚施工时，连接于其上的钢管将其与钻孔上部的水泥注浆体和土体隔离，加载时荷载通过传力装置直接传递到锚固端的承载体上，承载力以压力的形式传递给上方的混凝土和土体，而抗拔桩的荷载传递是一个由上至下的缓慢过程，故伞状锚在最初加载时其最大位移比抗拔桩位移大。由此可知，抗拔桩的抗拔力主要由桩土的摩阻力产生，当达到其极限抗拔力时，桩体被拔出，桩的位移不断增大至无法收敛，其荷载位移曲线出现明显的拐点；而伞状锚由于其抗拔力部分由土体间的抗剪强度提供，土体的破坏呈现一种渐进性破坏的过程，故伞状锚的荷载-位移曲线呈现出缓变形的过程。根据伞状锚抗拔承载力特征值计算公式以及场地土层的物理力学指标，可计算得到伞状锚在 6m 深度的抗拔极限承载力特征值为106kN，与实测结果接近。根据转化为 6m 的抗拔桩曲线与实测的伞状抗拔锚试验曲线比较，虽然两者在最终的承载力上表现出相似性，但由于其经济效果突出，伞状锚依然存在相当大的优越性。伞状锚与同桩长的抗拔桩经济效果分析如表 15-3 所示。

表 15-3　伞状锚与同桩长的抗拔桩经济效果分析

类型	深度 /m	传力装置		注浆体		成孔		合计 /元
		伞状锚 /元	钢筋笼 /元	体积 /m³	单价 /（元/m³）	长度 /m	单价 /（元/m）	
伞状锚	6	780		0.16	400	6	30	1 024
抗拔桩	6		1500	0.48	400	6	30	1 872

15.3　本 章 小 结

基于两个采用伞状锚提供抗拔力的工程案例，可得出以下结论。

（1）利用底部扩大装置兜住上部土体提供抗拔力的伞状锚结构简单、操作方便。

（2）与传统的抗浮装置相比，伞状锚的施工工艺简单，承载力较普通的抗拔桩提高 1～2 倍，抗浮造价节省 30%～40%，施工灵活，有较大的工程应用潜力。

（3）在同等条件下，伞状锚荷载-位移曲线表现为缓变形，而抗拔桩在其极限承载力时出现明显的拐点。因此，伞状锚在承载性能上较普通的抗拔桩有较大提高。

第16章 配重法抗浮的工程案例

配重法主要是增加结构的自重力，一般通过加厚墙壁或底板来实现，但这样会加大混凝土用量，也会增加挖方量，同时导致基坑挖深增加，对基坑支护代价的影响不可忽视。根据工程实践，在自重力与地下水浮力相差在10%以内的情况下，通过增加结构自重力抗浮具有较好的经济性，若结构自重力与地下水浮力相差20%，则结构需加重力35%以上才能满足抗浮，经济性不佳。

16.1 余干县污水处理厂二沉池

16.1.1 工程概况

余干县城市建设投资开发有限公司拟建的余干县污水处理厂的场地位于江西省余干县县城西北部昌万线以北，互惠河（毛溪河）与北三路交叉口处。本次勘查的主要建（构）筑物包括地上建筑：1号消毒廊道（1F），5号污泥浓缩脱水间（1F），6号、7号氧化沟（1F），10号机修间及仓库（1F），12号高低压配电间（1F），13号车库（1F），16号浴室和食堂（2F），15号办公楼（3F），16号门卫（1F）等；地下建筑：2号、4号二沉池，3号回流泵房，8号、9号厌氧选择池，11号细隔栅沉砂池（埋深为4.0～5.0m），工程拟采用浅基础。

根据拟建建筑的工程规模及场地条件，本次勘查的工程重要性等级为三级，场地复杂程度等级为三级，地基复杂程度等级为二级，综合确定该岩土工程勘查等级为乙级。

拟建场地原为水稻田，地面高程约为16.60m。根据已经完成的钻孔资料，在钻探深度范围内，场地地层为第四系全新统耕植土（Q_4^{pd}）、粉质黏土1、粉质黏土2、细砂中砂互层、砾砂（Q_4^{al}），现将场地土层的组成及分布情况按自上而下的顺序叙述如下。

① 耕植土：杂色，稍湿—湿，高压缩性，含植物根茎。该层厚0.50～1.00m。

② 粉质黏土 1：黄色、黄褐色，可塑状态，上部稍湿，下部湿—很湿，中等压缩性，无摇振反应，稍有光滑，干强度、韧性中等。该层厚 0.90～4.50m，层顶标高 15.99～16.12m，层顶埋深 0.50～0.60m。进行标准贯入试验 3 次，锤击数为 5～6 击。

③ 细砂中砂互层：黄色，松散—稍密状态，很湿—饱和，主要矿物成分由石英、云母等组成，含黏性土。层厚 1.60～5.40m，层顶标高 11.53～15.22m，层顶埋深 1.40～5.10m。进行标准贯入试验 3 次，锤击数为 9～11 击。

④-1 粉质黏土 2：灰色，流塑—软塑状态，湿—很湿，高压缩性，无摇振反应，稍有光滑，干强度、韧性中等。层厚 0.00～1.30m，层顶标高约为 12.59m，层顶埋深约为 2.20m，该层在已完成的钻孔中仅分布在氧化沟及其以北构筑物位置钻孔中。进行标准贯入试验 1 次，锤击数为 3 击。

⑤ 砾砂：黄白色，稍密状态，饱和，主要矿物成分由石英组成，含黏性土，磨圆度较好，颗粒形状呈次圆状，颗粒级配较差。场地内均有分布，揭露厚度 3.60～6.40m，层顶标高 9.82～10.48m，层顶埋深 6.2～6.80m。进行动力触探试验 0.9m，经杆长修正后平均击数为 9.8 击。

在勘查期间未见地下水，在②粉质黏土 1 底部及③细砂中砂互层层上部见地下潜水，地下水位稳定水位埋深为 2.70～3.10m，为第四系松散岩类孔隙水，主要赋存于砂层中。②粉质黏土 1 为含水层的隔水顶板，主要接受毛溪河河水的侧向补给。水位随季节变化，枯水及平水期地下水向毛溪河排泄，水位下降，丰水期接受毛溪河地表水体的补给，地下水位上升，为微承压水。勘查期间稳定水位埋深 2.70～3.10m，该地下水稳定水位升降变化幅度为 2.00～3.50m。

16.1.2　抗浮设计计算

本工程二沉池平面图如图 16-1 所示。底板面标高-2.830m（相对于绝对标高为 14.670m）。根据工程勘查报告，本工程抗浮设计水位为 16.500m，所需抵抗水浮力水头高度为 16.500-14.670+0.800 =2.630（m）。

抗浮稳定性抗力系数取 1.05，本工程采用自重力抗浮，底板厚 800mm，外侧壁厚 400mm，底板外挑 400mm（图 16-1）。

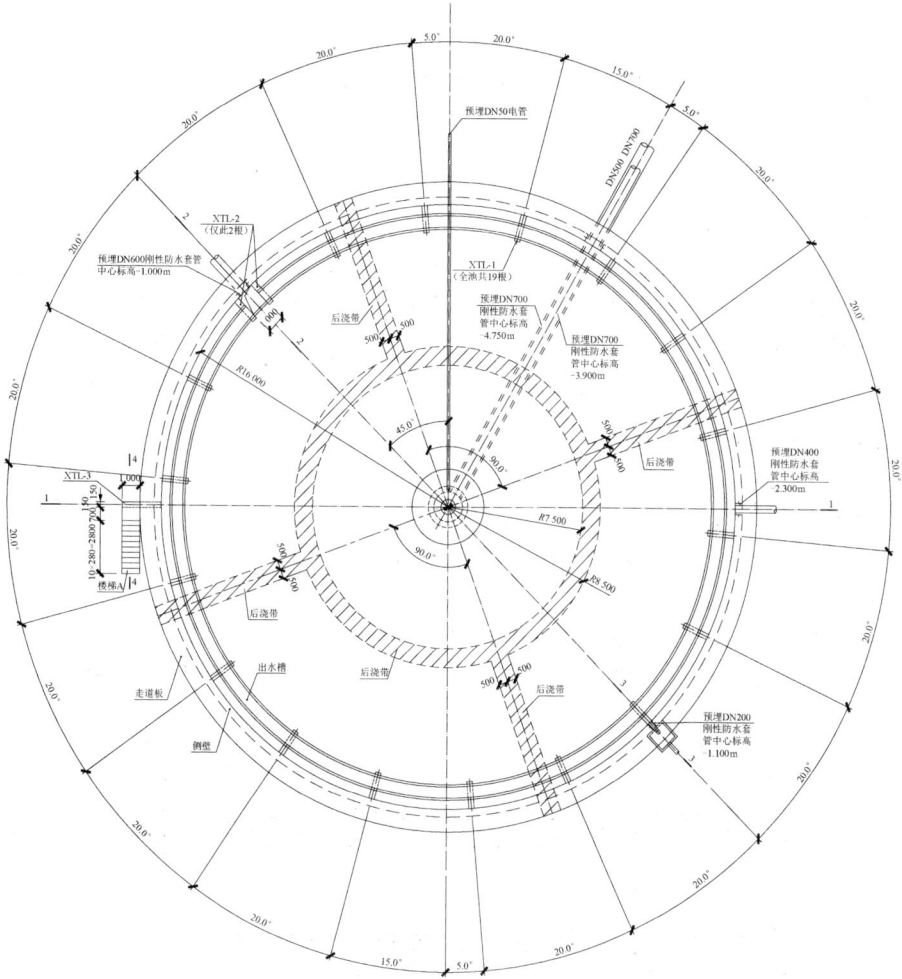

二沉池结构模板图
底板厚800，板面标高-2.830m

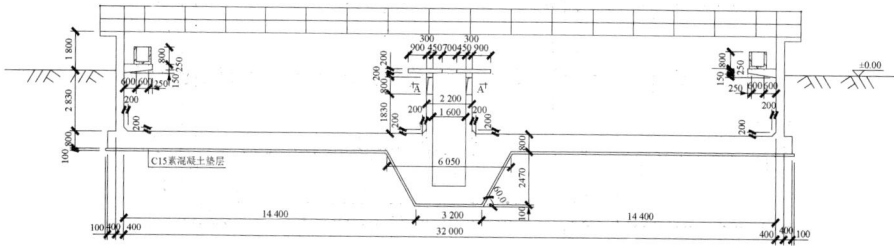

1—1剖面线

图 16-1　利用自重力抗浮的污水处理厂二沉池平面图

16.2 北京中环世贸中心

16.2.1 工程概况

北京中环世贸中心地处北京 CBD 商务中心区，紧临长安街，地上由 AB、C、D 三栋塔楼组成；AB 栋地上 33 层，总高度为 137.4m，地上建筑面积 102 400m²；C、D 栋地上 30 层，总高度为 125m，地上建筑面积 76 300m²。三栋塔楼由 5 层地下室组成的大底盘相连。基底埋深 24.1m。考虑裙楼位置的地下结构抗浮问题，采用增加地下结构内部和外部附加荷载的联合方法进行处理。

16.2.2 抗浮设计计算

对裙房位置的地下室顶板采用降板处理，其上填充密度大于等于 2 500 kg/m³ 的重介质，同时，对该部分楼板下对应的基础防水板上也填充密度大于等于 2 500kg/m³ 的重介质。裙房处水浮力为 18 412kN，采取以上增加附加荷载的措施后，裙房抗浮力为 18 615kN，抗浮系数为 1.01，正常使用表明，采用增加地下结构附加荷载的抗浮措施可满足抗浮要求。图 16-2 为裙楼抗浮措施示意图。

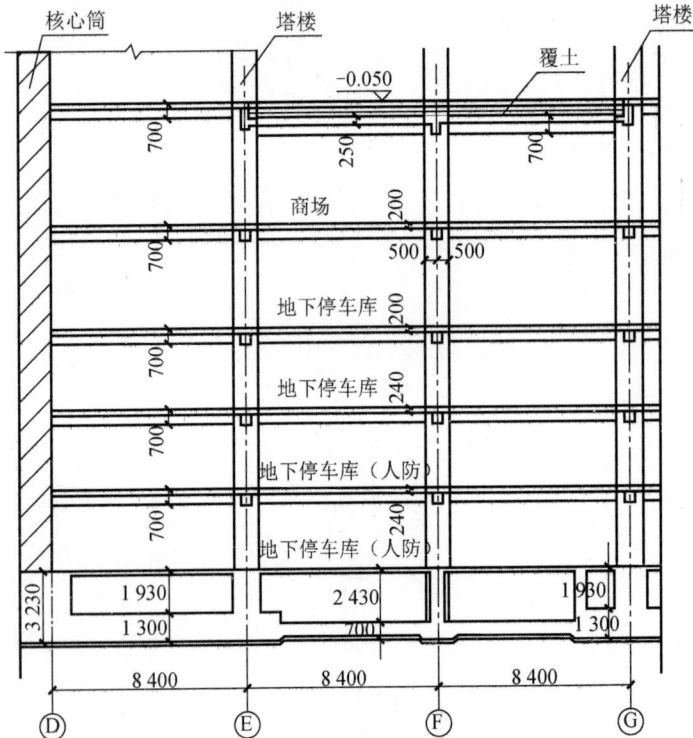

图 16-2 裙楼抗浮措施示意图

16.3　北京市西郊某工程

16.3.1　工程概况

该工程建筑物平面尺寸为 67.3m×43.0m，地上 4 层，地下 2 层。地下 2 层平时为汽车库、战时为人防物资库。上部结构为框架结构，基础为钢筋混凝土筏板基础，基础底板厚 500mm，抗浮设计水浮力 262 829kN。

16.3.2　抗浮设计计算

基础以上建筑物重（不含活荷载）209 333kN，基础底板重 35 341kN，地下结构抗浮采用增加地下室外部附加荷载。地下室结构顶板至地面回填普通低标号混凝土，容重取 20kN/m³，回填重 321 274kN。计算抗浮安全系数为 1.10。本工程已建成并正式使用，长期运行结果表明，采用增加地下结构附加荷载的抗浮措施有效。

16.4　北京市北部某地下车库

16.4.1　工程概况

地下车库为地下 2 层结构，地下 2 层平时为汽车库、战时为人防物资库，地下 1 层为汽车库。地下 1 层和地下 2 层层高分别为 3.4m、2.2m。采用框架结构，地下 1 层顶板厚 200mm，地下 2 层楼板厚 300mm，基础为钢筋混凝土筏板基础，基础底板厚 800mm。地下结构抗浮措施采用增加地下室外部附加荷载和内部附加荷载相结合的方法。

16.4.2　抗浮设计计算

抗浮措施如下：地下室顶部上部覆土厚 1 200mm；地下 1 层楼板和地下 2 层楼板上分别回填 400mm、500mm 压重。回填材料采用普通低标号混凝土，容重 20kN/m³；基础底板上回填 800mm 压重，回填材料采用普通低标号混凝土，容重 20kN/m³。地下结构增加附加荷载法抗浮设计计算如表 16-1 所示。

本工程已建成并正式使用，长期运行结果表明，采用增加地下结构附加荷载的抗浮措施有效。

表 16-1　地下结构增加附加荷载法抗浮设计计算

内容	厚度 / mm	容重 / (kN/m³)	总荷载 / (kN/m²)
地下 1 层上覆土	1 200	15	18
地下 1 层上回填材料	400	20	8
地下 1 层顶板（含梁柱）	360	25	9
地上 2 层上回填材料	500	20	10
地下 2 层顶板（含梁柱）	400	25	10
基础底板上回填材料	800	20	16
基础底板	800	25	20
建筑物	—		91
水浮力	—	—	78
安全系数	1.05		

16.5　江门某客运码头工程

16.5.1　工程概况

江门某客运码头工程地下室地处江边，江水位落差大所受浮力变化大，地下室底板下为厚达 30m 以上的淤泥质黏土层，往下为残积土和基岩。

16.5.2　抗浮设计计算

初步设计考虑拟采用近 40m 长的预应力锚杆抗浮，但施工和防腐难度大，且在水位下降时剩余的预应力将成为工程桩的附加荷载，使工程桩根数增加 30%，不经济，后改为双层底板内填毛石压浮方案，节省造价近百万元。

16.6　地下车库上浮事故处理

16.6.1　工程概况

某厂汽车库地下 1 层，钢筋混凝土框架结构，基本柱网为 7.8m×7.0m，南北长 105m，东西宽 40m，地下室层高 4.35m，底板厚 400mm，侧壁厚 250mm，顶板厚 150mm，上覆土厚约 500mm。

该工程于 2004 年 5 月 13 日竣工并投入使用，2004 年 7 月 17 日下暴雨，7月 18 日，发现地下车库上浮，开始观测。车库最终上浮为西南角 85mm、东南角 325mm、西北角 110mm、东北角 328mm。墙体、底板及柱在车库中部，相继出现多处水平向、斜向裂缝，但没有发现渗水现象。经对比抗浮锚杆法、增加结构自重力等不同的抗浮措施，最终采用增加结构自重力的方法进行地下车库的上浮事故处理，在不影响地下室使用功能的情况下，采用底板加载法以增加结构自重力，新加铁屑混凝土厚 350mm。

16.6.2 抗浮设计计算

设计计算：原有车库自重力（包括上覆土重力）为 154 200kN；地下水浮力 184 280 kN；新加铁屑混凝土厚 350mm。抗浮验算系数 $K= (36.4+14.7)×0.9/43.5=1.057>1.05$，满足要求。

施工过程：先将原室内地板面层敲掉，然后在室地板上铺设 350mm 厚铁屑混凝土。考虑地面面积较大，在混凝土内配 ϕ6@200 钢网，按照开间设分仓缝。处理四周回填土，增加回填土对地车库的嵌固作用。由于地下车库上浮，四墙壁与回填土已部分脱离，将车四周回填土挖除，用 3∶7 灰土回填，分层夯实。施工完成后地下室使用正常，验证了增加配重法处理上浮事故有效。

16.7 本 章 小 结

增加配重法一般适用于上浮力较小、埋深较浅，或用于自重力与上浮力相差较小的地下结构抗浮设计，当自重力与上浮力相差较大及增加配重较大时，这种方法造价较高、经济性较差。增加配重法的三种方法可以单独使用，也可以组合使用。

本章结合 6 个增加配重法的工程实例，分别介绍了采用地下室顶板覆土、双层底板内填毛石、增加结构自重力法的抗浮措施的设计构造和计算。

第 17 章　主动抗浮技术的工程案例

目前对建筑进行抗浮主要有被动和主动两种途径。被动抗浮方法的特点在于结构"被动"地受地下水位的影响，抗浮过程中存在着结构变形允许量、抗裂、耐腐蚀和抗疲劳等方面的技术问题；主动抗浮设计方法主要为降水抗浮方法，但其可能改变地下水分布现状，引起降水半径内土体的固结、地面沉降和地裂缝等，对周边建筑、地下管线和生态环境产生诸多不利影响。建筑排水减压抗浮技术着眼于"主动"，但力求避免对建筑及生态环境的不利影响，是对传统抗浮设计方法的发展和完善。

17.1　新加坡环球影城

17.1.1　工程概况

新加坡环球影城主题公园是世界范围内继美国好莱坞、奥兰多及日本大阪之后的第四座环球影城主题公园，耗资 12 亿美元，共有 24 个游乐设施和景点项目。其中 60%的工程量建在地下停车场之上，地下室顶板水平投影面积约 76 000m²，几乎与上部结构建筑面积相等。地下停车场净高 9～14m，是新加坡为数不多能停放双层旅游巴士的大型地下停车场之一。上部主体结构主要是大跨钢结构和轻质预制板外墙，自重力有限且分布不均匀。

建设场地北部临海，南部位于山地坡脚区，北部临海区的地下水与海水相贯通，水位趋同，海水高低潮差平均统计为 3.3m。山地坡脚区域当时最高地下水位约在现地面以下 5m。岩土覆盖层主要为近 2～3 年新近海岸回填碎石土、砂土层，以及分布范围及深度均不确定的海相饱和软黏土层，全风化残积土层，强风化至中风化的破碎粉土岩、黏土岩或砂岩。表 17-1 为场地岩土覆盖层物理性能指标。

新加坡环球影城主题公园项目具有临海建筑受潮汐、地下水和不良地质条件等各种作用综合影响的特征，若无合理的抗浮方案，可能因基底隆起或结构整体上浮而引起底板破坏、结构开裂、梁柱节点损坏、主体倾斜和变形、不均匀沉降以及渗漏水等一系列问题，造成安全、经济和社会声誉等多方面的损失和严重后果。

表 17-1　场地岩土覆盖层物理性能指标

地层			重力密度	有效黏结力	有效摩擦角	不排水抗剪强度	静止土压力系数	竖向渗透系数	变形模量/MPa	
			/(kN/m³)	/kPa	/(°)	/kPa	K_0	/(×10⁻⁶m/s)	E_u	E'
加冷地层		填土	19		30	25	0.5	1.0	—	10
		海相黏土	16	—	22	10	0.7	1.0	$400\,c_u$	E_u/1.2
		泥炭	16		22	10～15	0.7	0.001	$400\,c_u$	E_u/1.2
		冲击砂	20		30		0.5	5.0	—	10
裕廊地层	残积土	6 级（N<30）	20	5	30		0.8	0.5	1.1N	E_u/1.2
		6 级（30<N<50）	20	7	30		0.8	0.5	1.1N	E_u/1.2
		5 级（50<N<100）	21	14	30	—	0.8	0.5	1.1N	E_u/1.2
		5 级（N<100）	21	14	30		0.8	0.5	1.1N	E_u/1.2
	岩石	3～4 级（砂岩）	22	40	30	750	0.8	0.05	450	E_u/1.2
		3～4 级（粉砂岩）	22	40	30	500	0.8	0.05	300	E_u/1.2

注：E_u 为不排水状态下的变形模量，E' 为排水状态下的变形模量，N 为标准贯入试验锤击数。

17.1.2　排水减压抗浮系统的设计

根据现场勘察资料和渗流分析结果，对场地条件和地下水位做出尽可能翔实的评估和了解，同时进行场地抽水试验验证渗流分析结果。标识各类架空线路、障碍物及周边建筑物、邻近主要道路的现状。通过渗流分析，估计场地内流入筏板基础地下室的地下水总流量约为 1120m³/d，考虑到场地条件变化的可能，对总流量设定安全系数为 10，故排水减压抗浮系统的排水能力可应对 11 204m³/d 的总流量。

1）基底反力和渗流压力计算

由钻孔试验获取岩土地质参数，根据 Boussinesq 法得出土体分层应变，进而得到钻孔处基床系数。将地下室筏基分为 6 个区域，并分别取单元计算跨度结构，利用有限元分析软件 SAFE 进行平面分析，得到筏基各部分的应力应变值，留待结合筏基形状和建筑布置的需要布置排水管线。对场地取典型截面进行渗流分析，可得到其渗流矢量图和渗流量分布。

2）沉降分析计算

对抗浮系统排水层进行沉降分析，其中排水层材料变形模量 E 的取值可保守取为 30MPa，如柱号 EC3-ER11-E1 处的排水层厚度 $t=150$mm，柱子直径 1500mm，底板厚度 2500mm，荷载 55 216kN；排水层上有效应力 $\sigma=3451$kPa，由柱传递的荷载引起的沉降值 $\delta = \sigma \cdot t / E = 17.3$mm，得出沉降值在允许范围内。

3）底板外轮廓排水层排水量

底板外轮廓相距最近的管线的排水路径为 5m，根据渗流分析结果，取与距离边界 5m 的断面，考虑安全系数为 10 后的估计流量为

$$Q_{max} = 6.40 \times 10^5 (\text{m}^3/\text{s})$$

考虑安全系数为 10 后的材料渗透系数 $k=1.0 \times 10^2$m/s；水力梯度 $i = 2.00$（底板压力容许值 10kPa），故允许排水量为

$$Q_{all} = Aki = 2.7 \times 10^3 (\text{m}^3/\text{s}) > Q_{max}$$

式中：A——排水层单位过水断面面积。

4）远离底板外轮廓处的排水层排水量

底板上远离底板外轮廓处相距最近的管线的排水路径为 25m。同理，根据渗流分析结果和水力梯度 i，可计算得各区域容许排水量 Q_{all} 大于最大排水流量 Q_{max}。

5）对多孔 PVC 管进行排水能力验算

如 ϕ100 多孔管，基床坡降 $s = 0.004$；过水面积 $A=0.004$m²；湿周 $P=0.157$m；粗糙系数 $n=0.012\,5$（根据地面排水系统操作规范取值）。

因此，管排水能力即容许流量为

$$Q_{all} = 1.70 \times 10^3 (\text{m}^3/\text{s})$$

流速 0.433m/s<3m/s，不会发生水跃。取安全系数为 10，根据渗流分析结果，安全流量为 $Q_f = 7.05 \times 10^4 (\text{m}^3/\text{s})$（集水范围取 50m）。

Q_{all} 大于 Q_f，证明 ϕ100 管排水能力能够满足场地渗流流量条件。

17.1.3　排水减压系统方案

在基底设置若干集水点，在集水点布置的集水井规格为 500mm×500mm，2～4 个为一组，各集水点之间有孔 PVC 管相连，自集水点将水引入沿基底外轮廓布置的排水管线，排水管线上间隔布置 3 个排水井（S1、S2、S3），其各自负责 A1～A3 三个区域内的地下水汇集（图 17-1）。经钻孔试验和计算分析，3 个排水井预期排量及设计参数见表 17-2。排水井内设有抽水泵两台（1 台运行、1 台备用）。根据对反滤层平面不同位置概估的流量差异优化布置抽水泵。

本工程基底泄压安全控制系统的正常使用控制压力值为 10kPa。沿着基底排水管线布置海水减压阀，故减压阀原则上按 50m×50m 间距布置，实际上则根据基底水土压力分布情况、建筑功能布置需求、预计渗流压力分布等条件，共布置 30 个减压阀，其中 4 个带有电子压力传感器，用于感知基底水压力值。

本项目中的排水减压抗浮系统采用的主要施工材料参数如表 17-3 所示。

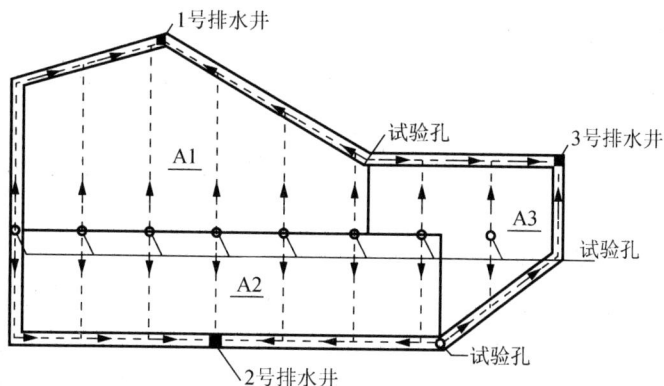

图 17-1　地下室筏基底板下排水井和 PVC 管线的布置

表 17-2　排水井预期排量及设计参数（安全系数取 10）

井号	预期排量 /(m³/d)	考虑安全系数的排量 /(m³/d)	井体积/m³	泵流量 /(L/s)	泵扬程 / m	泵输入功率/kW	泵断路电流/A	井的设计尺寸
S1	79.2	792	66	10	20	6	25	6m×5m×2.5m
S2	106.5	1065	89	13	20	8	30	6m×5m×3.3m
S3	88.8	888	74	11	20	7	25	6m×5m×2.5m

表 17-3　排水减压抗浮系统采用的主要施工材料参数

砾石集料粒径 /mm	多孔 PVC 管/mm	土工布透水性 /(L/s)	聚乙烯防水材料抗渗透性
6～25	φ100/250	≥0.25	0.25MPa，30min 不渗透

17.1.4　工程应用效果

新加坡环球影城主题公园项目自投入运营以来，地下室未因出现地下水渗漏而影响正常使用；相关结构部分未因地下水浮力作用而产生结构裂缝等破坏，受力稳定、均衡；抗浮系统顺利应对了不同季节的不同降水量，面对暴雨、潮汐等水位突涨事件，系统运行正常，有效保障了建筑物的整体和局部安全；由于排水减压抗浮技术的应用而节约能耗约 20%，大量减少了土方（地基）处理量、钢筋使用量及混凝土使用量，并节约工期约 3 个月。

与传统建筑抗浮方法相比，建筑排水减压抗浮技术具有以下特点。

（1）可主动解决建筑物在施工过程中和正常使用过程中不同工况下的抗浮问题。

（2）通过设置与地下水连通的减压安全控制系统（主要由减压阀构成），进一步提高该抗浮系统的可靠度。

（3）通过掌握水压的变化而动态控制地下水位的稳定，最大限度地减小了抗浮措施对建筑物及周边环境的不利影响。

（4）避免了结构的疲劳、变形允许量等问题，抗浮系统不会影响建筑物外观和体量。

（5）工程经济效益显著，大量节省工期。

综上所述，建筑排水减压抗浮系统可应用于临江、海、湖泊等近水域建筑地下室、地铁车站、城市下沉广场的抗浮设计与施工，也可应用于常态地下水位较低，且需考虑抗浮而难以确定抗浮设计水位的各类工程，以及高层建筑裙房抗浮工程，尤其适用于不便增加结构自重力及不便采用桩锚抗浮的工程。

17.2　金茂大厦裙房工程

17.2.1　工程概况

金茂大厦裙房开挖面积为 16 000m², 基础底标高平均为-15.10m。裙房为地下 3 层、地上 6 层, 高 40m, 上部建筑覆盖率不足 50%, 地质勘查报告显示-15.10m 为粉质黏土层, 承压水最大压力达 30kPa 左右。如采用增加自重力法抗浮, 底板厚度需要 1.5～2.5m。上海第一建筑有限公司在金茂大厦裙楼地下结构抗浮施工中采用了静水压力释放层法, 裙楼底板的厚度平均仅为 0.6m。

17.2.2　静水压力释放层法

金茂大厦裙房基础静水压力释放层包括透水系统、集水系统和排水系统, 地下水通过滤水土工织物的过滤进入碎石层, 碎石层中的地下水通过包在滤水管外的土工织物做进一步过滤, 然后进入滤水管与土工织物间的碎石层, 并随后进入滤水管, 并沿滤水管流入集水井, 最后通过泵将地下水抽至基础外, 基础静水压力释放层如图 17-2 所示。

（1）透水系统。透水系统包括滤水土工织物和 400mm 厚碎石滤水层; 滤水土工织物的材料要求有三个准则, 即挡土准则、渗透准则、淤堵准则。本工程土工织物采用 SDG 系列涤纶针织刺无纺布, 孔径为 0.12mm; 基础底板下地基土为粉质黏土层, 渗透系数为 $6.92×10^{-7}$cm/s, 土工织物渗透系数为 $5×10^{-9}$cm/s。在淤堵准则的验算中孔隙率 N=89.9%>30%。

滤水层采用厚 400mm 碎石, 在碎石优化级配比中, 考虑到滤水管上开孔位 5mm, 而上海地区碎石的级配固定为 5～15mm, 所以为了防止小颗粒的碎石流入滤水管或堵塞滤水管孔径, 在滤水层中使用的碎石一律重新筛过, 以筛除 10mm

以下的碎石。

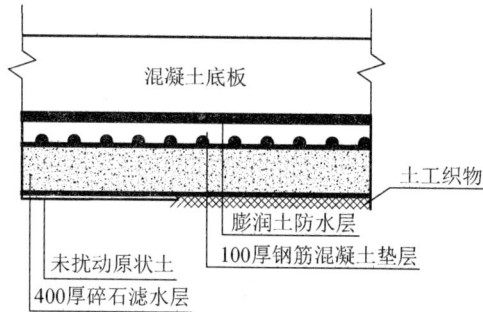

图 17-2　基础静水压力释放层

施工过程：基础底板机械开挖至设计标高时应保留 20cm 左右高度的土方，采用人工开挖，以保证基坑底土层未被扰动破坏，达到原状土质量。若开挖超过标高，不能用松土回填，必须用碎石或砂填平、振实。然后进行土工织物铺设，铺设时必须保持连续、顺直、表面平整，且尽量减少搭接接头（接头处不小于100mm）。

（2）集水系统。集水系统采用盲沟中排设外包土工织物的 PVC 滤水管（图 17-3）的做法。PVC 滤水管采用开孔滤水管，孔径为 5mm。滤水管内外壁应平整、光滑、无气泡，壁厚及壁厚偏差为±14%，滤水管进行扁平试验应无破裂。滤水管的纵向回伸率小于等于 9.0%，弯曲度小于等于 1.0%。

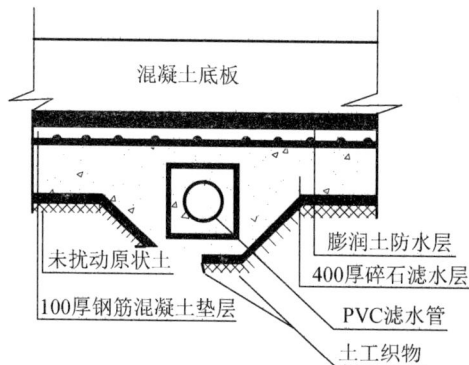

图 17-3　外包土工织物的 PVC 滤水管

施工流程：基坑开挖至设计标高，集水井、盲沟开挖要铺贴土工织物，在盲沟中铺碎石层，然后在盲沟中排设外包土工织物的 PVC 滤水管，铺钢筋混凝土垫层，同时铺贴膨润土防水层，基础底板混凝土浇捣。

（3）排水系统。出水系统由集水井组成，滤水管与集水井的接口必须封实，以防止集水井中的水倒流至井外。在套管与滤水管之间采用砂浆封实，中间嵌以遇水微膨胀的膨润土防水腻子，如图 17-4 所示为集水井节点构造做法。

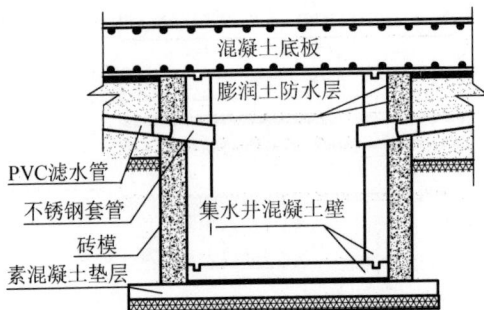

图 17-4　集水井节点构造做法

　　在静水压力释放层施工完成后进行 100mm 钢筋混凝土垫层铺设，上铺贴膨润土防水层，在沿桩四周铺贴膨润土防水层时，膨润土防水层和钢管桩连接的位置需用膨润土防水腻子嵌实膨润土防水层与桩位置连接节点，如图 17-5 所示，随后进行 600mm 基础底板混凝土浇捣。

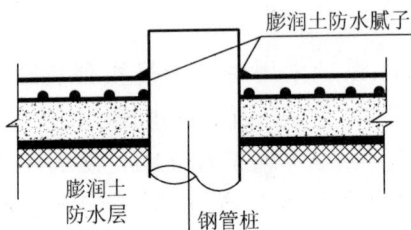

图 17-5　防水层与桩位置连接节点

17.2.3　抗浮实施效果

　　金茂大厦裙房基础工程采用静水压力释放层法，并取得了较好的经济效益，节约成本 2000 多万元。因此，静水压力释放层法应用于基础工程之中，可以成倍地减少混凝土及钢筋的用量，大大缩短施工周期。

17.3　湖北某基地工程联合车间

17.3.1　工程概况

　　湖北某基地二期建设工程联合车间为一栋 4 层的框架结构建筑，设置 1 层地下室，层高 9.5m。地下室面积 13 000m²，总建面积 43 000m²。基坑开挖面积约 14 000m²。基坑开挖深度大于 10m，局部开挖深度大于 12m。地下室的地下基础为梁板式钢筋混凝土筏基基础类型，地下室剖面示意图如图 17-6 所示。

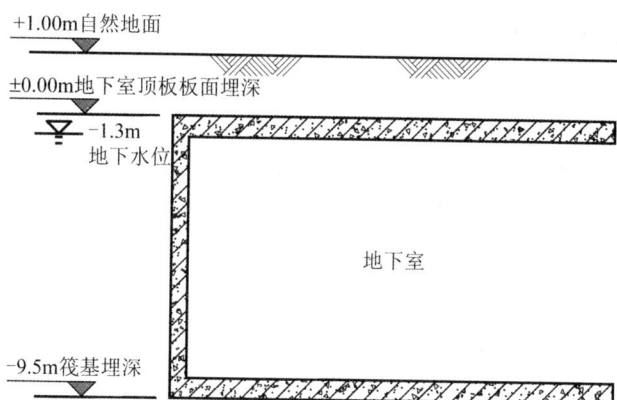

图 17-6　地下室剖面示意图

本工程于 2005 年 7 月 20 日开始施工，2006 年 5 月 8 日浇筑基础混凝土，2006 年 8 月 1 日地下室浇筑完毕，2006 年 10 月 31 日土建部分施工完毕，2007 年 1 月 5 日屋面网架施工完毕。2006 年 11 月中旬发现部分框架填充墙体出现裂缝，12 月裂缝迅速发展，部分梁、柱构件也相应出现裂缝，2007 年 3 月发现地下室地面大面积明显隆起，隆起高度最大值为 307mm，梁、柱等结构受力构件裂缝进一步增大（经过省级专家论证为建筑物浮起）。2007 年 3 月 23 日建设单位在地下室底板中部开了一个直径 75mm 的钻孔，孔内立即喷水，水柱高达 4～5m，在泄水一段时间后，地下室地面隆起部位出现明显下沉。

17.3.2　泄水孔减压抗浮法

本工程地下结构抗浮加固采用了泄水孔减压的水浮力释放方法。泄水孔减压抗浮法是利用连通管的原理，使地下水位始终不超过结构物的设防水位，从而保证结构物不上浮，以达到建筑物的抗浮目的。

具体工程实施：当上浮建筑物回落到原位后，为防止建筑物再次浮起，应采取永久性的抗浮处理方法，泄水孔减压抗浮法的关键是泄水孔的布置及泄水装置的安装制作。泄水孔应沿外墙或外墙边室内底板上布置，使地表水通过泄水孔直接排到室内的排水系统中，以免地表水进入建筑物底板下，引起建筑物上浮。

泄水孔减压抗浮法的具体措施如下。

（1）透水系统。在地下室外墙下部及外墙内侧底板上开设泄水孔，泄水孔直径为 100mm。外墙泄水孔的高度离室内底板面 200mm，底板泄水孔的位置离外墙内侧 150mm，间距为 6m，泄水孔减压原理及泄水孔示意图如图 17-7 和图 17-8 所示。

（2）集水系统。采用排水沟作为泄水孔减压抗浮法的集水系统。排水沟和集水井相连，主要用来疏排泄水孔流出的水，排水沟的宽度和高度根据最大泄水量确定，本工程排水沟宽度为 300mm、高度为 500mm，并设置盖板，方便进行沉淀清淤，排水沟示意图如图 17-9 所示。

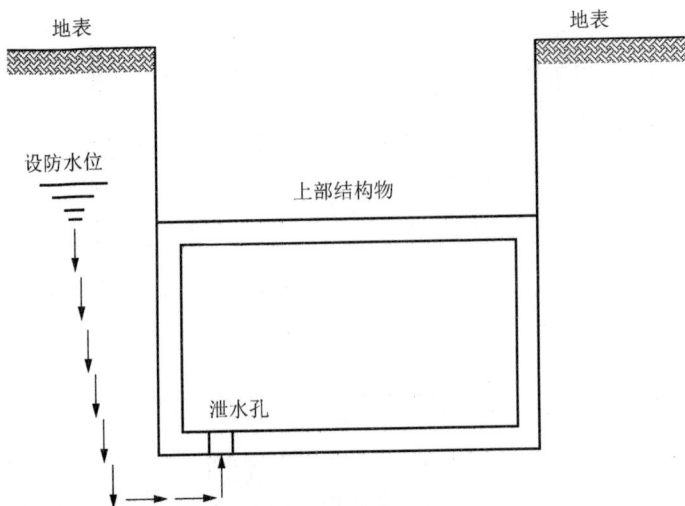

图 17-7　泄水孔减压原理

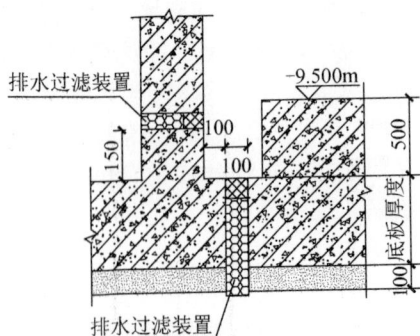

图 17-8　泄水孔示意图

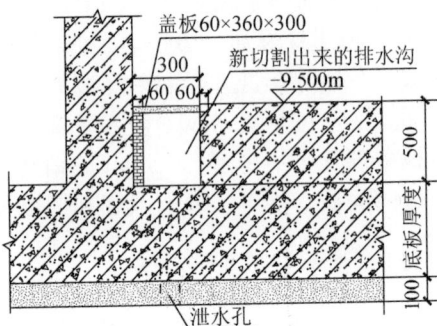

图 17-9　排水沟示意图

（3）排水系统。设置集水井排水系统，利用原有的地下室排水沟，将泄水减压排水排除。集水井的平面布置如图 17-10 所示。在距离地下室底板处布置两口人工挖孔集水井，井与井间距约 10m，作为泄水孔的集水系统，同时进行永久性长期降水。

（4）泄水孔减压抗浮法的辅助措施。

① 板底原地基灌浆处理：对地下室底板与地基土之间的间隙注浆。由于地下结构上浮后，地下室底板与地基土之间存在约 60mm 的间隙，采用压力灌注浆将间隙灌注密实，灌浆孔直径 50mm。注浆孔的平面布置如图 17-11 所示。为防止大量积水排出后地下车库的不均匀下沉，应对地基土内压力注浆，使水泥浆填充空隙，并与地基土固结后一起承重。

② 回填土的处理：为防止地表水通过回填土渗入到地下结构物的底部，增加排水系统的营运费用，应对原回填土不良的部位进行部分重新换填不透水的黏土，并分层夯实，回填土的处理示意图如图 17-12 所示。

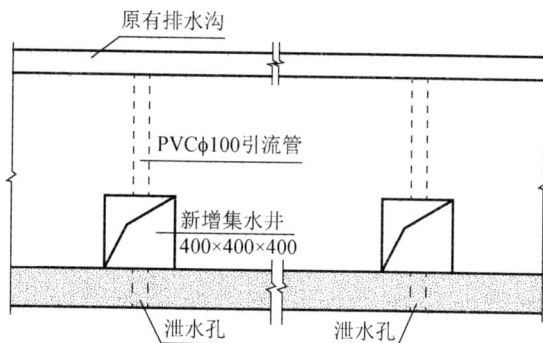

图 17-10　集水井的平面布置

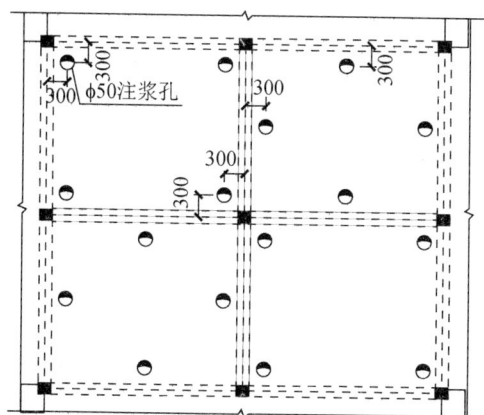

图 17-11　注浆孔的平面布置

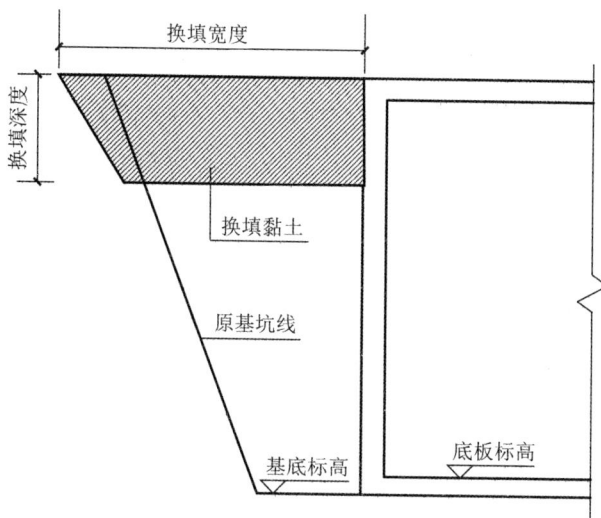

图 17-12　回填土的处理示意图

17.3.3　抗浮实施效果

本工程采用泄水孔减压抗浮法进行了地下结构上浮事故的处理，工程施工及后期使用表明，该方法抗浮有效、施工简单、工程造价低，其与抗浮锚杆和抗拔桩相比对原结构底板破坏很小，但后期维修费用较高，要经常清洗或更换泄水装置。

17.4　本 章 小 结

本章结合新加坡环球影城主题公园项目和金茂大厦裙房工程的静水压力释放层系统实例，对静水压力释放层法的透水系统、集水系统和出水系统的设计和施工进行了详细说明。另外，基于湖北某基地二期建设工程联合车间上浮事故处理工程实例，详细介绍了泄水孔减压抗浮法的设计和施工、泄水减压的辅助措施和建成后的运行情况，为类似工程提供了参考。